Rjasanowa

**Mathematik im Bauingenieurwesen 2**

## Lehrbücher des Bauingenieurwesens

Bletzinger/Dieringer/Fisch/Philipp • *Aufgabensammlung zur Baustatik*

Dallmann • *Baustatik*

Band 1: Berechnung statisch bestimmter Tragwerke

Band 2: Berechnung statisch unbestimmter Tragwerke

Band 3: Theorie II. Ordnung und computerorientierte Methoden der Stabtragwerke

Engel/Al-Akel • *Einführung in den Erd-, Grund- und Dammbau*

Engel/Lauer • *Einführung in die Boden- und Felsmechanik*

Fouad/Zapke • *Bauwesen Taschenbuch*

Freimann • *Hydraulik in der Wasserwirtschaft*

Göttsche/Petersen • *Festigkeitslehre – klipp und klar*

Jochim/Lademann • *Planung von Bahnanlagen*

Krawietz/Heimke • *Physik im Bauwesen*

Malpricht/Rupp • *Schalungsplanung im Baubetrieb*

Pfeiffer/Bethe/Pfeiffer • *Nachhaltiges Bauen*

Pfeiffer/Bethe/Pfeiffer • *Nachhaltige Bauwerks-Lebenszyklen*

Prüser • *Konstruieren im Stahlbetonbau*

Rjasanowa • *Mathematik im Bauingenieurwesen 1*

Rjasanowa • *Mathematik im Bauingenieurwesen 2*

Rjasanowa • *Mathematik im Bauingenieurwesen - Aufgaben und Lösungswege*

Zapke • *Fachwerkgebäude*

Kerstin Rjasanowa

# Mathematik im Bauingenieurwesen 2

Ausgewählte Kapitel für das Master-Studium

2., aktualisierte und erweiterte Auflage

HANSER

Über die Autorin:
Prof. Dr. rer. nat. Kerstin Rjasanowa, Studiengang Bauingenieurwesen, Fachhochschule Kaiserslautern

Print-ISBN: 978-3-446-48099-5
E-Book-ISBN: 978-3-446-48112-1



Bibliografische Information der Deutschen Nationalbibliothek:
Die Deutsche Nationalbibliothek verzeichnet diese Publikation in der Deutschen Nationalbibliografie; detaillierte bibliografische Daten sind im Internet unter http://dnb.d-nb.de abrufbar.


*www.hanser-fachbuch.de*
Lektorat: Frank Katzenmayer
Herstellung: Frauke Schafft
Coverkonzept: Marc Müller-Bremer, www.rebranding.de, München
Covergestaltung: Max Kostopoulos
Titelmotiv: © AdobeStock / Spectral-Design
Satz: Kerstin Rjasanowa
Druck: Beltz Grafische Betriebe GmbH, Bad Langensalza
Printed in Germany

# Vorwort

*„Jede Wissenschaft ist so weit Wissenschaft, wie Mathematik in ihr ist.“*

Immanuel Kant (1724–1804)

Mit Einführung der Bachelor- und Masterstudiengänge an den deutschen Hochschulen haben sich gleichzeitig neue Anforderungen für deren inhaltliche Gestaltung ergeben. Das vorliegende Buch, das auf der Basis meiner Vorlesungen in Mathematik im Masterstudiengang Bauingenieurwesen an der Hochschule Kaiserslautern entstanden ist, trägt dieser aktuellen Entwicklung Rechnung. Kapitel 1 beschäftigt sich mit Funktionen mehrerer Veränderlicher sowie deren Differenzialrechnung und Integralrechnung, die u. a. die Ermittlung von Extremwerten bzw. die Berechnung von Momenten für Flächen und Volumina auch bei inhomogener Dichteverteilung ermöglicht. Gleichzeitig ist es Voraussetzung für das Kapitel 2, das Grundlagen für das Lösen gewöhnlicher Differenzialgleichungen bzw. von Systemen gewöhnlicher Differenzialgleichungen enthält. Die Fallstudien hierzu zeigen, dass viele physikalische Modelle im Bauingenieurwesen auf Differenzialgleichungen führen, deren Lösung somit eine zentrale Rolle spielt. In Kapitel 3 werden Grundbegriffe der Finanzmathematik wie Zinsrechnung, Wirtschaftlichkeits- und Investitionsrechnung, Abschreibungs- und Rentenrechnung vermittelt, auf denen betriebswirtschaftliche Kenntnisse basieren. Diese gewinnen in zunehmendem Maß Bedeutung bei der Planung, Realisierung und Erhaltung von Bauvorhaben, beim Management von Immobilien oder bei der erfolgreichen Leitung von Unternehmen auch im Baubereich. Kapitel 4 ist der Statistik gewidmet, deren Gegenstand die Analyse und zahlenmäßige Erfassung zufälliger, d. h., nicht vorhersehbarer, Experimente ist. Diese hat im Bauingenieurwesen zunehmend Eingang gefunden, z. B. bei der Aus- und Bewertung von Messungen, bei der Vorhersage von Wahrscheinlichkeiten bestimmter Ereignisse, die als Grundlage für die Bemessung von Bauwerken benutzt werden, oder sogar bei der Bewertung von Immobilien.

Die Darstellung der Inhalte orientiert sich am Vorgänger „Mathematik für Bauingenieure 1 – Grundlagen für das Bachelor-Studium“, was das Studium dieses Buches erleichtern soll. Eine zielgerichtete, mathematisch korrekte und für das Bauingenieurwesen geeignete Darlegung steht dabei im Mittelpunkt. Kleingedruckte Ergänzungen wie z. B. Beweise erhöhen das mathematische Verständnis, sind aber für die Anwendung der Ergebnisse nicht zwingend erforderlich. Die überwiegende Mehrheit der Beispiele zur Illustration getroffener Aussagen bzw. zur Lösung praktischer Probleme ist aus dem Erfahrungsbereich Bauingenieurwesen entnommen. Fallstudien am Ende der Kapitel enthalten dafür typische Situationen, die Ableitung geeigneter mathematischer Modelle und die Lösung mit den dargestellten Methoden. Besonderer Wert ist auf eine strukturierte Gestaltung des mathematischen Textes gelegt. Zahlreiche Schlagwörter auf der Marginalienspalte erhöhen die Übersicht, gestatten bessere logische Nachvollziehbarkeit und helfen beim Nachschlagen. Die farbliche Gestaltung, insbesondere das Unterlegen resultierender Formeln und Ergebnisse sowie zahlreiche Grafiken und Bilder, dienen ebenfalls einem vertiefenden Verständnis. Ein ausführliches Sachwortverzeichnis soll die Arbeit mit dem Buch erleichtern.

Für die gewissenhafte Durchsicht des Buches danke ich sehr Herrn Dr. S. Steidel vom ITWM Fraunhofer in Kaiserslautern, Herrn R. Berweiler von der Universität Koblenz, Herrn Prof. Dr. J. Schanzenbach von der HS Kaiserslautern sowie Herrn T. Seel, z. Zt. Master-Student im Studiengang Bauingenieurwesen der HS Kaiserslautern. Ein Dankeschön gilt ebenfalls vielen Studierenden des Studienganges Bauingenieurwesen der Hochschule Kaiserslautern, die Kontrollrechnungen der Übungsaufgaben vornahmen und so mithalfen, die angegebenen Lösungen zu verifizieren. Bei Herrn Ph. Thorwirth vom Fachbuchverlag Leipzig im Carl Hanser Verlag bedanke ich mich herzlich für die Unterstützung beim Entstehen des vorliegenden Buches und die gute Zusammenarbeit mit dem Verlag.

Kaiserslautern, im Sommer 2016 — Kerstin Rjasanowa

Die vorliegende 2., aktualisierte und erweiterte Auflage des Buches „Mathematik im Bauingenieurwesen 2 – Ausgewählte Kapitel für Ingenieure im Masterstudium“ enthält einige inhaltliche Ergänzungen, vorwiegend in Kapitel 1 (Verallgemeinerung der hinreichenden Bedingungen für lokale Extrema bei Funktionen beliebig vieler Veränderlicher, Substitution in Doppelintegralen, Erweiterung der Schlussfolgerungen aus dem Satz von Green) und Kapitel 3 (Effektivzins und Kurs eines Wertpapieres) sowie zahlreiche neue Anwendungsbeispiele in den Kapiteln 1, 3 und 4. Damit wird die Auswahl der mathematischen Inhalte im Masterstudium abgerundet und durch die vollständig durchgerechneten und, wo möglich, mit Illustrationen versehenen Anwendungen noch besser motiviert. Die im Jahr 2023 erschienene neue Auflage der Aufgabensammlung „Mathematik im Bauingenieurwesen – Aufgaben und Lösungswege“ enthält weitere und zum Teil neue Aufgaben zu den hier vorgestellten Einsiegen in die Kapitel der Höheren Mathematik „Funktionen mehrerer Veränderlicher“, „Gewöhnliche Differenzialgleichungen“ sowie Finanzmathematik und Statistik mit besonderem Bezug zum Bauingenieurwesen.

Bei Herrn Frank Katzenmayer und Frau Christina Kubiak, Carl Hanser Verlag, München, bedanke ich mich für die Anregung zur Neuauflage dieses Buches sowie für die aufmerksame Durchsicht.

Kaiserslautern, im Sommer 2024 Kerstin Rjasanowa

# Inhaltsverzeichnis

# 1 Funktionen mehrerer Veränderlicher

Oft sind physikalische Größen nicht nur von einer, sondern mehreren Einflussgrößen abhängig. Beispielsweise wird das Volumen eines Quaders von drei Kantenlängen bestimmt. Die Verlängerung eines Stabes infolge einer Krafteinwirkung ist nach dem Gesetz von Hooke abhängig von dieser Kraft, der Länge des Stabes, seinem Querschnitt und seinem Elasizitätsmodul. Solche Abhängigkeiten werden durch Funktionen mehrerer Veränderlicher beschrieben. Funktionen zweier Veränderlicher können graphisch veranschaulicht werden. Der Begriff des Grenzwertes und der Stetigkeit wird erklärt. Partielle Ableitungen sind Grenzwerte der Differenzenquotienten bezüglich einer der Veränderlichen. Der Gradient wird zur Charakterisierung des Wachstums einer Funktion und zur Berechnung des totalen Differenzials benutzt. Damit ist z. B. die Bestimmung maximaler absoluter und relativer Messfehler bei Vorgabe der Toleranzen der Messgrößen möglich. Eine wichtige Rolle spielt die Ermittlung von Extremwerten von Funktionen mehrerer Veränderlicher. Flächen- und Volumenintegrale sind i. Allg. Integrale von Funktionen mehrerer Veränderlicher, mit denen z. B. die Berechnung von Momenten bei inhomogener Dichteverteilung erfolgt.

**Bezeichnungen**

$\mathbb{R}^n$ $n$-dimensionaler Vektorraum

$x = (x_1, x_2, ..., x_n)^\top \in \mathbb{R}^n$ Vektor, Stelle

$X(x_1, x_2, ..., x_n)$ zugehöriger Punkt

$\overrightarrow{OX} = (x_1, x_2, ..., x_n)^\top$ zugehöriger Ortsvektor

## 1.1 Der Begriff der Funktion mehrerer Veränderlicher

Die Veränderlichen, die eine physikalische Größe beeinflussen, werden in einem Vektor zusammengefasst. Der Definitionsbereich für Funktionen mehrerer Veränderlicher ist damit eine Teilmenge des Vektorraums $\mathbb{R}^n$ oder der $\mathbb{R}^n$ selber. Jetzt kann der Funktionsbegriff als eindeutige Zuordnung aus dem $\mathbb{R}^n$ in die Menge der reellen Zahlen $\mathbb{R}$ erklärt werden. Die graphische Veranschaulichung ist für Funktionen zweier Veränderlicher durch eine Oberfläche im Raum möglich. Isolinienbilder dienen ebenfalls der Darstellung der Funktionswerte – ähnlich wie die Höhenlinien auf einer Landkarte.

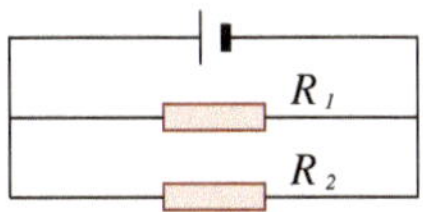


**Bild 1.1** Parallele Widerstände

**Definition 1.1**

Sei $n \in \mathbb{N}$ und $D \subseteq \mathbb{R}^n$ eine Teilmenge des $\mathbb{R}^n$. Ist jeder Stelle $x = (x_1, x_2, ..., x_n)^\top \in D$ durch eine Vorschrift $f$ *eindeutig* eine Zahl $z = f(x) = f(x_1, x_2, ..., x_n) \in \mathbb{R}$ zugeordnet, so heißt $f$ **Funktion von $n$ unabhängigen Veränderlichen** $x_1, x_2, ..., x_n$ auf dem Definitionsbereich $D_f = D$. Dabei ist $z$ die **abhängige Veränderliche**.

**Funktionen mehrerer Veränderlicher**

**Beispiel 1.2**

1. Sind zwei Widerstände $R_1$ und $R_2$ im Stromkreis parallel geschaltet (siehe **Bild 1.1**), so errechnet sich ihr Gesamtwiderstand $R$ aus dem **Gesetz von Ohm**

$$\frac{1}{R} = \frac{1}{R_1} + \frac{1}{R_2} \quad \text{zu} \quad R = \frac{R_1\,R_2}{R_1 + R_2}.$$

$R$ ist *abhängig* von den beiden Widerständen $R_1$ und $R_2$, also eine Funktion zweier Veränderlichen $R = R(R_1, R_2)$.

2. Die Gravitationskraft $F$ zwischen zwei Körpern mit den Massen $M$ und $m$ berechnet sich nach dem **Gravitationsgesetz von Newton** zu

$$F = -\frac{\gamma\, m\, M}{|x|^2}\,\frac{x}{|x|},$$

wobei $\gamma$ die Gravitationskonstante und $x = \overrightarrow{OX} = (x_1, x_2, x_3)^\top$ der Ortsvektor des Schwerpunktes des Körpers mit der Masse $m$ im dreidimensionalen kartesischen Koordinatensystem mit dem Ursprung $O$ im Schwerpunkt des Körpers mit der Masse $M$ ist (siehe **Bild 1.2**). Die Kraft $F$ ist ein dreidimensionaler Vektor, dessen Richtung durch den Einheitsvektor $-x/|x|$ gegeben ist und dessen Betrag $\gamma\, m\, M/|x|^2$ ist. Komponentenweise lautet diese Gleichung

$$F_i = -\frac{\gamma\, m\, M}{|x|^3}\, x_i, \quad i = 1, 2, 3.$$

Das bedeutet, dass die Kraftkomponenten $F_1, F_2, F_3$ jeweils abhängig von $x_1, x_2, x_3$ sind und daher Funktionen dreier Veränderlicher darstellen: $F_i = F_i(x_1, x_2, x_3)$.

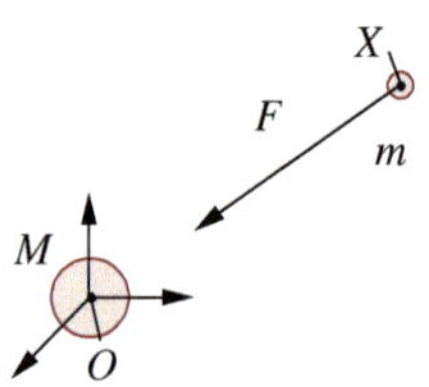

**Bild 1.2** Gravitationskraft $F$

**Definition 1.3**

Der **natürliche Definitionsbereich** einer Funktion $f$ ist diejenige Teilmenge des $\mathbb{R}^n$, für die die Zuordnung $f$ erklärt ist.

**Natürlicher Definitionsbereich**

**Beispiel 1.4**

1. Die Funktion $f(x_1, x_2) = -4x_1 - 2x_2 + 4$ hat den natürlichen Definitionsbereich $D_f = \mathbb{R}^2$, da *jeder* Stelle $(x_1, x_2)^\top \in \mathbb{R}^2$ durch diese Vorschrift eine reelle Zahl zugeordnet werden kann.

2. Die Funktion $R(R_1, R_2) = \dfrac{R_1\, R_2}{R_1 + R_2}$ hat als natürlichen Definitionsbereich $D_f = \mathbb{R}^2 \setminus \{(R_1, R_2)^\top : R_1 = -R_2\}$, da der Nenner in der Funktionsvorschrift für $R_1 = -R_2$ null wird und somit der Bruch nicht erklärt ist. Der *für das physikalische Gesetz relevante Definitionsbereich* ist allerdings lediglich $\{(R_1, R_2)^\top : R_1 > 0 \wedge R_2 > 0\}$, da Widerstände positiv sind.

3. Die Funktionen $F_i(x_1, x_2, x_3) = -\dfrac{\gamma\, m\, M}{|x|^3}\, x_i$, $i = 1, 2, 3$, haben als natürlichen Definitionsbereich $D_f = \mathbb{R}^3 \setminus \{(0, 0, 0)^\top\}$, da der Nenner in den Funktionsvorschriften genau dann null ist, wenn $|x| = 0$ gilt, also $x = (0, 0, 0)^\top$ ist. In diesem Fall fallen die Schwerpunkte der Körper mit den Massen $M$ und $m$ zusammen.

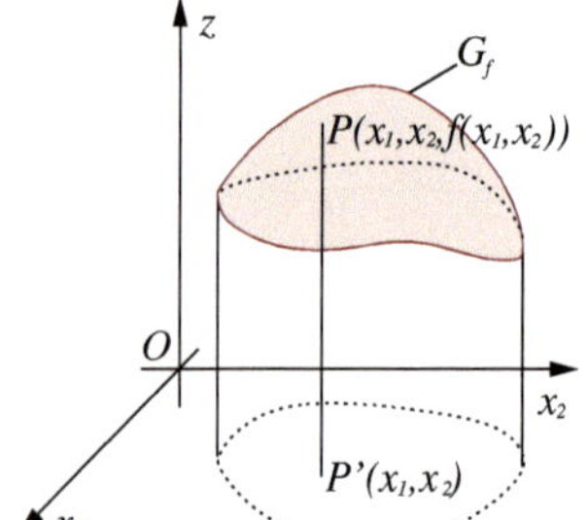

**Bild 1.3** Graph einer Funktion $z = f(x_1, x_2)$

Die wesentlichen Unterschiede von Funktionen einer bzw. mehrerer Veränderlicher bestehen bereits für die Fälle $n = 1$ und $n = 2$. Für Funktionen mit mehr als zwei Veränderlichen kann verallgemeinert werden. Daher werden im Folgenden vorwiegend Funktionen zweier Veränderlicher studiert.

**Graphische Darstellung**

Die gleichzeitige graphische Darstellung von Definitionsbereich und Funktionswerten ist nur für Funktionen von bis zu zwei Veränderlichen möglich, da andernfalls mehr als drei Dimensionen dafür benötigt werden. Im Folgenden werden Möglichkeiten der graphischen Darstellung von Funktionen zweier Veränderlicher erläutert.

Im dreidimensionalen kartesischen Koordinatensystem mit den Achsen $x_1$, $x_2$, $z$ und dem Koordinatenursprung $O$ wird der Definitionsbereich

$D_f$ durch eine Teilmenge der $(x_1, x_2)$-Ebene dargestellt. Jeder Stelle $(x_1, x_2)^\top$ des Definitionsbereiches mit dem zugehörigen Punkt $P'$ kann mit der Funktion $z = f(x_1, x_2)$ ein Punkt $P$ mit dem Ortsvektor $(x_1, x_2, z)^\top \in \mathbb{R}^3$ zugeordnet werden. Der Punkt $P'$ ist die **Projektion** des Punktes $P$ auf die $(x_1, x_2)$-Ebene. Die Menge aller zugeordneten Punkte $P$ bildet i. Allg. eine Oberfläche im Raum $\mathbb{R}^3$ (siehe **Bild 1.3**).

**Definition 1.5**

Die Menge der Punkte $G_f = \{(x_1, x_2, z) \colon (x_1, x_2)^\top \in D_f,\ z = f(x_1, x_2)\}$ heißt **Graph** der Funktion $f$.

**Graphen von Funktionen**

**Beispiel 1.6**

1. Der Graph der Funktion $f(x_1, x_2) = -4x_1 - 2x_2 + 4$ (vergleiche **Beispiel 1.4**) ist eine Ebene mit der Gleichung $z = -4x_1 - 2x_2 + 4$ (siehe **Bild 1.4**). Ihre Achsenabschnittsgleichung lautet $x_1 + \dfrac{x_2}{2} + \dfrac{z}{4} = 1$.
2. Der Graph der Funktion $f(x_1, x_2) = x_1^2 + x_2^2$ heißt **Kreisparaboloid** (siehe **Bild 1.5**). Für $x_2 = 0$ folgt aus der Funktionsgleichung $f(x_1, 0) = x_1^2$. Die Menge der zugeordneten Punkte $P$ ist eine Normalparabel in der $(x_1, z)$-Ebene. Analog folgt für $x_1 = 0$ aus der Funktionsgleichung $f(0, x_2) = x_2^2$. Die Menge der zugeordneten Punkte $P$ ist eine Normalparabel in der $(x_2, z)$-Ebene. Für $z = c$, $c \geq 0$, folgt aus der Funktionsgleichung $c = x_1^2 + x_2^2$. Die Menge der zugeordneten Punkte $P$ in der Ebene $z = c$ parallel zur $(x_1, x_2)$-Ebene ist jeweils ein Kreis mit dem Mittelpunkt $(0, 0, c)$ und dem Radius $\sqrt{c}$.

**Bild 1.4** $f(x_1, x_2) = -4x_1 - 2x_2 + 4$

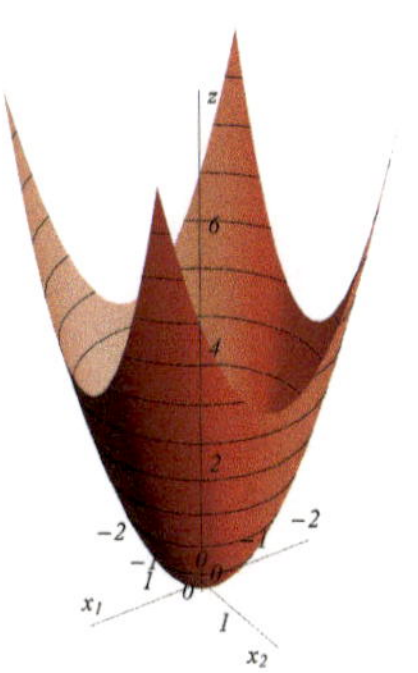

**Bild 1.5** $f(x_1, x_2) = x_1^2 + x_2^2$

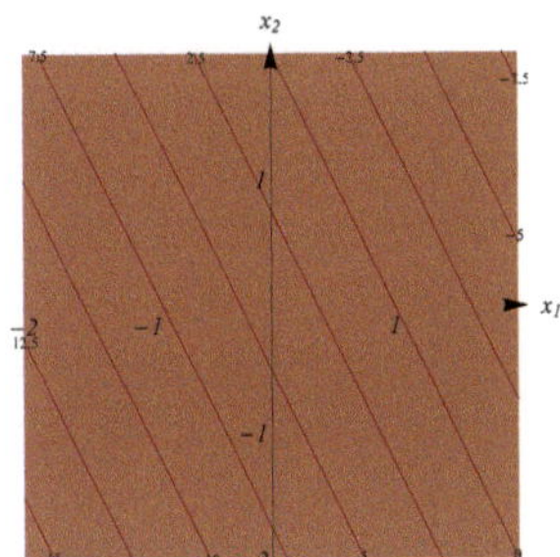

**Bild 1.6** Isolinien $c = -4x_1 - 2x_2 + 4$

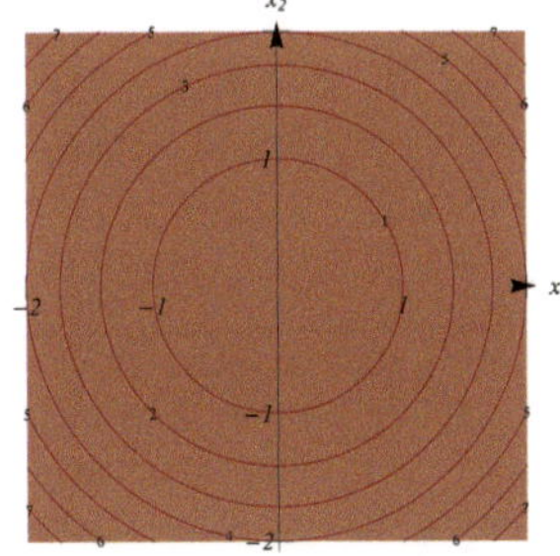

**Bild 1.7** Isolinien $c = x_1^2 + x_2^2$

**Definition 1.7**

Ist $f(x_1, x_2)$ eine Funktion zweier Veränderlicher mit dem Definitionsbereich $D_f \subseteq \mathbb{R}^2$, so heißen die Punktmengen
$I_c = \{(x_1, x_2, z) \colon (x_1, x_2)^\top \in D_f,\ z = f(x_1, x_2) = c\}$
**Isolinien** von $f$ mit der Höhe $c$.

**Isolinien**

**Beispiel 1.8**

1. Die Funktion $f(x_1, x_2) = -4x_1 - 2x_2 + 4$ (vergleiche **Beispiel 1.4 und 1.6**) hat als Isolinien Geraden (siehe **Bild 1.6**). Für die konstante Höhe $z = f(x_1, x_2) = c$ folgt aus der Funktionsgleichung

   $$c = -4x_1 - 2x_2 + 4.$$

   Umstellen nach $x_2$ liefert die Geradengleichung

   $$x_2 = -2x_1 + 2 - \frac{c}{2}.$$

   Diese Geraden sind parallel (sie haben alle dieselbe Steigung $-2$) und schneiden die $x_2$-Achse im Punkt $(0,\ 2 - c/2)$.

2. Die Funktion $f(x_1, x_2) = x_1^2 + x_2^2$ (vergleiche **Beispiel 1.6**) hat für die konstante Höhe $z = f(x_1, x_2) = c$ als Isolinien Kreise mit dem Mittelpunkt im Koordinatenursprung und dem Radius $\sqrt{c}$ (siehe **Bild 1.7**).

## 1.2 Grenzwerte, Stetigkeit, partielle Ableitungen

Der Begriff des Grenzwertes und der Stetigkeit von Funktionen mehrerer Veränderlicher basiert – wie auch bei Funktionen einer Veränderlichen – auf der Konvergenz von Folgen von Argumenten gegen eine Stelle des Definitionsbereiches. Partielle Ableitungen sind die Grenzwerte von Differenzenquotienten bezüglich einer der Veränderlichen. Für Funktionen zweier Veränderlicher ist die geometrische Interpretation ihrer partiellen Ableitungen möglich.

### Grenzwerte

**Abstand**

In [3] wurde bereits der Begriff der Länge eines Vektors erklärt, der in diesem Abschnitt ebenfalls Anwendung findet. Der **Abstand** zweier Punkte $X$ und $Y$, die den Vektoren $x, y \in \mathbb{R}^n$ entsprechen, ist die Länge des Vektors $\overrightarrow{XY}$, also die Zahl

$$|x - y| = \sqrt{\sum_{i=1}^{n} (x_i - y_i)^2}.$$

**Definition 1.9**

1. Eine Funktion $a\colon \mathbb{N} \to \mathbb{R}^n$, die jeder natürlichen Zahl $k$ ein Element $a_k \in \mathbb{R}^n$ zuordnet, heißt **Folge** im $\mathbb{R}^n$. Sie wird mit $\{a_k\}$ bezeichnet.

2. Die Folge $\{a_k\} \in \mathbb{R}^n$ **konvergiert** gegen die Stelle $\bar{x} \in \mathbb{R}^n$, wenn gilt

$$\lim_{k\to\infty} |a_k - \bar{x}| = 0.$$

Die Stelle $\bar{x}$ heißt **Grenzwert** der Folge $\{a_k\}$, der wie folgt bezeichnet wird

$$\lim_{k\to\infty} a_k = \bar{x}.$$

**Beispiel 1.10**

**Folgen und Grenzwert**

1. Betrachtet wird die Folge mit den Gliedern $a_k = \left(2^{2-k}, 2^{1-k}\right)^\top$, $k \in \mathbb{N}$ (siehe **Bild 1.8**). Die ersten Folgenglieder lauten $(2,1)^\top$, $(1,0.5)^\top$, $(0.5,0.25)^\top$, ... Es wird gezeigt, dass diese Folge gegen die Stelle $\bar{x} = (0,0)^\top$ konvergiert. Nach **Definition 1.9** wird $\lim\limits_{k\to\infty} |a_k - \bar{x}|$ berechnet. Es ist

$$\begin{aligned}\lim_{k\to\infty} |a_k - \bar{x}| &= \lim_{k\to\infty} \sqrt{(2^{2-k}-0)^2+(2^{1-k}-0)^2} = \lim_{k\to\infty} \sqrt{2^{2(2-k)}+2^{2(1-k)}}\\ &= \lim_{k\to\infty} \sqrt{(2^{2\cdot 2}+2^2)2^{-2k}} = \lim_{k\to\infty} \sqrt{20}/2^k = 0.\end{aligned}$$

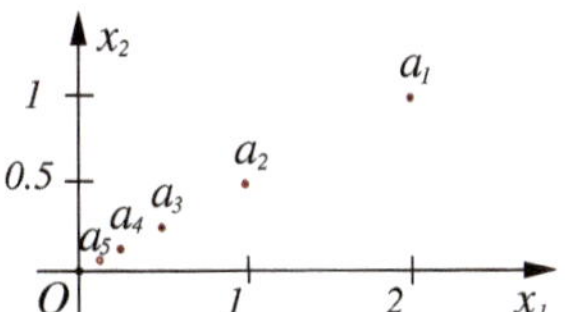


**Bild 1.8** Folge $a_k = (2^{2-k}, 2^{1-k})^\top$

2. Betrachtet wird die Folge mit den Gliedern $a_k = (\sin(k\pi/2), 1/k^2)^\top$, $k \in \mathbb{N}$ (siehe **Bild 1.9**). Die ersten Folgenglieder sind
$(1,1)^\top$, $(0,1/4)^\top$, $(-1,1/9)^\top$, $(0,1/16)^\top$, $(1,1/25)^\top$, ...
Die Punkte, die diesen Folgengliedern entsprechen, liegen abwechselnd auf den Geraden $x_1 = 1$, $x_1 = 0$, $x_1 = -1$. Es gibt keinen Punkt $\bar{x}$ in der Ebene so, dass der Abstand der Folgenglieder zu diesem Punkt gegen null konvergiert. Welcher Punkt auch immer gewählt wird, der Abstand derjenigen (unendlich vielen) Folgenglieder zu diesem Punkt, die auf den Geraden liegen, auf denen dieser Punkt sich nicht befindet, ist stets mindestens so groß wie der Abstand dieses Punktes zu den Geraden selbst.

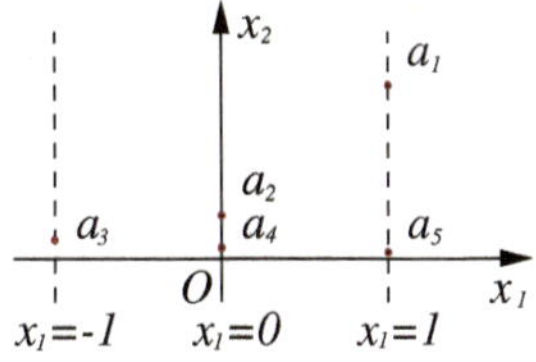


**Bild 1.9** Folge $a_k = (\sin(k\pi/2), 1/k^2)^\top$

---

**Definition 1.11**

Eine Funktion $f$ mit dem Definitionsbereich $D_f \subseteq \mathbb{R}^n$ hat für $x \to \bar{x}$ den **Grenzwert** $c \in \mathbb{R}$:

$$\lim_{x\to\bar{x}} f(x) = c, \quad x, \bar{x} \in \mathbb{R}^n,$$

wenn für *jede* gegen $\bar{x}$ konvergente Folge $\{a_k\}$ gilt

$$\lim_{k\to\infty} f(a_k) = c.$$

**Beispiel 1.12**

**Grenzwert einer Funktion**

Der Grenzwert der Funktion $f(x_1, x_2) = x_1^2 + 2x_1x_2 + x_2^3$ für $x \to \bar{x} = (2,3)^\top$ ist zu ermitteln (siehe **Bild 1.10**).

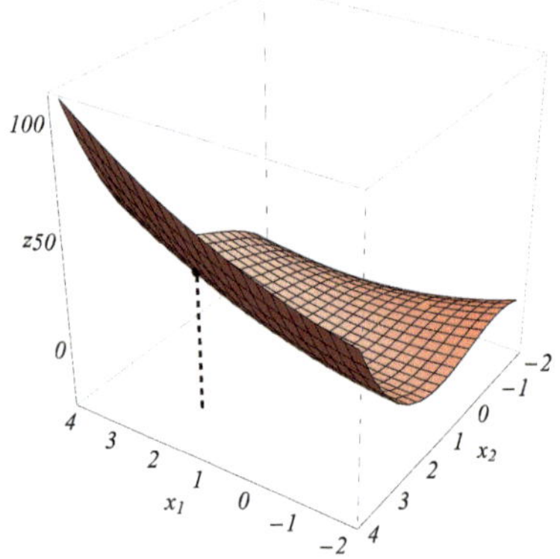


**Bild 1.10** $f(x_1, x_2) = x_1^2 + 2x_1x_2 + x_2^3$

Für jede Folge $\{a_k\} = \{(a_{k1}, a_{k2})^\top\}$, die gegen $\bar{x} = (2,3)^\top$ konvergiert, gilt

$\lim_{k\to\infty} a_{k1} = 2$ und $\lim_{k\to\infty} a_{k2} = 3$.

Mit den Rechenregeln für Grenzwerte konvergenter Zahlenfolgen (siehe z. B. [3]) ergibt sich damit

$$\begin{aligned}\lim_{k\to\infty} f(a_{k1}, a_{k2}) &= \left(\lim_{k\to\infty} a_{k1}\right)^2 + 2 \lim_{k\to\infty} a_{k1} \lim_{k\to\infty} a_{k2} + \left(\lim_{k\to\infty} a_{k2}\right)^3 \\ &= 2^2 + 2\cdot 2\cdot 3 + 3^3 = 43.\end{aligned}$$

## Stetigkeit

**Definition 1.13**

Eine Funktion $f$ mit dem Definitionsbereich $D_f \subseteq \mathbb{R}^n$ heißt **stetig** an der Stelle $\bar{x} \in D_f$, wenn gilt

$$\lim_{x\to\bar{x}} f(x) = f(\bar{x}).$$

Die Funktion heißt **stetig**, wenn $f$ an jeder Stelle des Definitionsbereiches $D_f$ stetig ist.

Stetigkeit

**Beispiel 1.14**

Die Funktion

$$f(x_1, x_2) = \begin{cases} \dfrac{x_1^2 - x_2^2}{x_1^2 + x_2^2}, & (x_1, x_2)^\top \neq (0,0)^\top, \\ 0, & (x_1, x_2)^\top = (0,0)^\top \end{cases}$$

(siehe **Bild 1.11**) ist *stetig* für alle $(x_1, x_2)^\top \neq (0,0)^\top$.

Für $(x_1, x_2)^\top = (0,0)^\top$ hingegen ist $f(x_1, x_2)$ *nicht stetig*. Wird z. B. die Folge mit den Gliedern $a_k = (1/k, 0)^\top$ gewählt, die gegen die Stelle $(0,0)^\top$ konvergiert, so ist der Grenzwert der Folge der zugehörigen Funktionswerte *nicht* der Funktionswert $f(0,0) = 0$:

$$\lim_{k\to\infty} f(a_k) = \lim_{k\to\infty} \frac{1/k^2 - 0}{1/k^2 + 0} = 1 \neq f(0,0).$$

Auch für die Folge mit den Gliedern $a_k = (2/k, 1/k)^\top$, die gegen die Stelle $(0,0)^\top$ konvergiert, ist der Grenzwert der Folge der zugehörigen Funktionswerte *nicht* der Funktionswert $f(0,0) = 0$:

$$\lim_{k\to\infty} f(a_k) = \lim_{k\to\infty} \frac{4/k^2 - 1/k^2}{4/k^2 + 1/k^2} = \frac{3}{5} \neq f(0,0).$$

Offenbar ist der Grenzwert der Folge der Funktionswerte von $f(x_1, x_2)$ für verschiedene gegen die Stelle $(0,0)^\top$ konvergierende Folgen nicht derselbe. Damit hat die Funktion $f(x_1, x_2)$ an der Stelle $(0,0)^\top$ *keinen* Grenzwert und ist daher dort nicht stetig.

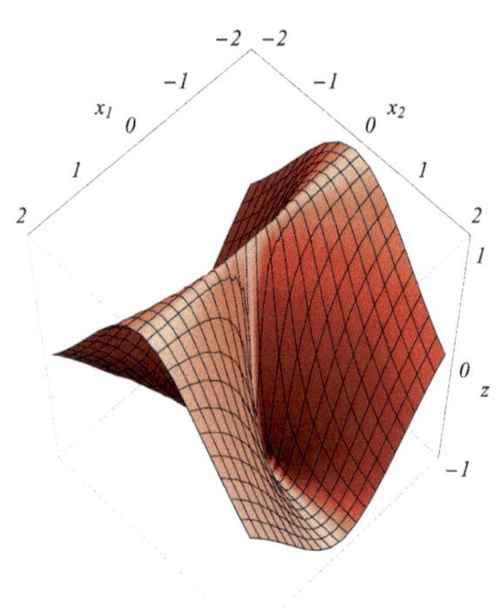


**Bild 1.11** $f(x_1, x_2) = (x_1^2 - x_2^2)/(x_1^2 + x_2^2)$

Die Rechenregeln für die Grenzwerte von Folgen bzw. Funktionen sind analog zu denen von Funktionen einer Veränderlichen. Insbesondere sind Summe, Produkt und Quotient (Nennerfunktion ungleich null) stetiger Funktionen ebenfalls wieder stetige Funktionen.

## Partielle Ableitungen

**Definition 1.15**

Sei $f$ eine Funktion mit dem Definitionsbereich $D_f \subseteq \mathbb{R}^n$. Existiert für ein $i \in \{1, ..., n\}$ an einer festen Stelle $(x_1, ..., x_n)^\top$ der Grenzwert

$$\lim_{\Delta x_i \to 0} \frac{f(x_1, ..., x_i + \Delta x_i, ..., x_n) - f(x_1, ..., x_i, ..., x_n)}{\Delta x_i},$$

so heißt er **partielle Ableitung** von $f$ nach $x_i$ an der Stelle $(x_1, ..., x_n)^\top$ und wird wie folgt bezeichnet:

$$f_{x_i}(x_1, ..., x_n) = \frac{\partial f}{\partial x_i}(x_1, ..., x_n).$$

Die Funktion $f$ ist dort **partiell differenzierbar** nach $x_i$.

**Differenzierbarkeit und Ableitungen**

### Beispiel 1.16

1. Die Funktion $f(x_1, x_2) = x_1^2 + 2x_1x_2 + x_2^3$ ist an jeder Stelle des $\mathbb{R}^2$ nach $x_1$ und nach $x_2$ partiell differenzierbar. Es ist
   $$f_{x_1} = 2x_1 + 2x_2 \quad \text{und} \quad f_{x_2} = 2x_1 + 3x_2^2.$$
2. Die Funktion $f(x_1, x_2) = x_1^{x_2}$ mit dem Definitionsbereich
   $$D_f = \{(x_1, x_2)^\top : 0 < x_1 < \infty, \ -\infty < x_2 < \infty\}$$
   ist an jeder Stelle ihres Definitionsbereiches nach $x_1$ und nach $x_2$ partiell differenzierbar. Es ist
   $$f_{x_1} = x_2 x_1^{x_2 - 1} \quad \text{und} \quad f_{x_2} = x_1^{x_2} \ln x_1.$$
3. Die Funktion $f(x_1, x_2, x_3) = e^{x_2x_3} + x_3$ mit dem Definitionsbereich $D_f = \mathbb{R}^3$ ist auf ihrem gesamten Definitionsbereich partiell differenzierbar nach $x_1$, $x_2$ und $x_3$. Es ist
   $$f_{x_1} = 0 \quad \text{und} \quad f_{x_2} = x_3 \, e^{x_2x_3} \quad \text{und} \quad f_{x_3} = x_2 \, e^{x_2x_3} + 1.$$

**Bemerkung 1.17**

1. Der Grenzwert $\lim\limits_{\Delta x_i \to 0}$ in **Definition 1.15** der partiellen Ableitung bezieht sich nur auf die Veränderung der $i$-ten Veränderlichen $x_i$ der Argumente von $f$. Alle anderen Argumente sind fest. Die entsprechende partielle Ableitung nach $x_i$ ist daher gleich der gewöhnlichen Ableitung von $f$ nach $x_i$, wenn alle anderen Argumente als konstant betrachtet werden.
2. Die partielle Ableitung $f_{x_i}$ an der Stelle $\bar{x} = (\bar{x}_1, ..., \bar{x}_n)^\top$ ist gleich der Steigung der Tangente an den Graphen der Funktion $f(\bar{x}_1, ..., x_i, ..., \bar{x}_n)$ *der einen Veränderlichen* $x_i$ an der Stelle $\bar{x}_i$.

   Für eine Funktion zweier Veränderlicher $x_1$ und $x_2$ lauten die Gleichungen der beiden Tangenten (Geraden im Raum)

   $$\begin{pmatrix} x_1 \\ x_2 \\ z \end{pmatrix} = \begin{pmatrix} \bar{x}_1 \\ \bar{x}_2 \\ f(\bar{x}_1, \bar{x}_2) \end{pmatrix} + \tau \begin{pmatrix} 1 \\ 0 \\ f_{x_1}(\bar{x}_1, \bar{x}_2) \end{pmatrix} \quad \text{und}$$

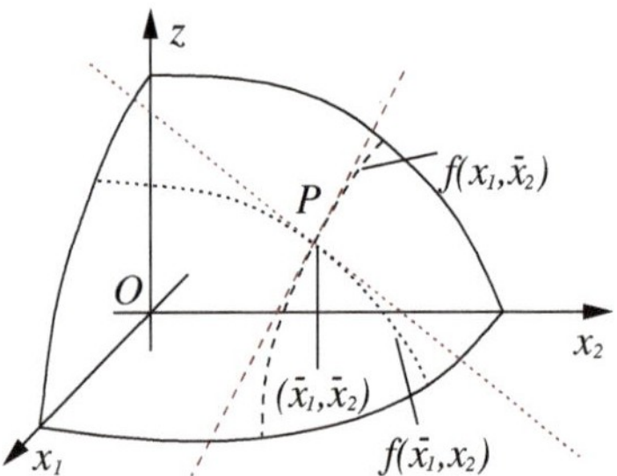


**Bild 1.12** Tangenten an den Graphen von $f$, Stelle $(\bar{x}_1, \bar{x}_2)^\top$

$$\begin{pmatrix} x_1 \\ x_2 \\ z \end{pmatrix} = \begin{pmatrix} \bar{x}_1 \\ \bar{x}_2 \\ f(\bar{x}_1, \bar{x}_2) \end{pmatrix} + \tau \begin{pmatrix} 0 \\ 1 \\ f_{x_2}(\bar{x}_1, \bar{x}_2) \end{pmatrix}.$$

Sie spannen die sogenannte **Tangentialebene** auf, die den Graphen der Funktion $z = f(x_1, x_2)$ im Punkt $P(\bar{x}_1, \bar{x}_2, f(\bar{x}_1, \bar{x}_2))$ berührt (siehe **Bild 1.12**).

3. Existieren für eine Funktion $f$ mit dem Definitionsbereich $D_f \subseteq \mathbb{R}^n$ die partiellen Ableitungen bezüglich jedes Argumentes, so heißt $f$ auf $D_f$ **differenzierbar**.

4. Die Rechenregeln für das Bilden der partiellen Ableitungen nach einer bestimmten Veränderlichen sind analog zu denen für Funktionen einer Veränderlichen. Alle anderen Veränderlichen werden dabei als konstant betrachtet.

5. Partielle Ableitungen höherer Ordnung ergeben sich als partielle Ableitungen der partiellen Ableitungen (die ihrerseits Funktionen mehrerer Veränderlicher sind). So ist z. B.

$$\frac{\partial^2 f}{\partial x_1^2} = \frac{\partial}{\partial x_1}\left(\frac{\partial f}{\partial x_1}\right) = f_{x_1 x_1}, \quad \frac{\partial^2 f}{\partial x_1 \partial x_2} = \frac{\partial}{\partial x_2}\left(\frac{\partial f}{\partial x_1}\right) = f_{x_1 x_2},$$

$$\frac{\partial^2 f}{\partial x_2 \partial x_1} = \frac{\partial}{\partial x_1}\left(\frac{\partial f}{\partial x_2}\right) = f_{x_2 x_1}, \quad \frac{\partial^2 f}{\partial x_2^2} = \frac{\partial}{\partial x_2}\left(\frac{\partial f}{\partial x_2}\right) = f_{x_2 x_2}.$$

6. Nach dem **Satz von Schwarz** ist für eine auf ihrem Definitionsbereich $D_f \subseteq \mathbb{R}^n$ $p$-mal stetig differenzierbare Funktion $f$ die Reihenfolge des Differenzierens beim Bilden einer $q$-ten partiellen Ableitung mit $q \leq p$ unerheblich. Insbesondere gilt für zweimal stetig differenzierbare Funktionen $f$

$$f_{x_i x_j} = f_{x_j x_i}, \; i, j = 1, ..., n, \; i \neq j. \tag{1.1}$$

**Hermann Amandus Schwarz**
(* 25. Januar 1843 in Hermsdorf, Schlesien, † 30. November 1921 in Berlin)

deutscher Mathematiker, Professor für Mathematik in Halle, Zürich, Göttingen, Berlin, Mitglied der preußischen Akademie der Wissenschaften (1882), der Leopoldina (1985) und der Russischen Akademie der Wissenschaften (1897)

Funktionentheorie, Theorie der Minimalflächen, Schwarz-Christoffel-Transformation, Arbeiten zur hypergeometrischen Differentialgleichung, Cauchy-Schwarz-Ungleichung, Spiegelungsprinzip von Schwarz, Alternierendes Verfahren von Schwarz zur Gebietszerlegung bei der Lösung elliptischer partieller Differentialgleichungen

*hier: Satz von Schwarz*

## 1.3 Gradient, partielles und totales Differenzial, Fehlerrechnung

Der Gradient einer differenzierbaren Funktion mehrerer Veränderlicher hat zentrale Bedeutung. Er gibt z. B. die Richtung der steilsten Steigung an. Mit seiner Hilfe kann das totale Differenzial berechnet werden, das bei der näherungsweisen Berechnung von Funktionswerten und insbesondere bei der Fehlerrechnung verwendet wird.

## Gradient

**Definition 1.18**

Ist eine Funktion $f$ mit dem Definitionsbereich $D_f \subseteq \mathbb{R}^n$ an einer Stelle $x \in D_f$ nach allen $n$ Veränderlichen partiell differenzierbar, so heißt der Vektor der ersten partiellen Ableitungen von $f$ **Gradient** von $f$ an der Stelle $x$:

$$\text{grad } f(x) = (f_{x_1}(x),\ ...,\ f_{x_n}(x))^\top .$$

Der Gradient weist in Richtung der steilsten Steigung der Funktion $f$ an der Stelle $x$.

**Gradient an einer Stelle**

**Beispiel 1.19**

Die Funktion

$f(x_1, x_2) = -x_1^2 + 10x_1 - x_2^2 + 10x_2 - 40 = -(x_1 - 5)^2 - (x_2 - 5)^2 + 10$

(siehe **Bild 1.13**) hat den Gradienten grad $f(x_1, x_2) = (-2x_1 + 10, -2x_2 + 10)^\top$. An der Stelle $x = (4,4)^\top$ ergibt sich z. B. grad $f(4,4) = (2,2)^\top$, an der Stelle $x = (3,6)^\top$ ergibt sich grad $f(3,6) = (4,-2)^\top$.

Der Graph der Funktion $f$ ist ein Kreisparaboloid. Seine Isolinien sind Kreise mit dem Mittelpunkt $M(5,5)$. In **Bild 1.14** sind die Isolinien zusammen mit den beiden Gradienten dargestellt.

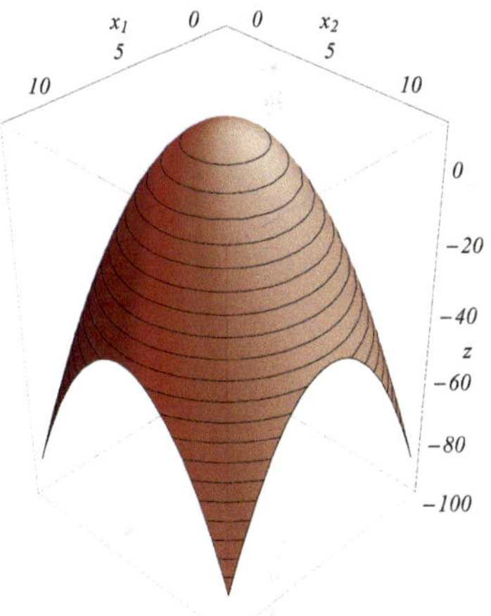


**Bild 1.13**
$f(x_1,x_2) = -x_1^2 + 10x_1 - x_2^2 + 10x_2 - 40$

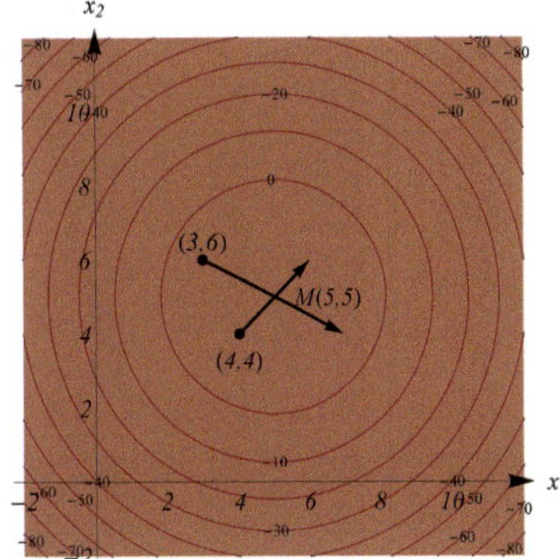


**Bild 1.14** Isolinien, Gradienten

## Partielles und totales Differenzial

Das Differenzial d$f$ der an einer festen Stelle $x = \bar{x}$ differenzierbaren Funktion $f$ *einer* Veränderlichen mit der Abweichung $\Delta x$ ist erklärt als

$$\mathrm{d}f(\Delta x) = f'(\bar{x})\Delta x,$$

und für den Funktionswert $f(\bar{x} + \Delta x)$ gilt näherungsweise (siehe [3])

$$f(\bar{x} + \Delta x) \approx f(\bar{x}) + f'(\bar{x})\Delta x = f(\bar{x}) + \mathrm{d}f(\Delta x).$$

Wird bei einer Funktion $f(x_1, x_2)$ *zweier* Veränderlicher eine Stelle $\bar{x} = (\bar{x}_1, \bar{x}_2)^\top$ betrachtet und wird $\bar{x}_2$ fixiert, so resultiert die Funktion $f(x_1, \bar{x}_2)$, die jetzt nur noch von der *einen* Veränderlichen $x_1$ abhängt. Für den Funktionswert $f(\bar{x}_1 + \Delta x_1, \bar{x}_2)$ gilt dann

$$f(\bar{x}_1 + \Delta x_1, \bar{x}_2) \approx f(\bar{x}_1, \bar{x}_2) + f_{x_1}(\bar{x}_1, \bar{x}_2)\Delta x_1 = f(\bar{x}) + \mathrm{d}f_{x_1}(\Delta x_1),$$

mit dem **partiellen Differenzial** nach der Veränderlichen $x_1$

$$\mathrm{d}f_{x_1}(\Delta x_1) = f_{x_1}(\bar{x}_1, \bar{x}_2)\Delta x_1 = f_{x_1}(\bar{x})\Delta x_1.$$

Das partielle Differenzial nach der Veränderlichen $x_1$ gibt näherungsweise den Funktionswertzuwachs der Funktion $f$ an, wenn von der Stelle $\bar{x} = (\bar{x}_1, \bar{x}_2)^\top$ *nur in Richtung der $x_1$-Koordinate* um $\Delta x_1$ abgewichen wird. Analog ergibt sich bei fixiertem $\bar{x}_1$ und der Abweichung $\Delta x_2$

$$f(\bar{x}_1, \bar{x}_2 + \Delta x_2) \approx f(\bar{x}_1, \bar{x}_2) + f_{x_2}(\bar{x}_1, \bar{x}_2)\Delta x_2 = f(\bar{x}) + \mathrm{d}f_{x_2}(\Delta x_2)$$

mit dem **partiellen Differenzial** nach der Veränderlichen $x_2$

$$\mathrm{d}f_{x_2}(\Delta x_2) = f_{x_2}(\bar{x}_1, \bar{x}_2)\Delta x_2 = f_{x_2}(\bar{x})\Delta x_2.$$

Entsprechend ist für eine Funktion $f$ mit $n$ Veränderlichen $x_1, ..., x_n$ das partielle Differenzial nach der Veränderlichen $x_i$ an der Stelle $\bar{x}$

**Partielles Differenzial**

$$\mathrm{d}f_{x_i} = f_{x_i}(\bar{x})\Delta x_i, \ \Delta x_i \in \mathbb{R}, \ i = 1, ..., n.$$

**Definition 1.20**
**Totales Differenzial**

Sei $f$ eine auf dem Definitionsbereich $D_f \subseteq \mathbb{R}^n$ differenzierbare Funktion, $\bar{x} \in D_f$ eine feste Stelle und $\Delta x = (\Delta x_1, ..., \Delta x_n)^\top$ ein reeller Vektor. Die Funktion des Vektors $\Delta x = (\Delta x_1, ..., \Delta x_n)^\top$

$$\mathrm{d}f(\Delta x) = (\mathrm{grad} f(\bar{x}), \Delta x) = f_{x_1}(\bar{x})\Delta x_1 + ... + f_{x_n}(\bar{x})\Delta x_n \qquad (1.2)$$

heißt **totales Differenzial** der Funktion $f$ an der Stelle $\bar{x}$.

**Näherung von Funktionswerten**

Das totale Differenzial $\mathrm{d}f(\Delta x)$ der Funktion $f$ an der Stelle $\bar{x}$ gibt näherungsweise den Zuwachs des Funktionswertes von $f$ an, wenn von der Stelle $\bar{x}$ in eine *beliebige* Richtung mithilfe des Vektors $\Delta x$ abgewichen wird. An der Stelle $x = \bar{x} + \Delta x$ gilt die Näherungsformel

$$f(x) = f(\bar{x} + \Delta x) \approx f(\bar{x}) + \mathrm{d}f(\Delta x). \qquad (1.3)$$

### Beispiel 1.21

Für die Funktion

$$f(x_1, x_2) = -x_1^2 + 10x_1 - x_2^2 + 10x_2 - 40 = -(x_1 - 5)^2 - (x_2 - 5)^2 + 10$$

aus **Beispiel 1.19** mit dem Funktionswert $f(7, 4) = 5$ soll näherungsweise der Funktionswert an den Stelle $(7.2, 4.3)^\top$ und $(7.2, 4.1)^\top$ mithilfe des totalen Differenzials ermittelt werden.

Es ist $\bar{x} = (7, 4)^\top$, $f_{x_1} = -2x_1 + 10$, $f_{x_2} = -2x_2 + 10$.

An der Stelle $(7.2, 4.3)^\top$ ergibt sich mit $\Delta x = (0.2, 0.3)^\top$ das totale Differenzial
$\mathrm{d}f(0.2, 0.3) = f_{x_1}(7, 4) \cdot 0.2 + f_{x_2}(7, 4) \cdot 0.3 = (-4) \cdot 0.2 + 2 \cdot 0.3 = -0.2$.
Als näherungsweiser Funktionswert ergibt sich nach Gleichung (1.3)
$f(7.2, 4.3) \approx f(7, 4) - 0.2 = 5 - 0.2 = 4.8$.
Der genaue Funktionswert ist $f(7.2, 4.3) = 4.67$.

An der Stelle $(7.2, 4.1)^\top$ ergibt sich analog mit $\Delta x = (0.2, 0.1)^\top$
$\mathrm{d}f(0.2, 0.1) = f_{x_1}(7, 4) \cdot 0.2 + f_{x_2}(7, 4) \cdot 0.1 = (-4) \cdot 0.2 + 2 \cdot 0.1 = -0.6$.
Damit ist der näherungsweise Funktionswert
$f(7.2, 4.1) \approx f(7, 4) - 0.6 = 5 - 0.6 = 4.4$.
Der genaue Funktionswert ist $f(7.2, 4.1) = 4.35$.

## Fehlerrechnung

Wie bereits bei Funktionen einer Veränderlichen finden Differenzial und näherungsweise Funktionswertberechnung auch bei Funktionen mehrerer Veränderlicher Anwendung bei der Fehlerrechnung. Dabei werden anstelle der wahren Werte $x_1, ..., x_n$ jeweils die Näherungswerte $\bar{x}_1, ..., \bar{x}_n$ mit den Toleranzen $\Delta x_1, ..., \Delta x_n \geq 0$ für die Messfehler ermittelt. Bestimmt werden soll der maximal mögliche absolute und relative Fehler bei der Funktionswertermittlung mit den gemessenen Werten.

**Absoluter Fehler**

Der absolute Fehler ist die Differenz aus dem wahren Funktionswert an der Stelle $x = (x_1, ..., x_n)^\top$ und dem genäherten Funktionswert an der Messstelle $\bar{x} = (\bar{x}_1, ..., \bar{x}_n)^\top$, wobei die wahren Werte im Toleranzbereich liegen: $x_i \in [\bar{x}_i - \Delta x_i, \bar{x}_i + \Delta x_i]$ bzw.

$|x_i - \bar{x}_i| \leq \Delta x_i, \ i = 1, ..., n.$

Mit Gleichung (1.3) folgt für den Betrag des absoluten Fehlers

$$\begin{aligned} |\Delta f| &= |f(x) - f(\bar{x})| \approx |\mathrm{d}f(x - \bar{x})| \\ &= |f_{x_1}(\bar{x})(x_1 - \bar{x}_1) + ... + f_{x_n}(\bar{x})(x_n - \bar{x}_n)| \\ &\leq |f_{x_1}(\bar{x})|\, \Delta x_1 + ... + |f_{x_n}(\bar{x})|\, \Delta x_n. \end{aligned} \tag{1.4}$$

**Relativer Fehler**

Der relative Fehler ist das Verhältnis des absoluten Fehlers zum Funktionswert. Sein Betrag lässt sich mithilfe von (1.4) abschätzen:

$$\begin{aligned} \left|\frac{\Delta f}{f(\bar{x})}\right| &= \left|\frac{f(x) - f(\bar{x})}{f(\bar{x})}\right| \approx \left|\frac{\mathrm{d}f(x - \bar{x})}{f(\bar{x})}\right| \\ &\leq \frac{1}{|f(\bar{x})|} \left(|f_{x_1}(\bar{x})|\, \Delta x_1 + ... + |f_{x_n}(\bar{x})|\, \Delta x_n\right). \end{aligned} \tag{1.5}$$

**Beispiel 1.22**

**Fehlerrechnung**

Mit welchem relativen Fehler kann das Volumen eines zylinderförmigen Turmes mit Kegelspitze (siehe **Bild 1.15**) ermittelt werden, wenn der Grundkreisradius $r$, die Höhe $h$ des Zylinders und die Höhe $h_s$ der Kegelspitze jeweils mit einem relativen Messfehler nicht größer als 1 % bestimmt wurden?

Das Volumen des zylinderförmigen Turmes mit Kegelspitze beträgt

$$V = V(r, h, h_s) = \pi r^2 \left(h + \frac{1}{3} h_s\right).$$

Mit Gleichung (1.2) ergibt sich für das totale Differenzial

$$\mathrm{d}V = V_r \Delta r + V_h \Delta h + V_{h_s} \Delta h_s = 2\pi r \left(h + \frac{1}{3} h_s\right) \Delta r + \pi r^2 \Delta h + \frac{1}{3} \pi r^2 \Delta h_s.$$

Für den maximalen relativen Fehler ergibt sich damit aus (1.5)

$$\begin{aligned} \left|\frac{\Delta V}{V}\right| \approx \left|\frac{\mathrm{d}V}{V}\right| &= \left|\frac{2}{r} \Delta r + \frac{\Delta h}{h + h_s/3} + \frac{\Delta h_s}{3\,(h + h_s/3)}\right| \\ &= \left|2\, \frac{\Delta r}{r} + \frac{h}{h + h_s/3} \frac{\Delta h}{h} + \frac{h_s}{3\,(h + h_s/3)} \frac{\Delta h_s}{h_s}\right| \\ &\leq 2 \left|\frac{\Delta r}{r}\right| + \frac{h}{h + h_s/3} \left|\frac{\Delta h}{h}\right| + \frac{h_s}{3\,(h + h_s/3)} \left|\frac{\Delta h_s}{h_s}\right| \\ &\leq \left(2 + \frac{h}{h + h_s/3} + \frac{h_s}{3\,(h + h_s/3)}\right) \cdot 1\,\% \ = \ 3\,\%. \end{aligned}$$

Das Volumen kann mit einem maximalen relativen Messfehler von 3 % ermittelt werden.

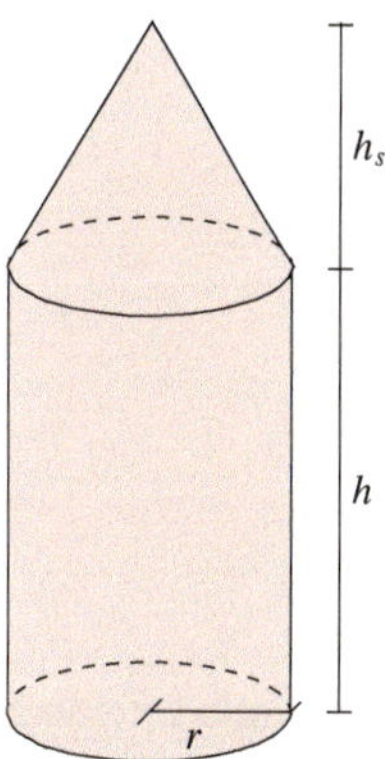

**Bild 1.15** Turm mit Kegelspitze

## 1.4 Extremwerte von Funktionen mehrerer Veränderlicher

Mit dem Begriff der Umgebung einer Stelle werden lokale und globale Extremwerte von Funktionen mehrerer Veränderlicher erklärt. Für differenzierbare Funktionen werden notwendige und hinreichende Kriterien für die Existenz lokaler Extremwerte angegeben. Die Klassifikation kritischer Stellen umfasst auch sogenannte Sattelpunkte, in denen die notwendigen Bedingungen erfüllt sind, aber trotzdem kein lokaler Extremwert vorliegt.

### 1.4.1 Definition lokaler Extrema

**Definition 1.23**

Umgebung einer Stelle

Die **Umgebung** $U_r(\bar{x})$ einer Stelle $\bar{x} \in \mathbb{R}^n$ ist die Menge aller Stellen $x \in \mathbb{R}^n$, für die der Abstand zur Stelle $\bar{x}$ kleiner als $r$ ist:

$$|\bar{x} - x| < r.$$

**Beispiel 1.24**

Für $n = 1$ ist die Menge $\mathbb{R}$ durch die Zahlengerade darstellbar und $\bar{x}$ durch den entsprechenden Punkt auf ihr. Die Umgebung $U_r(\bar{x})$ ist das Intervall $(\bar{x}-r, \bar{x}+r)$.

Für $n = 2$ ist die Menge $\mathbb{R}^2$ durch eine Ebene darstellbar, $\bar{x}$ durch den entsprechenden Punkt auf ihr und die Umgebung $U_r(\bar{x})$ durch die inneren Punkte des Kreises mit diesem Mittelpunkt und dem Radius $r$.

Für $n = 3$ ist die Menge $\mathbb{R}^3$ durch den dreidimensionale Raum darstellbar, $\bar{x}$ durch den entsprechenden Punkt darin und die Umgebung $U_r(\bar{x})$ durch die inneren Punkte der Kugel mit diesem Mittelpunkt und dem Radius $r$.

**Definition 1.25**

Lokale Extrema

Sei $f$ eine Funktion mit dem Definitionsbereich $D_f \subseteq \mathbb{R}^n$. Die Funktion $f$ hat an der Stelle $\bar{x} \in D_f$

1. **ein lokales Minimum (Maximum)**, falls es eine Umgebung $U_r(\bar{x})$ gibt, sodass für alle $x \in U_r(\bar{x})$ gilt

$$f(x) \geq f(\bar{x}) \qquad (f(x) \leq f(\bar{x})),$$

2. **ein strenges lokales Minimum (Maximum)**, falls es eine Umgebung $U_r(\bar{x})$ gibt, sodass für alle $x \in U_r(\bar{x})\backslash\{\bar{x}\}$ gilt

$$f(x) > f(\bar{x}) \qquad (f(x) < f(\bar{x})).$$

**Beispiel 1.26**

1. Die Funktion $f(x_1, x_2) = x_1^2 + x_2^2$ (siehe **Beispiel 1.6**, **Bild 1.16**) hat an der Stelle $\bar{x} = (0,0)^\top$ ein strenges lokales Minimum: $f(0,0) = 0$. Für *alle* Stellen $(x_1, x_2)^\top \neq (0,0)^\top$ gilt offenbar $f(x_1, x_2) > 0 = f(0,0)$ und damit z. B. auch für alle Stellen von $U_1(\bar{x})\backslash\{\bar{x}\}$.
2. Die Funktion $f(x_1,x_2) = 10 - x_1^2 - x_2^2$ (siehe **Bild 1.17**) hat an der Stelle $\bar{x} = (0,0)^\top$ ein strenges lokales Maximum: $f(0,0) = 10$. Für *alle* Stellen

$(x_1, x_2)^\top \neq (0,0)^\top$ gilt offenbar $f(x_1, x_2) < 10 = f(0,0)$ und damit z. B. auch für alle Stellen der Umgebung $U_1(\bar{x}) \setminus \{\bar{x}\}$.

3. Die Funktion $f(x_1, x_2) = x_2^2$ (siehe **Bild 1.18**) hat an der Stelle $\bar{x} = (0,0)^\top$ ein lokales Minimum: $f(0,0) = 0$. Für alle Stellen der Umgebung $U_1(\bar{x})$ gilt $f(x_1, x_2) \geq 0 = f(0,0)$, allerdings sind auch für die Stellen $(x_1, 0)^\top \in U_1(\bar{x})$ mit $x_1 \neq 0$ die Funktionswerte gleich null: $f(x_1, 0) = 0 = f(0,0)$. Daher ist das Minimum kein strenges.

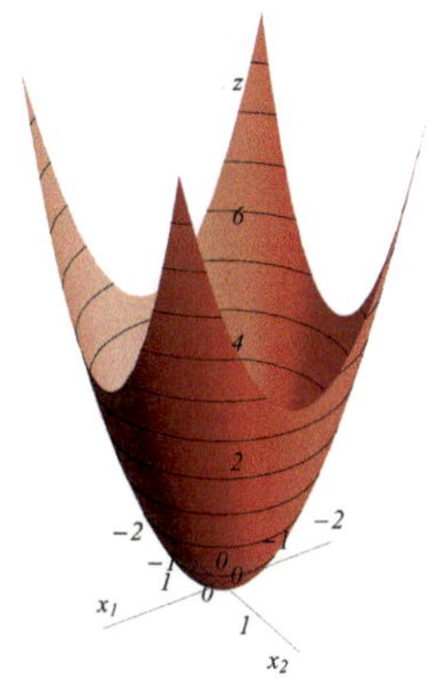

**Bild 1.16** $f(x_1, x_2) = x_1^2 + x_2^2$

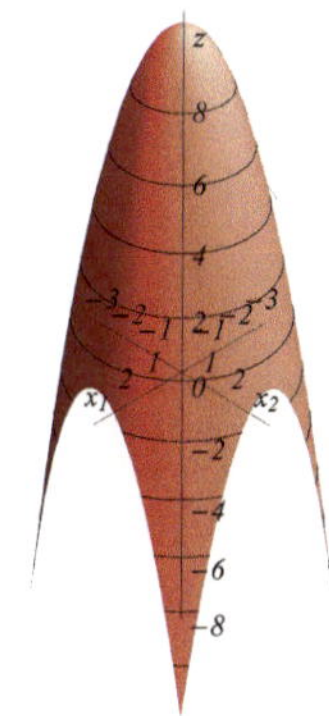

**Bild 1.17** $f(x_1, x_2) = 10 - x_1^2 - x_2^2$

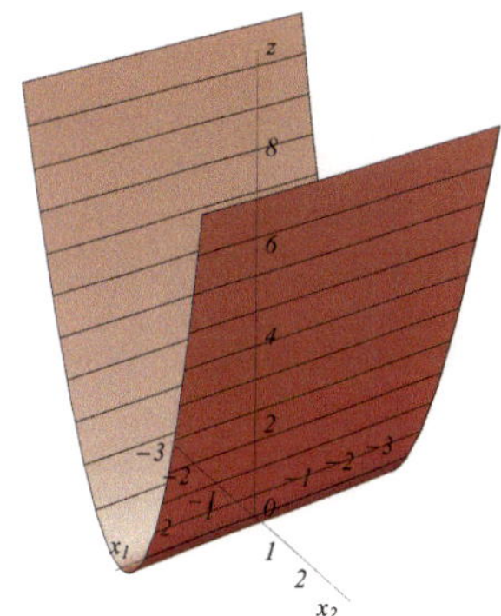

**Bild 1.18** $f(x_1, x_2) = x_2^2$

Im folgenden Abschnitt geht es um die Bestimmung lokaler Extrema von *partiell differenzierbaren* Funktionen, obwohl die Definition der lokalen Extrema ohne den Differenzierbarkeitsbegriff auskommt.

## 1.4.2 Notwendige Bedingungen für die Existenz lokaler Extrema

Bei differenzierbaren Funktionen einer Veränderlichen bedingt ein lokaler Extremwert an der Stelle $\bar{x}$ dort die Steigung gleich null. Die Tangente an den Graphen der Funktion verläuft parallel zur $x$-Achse.

Für differenzierbare Funktionen zweier Veränderlicher kann analog geschlussfolgert werden, dass die Tangentialebene an der lokalen Extremstelle $\bar{x}$ an den Graphen der Funktion $f(x_1, x_2)$ horizontal liegen muss, d. h., parallel zur $(x_1, x_2)$-Ebene ist. Die Tangentialebene wird von den Tangentialvektoren $(1, 0, f_{x_1}(\bar{x}))^\top$ und $(0, 1, f_{x_2}(\bar{x}))^\top$ aufgespannt (siehe **Abschnitt 1.2**). Die Forderung, dass die Tangentialebene parallel zur $(x_1, x_2)$-Ebene verläuft, bedeutet, dass die $z$-Komponenten beider Vektoren gleich null sein müssen: $f_{x_1}(\bar{x}) = f_{x_2}(\bar{x}) = 0$.

**Satz 1.27**

**Notwendige Bedingung für ein lokales Extremum**

Sei $f$ eine auf $D_f \subseteq \mathbb{R}^n$ definierte und dort differenzierbare Funktion. Hat $f$ an der Stelle $\bar{x} \in D_f$ ein lokales Extremum, so gilt

$$f_{x_i}(\bar{x}) = 0, \ i = 1, ..., n. \tag{1.6}$$

**Bemerkung 1.28**

1. Stellen $\bar{x}$, für die die Bedingung (1.6) des **Satzes 1.27** erfüllt ist, heißen **kritische Stellen**.
2. Kritische Stellen $\bar{x}$, die keine lokalen Extremwerte liefern, heißen **Sattelpunkte**.

**Bedingung für lokale Extrema**

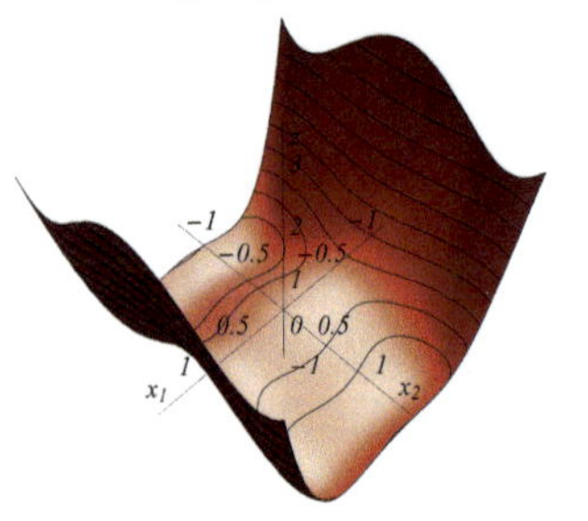

Bild 1.19 $f(x_1,x_2)=2x_1^4+x_2^4-x_1^2-2x_2^2$

**Beispiel 1.29**

An welchen Stellen kann die Funktion $f(x_1, x_2) = 2x_1^4 + x_2^4 - x_1^2 - 2x_2^2$ (siehe **Bild 1.19**) lokale Extrema haben?

Die notwendigen Bedingungen für die Existenz lokaler Extrema sind nach (1.6)

$f_{x_1} = 8x_1^3 - 2x_1 = 0 \quad$ und $\quad f_{x_2} = 4x_2^3 - 4x_2 = 0.$

Die erste Gleichung lautet nach Ausklammern $2x_1(2x_1-1)(2x_1+1) = 0$ und hat die drei Lösungen $x_1 = 0, 0.5, -0.5$. Die zweite Gleichung lautet nach Ausklammern $4x_2(x_2-1)(x_2+1) = 0$ und hat die drei Lösungen $x_2 = 0, 1, -1$. Da beide Bedingungen *gleichzeitig* erfüllt sein müssen, ergeben sich folgende neun Stellen als mögliche Stellen lokaler Extrema:

$(0,0)^\top$, $(0,1)^\top$, $(0,-1)^\top$, $(0.5,0)^\top$, $(0.5,1)^\top$, $(0.5,-1)^\top$, $(-0.5,0)^\top$, $(-0.5,1)^\top$, $(-0.5,-1)^\top$.

**Sattelpunkt**

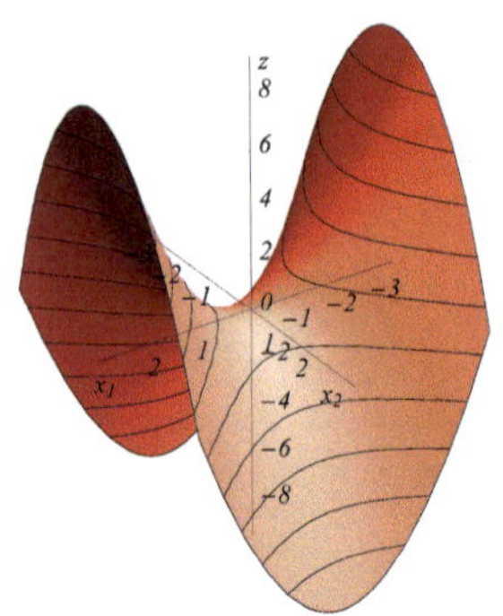

Bild 1.20 $f(x_1, x_2)=x_1^2-x_2^2$

**Beispiel 1.30**

Die Funktion $f(x_1, x_2) = x_1^2 - x_2^2$ hat die kritische Stelle $\bar{x} = (0,0)^\top$, denn die notwendigen Bedingungen

$f_{x_1} = 2x_1 = 0 \quad$ und $\quad f_{x_2} = -2x_2 = 0$

sind offenbar genau für $x_1 = 0$ und $x_2 = 0$ erfüllt. Trotzdem gibt es keine Umgebung der Stelle $\bar{x} = (0,0)^\top$, in der alle Funktionwerte entweder kleiner oder gleich bzw. größer oder gleich $f(0,0) = 0$ wären. Wird eine *beliebige* Umgebung $U_r(\bar{x})$ gewählt, so ist z. B. für alle Stellen $(x_1, 0)^\top$ mit $|x_1| < r$ dieser Umgebung $f(x_1, 0) = x_1^2 \geq 0$, während für alle Stellen $(0, x_2)^\top$ mit $|x_2| < r$ dieser Umgebung $f(0, x_2) = -x_2^2 \leq 0$ ist. Damit kann die Funktion an der Stelle $\bar{x} = (0,0)^\top$ keinen lokalen Extremwert haben. Die Funktion $f$ ist in **Bild 1.20** dargestellt.

### 1.4.3 Hinreichende Bedingungen für lokale Extrema bei Funktionen zweier Veränderlicher

Dafür, dass eine Funktion $f$ an einer kritischen Stelle $\bar{x}$ einen lokalen Extremwert hat, ist es erforderlich, dass die Funktion dort eine einheitliche Krümmung aufweist, d. h., dass sie z. B. in *jede* Richtung, die von $\bar{x}$ wegweist, ansteigt (oder absteigt). Die Krümmung für eine Funktion $f$ zweier Veränderlicher wird charakterisiert mit der folgenden Definition:

**Definition 1.31**

Eine auf ihrem Definitionsbereich $D_f \subseteq \mathbb{R}^2$ zweimal stetig differenzierbare Funktion $f$ ist an der Stelle $\bar{x} \in D_f$ **konvex (konkav)**, wenn dort gilt

$$f_{x_1x_1} \geq (\leq)\, 0 \quad \text{und} \quad f_{x_1x_1} f_{x_2x_2} \geq (f_{x_1x_2})^2. \tag{1.7}$$

Sie ist dort **streng konvex (konkav)**, wenn gilt

$$f_{x_1x_1} > (<)\ 0 \quad \text{und} \quad f_{x_1x_1}f_{x_2x_2} > (f_{x_1x_2})^2. \tag{1.8}$$

**Beispiel 1.32** Konvexität

1. Die Funktion $f(x_1, x_2) = x_1^2 + 2x_2^2$ hat an allen Stellen ihres Definitionsbereiches $D_f = \mathbb{R}^2$ die partiellen Ableitungen $f_{x_1x_1} = 2$, $f_{x_2x_2} = 4$, $f_{x_1x_2} = 0$. Sie ist an allen Stellen ihres Definitionsbereiches streng konvex, da die Ungleichungen in (1.8) erfüllt sind.
2. Die Funktion $f(x_1, x_2) = x_1^2$ hat an allen Stellen ihres Definitionsbereiches $D_f = \mathbb{R}^2$ die partiellen Ableitungen $f_{x_1x_1} = 2$, $f_{x_2x_2} = 0$, $f_{x_1x_2} = 0$. Sie ist an allen Stellen ihres Definitionsbereiches konvex, da (1.7) erfüllt ist. Sie ist *nicht* streng konvex, da die strengen Ungleichungen in (1.8) nicht erfüllt sind.

---

**Satz 1.33**
**Hinreichende Bedingung für ein lokales Extremum**

Die auf ihrem Definitionsbereich $D_f \subseteq \mathbb{R}^2$ zweimal stetig differenzierbare Funktion $f$ hat an der kritischen Stelle $\bar{x} \in D_f$

1. ein **strenges lokales Minimum (Maximum)**, wenn dort gilt

   $$f_{x_1x_1}f_{x_2x_2} > (f_{x_1x_2})^2 \quad \text{und} \quad f_{x_1x_1} > (<)\ 0,$$

2. einen **Sattelpunkt**, wenn dort gilt

   $$f_{x_1x_1}f_{x_2x_2} < (f_{x_1x_2})^2.$$

**Beispiel 1.34** Klassifikation kritischer Stellen

Betrachtet wird die Funktion $f(x_1, x_2) = 2x_1^4 + x_2^4 - x_1^2 - 2x_2^2$ aus **Beispiel 1.29**. Ihre zweiten partiellen Ableitungen lauten

$f_{x_1x_1} = 24x_1^2 - 2$, $f_{x_2x_2} = 12x_2^2 - 4$, $f_{x_1x_2} = 0$.

Mit **Satz 1.33** ergibt sich für die neun kritischen Stellen folgende Klassifikation:

| Stelle | $f_{x_1x_1}$ | $f_{x_2x_2}$ | $f_{x_1x_2}$ | $f_{x_1x_1}f_{x_2x_2} \gtreqless (f_{x_1x_2})^2$ | Klassifikation |
|---|---|---|---|---|---|
| $(0,0)^\top$ | -2 | -4 | 0 | > | str. lok. Maximum |
| $(0,1)^\top$ | -2 | 8 | 0 | < | Sattelpunkt |
| $(0,-1)^\top$ | -2 | 8 | 0 | < | Sattelpunkt |
| $(0.5,0)^\top$ | 4 | -4 | 0 | < | Sattelpunkt |
| $(0.5,1)^\top$ | 4 | 8 | 0 | > | str. lok. Minimum |
| $(0.5,-1)^\top$ | 4 | 8 | 0 | > | str. lok. Minimum |
| $(-0.5,0)^\top$ | 4 | -4 | 0 | < | Sattelpunkt |
| $(-0.5,1)^\top$ | 4 | 8 | 0 | > | str. lok. Minimum |
| $(-0.5,-1)^\top$ | 4 | 8 | 0 | > | str. lok. Minimum |

---

**Bemerkung 1.35**

Im Fall $f_{x_1x_1}f_{x_2x_2} = (f_{x_1x_2})^2$ kann keine Aussage getroffen werden. Die Funktion $f$ kann an der kritischen Stelle ein lokales Extremum oder einen Sattelpunkt haben. Zur Unterscheidung sind andere Untersuchungsmethoden erforderlich, z. B. die direkte Anwendung der **Definition 1.31**.

---

**Hinreichende Bedingung nicht erfüllt**

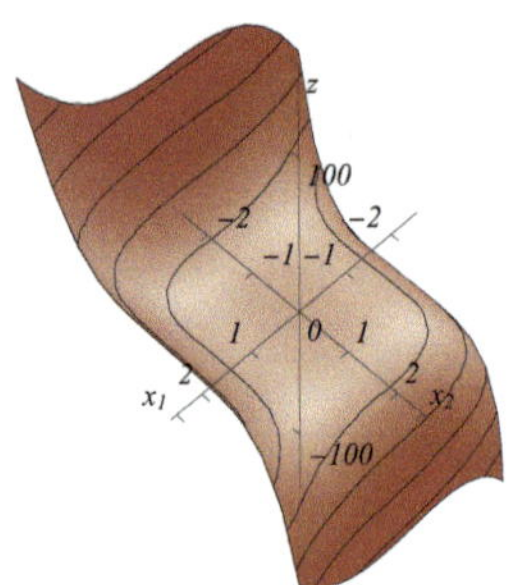

**Bild 1.21** $f(x_1,x_2)=3x_1^3-x_2^5$

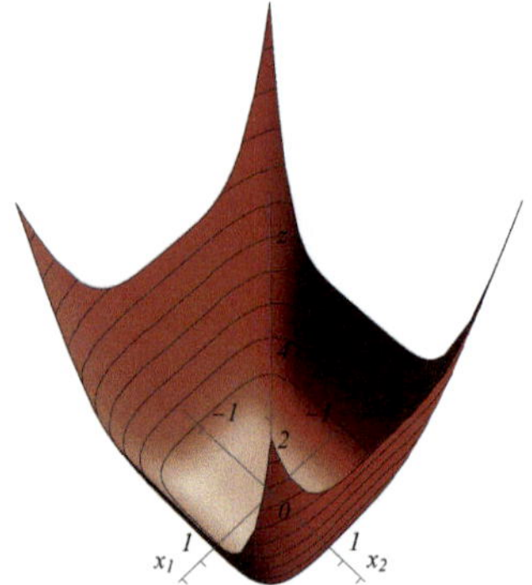

**Bild 1.22** $f(x_1,x_2)=x_1^4+x_2^6$

**Beispiel 1.36**

1. Die Funktion $f(x_1, x_2) = 3x_1^3 - x_2^5$ (siehe **Bild 1.21**) hat die partiellen Ableitungen
   $f_{x_1} = 9x_1^2$, $f_{x_2} = -5x_2^4$, $f_{x_1x_1} = 18x_1$, $f_{x_2x_2} = -20x_2^3$, $f_{x_1x_2} = 0$.
   Einzige kritische Stelle ist $\overline{x} = (0,0)^\top$.
   An dieser Stelle gilt $f_{x_1x_1}f_{x_2x_2} = (f_{x_1x_2})^2 = 0$. Die hinreichende Bedingung nach **Satz 1.33** ist somit nicht erfüllt.

   Der Funktionswert an der kritischen Stelle ist $f(0,0) = 0$. In jeder beliebigen Umgebung dieser kritischen Stelle gibt es positive Funktionswerte (z. B. für alle Stellen $(x_1, 0)^\top$, $x_1 > 0$), aber auch negative Funktionswerte (z. B. für alle Stellen $(x_1, 0)^\top$, $x_1 < 0$). Das widerspricht der Definition **Definition 1.25** eines lokalen Extremwertes an der kritischen Stelle, nach der in einer Umgebung der kritischen Stelle entweder *alle* Funktionswerte größer bzw. gleich (oder *alle* Funktionswerte kleiner bzw. gleich) dem an der kritischen Stelle sein müssen.

   Daher liegt an der kritischen Stelle $\overline{x} = (0,0)^\top$ ein Sattelpunkt vor.

2. Die Funktion $f(x_1, x_2) = x_1^4 + x_2^6$ (siehe **Bild 1.22**) hat die partiellen Ableitungen
   $f_{x_1} = 4x_1^3$, $f_{x_2} = 6x_2^5$, $f_{x_1x_1} = 12x_1^2$, $f_{x_2x_2} = 30x_2^4$, $f_{x_1x_2} = 0$.
   Einzige kritische Stelle ist $\overline{x} = (0,0)^\top$.
   An dieser Stelle gilt $f_{x_1x_1}f_{x_2x_2} = (f_{x_1x_2})^2 = 0$. Die hinreichende Bedingung **Satz 1.33** ist somit nicht erfüllt.

   Der Funktionswert an der kritischen Stelle ist $f(0,0) = 0$. In jeder beliebigen Umgebung dieser kritischen Stelle gibt es mit Ausnahme der kritischen Stelle selbst nur positive Funktionswerte.

   Nach der **Definition 1.25** liegt dort ein strenges lokales (sogar globales) Minimum vor.

## 1.4.4 Hinreichende Bedingungen für lokale Extrema, Verallgemeinerung

Für Funktionen mit zwei oder mehr Veränderlichen gelten die folgenden Definitionen und Sätze:

**Definition 1.37**

Eine auf ihrem Definitionsbereich $D_f \subseteq \mathbb{R}^n$ zweimal stetig differenzierbare Funktion $f$ ist an der Stelle $x \in D_f$ **streng konvex**, wenn die **Hesse-Matrix**

$$H(x) = \begin{pmatrix} f_{x_1x_1} & f_{x_1x_2} & \cdots & f_{x_1x_n} \\ f_{x_2x_1} & f_{x_2x_2} & \cdots & f_{x_2x_n} \\ & \vdots & & \\ f_{x_nx_1} & f_{x_nx_2} & \cdots & f_{x_nx_n} \end{pmatrix}$$

dort positiv definit ist. Ist die Hesse-Matrix negativ definit, so ist die Funktion $f$ an dieser Stelle **streng konkav**.

Da die Hesse-Matrix aufgrund des **Satzes von Schwarz** (1.1) symmetrisch ist, gelten folgende Sätze:

1. Die Hesse-Matrix ist genau dann positiv definit, wenn die folgenden Determinanten der Hauptminoren der Hesse-Matrix

$$H_1 = |f_{x_1x_1}|,\ H_2 = \begin{vmatrix} f_{x_1x_1} & f_{x_1x_2} \\ f_{x_2x_1} & f_{x_2x_2} \end{vmatrix},\ H_3 = \begin{vmatrix} f_{x_1x_1} & f_{x_1x_2} & f_{x_1x_3} \\ f_{x_2x_1} & f_{x_2x_2} & f_{x_2x_3} \\ f_{x_3x_1} & f_{x_3x_2} & f_{x_3x_3} \end{vmatrix}, \ldots,$$

$$H_n = \begin{vmatrix} f_{x_1x_1} & f_{x_1x_2} & \cdots & f_{x_1x_n} \\ f_{x_2x_1} & f_{x_2x_2} & \cdots & f_{x_2x_n} \\ \vdots & & & \\ f_{x_nx_1} & f_{x_nx_2} & \cdots & f_{x_nx_n} \end{vmatrix}$$

positiv sind:

$H_1 > 0,\ H_2 > 0,\ H_3 > 0,\ \ldots,\ H_n > 0.$

2. Die Hesse-Matrix ist genau dann negativ definit, wenn die Determinanten ihrer Hauptminoren alternierende Vorzeichen haben, beginnend mit $H_1 < 0$:

$H_1 < 0,\ H_2 > 0,\ H_3 < 0,\ H_4 > 0,\ \ldots.$

**Ludwig Otto Hesse**
(* 22. April 1811 in Königsberg in Preußen, † 4. August 1874 in München)
deutscher Mathematiker, Professor für Mathematik in Halle, Heidelberg und München, Mitglied der Preußischen (1859) und Bayerischen (1869) Akademie der Wissenschaften, Ehrenmitglied der London Mathematical Society (1871)
Entwicklung der Theorie algebraischer Funktionen und der Invarianten, Geometrische Interpretation algebraischer Transformationen, Analytische Geometrie der Ebene und des Raumes, Determinanten, Hesse-Matrix
*hier: Hesse-Matrix*

**Satz 1.38**
**Hinreichende Bedingung für ein lokales Extremum**

Die auf ihrem Definitionsbereich $D_f \subseteq \mathbb{R}^n$ zweimal stetig differenzierbare Funktion $f$ hat an der kritischen Stelle $\bar{x} \in D_f$ ein strenges lokales Minimum (Maximum), wenn sie dort streng konvex (konkav) ist.

**Bemerkung 1.39**

Im Fall $n = 2$ ist $H_1 = f_{x_1x_1}$ und $H_2 = f_{x_1x_1}f_{x_2x_2} - (f_{x_1x_2})^2$. Damit ergeben sich aus **Satz 1.38** unmittelbar die hinreichenden Bedingungen für lokale Extremwerte für Funktionen zweier Veränderlicher wie in **Satz 1.33**.

**Beispiel 1.40**

**Verallgemeinerung der hinreichenden Bedingung**

Gesucht sind die kritischen Punkte, ihre Klassifikation und lokale Extrema der folgenden Funktionen:

1. $f(x_1, x_2, x_3) = 5x_1^2 + 6x_2^2 + 7x_3^2 - 4x_1x_2 + 4x_2x_3 - 10x_1 + 8x_2 + 14x_3 - 6$

Partielle Ableitungen: $f_{x_1} = 10x_1 - 4x_2 - 10$, $f_{x_2} = -4x_1 + 12x_2 + 4x_3 + 8$, $f_{x_3} = 4x_2 + 14x_3 + 14$; $f_{x_1x_1} = 10$, $f_{x_1x_2} = -4$, $f_{x_1x_3} = 0$, $f_{x_2x_2} = 12$, $f_{x_2x_3} = 4$, $f_{x_3x_3} = 14$

Notwendige Bedingung: $f_{x_1} = f_{x_2} = f_{x_3} = 0$, d. h., LGS $\begin{cases} 10x_1 - 4x_2 = 10 \\ -4x_1 + 12x_2 + 4x_3 = -8 \\ 4x_2 + 14x_3 = -14 \end{cases}$

Kritische Stelle: $(1, 0, -1)^\top$

Hinreichende Bedingung:

| $H(x)$ | $H_1(x)$ | $H_2(x)$ | $H_3(x)$ | Klassifikation |
|---|---|---|---|---|
| $\begin{pmatrix} 10 & -4 & 0 \\ -4 & 12 & 4 \\ 0 & 4 & 14 \end{pmatrix}$ | $10 > 0$ | $104 > 0$ | $1296 > 0$ | $H$ pos. definit str. lok. Min. $f(1, 0, -1) = -18$ |

2. $f(x_1, x_2, x_3) = x_1 + \dfrac{x_2^2}{4x_1} + \dfrac{x_3^2}{x_2} + \dfrac{2}{x_3},\quad x_1, x_2, x_3 > 0$

Partielle Ableitungen:

$$f_{x_1}=1-\frac{x_2^2}{4x_1^2}\quad f_{x_1x_1}=\frac{x_2^2}{2x_1^3}\quad f_{x_1x_2}=-\frac{x_2}{2x_1^2}\quad f_{x_1x_3}=0$$

$$f_{x_2}=\frac{x_2}{2x_1}-\frac{x_3^2}{x_2^2}\quad f_{x_2x_2}=\frac{1}{2x_1}+\frac{2x_3^2}{x_2^3}\quad f_{x_2x_3}=-\frac{2x_3}{x_2^2}$$

$$f_{x_3}=\frac{2x_3}{x_2}-\frac{2}{x_3^2}\quad f_{x_3x_3}=\frac{2}{x_2}+\frac{4}{x_3^3}$$

Notwendige Bedingung: $1-\frac{x_2^2}{4x_1^2}=0$ und $\frac{x_2}{2x_1}-\frac{x_3^2}{x_2^2}=0$ und $\frac{2x_3}{x_2}-\frac{2}{x_3^2}=0$

Kritische Stelle: $(1/2,1,1)^{\top}$

Hinreichende Bedingung:

| $H(x)$ | $H_1(x)$ | $H_2(x)$ | $H_3(x)$ | Klassifikation |
|---|---|---|---|---|
| $\begin{pmatrix}4&-2&0\\-2&3&-2\\0&-2&6\end{pmatrix}$ | $4>0$ | $8>0$ | $32>0$ | $H$ pos. definit str. lok. Min. $f(1/2,1,1)=5.5$ |

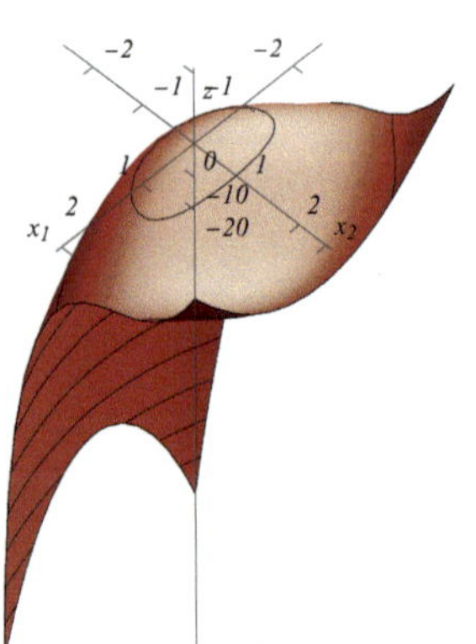


**Bild 1.23**
$f(x_1,x_2)=3x_1^2x_2+4x_2^3-3x_1^2-12x_2^2+1$

**3.** $f(x_1,x_2)=3x_1^2x_2+4x_2^3-3x_1^2-12x_2^2+1$ (siehe **Bild 1.23**)

Partielle Ableitungen:

$$f_{x_1}=6x_1x_2-6x_1\quad f_{x_1x_1}=6x_2-6\quad f_{x_1x_2}=6x_1$$

$$f_{x_2}=3x_1^2+12x_2^2-24x_2\quad f_{x_2x_2}=24x_2-24$$

Notwendige Bedingung: $f_{x_1}=0$ und $f_{x_2}=0$, d. h., $\begin{cases}6x_1(x_2-1)=0\\3x_1^2+12x_2^2-24x_2=0\end{cases}$

Kritische Stellen: $(0,0)^{\top}$, $(0,2)^{\top}$, $(2,1)^{\top}$, $(-2,1)^{\top}$

Hinreichende Bedingung:

| $x$ | $H(x)$ | $H_1(x)$ | $H_2(x)$ | Klassifikation |
|---|---|---|---|---|
| $(0,0)^{\top}$ | $\begin{pmatrix}-6&0\\0&-24\end{pmatrix}$ | $-6<0$ | $144>0$ | $H$ neg. definit str. lok. Max. $f(0,0)=1$ |
| $(0,2)^{\top}$ | $\begin{pmatrix}6&0\\0&24\end{pmatrix}$ | $6>0$ | $144>0$ | $H$ pos. definit str. lok. Min. $f(0,2)=-15$ |
| $(2,1)^{\top}$ | $\begin{pmatrix}0&12\\12&0\end{pmatrix}$ | $0$ | $-144<0$ | $H$ nicht definit Sattelpunkt $f(2,1)=-7$ |
| $(-2,1)^{\top}$ | $\begin{pmatrix}0&-12\\-12&0\end{pmatrix}$ | $0$ | $-144<0$ | $H$ nicht definit Sattelpunkt $f(-2,1)=-7$ |

## 1.5 Integralrechnung für Funktionen mehrerer Veränderlicher

Die Integralrechnung für Funktionen mehrerer Veränderlicher ermöglicht die Berechnung von Flächeninhalten ebener Bereiche. Darauf basierend werden sogenannte Doppelintegrale über ebene Bereiche definiert. Ihre Berechnung wird auf einfache Integrale zurückgeführt. Anwendungen der Doppelintegrale sind z. B. die Bestimmung der Masse und der Momente einer Platte mit inhomogener Dichteverteilung oder die Berechnung bestimmter Volumina. Mit der Integralrechnung für Funktionen mehrerer Veränderlicher können Integrale über ebene Kurven ausgewertet werden, wobei Kurvenintegrale 1. und 2. Art unterschieden werden. Anwendungen von Kurvenintegralen 1. Art sind z. B. die Berechnung der Masse und Momente einer Kurve mit inhomogener Dichteverteilung, von Kurvenintegralen 2. Art die Berechnung der Arbeit einer beliebigen Kraft entlang einer Kurve oder der Zirkulation und des Flusses durch eine geschlossene Kurve in der Strömungslehre. Der Satz von Green stellt eine Beziehung zwischen dem Doppelintegral über ein Gebiet und dem Kurvenintegral entlang dessen Randkurve her und kann damit in diesem Fall auch als Methode zur Berechnung von Doppelintegralen benutzt werden. Eine Verallgemeinerung auf räumliche Integrale (Dreifachintegrale) und räumliche Kurvenintegrale kann analog erfolgen.

## 1.5.1 Integration über ebene Bereiche

### Flächeninhalt ebener Bereiche

Definition 1.41

Als **ebener Bereich** wird im Folgenden ein ebenes Gebiet zusammen mit seinem Rand bezeichnet.
Ein **Gebiet** ist eine offene, zusammenhängende, nicht leere Punktmenge.
Eine Punktmenge ist **offen**, wenn es für jeden beliebigen Punkt $P$ aus ihr eine $U_r(P)$-Umgebung gibt, die ebenfalls zur Punktmenge gehört (siehe **Definition 1.23**).
Eine offene Punktmenge ist **zusammenhängend**, wenn es zu beliebigen zwei Punkten $P_1$ und $P_2$ aus ihr einen Polygonzug innerhalb dieser Punktmenge gibt, der $P_1$ und $P_2$ verbindet.

Sei $k$ eine natürliche Zahl. Durch das Gitter achsparalleler Geraden $x_1 = n2^{-k}$, $x_2 = n2^{-k}$, $n = 0, \pm 1, \pm 2, ...$, wird die $(x_1, x_2)$-Ebene in Quadrate mit der Kantenlänge $2^{-k}$ und dem Flächeninhalt $2^{-2k}$ unterteilt (siehe **Bild 1.24**).

Beschränkter ebener Bereich

Sei $G$ ein **beschränkter** ebener Bereich, d. h., es gibt ganze Zahlen $a, b, c, d$ so, dass die Koordinaten $(x_1, x_2)$ eines beliebigen Punktes von $G$ die folgenden Ungleichungen erfüllen:

$$2^{-k}a \leq x_1 \leq 2^{-k}b \qquad \text{und} \qquad 2^{-k}c \leq x_2 \leq 2^{-k}d.$$

Mit $s_k(G)$ wird die Summe der (endlich vielen) Flächeninhalte derjenigen Quadrate bezeichnet, die einschließlich ihres Randes vollständig innnerhalb des Bereiches $G$ liegen. Analog wird mit $S_k(G)$ die Summe der (endlich vielen) Flächeninhalte derjenigen Quadrate bezeichnet, die mindestens einen Punkt von $G$ enthalten (siehe **Bild 1.24**). Offensichtlich gilt

$$s_k(G) \leq S_l(G),\ l = 1, 2, ... \qquad \text{und} \qquad s_k(G) \leq s_{k+1}(G), \tag{1.9}$$

d. h., die Folge der Flächeninhalte $s_k(G)$ ist für $k \to \infty$ monoton wachsend und nach oben beschränkt (durch jeden beliebigen Flächeninhalt $S_l(G)$, $l = 1, 2, ...$). Damit hat diese Folge einen Grenzwert

$$\lim_{k \to \infty} s_k(G) = F_i(G). \tag{1.10}$$

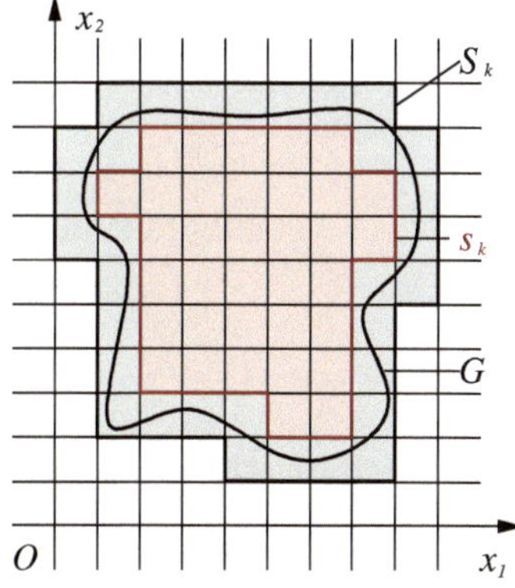


**Bild 1.24** Beschränkter Bereich $G$

Analog gilt offensichtlich

$$S_k(G) \geq s_l(G),\ l = 1, 2, ... \quad \text{und} \quad S_k(G) \geq S_{k+1}(G), \tag{1.11}$$

d. h., die Folge der Flächeninhalte $S_k(G)$ ist für $k \to \infty$ monoton fallend und nach unten beschränkt (durch jeden beliebigen Flächeninhalt $s_l(G)$, $l = 1, 2, ...$). Damit hat diese Folge einen Grenzwert

$$\lim_{k\to\infty} S_k(G) = F_a(G). \tag{1.12}$$

**Satz 1.42**

Ist $G$ ein beschränkter ebener Bereich, so gilt

$$F_a(G) = F_i(G) = F(G). \tag{1.13}$$

Die Zahl $F(G)$ heißt **Flächeninhalt** des Bereiches $G$.

**Bernhard Georg Friedrich Riemann** (* 17. September 1826 in Breselenz bei Dannenberg (Elbe), † 20. Juli 1866 in Selasca am Lago Maggiore)

deutscher Mathematiker, Professor für Mathematik in Göttingen

einer der Begründer der Theorie der Funktionen komplexer Veränderlicher, Abbildungssatz von Cauchy-Riemann, Uniformisierungstheorem, Begründer der Riemann-Geometrie, Wegbereiter von Einsteins allgemeiner Relativitätstheorie, Integralrechnung, Arbeiten zu Differenzialgleichungen (Variationsansatz, Abbildungssatz) und Anwendungen auf physikalische Fragen (Mechanik, Elektrizität, Magnetismus), Zahlentheorie (Verteilung der Primzahlen, bis heute unbewiesene Riemann-Vermutung über die Nullstellen der Zeta-Funktion, die von tragender Bedeutung für die Zahlentheorie ist)

*hier: Riemann-Summe*

## Definition und Eigenschaften des Doppelintegrals

Sei $G$ ein beschränkter ebener Bereich und $f(x_1, x_2)\colon G \to \mathbb{R}$ eine Funktion zweier Veränderlicher.

Sei $R = \{(x_1, x_2)\colon a \leq x_1 \leq b,\ c \leq x_2 \leq d\}$ ein Rechteck, das den Bereich $G$ enthält. Auf diesem Rechteck wird die Funktion $\overline{f}\colon R \to \mathbb{R}$ wie folgt definiert:

$$\overline{f}(x_1, x_2) = \begin{cases} f(x_1, x_2), & (x_1, x_2) \in G, \\ 0, & (x_1, x_2) \in R \backslash G. \end{cases}$$

Das Rechteck $R$ wird durch eine beliebige Zerlegung

$$Z\colon \quad a = x_{10} < x_{11} < x_{12} < ... < x_{1n} = b,$$
$$\qquad c = x_{20} < x_{21} < x_{22} < ... < x_{2m} = d$$

unterteilt in Teilrechtecke $R_{kl}$ mit dem Flächeninhalt $\Delta x_{1k} \Delta x_{2l}$,

$$\Delta x_{1k} = x_{1,k+1} - x_{1k}, \quad \Delta x_{2l} = x_{2,l+1} - x_{2l}, \quad k = 1, ..., n-1,\ l = 1, ..., m-1.$$

**Integralsumme**

Auf jedem der Teilrechtecke $R_{kl}$ wird ein beliebiger Punkt $(\xi_{1k}, \xi_{2l})$ gewählt. Die Zahl

$$\sigma = \sum_{k=1}^{n} \sum_{l=1}^{m} \overline{f}(\xi_{1k}, \xi_{2l}) \Delta x_{1k} \Delta x_{2l} \tag{1.14}$$

heißt **Integralsumme** der Funktion $\overline{f}(x_1, x_2)$ mit der Zerlegung $Z$ und der Wahl der Zwischenpunkte $(\xi_{1k}, \xi_{2l})$. Die Länge der Diagonale des Teilrechtecks $R_{kl}$ wird mit $\Delta_{kl} = \sqrt{(\Delta x_{1k})^2 + (\Delta x_{2l})^2}$ bezeichnet.

**Definition 1.43**

Die Funktion $f(x_1, x_2)$ heißt auf dem Bereich $G$ **integrierbar nach Riemann**, wenn die Integralsumme (1.14) einen endlichen Grenzwert für $\Delta_{kl} \to 0$ hat. Dieser Grenzwert heißt **Doppelintegral** der Funktion $f(x_1, x_2)$ auf dem Bereich $G$:

$$I = \iint\limits_G f(x_1, x_2)\, \mathrm{d}x_1 \mathrm{d}x_2. \tag{1.15}$$

**Eigenschaften**

Seien $f(x_1, x_2)$ und $g(x_1, x_2)$ auf dem beschränkten ebenen Bereich $G$ stetige Funktionen. Das Doppelintegral hat folgende Eigenschaften:

**Additivität**

1. Wird der Bereich $G$ durch eine Kurve in zwei Teilgebiete $G_1$ und $G_2$ zerlegt, so ist

$$\begin{aligned}\iint\limits_G f(x_1, x_2)\, \mathrm{d}x_1 \mathrm{d}x_2 \\ = \iint\limits_{G_1} f(x_1, x_2)\, \mathrm{d}x_1 \mathrm{d}x_2 + \iint\limits_{G_2} f(x_1, x_2)\, \mathrm{d}x_1 \mathrm{d}x_2.\end{aligned} \tag{1.16}$$

**Linearität**

2. Sind $\alpha$ und $\beta$ beliebige reelle Zahlen, so ist die Funktion $\alpha f + \beta g$ ebenfalls integrierbar auf $G$, und es gilt

$$\begin{aligned}\iint\limits_G (\alpha f(x_1, x_2) + \beta g(x_1, x_2))\, \mathrm{d}x_1 \mathrm{d}x_2 \\ = \alpha \iint\limits_G f(x_1, x_2)\, \mathrm{d}x_1 \mathrm{d}x_2 + \beta \iint\limits_G g(x_1, x_2)\, \mathrm{d}x_1 \mathrm{d}x_2.\end{aligned}$$

**Produkt**

3. Das Produkt $f(x_1, x_2) g(x_1, x_2)$ ist ebenfalls auf $G$ integrierbar.

**Monotonie**

4. Gilt auf $G$ stets $f(x_1, x_2) \le g(x_1, x_2)$, so ist

$$\iint\limits_G f(x_1, x_2)\, \mathrm{d}x_1 \mathrm{d}x_2 \le \iint\limits_G g(x_1, x_2)\, \mathrm{d}x_1 \mathrm{d}x_2.$$

**Betrag**

5. Auch die Funktion $|f(x_1, x_2)|$ ist integrierbar auf $G$, und es gilt

$$\left| \iint\limits_G f(x_1, x_2)\, \mathrm{d}x_1 \mathrm{d}x_2 \right| \le \iint\limits_G |f(x_1, x_2)|\, \mathrm{d}x_1 \mathrm{d}x_2.$$

**Flächeninhalt**

6. Für $f(x_1, x_2) = 1$ auf $G$ ergibt das Doppelintegral den Flächeninhalt des Bereiches $G$:

$$F(G) = \iint\limits_G \mathrm{d}x_1 \mathrm{d}x_2.$$

**Mittelwertsatz**

**7.** Es existiert stets ein Punkt $(\xi_1, \xi_2) \in G$ mit

$$\iint\limits_G f(x_1, x_2)\, \mathrm{d}x_1 \mathrm{d}x_2 = f(\xi_1, \xi_2) F(G).$$

**Volumen**

**8.** Ist $f(x_1, x_2) \geq 0$ auf $G$, so ist das Doppelintegral

$$V(G) = \iint\limits_G f(x_1, x_2)\, \mathrm{d}x_1 \mathrm{d}x_2 \tag{1.17}$$

das Volumen des senkrecht auf der $(x_1, x_2)$-Ebene stehenden Zylinderabschnittes mit der Grundfläche $G$ und der Deckfläche $f(x_1, x_2)$ (siehe **Bild 1.25**).

**Bild 1.25** Volumen

## Berechnung des Doppelintegrals

Jeder beschränkte ebene Bereich $G$ kann mithilfe der Eigenschaft (1.16) so zerlegt werden, dass eine der beiden nachstehenden Möglichkeiten zur Berechnung benutzt werden kann.

**Berechnung für einen Bereich 1. Art**

Sei $G_1$ ein Bereich, dessen Randkurve von einer beliebigen Gerade parallel zur $x_2$-Achse in nicht mehr als zwei Punkten geschnitten wird (Bereich 1. Art, siehe **Bild 1.26**):

$$G_1 = \{(x_1, x_2) \colon a \leq x_1 \leq b,\ x_{21}(x_1) \leq x_2 \leq x_{22}(x_1)\}.$$

Existiert das Doppelintegral (1.15) und für beliebige $x_1$ das Einfachintegral $\int_{x_{21}(x_1)}^{x_{22}(x_1)} f(x_1, x_2)\, \mathrm{d}x_2$, so gilt

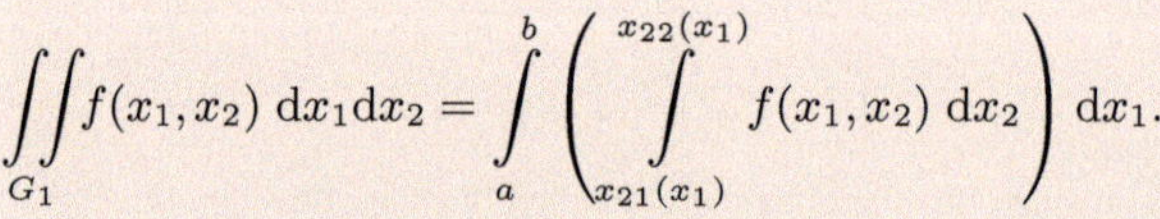

$$\iint\limits_{G_1} f(x_1, x_2)\, \mathrm{d}x_1 \mathrm{d}x_2 = \int\limits_a^b \left( \int\limits_{x_{21}(x_1)}^{x_{22}(x_1)} f(x_1, x_2)\, \mathrm{d}x_2 \right) \mathrm{d}x_1.$$

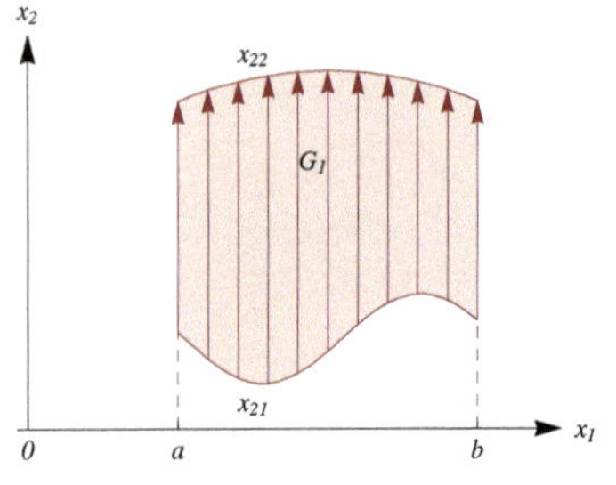


**Bild 1.26** Bereich 1. Art

**Berechnung für einen Bereich 2. Art**

Sei $G_2$ ein Bereich, dessen Randkurve von einer beliebigen Gerade parallel zur $x_1$-Achse in nicht mehr als zwei Punkten geschnitten wird (Bereich 2. Art, siehe **Bild 1.27**):

$$G_2 = \{(x_1, x_2) \colon c \leq x_2 \leq d,\ x_{11}(x_2) \leq x_1 \leq x_{12}(x_2)\}.$$

Existiert das Doppelintegral (1.15) und für beliebige $x_2$ das Einfachintegral $\int_{x_{11}(x_2)}^{x_{12}(x_2)} f(x_1, x_2)\, \mathrm{d}x_1$, so gilt

$$\iint\limits_{G_2} f(x_1, x_2)\, \mathrm{d}x_1 \mathrm{d}x_2 = \int\limits_c^d \left( \int\limits_{x_{11}(x_2)}^{x_{12}(x_2)} f(x_1, x_2)\, \mathrm{d}x_1 \right) \mathrm{d}x_2.$$

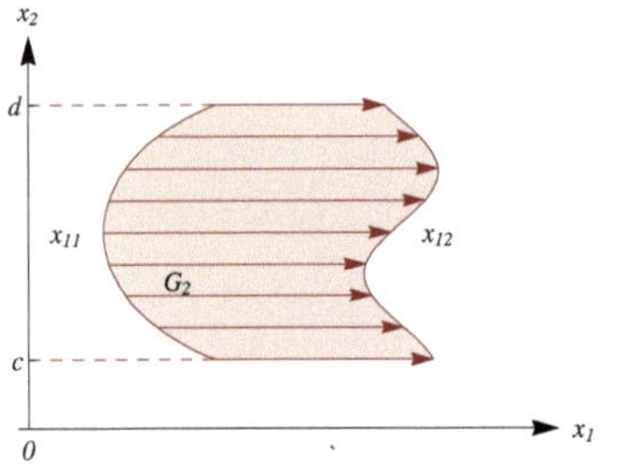


**Bild 1.27** Bereich 2. Art

**Beispiel 1.44**

## Berechnung von Doppelintegralen

Für den Bereich $G$, der durch die Kurven $x_2 = 2$, $x_2 = x_1$ und $x_2 = 1/x_1$ begrenzt wird, ist zu berechnen

1. der Flächeninhalt $F(G)$
2. das Volumen des zylinderförmigen Körpers mit der Grundfläche $G$ und der Deckfläche $f(x_1, x_2) = x_2^2/x_1^2$.

Der Bereich $G$ kann als Bereich 2. Art aufgefasst werden (siehe **Bild 1.28**):

$G = \{(x_1, x_2)\colon 1 \le x_2 \le 2,\ 1/x_2 \le x_1 \le x_2\}$.

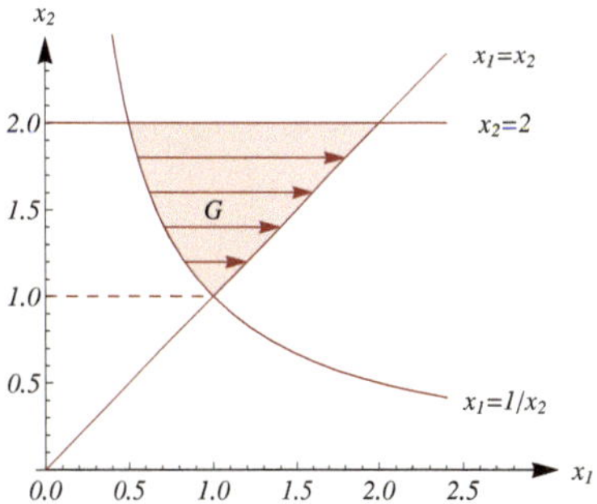


**Bild 1.28** $G$ als Bereich 2. Art

1. Mit Eigenschaft **6.** ist der gesuchte Flächeninhalt

$$F(G) = \int_1^2 \left( \int_{1/x_2}^{x_2} \mathrm{d}x_1 \right) \mathrm{d}x_2 = \int_1^2 \left( x_2 - \frac{1}{x_2} \right) \mathrm{d}x_2 = \left[ \frac{x_2^2}{2} - \ln x_2 \right]_1^2 = \frac{3}{2} - \ln 2.$$

2. Mit Formel (1.17) ergibt sich das gesuchte Volumen (siehe **Bild 1.29**)

$$\begin{aligned} V(G) &= \int_1^2 \left( \int_{1/x_2}^{x_2} \frac{x_2^2}{x_1^2}\,\mathrm{d}x_1 \right) \mathrm{d}x_2 = \int_1^2 \left[ -\frac{x_2^2}{x_1} \right]_{1/x_2}^{x_2} \mathrm{d}x_2 \\ &= \int_1^2 (-x_2 + x_2^3)\,\mathrm{d}x_2 = \left[ -\frac{x_2^2}{2} + \frac{x_2^4}{4} \right]_1^2 = \frac{9}{4}. \end{aligned}$$

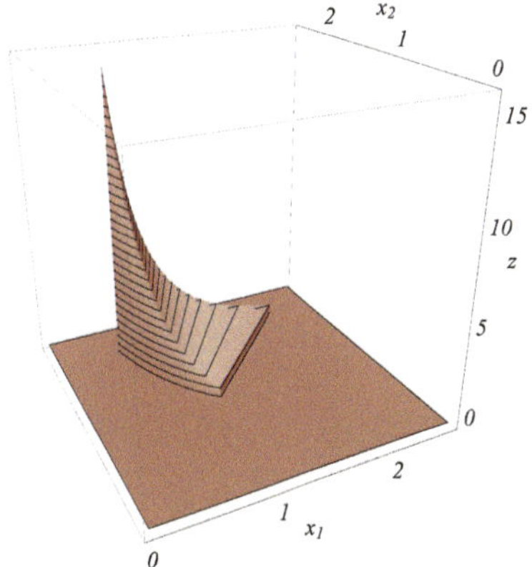


**Bild 1.29** Zylindrischer Körper

**Bemerkung:** Wird der Bereich $G$ durch die Gerade $x_1 = 1$ in zwei Bereiche 1. Art $G_1$ und $G_2$ unterteilt (siehe **Bild 1.30**):

$G_1 = \{(x_1, x_2)\colon 1/2 \le x_1 \le 1,\ 1/x_1 \le x_2 \le 2\}$ und
$G_2 = \{(x_1, x_2)\colon\ 1 \le x_1 \le 2,\quad x_1 \le x_2 \le 2\}$,

so ergibt sich alternativ

1. für den gesuchten Flächeninhalt

$$\begin{aligned} F(G) &= F(G_1) + F(G_2) = \int_{1/2}^1 \left( \int_{1/x_1}^2 \mathrm{d}x_2 \right) \mathrm{d}x_1 + \int_1^2 \left( \int_{x_1}^2 \mathrm{d}x_2 \right) \mathrm{d}x_1 \\ &= \int_{1/2}^1 \left( 2 - \frac{1}{x_1} \right) \mathrm{d}x_1 + \int_1^2 (2 - x_1)\mathrm{d}x_1 \\ &= [2x_1 - \ln x_1]_{1/2}^1 + \left[ 2x_1 - \frac{x_1^2}{2} \right]_1^2 = \frac{3}{2} - \ln 2. \end{aligned}$$

2. für das gesuchte Volumen

$$\begin{aligned} V(G) &= V(G_1) + V(G_2) = \int_{1/2}^1 \left( \int_{1/x_1}^2 \frac{x_2^2}{x_1^2}\,\mathrm{d}x_2 \right) \mathrm{d}x_1 + \int_1^2 \left( \int_{x_1}^2 \frac{x_2^2}{x_1^2}\,\mathrm{d}x_2 \right) \mathrm{d}x_1 \\ &= \int_{1/2}^1 \left( \frac{8}{3x_1^2} - \frac{1}{3x_1^5} \right) \mathrm{d}x_1 + \int_1^2 \left( \frac{8}{3x_1^2} - \frac{x_1}{3} \right) \mathrm{d}x_1 \\ &= \frac{1}{3} \left[ -\frac{8}{x_1} + \frac{1}{4x_1^4} \right]_{1/2}^1 + \frac{1}{3} \left[ -\frac{8}{x_1} - \frac{x_1^2}{2} \right]_1^2 = \frac{17}{12} + \frac{5}{6} = \frac{9}{4}. \end{aligned}$$

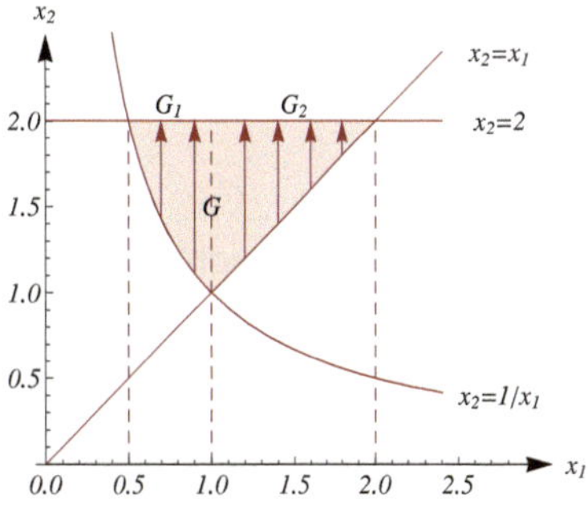


**Bild 1.30** $G$ als zwei Bereiche 1. Art

### Physikalische Anwendungen

Das Flächenelement $\mathrm{d}x_1\mathrm{d}x_2$ wird im Folgenden kurz mit $\mathrm{d}G$ bezeichnet: $\mathrm{d}G = \mathrm{d}x_1\mathrm{d}x_2$.

**Masse einer Platte**

Gibt die Funktion $\rho\colon G \to \mathbb{R}$ die Massendichte im Bereich $G$ an, so ist die Masse $m$ der Platte mit der Fläche $G$ gleich

$$m = \iint\limits_G \rho(x_1, x_2)\, \mathrm{d}G. \tag{1.18}$$

**Ladung einer Platte**

Analog ist mit der Ladungsdichte $\varepsilon\colon G \to \mathbb{R}$ die Ladung $Q$ auf der Platte mit der Fläche $G$ gleich

$$Q = \iint\limits_G \varepsilon(x_1, x_2)\, \mathrm{d}G. \tag{1.19}$$

**Axiale Momente**

Ein Flächenelement $\mathrm{d}G$ besitzt bei der Massendichte $\rho(x_1, x_2)$ die Masse

$\mathrm{d}m = \rho(x_1, x_2)\, \mathrm{d}G$

und demnach die $k$-ten axialen Momente

$x_2^k\, \mathrm{d}m = x_2^k\, \rho(x_1, x_2)\, \mathrm{d}G$ bezüglich der $x_1$-Achse und

$x_1^k\, \mathrm{d}m = x_1^k\, \rho(x_1, x_2)\, \mathrm{d}G$ bezüglich der $x_2$-Achse.

Die $k$-ten Gesamtmomente $M_{x_2,k}$ bezüglich der $x_1$-Achse bzw. $M_{x_1,k}$ bezüglich der $x_2$-Achse sind damit

$$M_{x_2,k} = \iint\limits_G x_2^k\, \rho(x_1, x_2)\, \mathrm{d}G, \qquad M_{x_1,k} = \iint\limits_G x_1^k\, \rho(x_1, x_2)\, \mathrm{d}G. \tag{1.20}$$

**Polares Moment**

Das $k$-te polare Moment $M_{p,k}$ ergibt sich als

$$M_{p,k} = \iint\limits_G \left(x_1^2 + x_2^2\right)^{k/2} \rho(x_1, x_2)\, \mathrm{d}G. \tag{1.21}$$

**Massenschwerpunkt, geometrischer Schwerpunkt**

Die Koordinaten des Massenschwerpunktes des Bereiches $G$, d. h., des Punktes $S(x_{1s}, x_{2s})$, in dem eine dort konzentrierte Punktmasse der Größe $m$ dasselbe 1. axiale Moment besitzt wie das Flächenmoment 1. Grades von $G$, sind mit den Gleichungen (1.20)

$$x_{is} = \frac{M_{x_i,k}}{m} = \frac{1}{m}\iint\limits_G x_i\,\rho(x_1,x_2)\,\mathrm{d}G,\ i=1,2. \tag{1.22}$$

Die Koordinaten des geometrischen Schwerpunktes $S_g(x_{1g}, x_{2g})$ ergeben sich für homogene Massendichte $\rho(x_1,x_2) = 1$.

**Beispiel 1.45**

**Schwerpunkte eines Bereiches**

Gesucht ist der Massenschwerpunkt des Bereiches $G$, das durch die beiden Geraden $x_2 = 1$, $x_1 = 2$ und die Kurve $x_2 = x_1^2$ begrenzt wird. Der Bereich hat die inhomogene Massendichte $\rho(x_1,x_2) = x_1^2 + x_2^2$.

Der Bereich $G$ kann als Bereich 1. Art aufgefasst werden:

$G = \{(x_1,x_2)\colon 1 \le x_1 \le 2,\ 1 \le x_2 \le x_1^2\}$.

Die Masse von $G$ ist nach Gleichung (1.18)

$$\begin{aligned} m &= \int_1^2\left(\int_1^{x_1^2}\left(x_1^2+x_2^2\right)\mathrm{d}x_2\right)\mathrm{d}x_1 = \int_1^2\left(x_1^4 - x_1^2 + \frac{1}{3}x_1^6 - \frac{1}{3}\right)\mathrm{d}x_1 \\ &= \left[\frac{1}{5}x_1^5 - \frac{1}{3}x_1^3 + \frac{1}{21}x_1^7 - \frac{1}{3}x_1\right]_1^2 = \frac{1006}{105} \approx 9.581. \end{aligned}$$

Die Flächenmomente 1. Grades sind nach den Gleichungen (1.20)

$$\begin{aligned} M_{x_2,1} &= \int_1^2\left(\int_1^{x_1^2} x_2\left(x_1^2+x_2^2\right)\mathrm{d}x_2\right)\mathrm{d}x_1 = \int_1^2\left(\frac{1}{2}x_1^6 - x_1^2 + \frac{1}{4}x_1^8 - \frac{1}{4}\right)\mathrm{d}x_1 \\ &= \left[\frac{1}{14}x_1^7 - \frac{1}{3}x_1^3 + \frac{1}{36}x_1^9 - \frac{1}{4}x_1\right]_1^2 = \frac{2753}{126} \approx 21.8492 \qquad \text{und} \\ M_{x_1,1} &= \int_1^2\left(\int_1^{x_1^2} x_1\left(x_1^2+x_2^2\right)\mathrm{d}x_2\right)\mathrm{d}x_1 = \int_1^2\left(x_1^5 - x_1^3 + \frac{1}{3}x_1^7 - \frac{1}{3}x_1\right)\mathrm{d}x_1 \\ &= \left[\frac{1}{6}x_1^6 - \frac{1}{4}x_1^4 + \frac{1}{24}x_1^8 - \frac{1}{6}x_1^2\right]_1^2 = \frac{135}{8} = 16.875. \end{aligned}$$

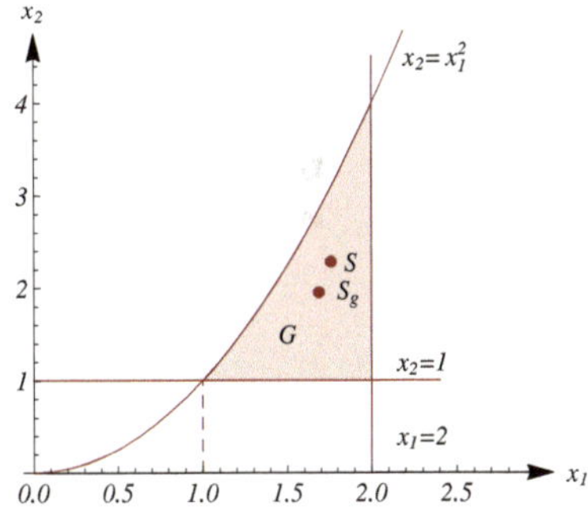


**Bild 1.31** Bereich $G$, Massenschwerpunkt $S$, geometrischer Schwerpunkt $S_g$

Nach den Gleichungen (1.22) sind die Koordinaten des Massenschwerpunktes $S(x_{1s}, x_{2s})$

$$x_{1s} = \frac{M_{x_1,1}}{m} = \frac{135\cdot 105}{8\cdot 1006} \approx 1.761,\ x_{2s} = \frac{M_{x_2,1}}{m} = \frac{2753\cdot 105}{126\cdot 1006} \approx 2.28.$$

**Bemerkung:** Die Koordinaten des geometrischen Schwerpunktes $S_g(x_{1g}, x_{2g})$ ergeben sich für die Massendichte $\rho(x_1,x_2) = 1$. Mit

$$m = \int_1^2\left(\int_1^{x_1^2}\mathrm{d}x_2\right)\mathrm{d}x_1 = \frac{4}{3} \approx 1.333,$$

$$M_{x_2,1} = \int_1^2\left(\int_1^{x_1^2} x_2\,\mathrm{d}x_2\right)\mathrm{d}x_1 = \frac{13}{5} = 2.6,\ M_{x_1,1} = \int_1^2\left(\int_1^{x_1^2} x_1\,\mathrm{d}x_2\right)\mathrm{d}x_1 = \frac{9}{4} = 2.25$$

sind die Koordinaten des geometrischen Schwerpunktes $S_g$

$$x_{1g} = \frac{M_{x_1,1}}{m} = \frac{27}{16} = 1.6875, \qquad x_{2g} = \frac{M_{x_2,1}}{m} = \frac{39}{20} = 1.95.$$

In **Bild 1.31** ist der Bereich $G$ zusammen mit den Begrenzungskurven, dem Massenschwerpunkt $S$ und dem geometrischen Schwerpunkt $S_g$ dargestellt.

## Substitution in Doppelintegralen

Mitunter ist es schwierig, einen Bereich $G$ in kartesischen Koordinaten $(x_1, x_2)$ anzugeben bzw. ein Flächenintegral in kartesischen Koordinaten zu berechnen. Es besteht die Möglichkeit, analog zur Substitutionsregel in Einfachintegralen (siehe [3]) eine Koordinatentransformation in neue Koordinaten $(s_1, s_2)$

$$x_1 = x_1(s_1, s_2), \qquad x_2 = x_2(s_1, s_2)$$

durchzuführen. Dabei wird der Bereich $G$ in kartesischen Koordinaten $(x_1, x_2)$ in den Bereich $\widetilde{G}$ mit den neuen Koordinaten $(s_1, s_2)$ abgebildet, und es gilt die Substitutionsregel

$$\iint\limits_G f(x_1, x_2)\,\mathrm{d}G = \iint\limits_{\widetilde{G}} f(x_1(s_1, s_2), x_2(s_1, s_2))\,\mathrm{d}\widetilde{G}$$

mit den Flächenelementen $\mathrm{d}G = \mathrm{d}x_1\mathrm{d}x_2$, $\mathrm{d}\widetilde{G} = \left|\frac{\partial(x_1, x_2)}{\partial(s_1, s_2)}\right| \mathrm{d}s_1\,\mathrm{d}s_2$

und der Funktionaldeterminante der ersten partiellen Ableitungen der Funktionen $x_1(s_1, s_2)$ und $x_2(s_1, s_2)$

$$\frac{\partial(x_1, x_2)}{\partial(s_1, s_2)} = \det\begin{pmatrix} (x_1(s_1, s_2))_{s_1} & (x_1(s_1, s_2))_{s_2} \\ (x_2(s_1, s_2))_{s_1} & (x_2(s_1, s_2))_{s_2} \end{pmatrix}.$$

Das folgende Beispiel zeigt die Transformation eines Doppelintegrals von kartesischen Koordinaten in neue Koordinaten, insbesondere die Berechnung des neuen Flächenelementes $\mathrm{d}\widetilde{G}$, die Angabe des transformierten Bereiches $\widetilde{G}$ und die Berechnung des in die neuen Koordinaten transformierten Doppelintegrals. Das ursprüngliche Doppelintegral ist einfach zu berechnen und dient hier lediglich zur Überprüfung für die richtig ausgeführte Substitution.

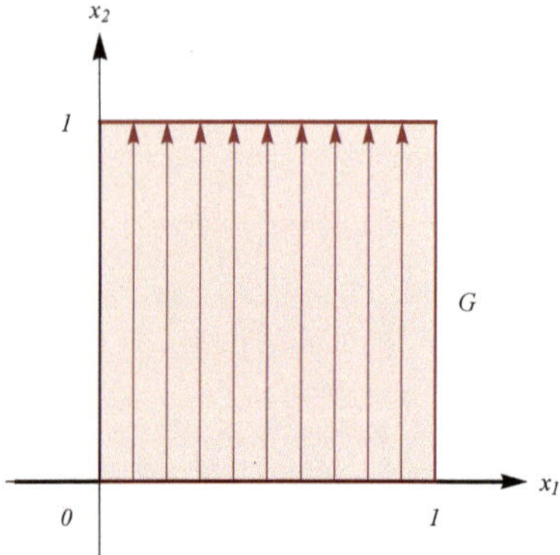


**Bild 1.32** Bereich $G$ in $(x_1, x_2)$

### Koordinaten- und Gebietstransformation

### Beispiel 1.46

Der Flächeninhalt $F$ des von den Koordinatenachsen und den Geraden $x_1 = 1$, $x_2 = 1$ eingeschlossenen Gebietes ist als Doppelintegral zu berechnen:

1. in kartesischen Koordinaten $(x_1, x_2)$,
2. in transformierten Koordinaten $(u, v)$ mit $x_1(u, v) = u + v$, $x_2(u, v) = u - v$.

1. Der Bereich $G$ ist ein Quadrat mit der Kantenlänge 1 und kann als Bereich 1. Art interpretiert werden (siehe **Bild 1.32**). In kartesischen Koordinaten $(x_1, x_2)$ ist das Doppelintegral zur Berechnung seines Flächeninhaltes

$$F = \int_0^1 \int_0^1 \mathrm{d}x_2\mathrm{d}x_1 = \int_0^1 [x_2]_0^1\,\mathrm{d}x_1 = \int_0^1 \mathrm{d}x_1 = [x_1]_0^1 = 1.$$

2. Mit $x_1(u,v) = u + v$, $x_2(u,v) = u - v$ gilt für die Funktionaldeterminante bei der Transformation

$$\frac{\partial(x_1,x_2)}{\partial(u,v)} = \det\begin{pmatrix}(x_1(u,v))_u & (x_1(u,v))_v\\ (x_2(u,v))_u & (x_2(u,v))_v\end{pmatrix} = \begin{vmatrix}1 & 1\\ 1 & -1\end{vmatrix} = -2$$

und für das Flächenelement

$d\widetilde{G} = |-2|\,du\,dv = 2\,du\,dv$.

Aus den Transformationsgleichungen ergibt sich

$$u = \frac{x_1+x_2}{2}, 0 \le u \le 1, \qquad v = \frac{x_1-x_2}{2}, -1/2 \le v \le 1/2.$$

Der transformierte Bereich (siehe **Bild 1.33**) ist

$$\widetilde{G} = \Big\{(u,v)\colon \big(0 \le u \le 1/2, v_1(u) = -u \le v \le u = v_2(u)\big) \cup \big(1/2 \le u \le 1, v_1(u) = u-1 \le v \le 1-u = v_2(u)\big)\Big\}$$

und kann als Bereich 1. Art interpretiert werden.

In den transformierten Koordinaten $(u,v)$ ergibt das Doppelintegral zur Berechnung seines Flächeninhaltes

$$F = 2\int_0^{1/2}\int_{-u}^{u} dv du + 2\int_{1/2}^{1}\int_{u-1}^{1-u} dv du = 2\int_0^{1/2} [v]_{-u}^{u}\,du + 2\int_{1/2}^{1} [v]_{u-1}^{1-u}\,du$$

$$= 4\int_0^{1/2} u\,du + 4\int_{1/2}^{1}(1-u)du = 4\left[\frac{u^2}{2}\right]_0^{1/2} + 4\left[-\frac{(1-u)^2}{2}\right]_{1/2}^{1} = \frac{1}{2}+\frac{1}{2} = 1.$$

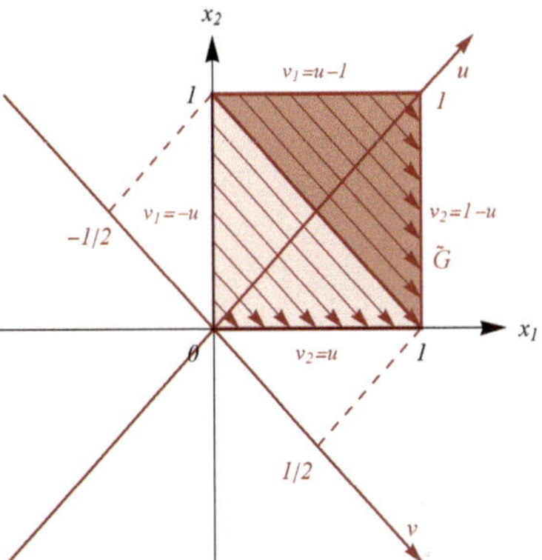


**Bild 1.33** Bereich $\widetilde{G}$ in $(u,v)$

---

**Polarkoordinaten**

Bei der Transformation des Flächenintegrals von kartesischen Koordinaten $(x_1, x_2)$ in Polarkoordinaten $(r, \varphi)$

$$x_1(r,\varphi) = r\cos\varphi, \qquad x_2(r,\varphi) = r\sin\varphi \tag{1.23}$$

gilt für die Funktionaldeterminante

$$\frac{\partial(x_1,x_2)}{\partial(r,\varphi)} = \det\begin{pmatrix}(x_1(r,\varphi))_r & (x_1(r,\varphi))_\varphi\\ (x_2(r,\varphi))_r & (x_2(r,\varphi))_\varphi\end{pmatrix} = \begin{vmatrix}\cos\varphi & -r\sin\varphi\\ \sin\varphi & r\cos\varphi\end{vmatrix} = r$$

und für das Flächenelement

$$d\widetilde{G} = r\,dr\,d\varphi. \tag{1.24}$$

### Beispiel 1.47

**Masse von inhomogenen Platten**

Zu berechnen ist die Masse einer Platte mit inhomogener Massendichte $\rho(x_1, x_2)$

1. und Viertelkreisform (siehe **Bild 1.34**), $\rho(x_1,x_2) = \sqrt{x_1^2 + x_2^2}$, der Radius des zugehörigen Kreises ist gleich 1.
2. und Kreisform (siehe **Bild 1.35**), $\rho(x_1,x_2) = \sqrt{1 - x_1^2 - x_2^2}$, der Radius des Kreises ist gleich 1.

1. Für die Masse $m$ gilt nach Gleichung (1.18) in kartesischen Koordinaten $(x_1, x_2)$

$$m = \iint_G \rho(x_1,x_2)\,dG = \iint_G \sqrt{x_1^2+x_2^2}\,dG$$

und in Polarkoordinaten (1.23) mit dem Flächenelement (1.24) und dem trans-

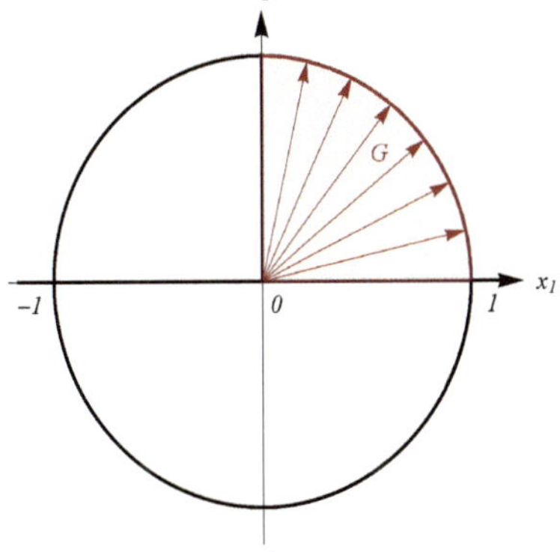


**Bild 1.34** Viertelkreisförmige Platte

formierten Bereich
$\widetilde{G} = \{(r, \varphi) : 0 \le r \le 1, 0 \le \varphi \le \pi/2\}$
sowie $\sqrt{x_1^2 + x_2^2} = r$

$$m = \int_0^{\pi/2} \int_0^1 r^2 \,\mathrm{d}r \,\mathrm{d}\varphi = \int_0^{\pi/2} \left[\frac{r^3}{3}\right]_0^1 \mathrm{d}\varphi = \frac{\pi}{6}.$$

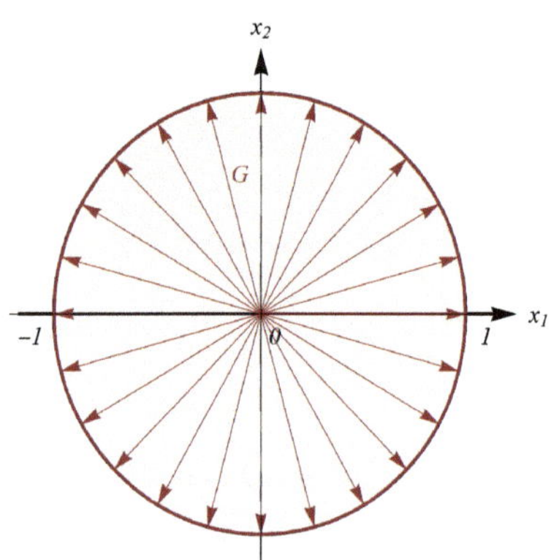

**Bild 1.35** Kreisförmige Platte

2. Für die Masse $m$ gilt nach Gleichung (1.18)

$$m = \iint_G \rho(x_1, x_2) \,\mathrm{d}G = \iint_G \sqrt{1 - x_1^2 - x_2^2} \,\mathrm{d}G$$

und in Polarkoordinaten (1.23) mit dem Flächenelement (1.24) und dem transformierten Bereich
$\widetilde{G} = \{(r, \varphi) : 0 \le r \le 1, 0 \le \varphi \le 2\pi\}$
sowie $\sqrt{1 - x_1^2 - x_2^2} = \sqrt{1 - r^2}$

$$m = \int_0^{2\pi} \int_0^1 r\sqrt{1 - r^2} \,\mathrm{d}r \,\mathrm{d}\varphi = -\frac{1}{3} \int_0^{2\pi} \left[\sqrt{1 - r^2}^3\right]_0^1 \mathrm{d}\varphi = \frac{2\pi}{3}.$$

**Stammfunktion:**

$$\int r\sqrt{1 - r^2} \,\mathrm{d}r = \begin{bmatrix} z & = 1 - r^2 \\ \mathrm{d}z & = -2r\mathrm{d}r \end{bmatrix} = -\frac{1}{2} \int \sqrt{z} \,\mathrm{d}z = -\frac{1}{3}\sqrt{1 - r^2}^3$$

---

Das folgende Beispiel zeigt, dass der Übergang von kartesischen zu Polarkoordinaten im Doppelintegral zu wesentlichen Vereinfachungen bei seiner Berechnung führen kann.

**Polares Flächenmoment 2. Grades eines Bereiches mit inhomogener Flächendichte**

## Beispiel 1.48

Gesucht ist das polare Flächenmoment 2. Grades des Bereiches $G$ (siehe **Bild 1.36**) mit der Flächendichte $\rho(x_1, x_2) = |x_1|$,
$G = \left\{(x_1, x_2) : x_1^2 + x_2^2 \le 1, x_1 \le 0, x_2 \le 0\right\}$.

Das polare Flächenmoment 2. Grades des Bereiches $G$ ist

$$M_{p,2} = \iint_G \rho(x_1, x_2)(x_1^2 + x_2^2) \,\mathrm{d}G = \iint_G |x_1|(x_1^2 + x_2^2) \,\mathrm{d}G.$$

In kartesischen Koordinaten ist mit $\rho(x_1, x_2) = |x_1| = -x_1$ und $G$ als Bereich 1. Art (siehe **Bild 1.36**)

$$G = \{(x_1, x_2) : -1 \le x_1 \le 0,\ x_{21}(x_1) \le x_2 \le 0\},\ x_{21}(x_1) = -\sqrt{1 - x_1^2}$$

$$M_{p,2} = \int_{-1}^0 \int_{x_{21}(x_1)}^0 |x_1|(x_1^2 + x_2^2) \,\mathrm{d}x_2 \mathrm{d}x_1 = -\int_{-1}^0 \int_{x_{21}(x_1)}^0 \left(x_1^3 + x_1 x_2^2\right) \mathrm{d}x_2 \mathrm{d}x_1$$

$$= \int_{-1}^0 \left[x_1^3 x_2 + \frac{1}{3} x_1 x_2^3\right]_{x_{21}(x_1)}^0 \mathrm{d}x_1 = \int_{-1}^0 x_1^3 x_{21}(x_1) \,\mathrm{d}x_1 + \frac{1}{3} \int_{-1}^0 x_1 x_{21}(x_1) \,\mathrm{d}x_1$$

$$= \left[\frac{1}{3}\sqrt{1 - x_1^2}^3 - \frac{1}{5}\sqrt{1 - x_1^2}^5\right]_{-1}^0 + \frac{1}{3}\left[\frac{1}{5}\sqrt{1 - x_1^2}^5\right]_{-1}^0 = \frac{1}{5}.$$

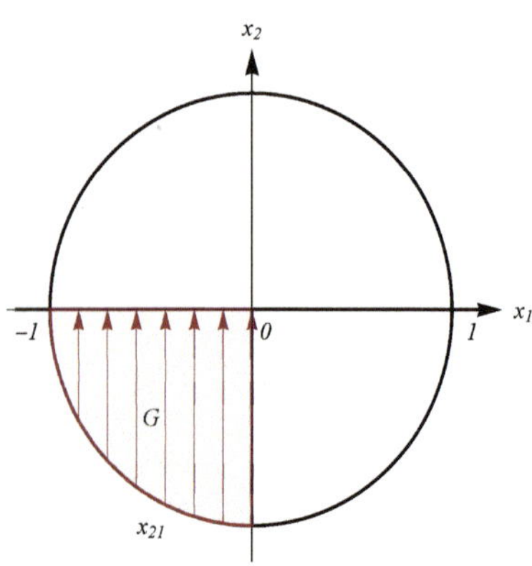

**Bild 1.36** Bereich $G$ 1. Art, kartesische Koordinaten

**Stammfunktionen:**

$$\int x_1^3 x_{21}(x_1)\,\mathrm{d}x_1 = -\int x_1^3\sqrt{1-x_1^2}\,\mathrm{d}x_1 = \begin{bmatrix} z = 1-x_1^2 \\ \mathrm{d}z = -2x_1\,\mathrm{d}x_1 \end{bmatrix} = \frac{1}{2}\int (1-z)\sqrt{z}\,\mathrm{d}z$$
$$= \frac{1}{2}\int \left(z^{1/2} - z^{3/2}\right)\mathrm{d}z = \frac{1}{2}\left(\frac{2}{3}z^{3/2} - \frac{2}{5}z^{5/2}\right)$$
$$= \frac{1}{3}\sqrt{1-x_1^2}^3 - \frac{1}{5}\sqrt{1-x_1^2}^5,$$

$$\int x_1 x_{21}(x_1)\,\mathrm{d}x_1 = -\int x_1\sqrt{1-x_1^2}^3\,\mathrm{d}x_1 = \begin{bmatrix} z = 1-x_1^2 \\ \mathrm{d}z = -2x_1\mathrm{d}x_1 \end{bmatrix} = \frac{1}{2}\int z^{3/2}\,\mathrm{d}z$$
$$= \frac{1}{2}\cdot\frac{2}{5}\int z^{5/2}\,\mathrm{d}z = \frac{1}{5}z^{5/2} = \frac{1}{5}\sqrt{1-x_1^2}^5.$$

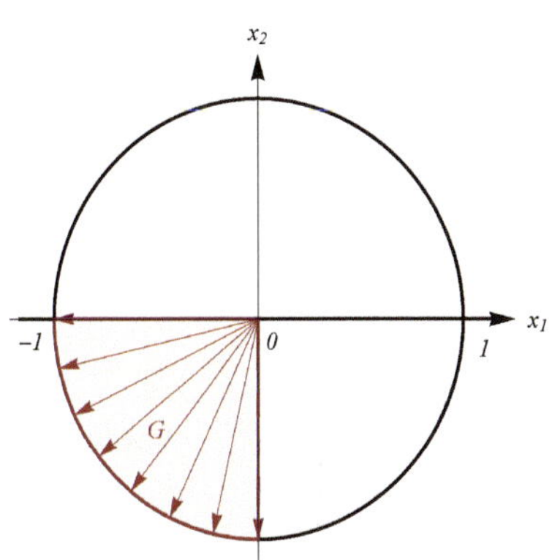


**Bild 1.37** Bereich $G$, Polarkoordinaten

Wesentlich einfacher ist das Doppelintegral in Polarkoordinaten zu berechnen. Mit der Transformation (1.23), dem Flächenelement (1.24), dem transformierten Gebiet (siehe **Bild 1.37**)

$\widetilde{G} = \{(r,\varphi) : 0 \le r \le 1, \pi \le \varphi \le 3\pi/2\}$

sowie $|x_1| = -r\cos\varphi$ ist

$$M_{p,2} = \int_{-1}^{0}\int_{x_{21}(x_1)}^{0} |x_1|(x_1^2+x_2^2)\,\mathrm{d}x_2\mathrm{d}x_1 = -\int_{\pi}^{3\pi/2}\int_{0}^{1} r^3\cos\varphi\, r\mathrm{d}r\,\mathrm{d}\varphi$$
$$= -\int_{\pi}^{3\pi/2}\left[\frac{r^5}{5}\cos\varphi\right]_0^1\mathrm{d}\varphi = -\frac{1}{5}\int_{\pi}^{3\pi/2}\cos\varphi\,\mathrm{d}\varphi = -\frac{1}{5}\left[\sin\varphi\right]_{\pi}^{3\pi/2} = \frac{1}{5}.$$

---

Im folgenden Beispiel gestaltet sich die Berechnung des Doppelintegrals dann rechnerisch einfach, wenn – in Abhängigkeit vom Bereich – die Transformation zu verallgemeinerten Polarkoordinaten erfolgt.

## Beispiel 1.49

**Polares Flächenmoment 2. Grades eines Bereiches**

Gesucht ist das polare Flächenmoment 2. Grades des Bereiches $G$, der von der Kurve $x_1^2 + x_2^2 = 2ax_1$, $a > 0$, begrenzt wird.

Die Kurve ist der Kreis mit dem Mittelpunkt $M(a,0)$ und dem Radius $a$, wie die Umformungen zur Normalform ergeben:

$(x_1 - a)^2 + x_2^2 = a^2.$

Das polare Flächenmoment 2. Grades des Bereiches $G$ ist

$$M_{p,2} = \iint_G (x_1^2 + x_2^2)\,\mathrm{d}G.$$

In den der Kreiskurve entsprechenden verallgemeinerten Polarkoordinaten $(r,\varphi)$ (siehe **Bild 1.38**), der Transformation

$x_1 = a + r\cos\varphi,\ x_2 = r\sin\varphi,$

dem Flächenelement $\mathrm{d}\widetilde{G} = r\,\mathrm{d}r\mathrm{d}\varphi$ und dem Integranden

$x_1^2 + x_2^2 = (a + r\cos\varphi)^2 + (r\sin\varphi)^2 = r^2 + a^2 - 2ar\cos\varphi$

folgt für das polare Flächenmoment 2. Grades

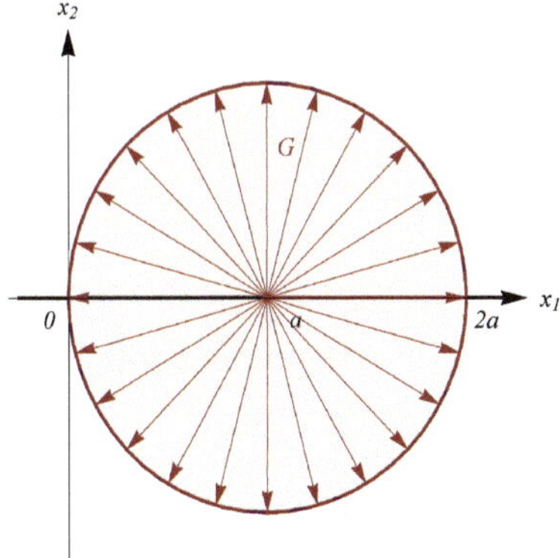


**Bild 1.38** Bereich $G$, verallgemeinerte Polarkoordinaten

$$M_{p,2} = \int_0^{2\pi}\int_0^a (r^2+a^2-2ar\cos\varphi)r\,\mathrm{d}r\mathrm{d}\varphi = \int_0^{2\pi}\left[\frac{r^4}{4}+a^2\frac{r^2}{2}-2a\frac{r^3}{3}\cos\varphi\right]_0^a \mathrm{d}\varphi$$

$$= \int_0^{2\pi}\left(\frac{3}{4}a^4-\frac{2}{3}a^4\cos\varphi\right)\mathrm{d}\varphi = \frac{3}{4}a^4\,[\varphi]_0^{2\pi}-\frac{2}{3}a^4\,[\sin\varphi]_0^{2\pi} = \frac{3\pi}{2}a^4.$$

## 1.5.2 Kurvenintegrale

### Definitionen

**Kurve in Parameterdarstellung**

Betrachtet wird eine Kurve $C$ in der Ebene ($d = 2$) oder im Raum ($d = 3$) mit der Parameterdarstellung

$$x(t) = (x_1(t), ..., x_d(t))^\top,\ i = 1, ..., d, \qquad t \in [t_a, t_b]. \tag{1.25}$$

**Vektorfeld**

Seien $f\colon \mathbb{R}^d \to \mathbb{R}$ sowie $g_i\colon \mathbb{R}^d \to \mathbb{R}$, $i = 1, ..., d$, auf der Kurve $C$ definierte stetige Funktionen von $d$ Veränderlichen. Der Vektor $g\colon \mathbb{R}^d \to \mathbb{R}^d$, $g = (g_1, ..., g_d)^\top$, dessen Komponenten die Funktionen $g_i$ sind, ist eine vektorwertige Funktion, die **Vektorfeld** genannt wird.

**Teilintervalle**

Das Parameterintervall $[t_a, t_b]$ wird durch $n + 1$ Stellen $t_k$, $k = 0, ..., n$, in $n$ Teilintervalle zerlegt:

$$t_a = t_0 < t_1 < t_2 < ... < t_n = t_b.$$

**Integralsummen**

Auf jedem Teilintervall wird ein beliebiger Zwischenpunkt $\tau_k \in [t_{k-1}, t_k]$, $k = 1, ..., n$, gewählt. Damit werden folgende Integralsummen gebildet:

$$S = \sum_{k=1}^{n} f(x(\tau_k))\,\Delta s_k \quad \text{mit} \tag{1.26}$$

$$\Delta s_k = \sqrt{\sum_{i=1}^{d} \Delta x_{ik}^2}, \quad \Delta x_{ik} = x_i(t_k) - x_i(t_{k-1}) \quad \text{bzw.}$$

$$S_i = \sum_{k=1}^{n} g_i(x(\tau_k))\,\Delta x_{ik}, \quad i = 1, ..., d. \tag{1.27}$$

Der Grenzübergang $n \to \infty$, $\Delta s_k \to 0$ ergibt das Kurvenintegral 1. Art

**Kurvenintegral 1. Art**

$$\lim_{\Delta s_k \to 0} S = \int_C f(x)\,\mathrm{d}s \tag{1.28}$$

sowie das Kurvenintegral 2. Art

**Kurvenintegral 2. Art**

$$\lim_{\Delta s_k \to 0} \sum_{i=1}^{d} S_i = \int_C \sum_{i=1}^{d} g_i(x)\,\mathrm{d}x_i = \int_C (g, \mathrm{d}x), \tag{1.29}$$

$$g = (g_1, ..., g_d)^\top,\ \mathrm{d}x = (\mathrm{d}x_1, ..., \mathrm{d}x_d)^\top.$$

Das Kurvenintegral (1.29) wird auch als Kurvenintegral des Vektorfeldes $g$ entlang der Kurve $C$ bezeichnet.

**Berechnung der Kurvenintegrale**

Die Berechnung der Kurvenintegrale führt mit der Parametrisierung der Kurve $C$ wie in (1.25) und den Differenzialen

$$\mathrm{d}x_i = \dot{x}_i(t)\,\mathrm{d}t,\ i = 1, ..., d, \quad \text{bzw.} \quad \mathrm{d}s = \sqrt{\sum_{i=1}^{d} \dot{x}_i^2(t)}\,\mathrm{d}t \tag{1.30}$$

auf ein jeweils eindimensionales Integral

**Kurvenintegral 1. Art**

$$\int_C f(x)\,\mathrm{d}s = \int_{t_a}^{t_b} f(x(t))\sqrt{\sum_{i=1}^{d} \dot{x}_i^2(t)}\,\mathrm{d}t, \tag{1.31}$$

**Kurvenintegral 2. Art**

$$\int_C (g, \mathrm{d}x) = \int_{t_a}^{t_b} \left(\sum_{i=1}^{d} g_i(x(t))\dot{x}_i(t)\right) \mathrm{d}t = \int_{t_a}^{t_b} (g, \dot{x})\,\mathrm{d}t. \tag{1.32}$$

**Beispiel 1.50**

**Berechnung von Kurvenintegralen**

1. Zu berechnen ist das Kurvenintegral 1. Art für die Funktion $f(x_1, x_2) = |x_2|$ entlang einer elliptischen Kurve mit der Parameterdarstellung $x_1(t) = a\cos t,\ x_2(t) = b\sin t,\ 0 \le t \le 2\pi$.
2. Zu berechnen ist das Kurvenintegral 2. Art für das Vektorfeld $g(x_1, x_2) = (x_1 x_2, x_1 - x_2)^\top$ entlang der Parabelkurve $C$ mit der Parameterdarstellung $x_1(t) = t,\ x_2(t) = t^2,\ 1 \le t \le 2$ (siehe **Bild 1.39).**

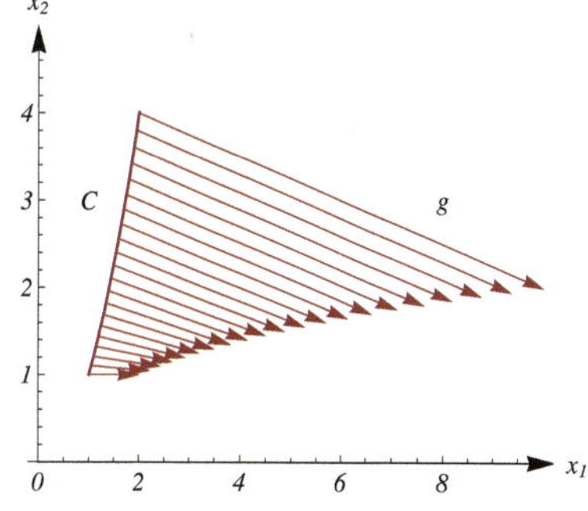


**Bild 1.39** Kurve $C$, Vektorfeld $g$

1. Das Bogendifferenzial (1.30) ist mit den Ableitungen

$$\dot{x}_1(t) = -a\sin t,\ \dot{x}_2(t) = b\cos t \quad \text{gleich} \quad \mathrm{d}s = \sqrt{a^2\sin^2 t + b^2\cos^2 t}\,\mathrm{d}t.$$

Für die Funktion $f$ gilt

$$f(x_1, x_2) = \begin{cases} b\sin t, & 0 \le t \le \pi, \\ -b\sin t, & \pi \le t \le 2\pi. \end{cases}$$

Das gesuchte Kurvenintegral 1. Art ist nach Gleichung (1.31) unter Ausnutzung der Symmetrie der Kurve bezüglich der $x_1$-Achse

$$2\int_0^\pi b\sin t\sqrt{a^2\sin^2 t + b^2\cos^2 t}\,\mathrm{d}t = \begin{cases} 2b\left(b + \frac{a^2}{\sqrt{a^2-b^2}}\arcsin\frac{\sqrt{a^2-b^2}}{a}\right), & a > b, \\ 2b\left(b + \frac{a^2}{\sqrt{b^2-a^2}}\operatorname{arccoth}\frac{b}{\sqrt{b^2-a^2}}\right), & a < b, \\ 4b^2, & a = b. \end{cases}$$

2. Die Ableitungen sind $\dot{x}_1(t) = 1,\ \dot{x}_2(t) = 2t$.
Der Integrand ist $(g, \dot{x}) = x_1(t)x_2(t)\dot{x}_1(t) + (x_1(t) - x_2(t))\dot{x}_2(t) = t^3 + 2t(t - t^2)$.
Das gesuchte Kurvenintegral 2. Art ist nach Gleichung (1.32) gleich

$$\int_1^2 \left(t^3 + 2t(t - t^2)\right)\,\mathrm{d}t = \frac{11}{12}.$$

## Physikalische Anwendungen für Kurvenintegrale 1. Art

**Masse**

Bei gegebener Massendichte $\rho(x)$ entlang einer Kurve $C$ ist die Masse $\mathrm{d}m$ eines Kurvensegmentes $\mathrm{d}s$ gleich $\mathrm{d}m = \rho(x)\ \mathrm{d}s$. Damit errechnet sich die Masse der gesamten Kurve mit dem Kurvenintegral 1. Art

$$m = \int_C \rho(x)\ \mathrm{d}s. \tag{1.33}$$

**Bogenlänge**

Für die Massendichte $\rho(x) = 1$ ergibt Gleichung (1.33) die Bogenlänge der Kurve $C$.

**Masse einer Schraubenfeder**

**Beispiel 1.51**

Die Masse $m$ und die Bogenlänge $l$ der spiralförmigen Schraubenfeder (siehe **Bild 1.40**) mit der Massendichte $\rho(x_1, x_2, x_3) = x_1^2 x_2^2 + x_3^2$ ist zu berechnen. Die Schraubenfeder hat den Anfangspunkt $A(2, 0, 0)$ und den Endpunkt $E(2, 0, 3)$. Ihre Projektion in der $(x_1, x_2)$-Ebene ist ein Kreis mit dem Radius 2.

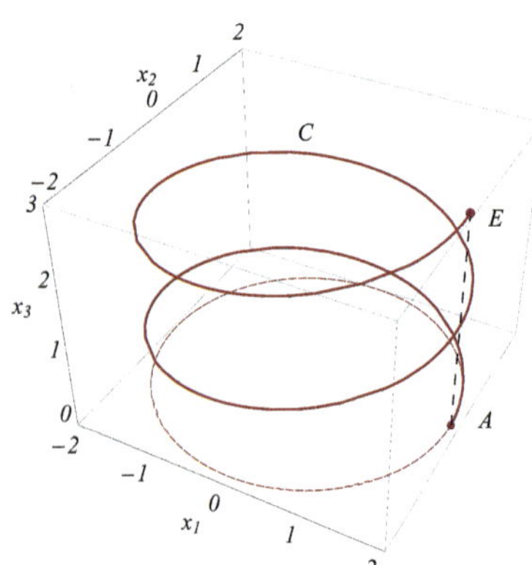


**Bild 1.40** Kurve $C$, Anfangspunkt $A$, Endpunkt $E$

Eine Parametrisierung des dargestellten Kurvenstücks $l$ lautet

$x_1(t) = 2\cos t,\ x_2(t) = 2\sin t,\ x_3(t) = 3t/(4\pi),\ 0 \le t \le 4\pi.$

Das Bogendifferenzial (1.30) ist mit den Ableitungen

$\dot{x}_1(t) = -2\sin t,\ \dot{x}_2(t) = 2\cos t,\ \dot{x}_3(t) = 3/(4\pi)$ gleich

$$\mathrm{d}s = \sqrt{4\sin^2 t + 4\cos^2 t + 9/(16\pi^2)}\ \mathrm{d}t = \frac{\sqrt{64\pi^2 + 9}}{4\pi}\ \mathrm{d}t. \tag{1.34}$$

Die gesuchte Masse ergibt sich aus der Gleichung (1.33) mit der Berechnung wie in (1.31)

$$m = \int_0^{4\pi} \left(8\cos^2 t \sin^2 t + \frac{9t^2}{16\pi^2}\right) \frac{\sqrt{64\pi^2 + 9}}{4\pi}\ \mathrm{d}t = 5\sqrt{64\pi^2 + 9} \approx 126.56.$$

Die Bogenlänge der Kurve ergibt sich aus (1.33) für $\rho(x_1, x_2, x_3) = 1$ mit der Berechnung wie in (1.31)

$$l = \int_0^{4\pi} \frac{\sqrt{64\pi^2 + 9}}{4\pi}\ \mathrm{d}t = \sqrt{64\pi^2 + 9} \approx 25.31.$$

---

**Momente, Schwerpunkte**

Die $k$-ten Momente bezüglich der Koordinatenachsen (für den zweidimensionalen Fall $d = 2$) bzw. Koordinatenebenen (für den dreidimensionalen Fall $d = 3$) einer im Punkt $X(x_1, ..., x_d)$ befindlichen Masse $\mathrm{d}m$ sind $x_i^k\ \mathrm{d}m$. Damit errechnen sich die $k$-ten Momente der gesamten Kurve als Kurvenintegrale 1. Art

$$M_{x_i,k} = \int_C x_i^k\ \mathrm{d}m = \int_C x_i^k\ \rho(x)\ \mathrm{d}s,\ i = 1, ..., d. \tag{1.35}$$

Mit den 1. Momenten ($k = 1$) aus (1.35) und der Masse $m$ der Kurve aus (1.33) ergeben sich für den Massenschwerpunkt $S(x_{1s}, ..., x_{ds})$ die Koordinaten

$$x_{is} = \frac{M_{x_i,k}}{m} = \frac{1}{m} \int\limits_C x_i \, \rho(x) \, \mathrm{d}s, \ i = 1, ..., d. \quad (1.36)$$

Die Koordinaten des geometrischen Schwerpunktes $S_g(x_{1g}, ..., x_{dg})$ der Kurve ergeben sich aus Gleichung (1.36) für $\rho(x) = 1$.

Der Massenschwerpunkt $S$ und der geometrische Schwerpunkt $S_g$ einer Kurve sind i. Allg. keine Punkte der Kurve.

**Beispiel 1.52**

**Schwerpunkte einer Kurve**

Gesucht sind die Koordinaten des Massenschwerpunktes $S$ und des geometrischen Schwerpunktes $S_g$ der Parabelkurve $C$ mit der Parametrisierung $x_1(t) = t$, $x_2(t) = t^2/2$, $-1 \le t \le 2$ und der Massendichte $\rho(x_1, x_2) = x_1^2 x_2$.

Die Ableitungen der Funktionen $x_1(t)$ und $x_2(t)$ sowie das Bogendifferenzial d$s$ sind $\dot{x}_1(t) = 1$, $\dot{x}_2(t) = t$, $\mathrm{d}s = \sqrt{1+t^2}\ \mathrm{d}t$.
Die Masse $m$ und die 1. Momente $M_{x_1,1}$, $M_{x_2,1}$ ergeben sich gemäß der Gleichungen (1.35) und der Berechnung der Kurvenintegrale 1. Art (1.31)

$$m = \int_{-1}^{2} \left(\frac{1}{2}t^4\right) \sqrt{1+t^2}\ \mathrm{d}t \approx 6.37,$$

$$M_{x_1,1} = \int_{-1}^{2} t \left(\frac{1}{2}t^4\right) \sqrt{1+t^2}\ \mathrm{d}t \approx 10.5, \quad M_{x_2,1} = \int_{-1}^{2} \frac{t^2}{2} \left(\frac{1}{2}t^4\right) \sqrt{1+t^2}\ \mathrm{d}t \approx 9.28.$$

Die Koordinaten des Massenschwerpunktes $S(x_{1s}, x_{2s})$ sind nach Gleichung (1.36)
$x_{1s} = M_{x_1,1}/m \approx 1.65$ und $x_{2s} = M_{x_2,1}/m \approx 1.46$.
Mit $\rho(x_1, x_2) = 1$, der Bogenlänge $l$ sowie den 1. Momenten $M_{x_1,1}$ bzw. $M_{x_2,1}$

$$l = \int_{-1}^{2} \sqrt{1+t^2}\ \mathrm{d}t \approx 4.11,$$

$$M_{x_1,1} = \int_{-1}^{2} t\sqrt{1+t^2}\ \mathrm{d}t \approx 2.78, \quad M_{x_2,1} = \int_{-1}^{2} \frac{t^2}{2}\sqrt{1+t^2}\ \mathrm{d}t \approx 2.64$$

sind die Koordinaten des geometrischen Schwerpunktes $S(x_{1g}, x_{2g})$
$x_{1g} = M_{x_1,1}/l \approx 0.68$ und $x_{2g} = M_{x_2,1}/l \approx 0.64$.
Die Kurve $C$ ist zusammen mit ihrem Massenschwerpunkt $S$ und ihrem geometrischen Schwerpunkt $S_g$ in **Bild 1.41** dargestellt.

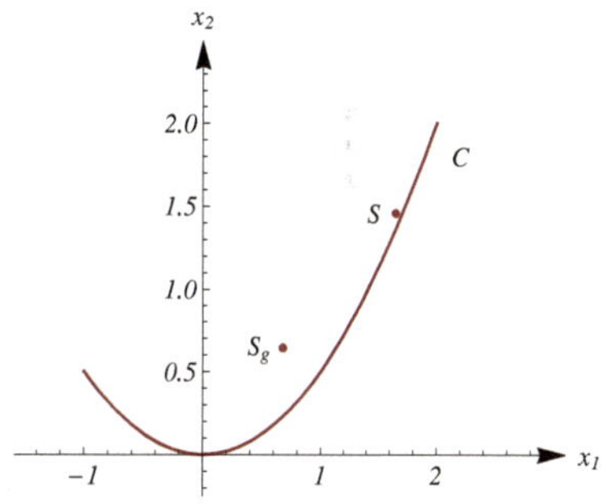


**Bild 1.41** Kurve $C$, Massenschwerpunkt $S$, geometrischer Schwerpunkt $S_g$

## Physikalische Anwendungen für Kurvenintegrale 2. Art

**Arbeit**

Die Arbeit, die von einem Kraftvektor $F = (F_1, ..., F_d)^\top$ im Punkt $X(x_1, ..., x_d)$ einer Kurve längs des Weges $\mathrm{d}x = (\mathrm{d}x_1, ..., \mathrm{d}x_d)^\top$ für den Transport einer Masseneinheit verrichtet wird, beträgt im Fall ihrer Parameterdarstellung $x(t)$ und den Differenzialen d$x_i$ wie in (1.30)

$$\mathrm{d}W = (F, \mathrm{d}x) = \sum_{i=1}^{d} F_i \ \mathrm{d}x_i = \sum_{i=1}^{d} F_i \ \dot{x}_i \ \mathrm{d}t.$$

Demnach ist die vom Kraftfeld $F$ entlang der gesamten Kurve $x(t)$, $t_a \le t \le t_b$, geleistete Arbeit zum Transport einer Masseneinheit gleich dem Kurvenintegral 2. Art

$$W = \int_C (F, \mathrm{d}x) = \int_{t_a}^{t_b} \sum_{i=1}^{d} F_i\, \dot{x}_i\, \mathrm{d}t. \tag{1.37}$$

**Arbeit entlang einer Kurve**

### Beispiel 1.53

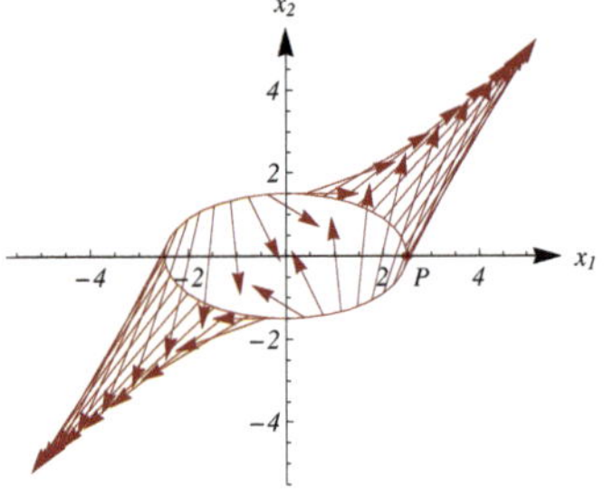

**Bild 1.42** Ellipse, $a=2.5$, $b=2$ und Kraftvektorfeld

Zu berechnen ist die Arbeit, die ein Kraftvektorfeld $F=(F_1, F_2)^\top$ mit den Komponenten $F_1(x_1, x_2) = x_1 + x_2$ und $F_2(x_1, x_2) = 2x_1$ verrichtet, um eine Masseneinheit auf einer elliptischen Kurve mit der Parameterdarstellung $x_1(t) = a\cos t$, $x_2(t) = b\sin t$, $0 \le t \le 2\pi$, vom Punkt $P(a, 0)$ im mathematisch positiven Drehsinn wieder in $P$ zu verschieben (siehe **Bild 1.42**).

Die Komponenten des Kraftvektorfeldes haben die Parameterdarstellung
$F_1(t) = a\cos t + b\sin t$, $F_2(t) = 2a\cos t$.
Die Differenziale sind $\mathrm{d}x_1 = -a\sin t\ \mathrm{d}t$, $\mathrm{d}x_2 = b\cos t\ \mathrm{d}t$.
Mit der Gleichung (1.37) ist die gesuchte Arbeit

$$W = \int_0^{2\pi} \left(-a^2 \sin t \cos t - ab\sin^2 t + 2ab\cos^2 t\right)\ \mathrm{d}t = \pi ab.$$

**Zirkulation und Fluss**

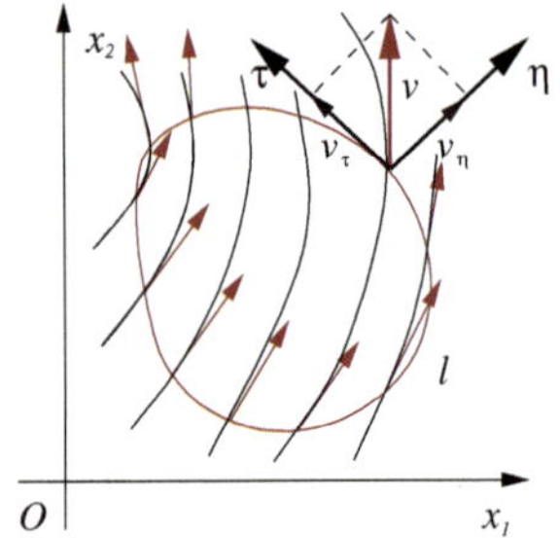

**Bild 1.43** Tangenten- und Normalenvektor $\tau$, $\eta$

Gegeben ist eine ebene geschlossene Kurve $C$ mit der Parameterdarstellung $x(t) = (x_1(t), x_2(t))^\top$, $t_a \le t \le t_b$, $x(t_a) = x(t_b)$, sowie ein Geschwindigkeitsfeld $v = (v_1, v_2)^\top$. Der Einheitsvektor $\tau$ der Tangente in Richtung der Kurve bzw. der Einheitsvektor $\eta$ in Richtung der äußeren Normale im Punkt $(x_1(t), x_2(t))$ der Kurve ist (siehe [3])

$$\tau(t) = \frac{1}{\sqrt{\dot{x}_1^2(t)+\dot{x}_2^2(t)}} \begin{pmatrix} \dot{x}_1(t) \\ \dot{x}_2(t) \end{pmatrix}, \quad \eta(t) = \frac{1}{\sqrt{\dot{x}_1^2(t)+\dot{x}_2^2(t)}} \begin{pmatrix} \dot{x}_2(t) \\ -\dot{x}_1(t) \end{pmatrix}.$$

Dann ist (siehe **Bild 1.43**)

$v_\tau = (v, \tau)\tau$ die Projektion des Vektors $v$ auf $\tau$ und
$v_\eta = (v, \eta)\eta$ die Projektion des Vektors $v$ auf $\eta$.

In der Strömungslehre heißen die Kurvenintegrale 2. Art

**Zirkulation**

$$\int_C v\ \mathrm{d}\tau = \int_C (v, \tau)\ \mathrm{d}s = \int_{t_a}^{t_b} (v_1\, \dot{x}_1 + v_2\, \dot{x}_2)\ \mathrm{d}t \tag{1.38}$$

**Fluss**

$$\int_C v\ \mathrm{d}\eta = \int_C (v, \eta)\ \mathrm{d}s = \int_{t_a}^{t_b} (v_1\, \dot{x}_2 - v_2\, \dot{x}_1)\ \mathrm{d}t \tag{1.39}$$

**Zirkulation** (1.38) des Geschwindigkeitsfeldes $v$ entlang einer geschlossenen Kurve $C$ bzw. **Fluss** (1.39) des Geschwindigkeitsfeldes $v$ durch die geschlossene Kurve $C$.

**Zirkulation und Fluss**

### Beispiel 1.54

Gegeben ist eine Kreiskurve mit der Parameterdarstellung
$x_1(t) = \cos t$, $x_2(t) = 1 + \sin t$, $0 \le t \le 2\pi$,

sowie ein Geschwindigkeitsfeld $v = (v_1, v_2)^\top$. Gesucht ist die Zirkulation entlang der Kurve und der Fluss durch die Kurve für

**1.** $v_1 = cx_2,\ v_2 = 0,\ c > 0,$ **2.** $v_1 = cx_2 - x_1^2,\ v_2 = x_1,\ c > 0.$

Die Ableitungen sind $\dot{x}_1(t) = -\sin t,\ \dot{x}_2(t) = \cos t$.

**1.** Die Zirkulation ist mit Gleichung (1.38)

$$\int\limits_C v\ \mathrm{d}\tau = \int_0^{2\pi} c(1+\sin t)(-\sin t)\ \mathrm{d}t = -c\pi.$$

Negative Zirkulation bedeutet, dass die Strömung entlang der Kurve überwiegend im Uhrzeigersinn verläuft. Der Fluss ist mit Gleichung (1.39)

$$\int\limits_C v\ \mathrm{d}\eta = \int_0^{2\pi} c(1+\sin t)\cos t\ \mathrm{d}t = 0.$$

Der Fluss gleich null bedeutet, dass genauso viel in die Kreiskurve hineinströmt wie heraus. Kreiskurve und Geschwindigkeitsfeld sind in **Bild 1.44** dargestellt.

**2.** Die Zirkulation ist mit Gleichung (1.38)

$$\int\limits_C v\ \mathrm{d}\tau = \int_0^{2\pi} \Big((c(1+\sin t) - \cos t)(-\sin t) + \cos^2 t\Big)\ \mathrm{d}t = \pi(1-c).$$

Für $c = 0.5$ wie in **Bild 1.45** dargestellt ist die Zirkulation positiv, d. h., die Strömung entlang der Kurve verläuft überwiegend gegen den Uhrzeigersinn. Der Fluss ist mit Gleichung (1.39)

$$\int\limits_C v\ \mathrm{d}\eta = \int_0^{2\pi} ((c(1+\sin t) - \cos t)\cos t - \cos t \sin t)\ \mathrm{d}t = -\pi.$$

Negativer Fluss bedeutet, dass mehr in die Kreiskurve hineinströmt als heraus.

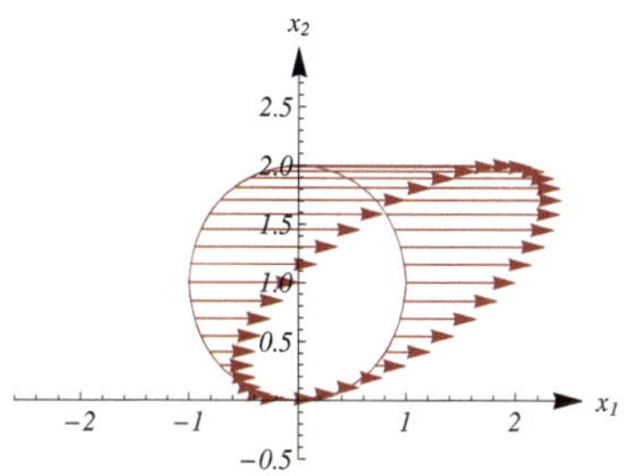


**Bild 1.44** Kreiskurve, Geschwindigkeitsfeld **1.**, $c = 1$

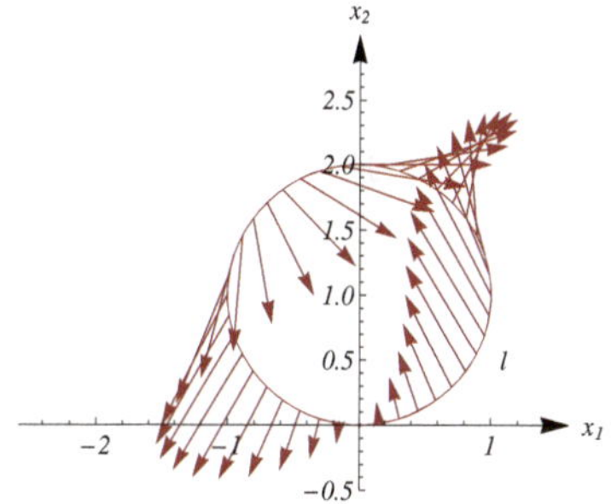


**Bild 1.45** Kreiskurve, Geschwindigkeitsfeld **2.**, $c = 0.5$

## 1.5.3 Der Satz von Green

### Bedeutung und Formulierung des Satzes von Green

Der **Satz von Green** stellt eine Beziehung zwischen dem Doppelintegral über einen beschränkten ebenen Bereich und dem Kurvenintegral längs dessen geschlossener Randkurve her. Damit ist es möglich, Doppelintegrale über solche Bereiche auf einfache Integrale zurückzuführen. Einerseits kann das als Methode zur Berechnung von Doppelintegralen angewendet werden, andererseits können Gleichungen, die Bereichsintegrale enthalten, mithilfe von einfachen Integralen umformuliert werden. Für numerische Lösungsverfahren kann das zu einer erheblichen Reduktion der Anzahl der Unbekannten führen.

Sei $G \subset \mathbb{R}^2$ ein ebener Bereich mit geschlossener Randkurve $C = \partial G$, die aus endlich vielen regulären Kurven $C_1, C_2, ..., C_n$ besteht. Die Randkurve ist geschlossen, wenn ihr Anfangspunkt $A$ und Endpunkt $E$ übereinstimmen (siehe **Bild 1.46**). Dabei soll die Parametrisierung dieser Kurven im mathematisch positiven Sinn erfolgt sein, sodass der Bereich $G$ links bezüglich der Durchlaufrichtung liegt.

**George Green**
(* 14. Juli 1793 in Sneinton, † 31. Mai 1841 in Nottingham)

britischer Mathematiker und Physiker, seit 1833 an der Universität Cambridge

Mitbegründer der Potentialtheorie und der Theorie des Elektromagnetismus, Arbeiten zur Lösung partieller Differenzialgleichungen, Werke über Akustik, Optik und Hydrodynamik

*hier: Satz von Green*

**Satz 1.55**

**Satz von Green**

Ist $v = (v_1, v_2)^\top$ ein stetig differenzierbares Vektorfeld, so gilt

$$\int_{\partial G} (v, \mathrm{d}x) = \sum_{i=1}^{n} \int_{C_i} (v, \mathrm{d}x) = \iint_G \left( \frac{\partial v_2}{\partial x_1} - \frac{\partial v_1}{\partial x_2} \right) \mathrm{d}x_1 \mathrm{d}x_2. \tag{1.40}$$

## Physikalische Anwendungen

**Flächeninhalt**

Wird Gleichung (1.40) für

$$\begin{aligned} &v_1(x_1, x_2) = -x_2 && \text{und} && v_2(x_1, x_2) = 0 && \text{bzw.} \\ &v_1(x_1, x_2) = 0 && \text{und} && v_2(x_1, x_2) = x_1 \end{aligned}$$

angewendet, so ergibt sich für den Flächeninhalt

$$\begin{aligned} F(G) &= \iint_G \mathrm{d}G = \iint_G \mathrm{d}x_1 \mathrm{d}x_2 \\ &= -\int_{\partial G} x_2 \, \mathrm{d}x_1 = \int_{\partial G} x_1 \, \mathrm{d}x_2 = \frac{1}{2} \int_{\partial G} (x_1 \, \mathrm{d}x_2 - x_2 \, \mathrm{d}x_1) . \end{aligned} \tag{1.41}$$

**Flächenmomente 2. Grades einer homogenen Platte**

Wird Gleichung (1.40) für

$$\begin{aligned} &v_1(x_1, x_2) = -x_1^2 x_2 && \text{und} && v_2(x_1, x_2) = 0 && \text{bzw.} \\ &v_1(x_1, x_2) = 0 && \text{und} && v_2(x_1, x_2) = x_1^3/3 \end{aligned}$$

angewendet, so ergibt sich für das Flächenmoment 2. Grades $M_{x_1,2}$ bezüglich der $x_2$-Achse einer homogenen Platte mit konstanter Massendichte $\rho(x_1, x_2) = 1$ gemäß Gleichung (1.20)

$$M_{x_1,2} = \iint_G x_1^2 \, \mathrm{d}G = -\int_{\partial G} x_1^2 x_2 \, \mathrm{d}x_1 = \frac{1}{3} \int_{\partial G} x_1^3 \, \mathrm{d}x_2. \tag{1.42}$$

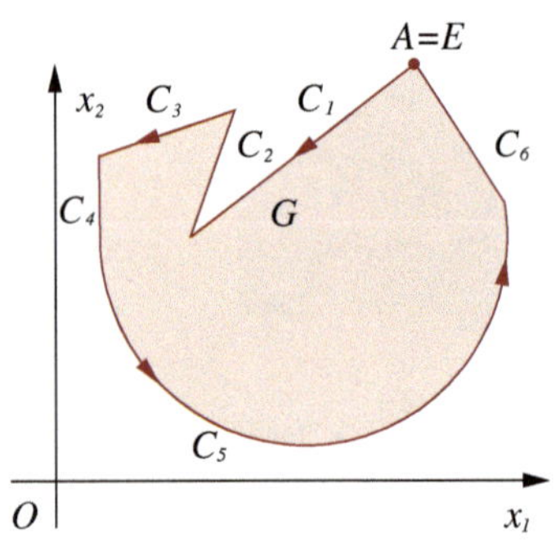


**Bild 1.46** Bereich $G$, Rand $\partial G = \bigcup_{i=1}^{6} C_i$

Wird Gleichung (1.40) für

$$\begin{aligned} &v_1(x_1, x_2) = -x_2^3/3 && \text{und} && v_2(x_1, x_2) = 0 && \text{bzw.} \\ &v_1(x_1, x_2) = 0 && \text{und} && v_2(x_1, x_2) = x_2^2 x_1 \end{aligned}$$

angewendet, so ergibt sich für das Flächenmoment 2. Grades $M_{x_2,2}$ bezüglich der $x_1$-Achse einer homogenen Platte mit konstanter Massendichte $\rho(x_1, x_2) = 1$ gemäß Gleichung (1.20)

$$M_{x_2,2} = \iint_G x_2^2 \, \mathrm{d}G = -\frac{1}{3} \int_{\partial G} x_2^3 \, \mathrm{d}x_1 = \int_{\partial G} x_2^2 x_1 \, \mathrm{d}x_2. \tag{1.43}$$

### Geometrischer Schwerpunkt einer homogenen Platte

Wird Gleichung (1.40) für

$$v_1(x_1,x_2) = -x_1x_2 \quad \text{und} \quad v_2(x_1,x_2) = 0 \qquad \text{bzw.}$$
$$v_1(x_1,x_2) = 0 \quad \text{und} \quad v_2(x_1,x_2) = x_1^2/2$$

angewendet, so ergibt sich für das Flächenmoment 1. Grades $M_{x_1,1}$ bezüglich der $x_2$-Achse einer homogenen Platte mit konstanter Massendichte $\rho(x_1,x_2) = 1$ gemäß Gleichung (1.20)

$$M_{x_1,1} = \iint\limits_G x_1 \, \mathrm{d}G = -\int\limits_{\partial G} x_1x_2 \, \mathrm{d}x_1 = \frac{1}{2}\int\limits_{\partial G} x_1^2 \, \mathrm{d}x_2. \tag{1.44}$$

Wird Gleichung (1.40) für

$$v_1(x_1,x_2) = -x_2^2/2 \quad \text{und} \quad v_2(x_1,x_2) = 0 \qquad \text{bzw.}$$
$$v_1(x_1,x_2) = 0 \quad \text{und} \quad v_2(x_1,x_2) = x_1x_2$$

angewendet, so ergibt sich für das Flächenmoment 1. Grades $M_{x_2,1}$ bezüglich der $x_1$-Achse einer homogenen Platte mit konstanter Massendichte $\rho(x_1,x_2) = 1$ gemäß Gleichung (1.20)

$$M_{x_2,1} = \iint\limits_G x_2 \, \mathrm{d}G = -\frac{1}{2}\int\limits_{\partial G} x_2^2 \, \mathrm{d}x_1 = \int\limits_{\partial G} x_1x_2 \, \mathrm{d}x_2. \tag{1.45}$$

Die Koordinaten des geometrischen Schwerpunktes $S_g(x_{1g}, x_{2g})$ ergeben sich daraus als

$$x_{1g} = M_{x_1,1}/F(G) \quad \text{und} \quad x_{2g} = M_{x_2,1}/F(G).$$

## Beispiel 1.56

### Flächeninhalt, Momente, Schwerpunkt

Durch die Graphen der Funktionen $f_1(x_1) = x_1/4$, $f_2(x_1) = 1/x_1$ und $f_3(x_1) = x_1$ wird im ersten Quadranten eine Fläche $G$ begrenzt. Mit dem Satz von Green sind der Inhalt $F(G)$ der Fläche, die Flächenmomente 1. und 2. Grades sowie ihr Schwerpunkt zu berechnen.

Die Graphen der Funktionen $f_1$ und $f_2$ haben den Schnittpunkt $(2, 0.5)$, die der Funktionen $f_1$ und $f_3$ den Schnittpunkt $(0,0)$ und die der Funktionen $f_2$ und $f_3$ haben den Schnittpunkt $(1,1)$. Die Fläche $G$ wird von den Kurven $C_1$, $C_2$, $C_3$ begrenzt (siehe **Bild 1.47**).

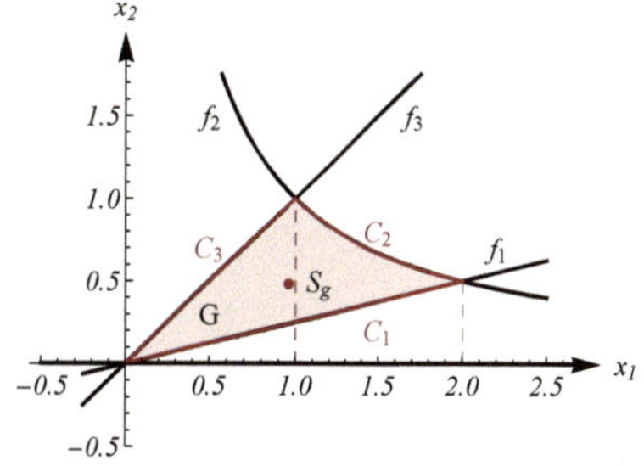


**Bild 1.47** Fläche $G$, Randkurven $C_1$, $C_2$, $C_3$, Schwerpunkt $S_g$

Nach Gleichung (1.41) ist der Inhalt der Fläche $G$

$$\begin{aligned} F(G) &= -\int\limits_{\partial G} x_2 \, \mathrm{d}x_1 = -\int\limits_{C_1} f_1(x_1) \, \mathrm{d}x_1 - \int\limits_{C_2} f_2(x_1) \, \mathrm{d}x_1 - \int\limits_{C_3} f_3(x_1) \, \mathrm{d}x_1 \\ &= -\int_0^2 \frac{x_1}{4} \, \mathrm{d}x_1 - \int_2^1 \frac{1}{x_1} \, \mathrm{d}x_1 - \int_1^0 x_1 \, \mathrm{d}x_1 = \ln 2. \end{aligned}$$

Für die Flächenmomente 1. Grades ergibt sich mit Gleichung (1.44) und (1.45)

$$\begin{aligned}
M_{x_1,1} &= -\int\limits_{\partial G} x_1 x_2 \, dx_1 = -\int\limits_{C_1} x_1 f_1(x_1)\, dx_1 - \int\limits_{C_2} x_1 f_2(x_1)\, dx_1 - \int\limits_{C_3} x_1 f_3(x_1)\, dx_1 \\
&= -\int_0^2 \frac{x_1^2}{4}\, dx_1 - \int_2^1 dx_1 - \int_1^0 x_1^2\, dx_1 = \frac{2}{3}, \\
M_{x_2,1} &= -\frac{1}{2}\int\limits_{\partial G} x_2^2\, dx_1 = -\frac{1}{2}\left(\int\limits_{C_1} f_1^2(x_1)\, dx_1 + \int\limits_{C_2} f_2^2(x_1)\, dx_1 + \int\limits_{C_3} f_3^2(x_1)\, dx_1\right) \\
&= -\frac{1}{2}\left(\int_0^2 \left(\frac{x_1}{4}\right)^2 dx_1 + \int_2^1 \left(\frac{1}{x_1}\right)^2 dx_1 + \int_1^0 x_1^2\, dx_1\right) = \frac{1}{3}.
\end{aligned}$$

Für die Flächenmomente 2. Grades ergibt sich mit Gleichung (1.42) und (1.43)

$$\begin{aligned}
M_{x_1,2} &= -\int\limits_{\partial G} x_1^2 x_2 \, dx_1 = -\int\limits_{C_1} x_1^2 f_1(x_1)\, dx_1 - \int\limits_{C_2} x_1^2 f_2(x_1)\, dx_1 - \int\limits_{C_3} x_1^2 f_3(x_1)\, dx_1 \\
&= -\int_0^2 \frac{x_1^3}{4}\, dx_1 - \int_2^1 x_1 dx_1 - \int_1^0 x_1^3\, dx_1 = \frac{3}{4}, \\
M_{x_2,2} &= -\frac{1}{3}\int\limits_{\partial G} x_2^3\, dx_1 = -\frac{1}{3}\left(\int\limits_{C_1} f_1^3(x_1)\, dx_1 + \int\limits_{C_2} f_2^3(x_1)\, dx_1 + \int\limits_{C_3} f_3^3(x_1)\, dx_1\right) \\
&= -\frac{1}{3}\left(\int_0^2 \left(\frac{x_1}{4}\right)^2 dx_1 + \int_2^1 \left(\frac{1}{x_1}\right)^2 dx_1 + \int_1^0 x_1^2\, dx_1\right) = \frac{3}{16}.
\end{aligned}$$

Der geometrische Schwerpunkt $S_g$ der Fläche $G$ (siehe **Bild 1.47**) hat die Koordinaten

$$x_{1g} = M_{x_1,1}/F(G) = 2/(3\ln 2) \approx 0.96, \qquad x_{2g} = M_{x_2,1}/F(G) = 1/(3\ln 2) \approx 0.48.$$

## Wegeunabhängigkeit von Kurvenintegralen 2. Art

Sei $G \in \mathbb{R}^2$ ein einfach zusammenhängender ebener Bereich mit geschlossener Randkurve $\partial G$ und $v = (v_1, v_2)^\top$ ein auf $G$ stetig differenzierbares Vektorfeld. Aus dem **Satz von Green 1.55** lassen sich zwei Schlussfolgerung für Kurvenintegrale 2. Art ableiten.

**Satz 1.57** Für jeden geschlossenen Weg $\partial C$ innerhalb des Bereiches $G$ ist

$$\int\limits_{\partial C} (v, dx) = 0 \quad \text{genau dann, wenn} \quad \frac{\partial v_2}{\partial x_1} = \frac{\partial v_1}{\partial x_2} \text{ in } G \text{ gilt.} \tag{1.46}$$

**Beweis:**

1. Ist $C$ der Bereich, der von dem Weg $\partial C$ eingeschlossen wird, so folgt mit dem Satz von Green aus
$$\frac{\partial v_2}{\partial x_1} = \frac{\partial v_1}{\partial x_2} \quad \text{unmittelbar} \quad 0 = \iint\limits_C \left(\frac{\partial v_2}{\partial x_1} - \frac{\partial v_1}{\partial x_2}\right) \mathrm{d}x_1 \mathrm{d}x_2 = \int\limits_{\partial C} (v, \mathrm{d}x).$$ ■

2. Mit dem Satz von Green folgt aus
$$0 = \int\limits_{\partial C} (v, \mathrm{d}x) \quad \text{unmittelbar} \quad 0 = \iint\limits_C \left(\frac{\partial v_2}{\partial x_1} - \frac{\partial v_1}{\partial x_2}\right) \mathrm{d}x_1 \mathrm{d}x_2.$$
Da der Bereich $C$ beliebig und der Integrand stetig ist, kann das Doppelintegral nur dann gleich null werden, wenn der Integrand gleich null ist. ■

**Satz 1.58**

**Wegeunabhängigkeit des Kurvenintegrals 2. Art**

Sind $A$ und $E$ zwei Punkte des Bereiches $G$, so ist das Kurvenintegral 2. Art $\int_A^E (v, \mathrm{d}x)$ unabhängig vom Weg von $A$ nach $E$, wenn gilt
$$\frac{\partial v_2}{\partial x_1} = \frac{\partial v_1}{\partial x_2}. \tag{1.47}$$

**Beweis:** Ist $C_1$ ein Weg von $A$ nach $E$ und $C_2$ ein Weg von $E$ nach $A$ (siehe **Bild 1.48**), so bilden beide Wege eine geschlossene Kurve, und es gilt mit dem Satz von Green
$$\int\limits_{C_1} (v, \mathrm{d}x) + \int\limits_{C_2} (v, \mathrm{d}x) = \int\limits_{\partial C} (v, \mathrm{d}x) = \iint\limits_C \left(\frac{\partial v_2}{\partial x_1} - \frac{\partial v_1}{\partial x_2}\right) \mathrm{d}x_1 \mathrm{d}x_2 = 0$$
wegen der Voraussetzung (1.47). Daraus ergibt sich
$$\int\limits_{C_1} (v, \mathrm{d}x) = -\int\limits_{C_2} (v, \mathrm{d}x),$$
was bedeutet, dass das Kurvenintegral entlang der Kurve $C_2$ von $E$ nach $A$ entgegengesetzt zum Kurvenintegral entlang der Kurve $C_1$ ist. Somit ist das Kurvenintegral entlang der Kurve $C_2$ von $A$ nach $E$ gleich dem Kurvenintegral entlang der Kurve $C_1$ von $A$ nach $E$. ■

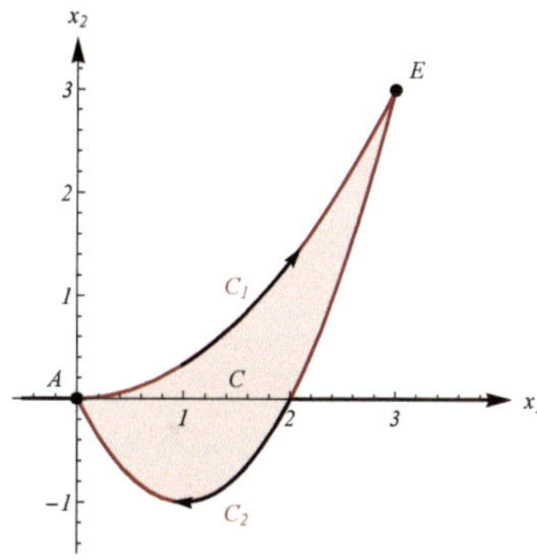


**Bild 1.48** Kurven $C_1$ und $C_2$

**Beispiel 1.59**

**Kurvenintegral 2. Art entlang einer geschlossenen Kurve**

1. Zu zeigen ist, dass das Kurvenintegral 2. Art für $v = (v_1, v_2)^\top = (x_2, x_1 + x_2)^\top$ entlang einer beliebigen geschlossenen Kurve gleich null ist.
2. Das Ergebnis ist zu überprüfen, indem das Kurvenintegral 2. Art entlang der Kurve berechnet wird, die das Gebiet begrenzt, das von den Graphen der Funktionen $x_2 = x_1^2$ und $x_2 = 4$ eingeschlossen wird (siehe **Bild 1.49**).

1. Die partiellen Ableitungen der Funktionen $v_1$ und $v_2$ sind
$$\frac{\partial v_2}{\partial x_1} = 1 \quad \text{und} \quad \frac{\partial v_1}{\partial x_2} = 1.$$
Die Behauptung folgt daher unmittelbar aus dem **Satz 1.57**.
2. Die Schnittpunkte der Graphen der Funktionen $x_2 = x_1^2$ und $x_2 = 4$ sind $A(-2, 4)$ und $E(2, 4)$. Die Kurven $C_1$ von $A$ nach $E$ und $C_2$ von $E$ nach $A$ mit folgender Parametrisierung
$$C_1 : x_2 = x_1^2, \quad x_1 = t, \mathrm{d}x_1 = \mathrm{d}t, \ x_2 = t^2, \mathrm{d}x_2 = 2t\,\mathrm{d}t, \ t \in [-2, 2],$$
$$C_2 : x_2 = 4, \quad x_1 = t, \mathrm{d}x_1 = \mathrm{d}t, \ x_2 = 4, \mathrm{d}x_2 = 0, \ t \in [2, -2],$$
bilden eine geschlossene Kurve (siehe **Bild 1.49**). Für die Kurvenintegrale 2.

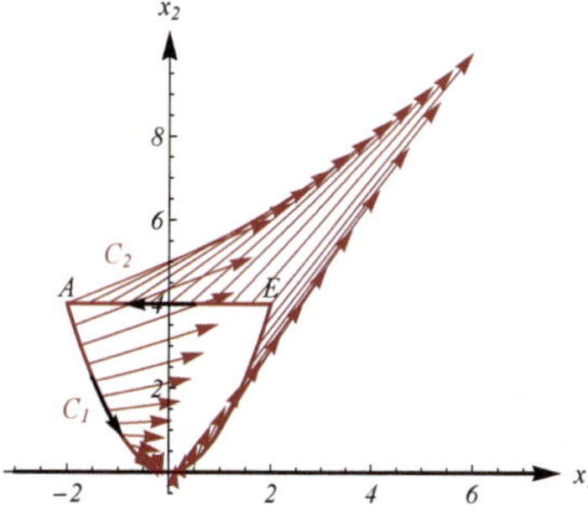


**Bild 1.49** Kurven $C_1$, $C_2$ und Vektorfeld

Art ergibt sich

$$\int_{C_1} (v, dx) = \int_{C_1} x_2 \, dx_1 + \int_{C_1} (x_1 + x_2) \, dx_2 = \int_{-2}^{2} t^2 \, dt + 2 \int_{-2}^{2} (t + t^2) t \, dt$$

$$= \left[\tfrac{1}{3} t^3\right]_{-2}^{2} + 2\left[\tfrac{1}{3} t^3 + \tfrac{1}{4} t^4\right]_{-2}^{2} = 16,$$

$$\int_{C_2} (v, dx) = \int_{C_2} x_2 \, dx_1 + \int_{C_2} (x_1 + x_2) \, dx_2 = \int_{2}^{-2} 4 \, dt = [4t]_2^{-2} = -16.$$

Ihre Summe ist somit gleich null. Daraus folgt, dass die Kurvenintegrale 2. Art entlang der Kurven $C_1$ und $C_2$ jeweils von $A$ nach $E$ gleich sind und den Wert 16 haben.

## 1.6 Anwendungen an Beispielen

### 1.6.1 Ermittlung des Widerstandsmomentes

**Ausgangssituation**

Das Widerstandsmoment gegen Biegung des Hohlquerschnitts (siehe **Bild 1.50**) bezüglich der Symmetrieachse $S$ berechnet sich nach der Formel

$$W(H, B, h, b) = \frac{1}{6H}(BH^3 - bh^3). \tag{1.48}$$

Die Längen $h, H, b, B$ wurden mit einer möglichen Abweichung von 1 mm gemessen:
$h = 10$ cm $\pm 1$ mm, $H = 12$ cm $\pm 1$ mm,
$b = 20$ cm $\pm 1$ mm, $B = 24$ cm $\pm 1$ mm.
Mit welchem maximalen relativen Fehler kann das Widerstandsmoment bestimmt werden?

**Lösungsweg**

Die Abschätzung (1.5) für den relativen Fehler bei der Ermittlung des Widerstandsmomentes aus Gleichung (1.48) ergibt

$$\left|\frac{\Delta W}{W}\right| \leq \frac{1}{W}\left(|W_H|\Delta H + |W_B|\Delta B + |W_h|\Delta h + |W_b|\Delta b\right). \tag{1.49}$$

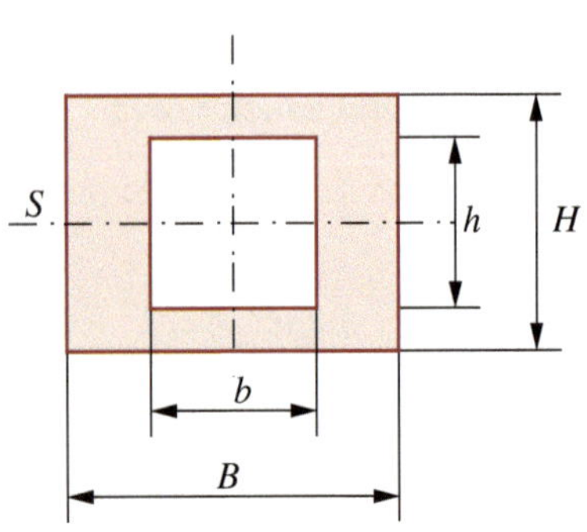

**Bild 1.50** Hohlquerschnitt

Das Widerstandsmoment $W$ errechnet sich mit den Messwerten
$h = 10\,\text{cm}$, $H = 12\,\text{cm}$, $b = 20\,\text{cm}$, $B = 24\,\text{cm}$

$$W \approx 298.222 \text{ cm}^3.$$

Die partiellen Ableitungen auf der rechten Seite von (1.49) berechnen sich aus der Funktionsgleichung (1.48) wie folgt:

$$W_H = \frac{BH}{3} + \frac{bh^3}{6H^2} \approx 119.148 \text{ cm}^2, \quad W_B = \frac{H^2}{6} = 24.000 \text{ cm}^2,$$

$$W_h = -\frac{bh^2}{2H} \approx -83.333 \text{ cm}^2, \quad W_b = -\frac{h^3}{6H} \approx -13.888 \text{ cm}^2.$$

Werden die maximalen Abweichungen $\Delta H = \Delta B = \Delta h = \Delta b = 0.1\,\text{cm}$ in die rechte Seite von (1.49) eingesetzt, so ergibt sich für den relativen Fehler die Abschätzung

$$\left|\frac{\Delta W}{W}\right| \leq \frac{(119.148 + 24 + 83.333 + 13.888) \cdot 0.1}{298.222} \approx 0.0806 = 8.06\,\%.$$

**Ergebnis**

Das Widerstandsmoment kann mit einem maximalen relativen Fehler von etwa 8.06 % bestimmt werden.

### 1.6.2 Vermessung eines Dreiecks

**Ausgangssituation**

Von einem Dreieck $\triangle ABC$ (siehe **Bild 1.51**) ist die Basis $c = 140\,\text{m}$ genau bestimmt worden. Die beiden anliegenden Winkel $\alpha$ und $\beta$ betragen ca. 51° und 48°. Mit welcher absoluten und relativen Genauigkeit kann daraus die Länge der Seite $a$ errechnet werden, wenn $\alpha$ und $\beta$ mit einem absoluten Fehler von maximal 0.5° behaftet sind?

**Lösungsweg**

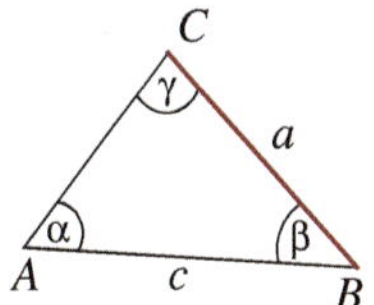


**Bild 1.51** Dreieck $\triangle ABC$

Der Sinussatz (siehe [3]) im Dreieck $\triangle ABC$ ergibt zunächst

$$\frac{a}{c} = \frac{\sin\alpha}{\sin\gamma} = \frac{\sin\alpha}{\sin(\alpha+\beta)},$$

wenn noch wegen der Innenwinkelsumme im Dreieck $\gamma = \pi - (\alpha + \beta)$ und daher $\sin\gamma = \sin(\alpha+\beta)$ beachtet wird. Daraus ergibt sich die Länge der Seite $a$ als Funktion der Veränderlichen $\alpha$ und $\beta$ zu

$$a(\alpha,\beta) = c\,\frac{\sin\alpha}{\sin(\alpha+\beta)}. \tag{1.50}$$

Wird Gleichung (1.2) zur Berechnung des totalen Differenzials als Näherung für den absoluten Fehler angewendet, so folgt

$$da = a_\alpha\Delta\alpha + a_\beta\Delta\beta. \tag{1.51}$$

Die partiellen Ableitungen ergeben sich aus der Funktionsgleichung (1.50) mit der Quotientenregel als

$$\begin{aligned} a_\alpha &= c\,\frac{\cos\alpha\sin(\alpha+\beta) - \sin\alpha\cos(\alpha+\beta)}{(\sin(\alpha+\beta))^2}, \\ a_\beta &= -c\,\sin\alpha\frac{\cos(\alpha+\beta)}{(\sin(\alpha+\beta))^2}. \end{aligned} \tag{1.52}$$

Mit Gleichung (1.51) ist die Abschätzung für den relativen Fehler

$$\left|\frac{\Delta a}{a}\right| \leq \frac{1}{a}\left(|a_\alpha|\,\Delta\alpha + |a_\beta|\,\Delta\beta\right).$$

Werden die Gleichungen (1.50) und (1.52) eingesetzt, so ergibt sich

$$\begin{aligned} \left|\frac{\Delta a}{a}\right| &\leq \left|\frac{\cos\alpha\sin(\alpha+\beta) - \sin\alpha\cos(\alpha+\beta)}{\sin\alpha\sin(\alpha+\beta)}\right| |\Delta\alpha| + \left|\frac{\cos(\alpha+\beta)}{\sin(\alpha+\beta)}\right| |\Delta\beta| \\ &= |\cot\alpha - \cot(\alpha+\beta)|\,|\Delta\alpha| + |\cot(\alpha+\beta)|\,|\Delta\beta|. \end{aligned}$$

**Ergebnis**

Mit den Werten $\cot\alpha \approx 0.809784$, $\cot(\alpha+\beta) \approx -0.1583844$ und $|\Delta\alpha| = |\Delta\beta| \approx 0.0087266$ ergibt sich der maximale relative Fehler

$$\left|\frac{\Delta a}{a}\right| \leq ((0.809784 + 0.158384) + 0.158384) \cdot 0.0087266 \approx 0.00983.$$

Um eine Abschätzung für den absoluten Fehler $\Delta a$ anzugeben, wird $a$ bestimmt und mit dem relativen Fehler multipliziert. Mit den Werten $\sin\alpha \approx 0.777145$ und $\sin(\alpha+\beta) \approx 0.987688$ folgt $a \approx 110.16\,\text{m}$ und

$$|\Delta a| = \left|\frac{\Delta a}{a}\right| a \leq 0.00983 \cdot 110.16 \approx 1.08 \text{ [m]}.$$

Der maximale absolute Fehler bei der Bestimmung der Seite $a$ beträgt ca. 1.08 m, der maximale relative Fehler ca. 1 %.

### 1.6.3 Wasserrinne mit Trapez-Querschnitt

**Ausgangssituation**

Eine Wasserrinne mit symmetrischem Trapez-Querschnitt (Symmetrieachse $S$) hat die Höhe $h$, den Neigungswinkel $\alpha \in (0, \pi)$, den Inhalt $A$ der Querschnittsfläche und den benetzbaren Umfang $U$ (siehe **Bild 1.52**). Folgende Aufgaben sollen gelöst werden:

1. Welches ist der maximale Inhalt $A$ der Querschnittsfläche bei gegebenem Umfang $U_0$?

2. Welches ist der minimale Umfang $U$ (und damit der minimale Materialaufwand) bei gegebenem Inhalt $A_0$ der Querschnittsfläche?

Welchen Zusammenhang haben die Lösungen dieser beiden Aufgaben?

**Lösungsweg**

Zuerst wird ein Zusammenhang zwischen den Größen $A$, $U$, $h$ und $\alpha$ in der Gestalt $f(A, U, h, \alpha) = 0$ hergeleitet.

Für die Hilfsgrößen $x$ und $y$ (siehe **Bild 1.52**) ergibt sich aus den Beziehungen am rechtwinkligen Dreieck

$$x = \frac{h}{\tan\alpha}, \qquad y = \frac{h}{\sin\alpha}. \tag{1.53}$$

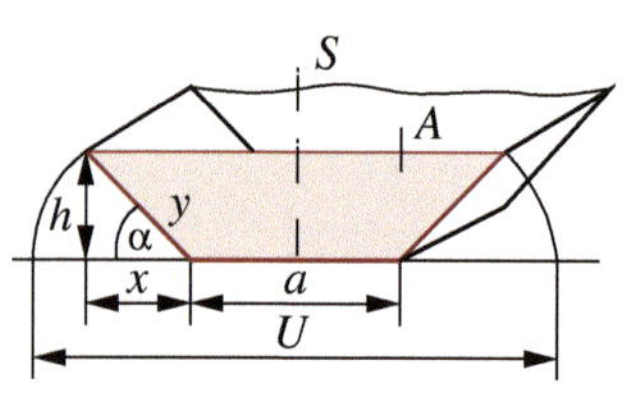


**Bild 1.52** Rinne

Der benetzte Umfang $U$ wird aus **Bild 1.52** unmittelbar abgelesen

$$U = 2y + a. \tag{1.54}$$

Der Inhalt $A$ der Querschnittsfläche ist

$$A = (a + x)h. \tag{1.55}$$

Wird Gleichung (1.54) nach $a$ umgestellt und danach $a$ in Gleichung (1.55) eingesetzt, so folgt mit (1.53) der gesuchte Zusammenhang

$$f(A, U, h, \alpha) = A - hU + \frac{2h^2}{\sin\alpha} - \frac{h^2}{\tan\alpha} = 0. \tag{1.56}$$

**Gegebener Umfang**

1. Um die erste der beiden Aufgaben zu lösen, wird die Gleichung (1.56) nach $A$ umgestellt und $U = U_0$ eingesetzt. $A$ ist dann eine Funktion der Veränderlichen $h$ und $\alpha$ mit der Funktionsgleichung

$$A(h, \alpha) = hU_0 - \frac{2h^2}{\sin\alpha} + \frac{h^2}{\tan\alpha}. \tag{1.57}$$

Notwendige Bedingung für die Existenz eines lokalen Extremwertes dieser Funktion ist das Verschwinden der ersten partiellen Ableitungen:

$$0 = A_h = U_0 - \frac{4h}{\sin\alpha} + \frac{2h}{\tan\alpha}, \qquad 0 = A_\alpha = h^2\,\frac{2\cos\alpha - 1}{(\sin\alpha)^2}.$$

Aus der zweiten Gleichung folgt $\alpha = \pi/3$. Damit ergibt sich aus der ersten Gleichung $h = \sqrt{3}U_0/6$.

Als hinreichende Bedingung für die Existenz eines lokalen Extremwertes sind die Voraussetzungen von **Satz 1.33** zu prüfen. Die zweiten partiellen Ableitungen an der kritischen Stelle $(h, \alpha)^\top = (\sqrt{3}U_0/6, \pi/3)^\top$ sind

$$A_{\alpha\alpha} = -\frac{2h^2((\cos\alpha)^2 - \cos\alpha + 1)}{(\sin\alpha)^3} = -\frac{U_0^2\sqrt{3}}{9}, \qquad A_{hh} = \frac{2(\cos\alpha - 2)}{\sin\alpha} = -2\sqrt{3},$$

$$A_{h\alpha} = \frac{2h(2\cos\alpha - 1)}{(\sin\alpha)^2} = 0.$$

Die hinreichende Bedingung für ein lokales Maximum an der kritischen Stelle ist daher erfüllt:

$$A_{\alpha\alpha}A_{hh} > A_{h\alpha}^2, \qquad A_{\alpha\alpha} < 0.$$

**Ergebnis**

Der maximale Inhalt $A_{\max}$ der Querschnittsfläche ergibt sich durch Einsetzen der kritischen Stelle $(h, \alpha)^\top = (\sqrt{3}U_0/6, \pi/3)^\top$ in die Funktionsgleichung (1.57)

$$A_{\max} = \frac{\sqrt{3}}{12}U_0^2.$$

**Gegebener Inhalt der Querschnittsfläche**

2. Zur Lösung der zweiten Aufgabe wird analog die Gleichung (1.56) nach $U$ umgestellt und $A = A_0$ eingesetzt. $U$ ist dann eine Funktion der Veränderlichen $h$ und $\alpha$ mit der Funktionsgleichung

$$U(h, \alpha) = \frac{A_0}{h} + \frac{2h}{\sin\alpha} - \frac{h}{\tan\alpha}. \tag{1.58}$$

Notwendige Bedingung für die Existenz eines lokalen Extremwertes dieser Funktion ist wieder das Verschwinden der ersten partiellen Ableitungen:

$$0 = U_h = -\frac{A_0}{h^2} + \frac{2}{\sin\alpha} - \frac{1}{\tan\alpha}, \qquad 0 = U_\alpha = -h\,\frac{2\cos\alpha - 1}{(\sin\alpha)^2}.$$

Aus der zweiten Gleichung folgt $\alpha = \pi/3$. Damit ergibt sich aus der ersten Gleichung $h = \sqrt{A_0}/\sqrt[4]{3}$.

Als hinreichende Bedingung für die Existenz eines lokalen Extremwertes sind die Voraussetzungen von **Satz 1.33** zu prüfen. Die zweiten partiellen Ableitungen an der kritischen Stelle $(h,\alpha)^\top = (\sqrt{A_0}/\sqrt[4]{3}, \pi/3)^\top$ sind

$$U_{\alpha\alpha} = \frac{2h((\cos\alpha)^2 - \cos\alpha + 1)}{(\sin\alpha)^3} = \frac{4\sqrt{A_0}}{\sqrt[4]{27}}, \qquad U_{hh} = \frac{2A_0}{h^3} = \frac{2\sqrt[4]{27}}{\sqrt{A_0}},$$

$$U_{ha} = -\frac{(2\cos\alpha - 1)}{(\sin\alpha)^2} = 0.$$

Die hinreichende Bedingung für ein lokales Minimum an der kritischen Stelle ist daher erfüllt:

$U_{\alpha\alpha}U_{hh} > U_{ha}^2, \qquad U_{\alpha\alpha} > 0.$

**Ergebnis**

Der minimale benetzte Umfang $U_{\min}$ ergibt sich durch Einsetzen der kritischen Stelle $(h,\alpha)^\top = (\sqrt{A_0}/\sqrt[4]{3}, \pi/3)^\top$ in die Funktionsgleichung (1.58)

$U_{\min} = 2\sqrt[4]{3}\sqrt{A_0}.$

Zwischen den Lösungen beider Aufgaben besteht folgender Zusammenhang: Für den Neigungswinkel $\alpha = \pi/3$ wird der maximale Inhalt der Querschnittsfläche bei minimalem benetzten Umfang erzielt.

### 1.6.4 Torsionswiderstand eines Drahtes

**Ausgangssituation**

**Siméon Denis Poisson**
(* 21. Juni 1781 in Pithiviers, † 25. April 1840 in Paris)

französischer Physiker und Mathematiker, seit 1802 Professor an der Ecole Polytechnique, seit 1807 Mitglied der Société d'Arcueil, seit 1812 Mitglied der Académie des Sciences

Arbeiten zu Bézouts Satz, zum Verhältnis gewöhnlicher und partieller Differenzialgleichungen, Potentialtheorie, Wahrscheinlichkeitsrechnung, Variation der Konstanten in der Mechanik, Akustik, Vermessung, Astronomie, Elektrizität, Wärmelehre, Elastizitätstheorie

*hier: Poisson-Gleichung*

Der Torsionswiderstand $C$ eines Drahtes mit dem Querschnitt $G$ hat die Größe

$$C = 2\mu \iint_G \psi(x_1, x_2)\,\mathrm{d}G, \tag{1.59}$$

wobei $\mu$ eine Materialkonstante und $\psi(x_1,x_2)$ die Spannungsfunktion ist, die auf dem Rand $\partial G$ des Querschnitts $G$ gleich null ist und im Inneren $G\backslash\partial G$ die **Poisson-Gleichung** $\psi_{x_1x_1} + \psi_{x_2x_2} = -2$ erfüllt.

Zu ermitteln ist der Torsionswiderstand $C$ für den Querschnitt $G$, wenn der Rand $\partial G$

1. ein Kreis mit dem Radius $a$ ist und

   $\psi(x_1,x_2) = (a^2 - x_1^2 - x_2^2)/2,$

2. eine Ellipse mit den Halbachsen $a$ und $b$ ist und

   $\psi(x_1,x_2) = (a^2b^2 - b^2x_1^2 - a^2x_2^2)/(a^2+b^2),$

3. ein gleichseitiges Dreieck ist, das durch die Geraden $x_1 \pm x_2\sqrt{3} = h$ und $x = 0$ begrenzt wird, und

   $\psi(x_1,x_2) = x_1(h - x_1 - x_2\sqrt{3})(h - x_1 + x_2\sqrt{3})/(2h).$

**Lösungsweg**

1. Der Kreis hat die Gleichung $x_1^2 + x_2^2 = a^2$, woraus folgt

$x_{21}(x_1) = -\sqrt{a^2 - x_1^2}, \qquad x_{22}(x_1) = \sqrt{a^2 - x_1^2}.$

Der Querschnitt $G$ (siehe **Bild 1.53**) kann als Bereich 1. Art (siehe **Abschnitt** 1.5.1) interpretiert werden:

$G = \{(x_1, x_2)\colon -a \leq x_1 \leq a, x_{21}(x_1) \leq x_2 \leq x_{22}(x_1)\}.$

Für das gesuchte Integral (1.59) gilt mit der Symmetrie der Spannungsfunktion

$\psi(x_1, x_2) = \psi(-x_1, x_2) = \psi(x_1, -x_2) = \psi(-x_1, -x_2)$

und der Symmetrie $x_{21}(x_1) = x_{21}(-x_1)$, $x_{22}(x_1) = x_{22}(-x_1)$

$$
\begin{aligned}
C &= 2\mu \iint_G \psi(x_1, x_2)\, \mathrm{d}G = 2\mu \int_{-a}^{a} \left( \int_{x_{21}(x_1)}^{x_{22}(x_1)} \psi(x_1, x_2)\, \mathrm{d}x_2 \right) \mathrm{d}x_1 \\
&= 8\mu \int_0^a \left( \int_0^{x_{22}(x_1)} \psi(x_1, x_2)\, \mathrm{d}x_2 \right) \mathrm{d}x_1 = 4\mu \int_0^a \left( \int_0^{x_{22}(x_1)} (a^2 - x_1^2 - x_2^2)\, \mathrm{d}x_2 \right) \mathrm{d}x_1 \\
&= 4\mu \int_0^a \left[ \left(a^2 - x_1^2\right) x_2 - \frac{x_2^3}{3} \right]_0^{x_{22}(x_1)} \mathrm{d}x_1 = \frac{8}{3}\mu \int_0^a x_{22}(x_1)^3 \mathrm{d}x_1 \\
&= \frac{8}{3}\mu \left[ \frac{3}{2} \arccos \frac{x_1}{a} - \frac{x_1 x_{22}(x_1)^3}{a^4} - \frac{3}{2} \frac{x_1 x_{22}(x_1)}{a^2} \right]_0^a = \frac{8}{3}\mu \frac{a^4}{4} \frac{3\pi}{4} \\
&= \mu a^4 \frac{\pi}{2}.
\end{aligned}
$$

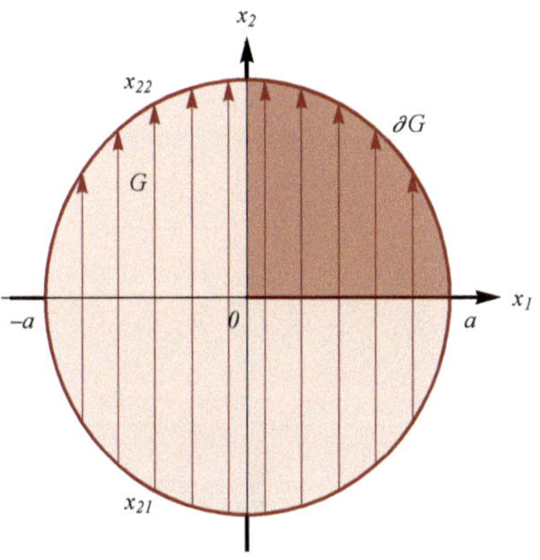

**Bild 1.53** Kreisquerschnitt als Bereich 1. Art

**Ergebnis**

**Stammfunktion:**

$$
\int x_{22}(x_1)^3 \mathrm{d}x_1 = \int \sqrt{a^2 - x_1^2}^{\,3} \mathrm{d}x_1 = \begin{bmatrix} x_1 & = & a \cos t \\ x_{22}(x_1) & = & a \sin t \\ \mathrm{d}x_1 & = & -a \sin t\ \mathrm{d}t \end{bmatrix}
$$

$$
\begin{aligned}
&= -a^4 \int \sin^4 t\ \mathrm{d}t = -\frac{a^4}{4} \left( \frac{3}{2} t - \cos t \sin^3 t - \frac{3}{2} \cos t \sin t \right) \\
&= -\frac{a^4}{4} \left( \frac{3}{2} \arccos \frac{x_1}{a} - \frac{x_1 x_{22}(x_1)^3}{a^4} - \frac{3}{2} \frac{x_1 x_{22}(x_1)}{a^2} \right)
\end{aligned}
$$

2. Die Ellipse hat die Gleichung $\dfrac{x_1^2}{a^2} + \dfrac{x_2^2}{b^2} = 1$, woraus folgt

$x_{21}(x_1) = -\dfrac{b}{a}\sqrt{a^2 - x_1^2}, \qquad x_{22}(x_1) = \dfrac{b}{a}\sqrt{a^2 - x_1^2}.$

Der Querschnitt $G$ (siehe **Bild 1.54**) kann als Bereich 1. Art (siehe **Abschnitt** 1.5.1) interpretiert werden:

$G = \{(x_1, x_2)\colon -a \leq x_1 \leq a, x_{21}(x_1) \leq x_2 \leq x_{22}(x_1)\}.$

Für das gesuchte Integral (1.59) gilt analog mit der Symmetrie der Spannungsfunktion

$\psi(x_1, x_2) = \psi(-x_1, x_2) = \psi(x_1, -x_2) = \psi(-x_1, -x_2)$

und der Symmetrie $x_{21}(x_1) = x_{21}(-x_1)$, $x_{22}(x_1) = x_{22}(-x_1)$

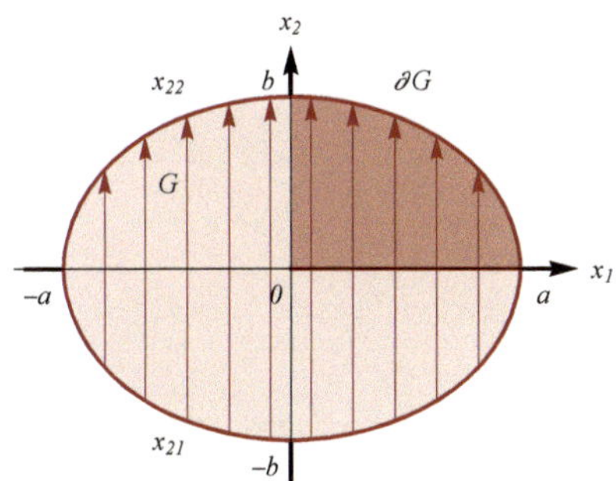

**Bild 1.54** Elliptischer Querschnitt als Bereich 1. Art

$$C = 2\mu \iint_G \psi(x_1, x_2)\,\mathrm{d}G = 2\mu \int_{-a}^{a} \left( \int_{x_{21}(x_1)}^{x_{22}(x_1)} \psi(x_1, x_2)\,\mathrm{d}x_2 \right) \mathrm{d}x_1$$

$$= 8\mu \int_0^a \left( \int_0^{x_{22}(x_1)} \psi(x_1, x_2)\,\mathrm{d}x_2 \right) \mathrm{d}x_1$$

$$= \frac{8\mu}{a^2+b^2} \int_0^a \left( \int_0^{x_{22}(x_1)} (a^2b^2 - b^2x_1^2 - a^2x_2^2)\,\mathrm{d}x_2 \right) \mathrm{d}x_1$$

$$= \frac{8\mu}{a^2+b^2} \int_0^a \left[ \left(a^2b^2 - b^2x_1^2\right) x_2 - \frac{a^2x_2^3}{3} \right]_0^{x_{22}(x_1)} \mathrm{d}x_1$$

$$= 8\mu \frac{a^2}{a^2+b^2} \frac{2}{3} \int_0^a x_{22}(x_1)^3 \mathrm{d}x_1 = 8\mu \frac{a^2}{a^2+b^2} \frac{2}{3} \frac{b^3}{a^3} \frac{a^4}{4} \frac{3\pi}{4}$$

**Ergebnis**

$$= 8\mu \frac{a^3b^3}{a^2+b^2}\pi.$$

3. Die Begrenzungsgeraden des Querschnittes $G$ haben die Gleichungen $x = 0$ und

$$x_{21}(x_1) = -(h - x_1)/\sqrt{3}, \qquad x_{22}(x_1) = (h - x_1)/\sqrt{3}.$$

Der Querschnitt $G$ (siehe **Bild 1.55**) kann als Bereich 1. Art (siehe **Abschnitt** 1.5.1) interpretiert werden:

$$G = \{(x_1, x_2) \colon 0 \le x_1 \le h, x_{21}(x_1) \le x_2 \le x_{22}(x_1)\}.$$

Für das gesuchte Integral (1.59) gilt mit der Symmetrie der Spannungsfunktion

$$\psi(x_1, x_2) = \psi(x_1, -x_2)$$

und der Symmetrie $x_{21}(x_1) = -x_{22}(x_1)$

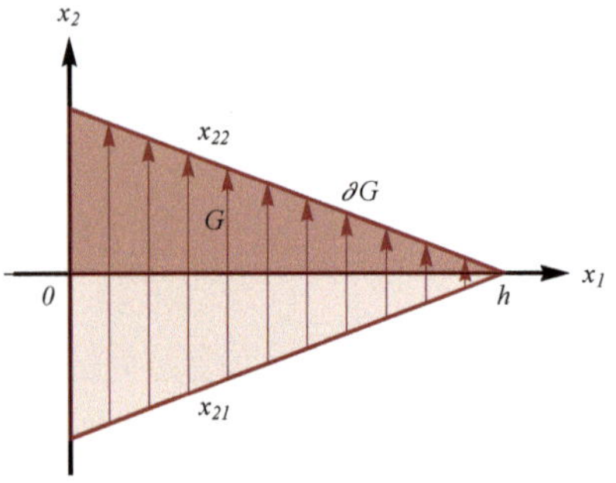


**Bild 1.55** Dreieckiger Querschnitt als Bereich 1. Art

$$C = 2\mu \iint_G \psi(x_1, x_2)\,\mathrm{d}G = 2\mu \int_0^h \left( \int_{x_{21}(x_1)}^{x_{22}(x_1)} \psi(x_1, x_2)\,\mathrm{d}x_2 \right) \mathrm{d}x_1$$

$$= \frac{2\mu}{h} \int_0^h x_1 \left( \int_0^{x_{22}(x_1)} \left((h - x_1)^2 - 3x_2^2\right) \mathrm{d}x_2 \right) \mathrm{d}x_1$$

$$= \frac{2\mu}{h} \int_0^h x_1 \left[(h - x_1)^2 x_2 - x_2^3\right]_0^{x_{22}(x_1)} \mathrm{d}x_1$$

$$= \frac{2\mu}{h} \frac{2}{3\sqrt{3}} \int_0^h x_1 (h - x_1)^3\,\mathrm{d}x_1$$

**Ergebnis**

$$= \frac{2\mu}{h} \frac{2}{3\sqrt{3}} \left[(h - x_1)^4 \left(\frac{h - x_1}{5} - \frac{h}{4}\right)\right]_0^h = \mu h^4 \frac{\pi}{15\sqrt{3}}.$$

**Stammfunktion:**

$$\int x_1(h-x_1)^3 \mathrm{d}x_1 = \begin{bmatrix} z & = h-x_1 \\ \mathrm{d}z & = -\mathrm{d}x_1 \end{bmatrix} = -\int (h-z)z^3 \mathrm{d}z$$

$$= \int z^4 \mathrm{d}z - \int hz^3 \mathrm{d}z = \frac{z^5}{5} - \frac{hz^4}{4} = (h-x_1)^4 \left(\frac{h-x_1}{5} - \frac{h}{4}\right)$$

### 1.6.5 Flächenmomente 2. Grades eines Kreissektors

**Ausgangssituation**

Gesucht ist das Flächenmoment 2. Grades eines Kreissektors mit dem Zentriwinkel $2\psi$ bezüglich seiner Symmetrieachse sowie der Achse durch seinen Schwerpunkt senkrecht zur Symmetrieachse (siehe **Bild 1.56**). Der zugehörige Kreis hat den Radius $a$.

**Lösungsweg**

Gewählt wird ein Koordinatensystem mit seinem Ursprung im Mittelpunkt des Kreises und der $x_1$-Achse als Symmetrieachse des Kreissektors. In Polarkoordinaten $r, \varphi$ mit $x_1 = r\cos\varphi$, $x_2 = r\sin\varphi$ ist der Bereich für den Kreissektor $G = \{(r,\varphi)\colon 0 \le r \le a, -\psi \le \varphi \le \psi\}$.

**Schwerpunkt**

Zuerst werden die Koordinaten des Schwerpunktes $S(x_{1s}, x_{2s})$ des Kreissektors in diesem Koordinatensystem ermittelt. Da die $x_1$-Achse Symmetrieachse des Kreissektors ist, gilt $x_{2s} = 0$. Für $x_{1s}$ gilt

$$x_{1s} = M_{x_2,1}/F,$$

wobei $M_{x_2,1}$ das Flächenmoment 1. Grades bezüglich der $x_2$-Achse und $F$ den Flächeninhalt des Kreissektors bedeutet.

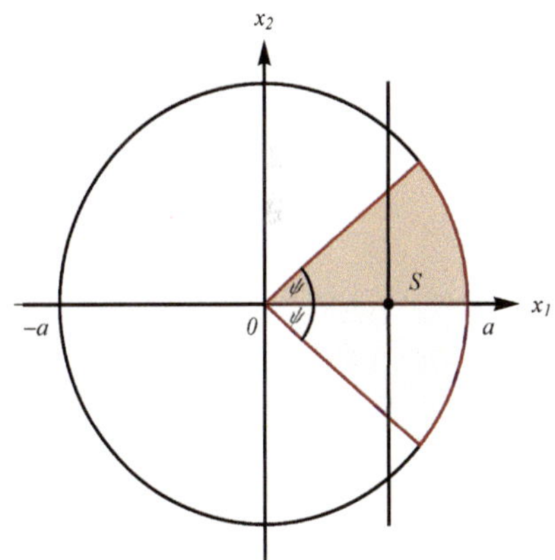


**Bild 1.56** Kreissektor

Der Flächeninhalt $F$ ist unter Ausnutzung der Symmetrie

$$F = \iint\limits_G \mathrm{d}G = 2\int_0^{\psi}\left(\int_0^a r\,\mathrm{d}r\right)\mathrm{d}\varphi = 2\int_0^{\psi}\left[\frac{r^2}{2}\right]_0^a \mathrm{d}\varphi = \psi a^2.$$

Das Flächenmoment 1. Grades $M_{x_2,1}$ des Kreissektors ist

$$M_{x_2,1} = \iint\limits_G x_1\,\mathrm{d}G = 2\int_0^{\psi}\left(\int_0^a (r\cos\varphi)\,r\mathrm{d}r\right)\mathrm{d}\varphi = 2\int_0^{\psi}\left[\frac{r^3}{3}\right]_0^a \cos\varphi\,\mathrm{d}\varphi$$

$$= \frac{2}{3}a^3\left[\sin\varphi\right]_0^{\psi} = \frac{2}{3}a^3\sin\psi.$$

Daraus ergibt sich die Koordinate $x_{1s}$ des Schwerpunktes

$$x_{1s} = \frac{M_{x_2,1}}{F} = \frac{2}{3}a\frac{\sin\psi}{\psi}.$$

Somit ist der Schwerpunkt $S(x_{1s}, x_{2s}) = \left(\frac{2}{3}a\frac{\sin\psi}{\psi}, 0\right)$.

**Flächenmoment 2. Grades bezüglich Symmetrieachse**

Das Flächenmoment 2. Grades $M_{x_1,2}$ bezüglich der Symmetrieachse ($x_1$-Achse) ist

**Ergebnis**

$$M_{x_1,2} = \iint_G x_2^2 \,\mathrm{d}G = 2\int_0^{\psi}\left(\int_0^a (r^2\sin^2\varphi)\, r\mathrm{d}r\right)\mathrm{d}\varphi = \frac{2}{4}a^4\int_0^{\psi}\sin^2\varphi\,\mathrm{d}\varphi$$
$$= \frac{a^4}{2}\left[\frac{1}{4}(2\varphi - \sin(2\varphi))\right]_0^{\psi} = \frac{a^4}{8}(2\psi - \sin(2\psi)).$$

**Flächenmoment 2. Grades bezüglich Achse durch $S$ senkrecht zur $x_1$-Achse**

Das Flächenmoment 2. Grades $M_{x_s,2}$ bezüglich der Achse durch den Schwerpunkt $S(x_{1s}, x_{2s})$ senkrecht zur $x_1$-Achse ist nach dem **Satz von Steiner**

$$M_{x_s,2} = M_{x_2,2} - Fx_{1s}^2,$$

wobei $M_{x_2,2}$ das Flächenmoment 2. Grades bezüglich der $x_2$-Achse und $x_{1s}$ der Abstand des Schwerpunktes von der $x_2$-Achse ist. Für $M_{x_2,2}$ gilt

$$M_{x_2,2} = \iint_G x_1^2 \,\mathrm{d}G = 2\int_0^{\psi}\left(\int_0^a (r^2\cos^2\varphi)\, r\mathrm{d}r\right)\mathrm{d}\varphi = \frac{2}{4}a^4\int_0^{\psi}\cos^2\varphi\,\mathrm{d}\varphi$$
$$= \frac{a^4}{2}\left[\frac{1}{4}(2\varphi + \sin(2\varphi))\right]_0^{\psi} = \frac{a^4}{8}(2\psi + \sin(2\psi)).$$

**Ergebnis**

Damit ist das gesuchte Flächenmoment 2. Grades

$$M_{x_s,2} = \frac{a^4}{8}(2\psi + \sin(2\psi)) - \psi a^2\left(\frac{2}{3}a\frac{\sin\psi}{\psi}\right)^2$$
$$= \frac{a^4}{8}\left(2\psi + \sin(2\psi) - \frac{32\sin^2\psi}{9\psi^2}\right).$$

### 1.6.6 Kurve, Masse, Schwerpunkt, Arbeit

**Ausgangssituation**

Die Kurve $C$ führt vom Punkt $P_1(0,0)$ auf der $x_1$-Achse zum Punkt $P_2(a,0)$ und von dort auf dem Kreis mit dem Mittelpunkt $M(0,0)$ und dem Radius $r = a$ in mathematisch positiver Richtung zum Punkt $P_3(0,a)$ (siehe **Bild 1.57**). Gesucht ist

1. die Masse und der Schwerpunkt der Kurve, wenn ihre Massendichte $\rho(x_1,x_2) = 1 + \sqrt{x_1^2 + x_2^2}$ beträgt,
2. die Arbeit, die erforderlich ist, um einen Körper der Masse 1 im Kraftvektorfeld $F = (F_1, F_2)^\top = (2x_1x_2, x_2^2 + 2)^\top$ auf der Kurve $C$ vom Punkt $P_1$ zum Punkt $P_3$ zu bewegen,
3. die Arbeit, die erforderlich ist, um einen Körper der Masse 1 im Kraftvektorfeld $F = (F_1, F_2)^\top = (2x_1x_2, x_1^2 + 2)^\top$ auf der Kurve $C$ vom Punkt $P_1$ zum Punkt $P_3$ zu bewegen.

**Lösungsweg**

Die Kurve $C$ unterteilt sich in die Kurven $C_1$ (Strecke von $\overline{P_1P_2}$) und die Kurve $C_2$ (Viertelkreis von $P_2$ nach $P_3$) mit den Parametrisierungen

$C_1: \quad x_1 = t,\ dx_1 = dt,\ x_2 = 0,\ dx_2 = 0,\ t \in [0, a],$
$\quad ds = \sqrt{\dot{x}_1{}^2 + \dot{x}_2{}^2}\, dt = dt,$

$C_2: \quad x_1 = a\cos t,\ dx_1 = -a\sin t\, dt,$
$\quad x_2 = a\sin t,\ dx_2 = a\cos t\, dt,\ t \in [0, \pi/2],$
$\quad ds = \sqrt{\dot{x}_1{}^2 + \dot{x}_2{}^2}\, dt = a\, dt.$

**1.** Die Massendichte $\rho$ ist auf den Kurventeilen

$C_1: \quad \rho(x_1, x_2) = 1 + \sqrt{x_1^2 + x_2^2} = 1 + \sqrt{t^2 + 0^2} = 1 + t,$
$C_2: \quad \rho(x_1, x_2) = 1 + \sqrt{x_1^2 + x_2^2} = 1 + \sqrt{(a\cos t)^2 + (a\sin t)^2} = 1 + a.$

**Masse**

Die Masse $m$ der Kurve $C$ ist das Kurvenintegral 1. Art

**Ergebnis**

$$m = \int\limits_{C_1} \rho(x_1, x_2)\, ds + \int\limits_{C_2} \rho(x_1, x_2)\, ds = \int_0^a (1+t)\, dt + \int_0^{\pi/2} (1+a)a\, dt$$
$$= \left[t + \frac{t^2}{2}\right]_0^a + [(1+a)at]_0^{\pi/2} = a + \frac{a^2}{2} + \frac{\pi}{2}(1+a)a.$$

**Massenschwerpunkt**

Die Koordinaten des Massenschwerpunktes $S(x_{1s}, x_{2s})$ sind nach Gleichung (1.36)
$x_{1s} = M_{x_1,1}/m$ und $x_{2s} = M_{x_2,1}/m.$
Die statischen Momente 1. Grades $M_{x_1,1}$, $M_{x_2,1}$ der Kurve $C$ sind

$$M_{x_1,1} = \int\limits_{C_1} x_2\rho(x_1, x_2)\, ds + \int\limits_{C_2} x_2\rho(x_1, x_2)\, ds = \int_0^{\pi/2} (1+a)a^2 \sin t\, dt$$
$$= \left[-(1+a)a^2 \cos t\right]_0^{\pi/2} = (1+a)a^2,$$
$$M_{x_2,1} = \int\limits_{C_1} x_1\rho(x_1, x_2)\, ds + \int\limits_{C_2} x_1\rho(x_1, x_2)\, ds$$
$$= \int_0^a t(1+t)\, dt + \int_0^{\pi/2} (1+a)a^2 \cos t\, dt$$
$$= \left[\frac{t^2}{2} + \frac{t^3}{3}\right]_0^a + \left[(1+a)a^2 \sin t\right]_0^{\pi/2} = \frac{a^2}{2} + \frac{a^3}{3} + (1+a)a^2.$$

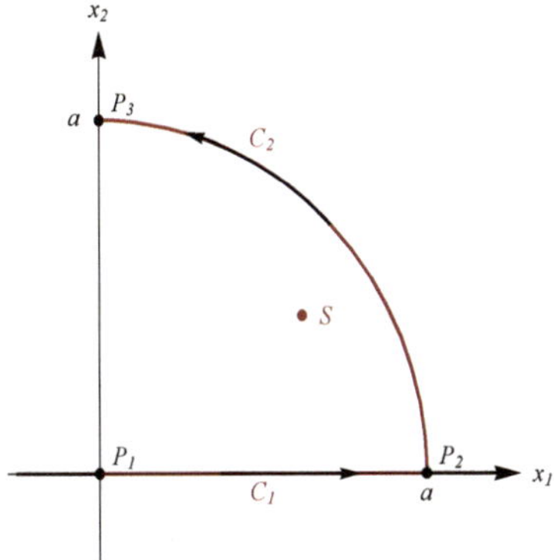


**Bild 1.57** Kurven $C_1$, $C_2$ und Massenschwerpunkt $S$

Der Massenschwerpunkt $S$ (siehe **Bild 1.57**) hat die Koordinaten

**Ergebnis**

$$x_{1s} = \frac{3a + 2a^2 + 6(1+a)a}{3\,(2 + a + \pi(1+a))}, \qquad x_{2s} = \frac{2(1+a)a}{2 + a + \pi(1+a)}.$$

**Arbeit**

**2.** Die Arbeit wird als Kurvenintegral 2. Art berechnet (siehe Gleichung (1.37)). Hierbei gilt für das Kraftvektorfeld (siehe **Bild 1.58**)

$$\frac{\partial F_1}{\partial x_2} = 2x_1 \neq \frac{\partial F_2}{\partial x_1} = 0,$$

sodass das Integral entlang der Kurve $C$ zu berechnen ist. Die zu verrichtende Arbeit beträgt

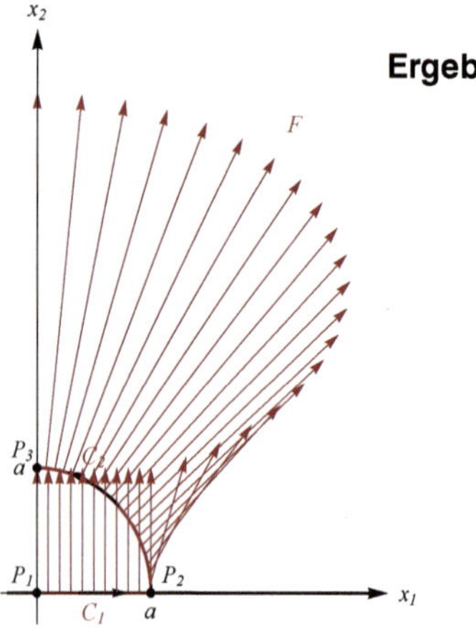


**Bild 1.58** Kurven $C_1$, $C_2$ und Kraftvektorfeld $F$

**Ergebnis**

$$W = \int_C (F, \mathrm{d}x) = \int_{C_1} (F, \mathrm{d}x) + \int_{C_2} (F, \mathrm{d}x)$$
$$= \int_0^{\pi/2} 2a^2 \cos t \sin t(-a \sin t) \,\mathrm{d}t + \int_0^{\pi/2} (a^2 \sin^2 t + 2)a \cos t \,\mathrm{d}t$$
$$= \left[ -\frac{a^3}{3} \sin^3 t + 2a \sin t \right]_0^{\pi/2} = -\frac{a^3}{3} + 2a.$$

**3.** Für das gegebene Kraftvektorfeld gilt hier

$$\frac{\partial F_1}{\partial x_2} = \frac{\partial F_2}{\partial x_1} = 2x_1,$$

sodass das Kurvenintegral 2. Art wegen der daraus folgenden Wegeunabhängigkeit entlang eines beliebigen Weges $C_3$ von $P_1$ nach $P_3$ berechnet werden kann, z. B. entlang der Strecke $\overline{P_1 P_3}$. Mit der Parametrisierung $x_1 = 0$, $\mathrm{d}x_1 = 0$, $x_2 = t$, $\mathrm{d}x_2 = \mathrm{d}t$, $t \in [0, a]$, ergibt sich die zu verrichtende Arbeit

**Ergebnis**

$$W = \int_{C_3} (F, \mathrm{d}x) = \int_0^a (x_1^2 + 2) \,\mathrm{d}x_2 = \int_0^a 2 \,\mathrm{d}t = 2a.$$

# 2 Differenzialgleichungen

Viele physikalische Gesetzmäßigkeiten werden mithilfe von Gleichungen beschrieben, die Ableitungen von Funktionen enthalten. Im Bauingenieurwesen ist das z. B. die Abhängigkeit der Verformungen von Bauteilen von ihrer Belastung, der Geschwindigkeit einer Strömung von ihrem Gefälle, der von einem Fahrzeug durchfahrenen Strecke von der dabei vergangenen Zeit, der Temperatur und des Schalls in Gebäuden von der betrachteten Position, die Menge der Bakterien in einem Klärbecken von der Zeit und vieles mehr. Der Begriff der gewöhnlichen Differenzialgleichung wird erklärt und an Beispielen erläutert. Die allgemeine Lösung einer linearen Differenzialgleichung 1. Ordnung wird angegeben. Auf der Grundlage von Aussagen zur Lösungsmenge von linearen Differenzialgleichungen höherer Ordnung mit konstanten Koeffizienten werden Methoden zu ihrer Lösung gezeigt. Lineare Differenzialgleichungen höherer Ordnung können umformuliert werden in ein System von Differenzialgleichungen 1. Ordnung, für das ein möglicher Lösungsweg angegeben ist. Die Anwendungsbeispiele betreffen physikalische Situationen in unterschiedlichen Gebieten des Bauingenieurwesens, aus denen sich lineare Differenzialgleichungen ergeben. Ihre Lösung erfolgt mit den genannten Möglichkeiten.

### Bezeichnungen

Die Ableitungen von Funktionen, die von der Zeit $t$ abhängen, werden oft mit einem Punkt bezeichnet. Beispiel:

| | |
|---|---|
| $s(t)$ | Weg-Zeit-Funktion |
| $\dot{s}(t)$ | erste Ableitung nach $t$ (Geschwindigkeit) |
| $\ddot{s}(t)$ | zweite Ableitung nach $t$ (Beschleunigung) |

## 2.1 Einführung

In diesem Abschnitt werden zwei Beispiele für das Entstehen von Differenzialgleichungen erklärt, die gleichzeitig stellvertretend für zwei unterschiedliche Typen solcher Differenzialgleichungen stehen: die Anfangswertaufgaben und die Randwertaufgaben.

### Beispiel 2.1

**Anfangswertaufgabe**

Ein Geschoss der Masse $m$ wird mit der Anfangsgeschwindigkeit $v = (v_1, v_2)^\top$ abgeschossen. Welche Bahn beschreibt es bis zum Auftreffen auf die Erde?

Nach dem **zweiten Axiom von Newton** wirkt auf einen Körper, der in Bewegung ist, eine Kraft $F$, die sich als Produkt aus der Masse $m$ des Körpers und seiner Beschleunigung $a$ berechnet. Ist $(x_1(t), x_2(t))^\top$ der Ortsvektor der Position des Körpers zum Zeitpunkt $t$ in einem kartesischen $(O, x_1, x_2)$-Koordinatensystem, wobei $x_1(t)$ und $x_2(t)$ seine Weg-Zeit-Funktionen in $x_1$- bzw. $x_2$-Richtung darstellen und der Koordinatenursprung $O$ mit der Startposition des Geschosses zum Zeitpunkt $t = 0$ zusammenfällt, so ist der Beschleunigungsvektor $a(t) = (\ddot{x}_1(t), \ddot{x}_2(t))^\top$. Auf das Geschoss wirkt während seines Fluges in $x_1$-Richtung keine Kraft und in $x_2$-Richtung die Gewichtskraft $mg$ (siehe **Bild 2.1**). Daraus ergibt sich die (vektorielle) Gleichung

$$F(t) = m\,a(t) = m \begin{pmatrix} \ddot{x}_1(t) \\ \ddot{x}_2(t) \end{pmatrix} = \begin{pmatrix} 0 \\ -mg \end{pmatrix}, \quad t > 0.$$

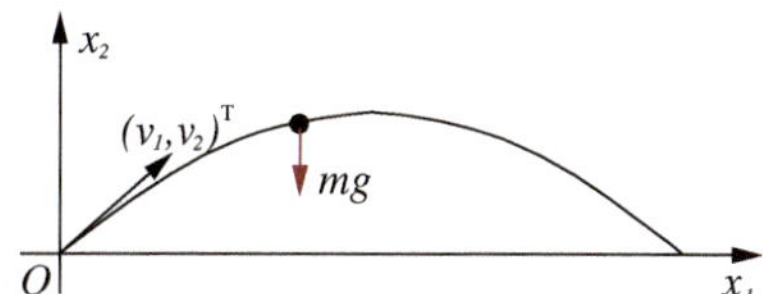


**Bild 2.1** Bahn des Geschosses

Zusammen mit den **Anfangsbedingungen**

$x_1(0) = 0$ und $x_2(0) = 0$ (Startposition),
$\dot{x}_1(0) = v_1$ und $\dot{x}_2(0) = v_2$ (Startgeschwindigkeit)

Sir **Isaac Newton**
(*4. Januar 1643 in Woolsthorpe-by-Colsterworth in Lincolnshire, †31. März 1727 in London nach dem Gregorianischen Kalender)

englischer Physiker, Mathematiker, Astronom, Alchemist und Philosoph, Mitglied der Royal Society

Grundstein der klassischen Mechanik, Gravitations- und Bewegungsgesetze, einer der Begründer der Differenzialrechnung, gilt als einer der größten Wissenschaftler aller Zeiten,

*hier: Zweites Axiom von Newton*

folgt zur Bestimmung der unbekannten Funktionen $x_1(t)$ und $x_2(t)$ jeweils eine Gleichung, die ihre zweite Ableitung enthält, sowie zwei Anfangsbedingungen. Differenzialgleichungen mit Anfangsbedingungen heißen **Anfangswertaufgaben**.

**Bemerkung:** Für die Funktion $x_1(t)$ ergibt sich aus der Differenzialgleichung $\ddot{x}_1 = 0$ zunächst

$$x_1(t) = c_1 t + c_2$$

mit zwei beliebigen reellen Konstanten $c_1, c_2$, da die zweite Ableitung einer in $t$ linearen Funktion stets verschwindet. Mit der Anfangsbedindung $x_1(0) = 0$ folgt $c_2 = 0$ und mit der Anfangsbedindung $\dot{x}_1(0) = v_1$ folgt $c_1 = v_1$. Damit ist

$$x_1(t) = v_1 t.$$

Analog folgt aus der Differenzialgleichung $\ddot{x}_2 = -g$ zunächst

$$x_2(t) = -gt^2/2 + c_3 t + c_4,$$

da die zweite Ableitung einer in $t$ quadratischen Funktion gleich dem doppelten Koeffizienten ihres quadratischen Gliedes ist. Hierbei sind $c_3$ und $c_4$ wieder beliebige reelle Konstanten. Aus der Anfangsbedindung $x_2(0) = 0$ folgt $c_4 = 0$, und die Anfangsbedingung $\dot{x}_2(0) = v_2$ liefert $c_3 = v_2$. Damit ist

$$x_2(t) = -\frac{1}{2}gt^2 + v_2 t.$$

Wird schließlich $t$ eliminiert, so ergibt sich die Flugbahn

$$x_2(x_1) = -\frac{g}{2v_1^2}x_1^2 + \frac{v_2}{v_1}x_1,$$

die wegen der quadratischen Abhängigkeit eine Parabel darstellt.

## Randwertaufgabe

## Beispiel 2.2

Ein beidseitig gelenkig gelagerter Balken der Länge $l$ sei vertikal kontinuierlich belastet. Die Lastverteilungsfunktion sei $q$ (siehe **Bild 2.2**). Zu berechnen sind die Schnittkraftfunktionen $M$ des Biegemomentes und $V$ der Querkraft in Abhängigkeit von einer Stelle $x \in [0, l]$ des Balkens.

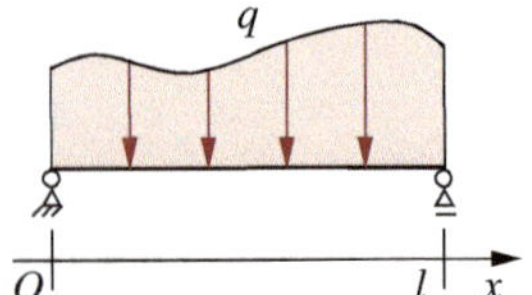

**Bild 2.2** Belasteter Balken

Mit den beiden physikalischen Zusammenhängen

$$V' = -q(x) \qquad \text{und} \qquad M' = V$$

ergibt sich zur Ermittlung der Biegemomentenfunktion $M$ die Gleichung

$$M'' = -q(x), \;\; 0 < x < l.$$

An den beiden Auflagern (Gelenken) ist das Biegemoment gleich Null, sodass an den Rändern des Balkens gilt

$$M(0) = 0 \qquad \text{und} \qquad M(l) = 0.$$

Zur Bestimmung der unbekannten Funktion $M(x)$, $x \in (0, l)$, liegt damit eine Gleichung vor, die ihre zweite Ableitung enthält, sowie zwei **Randbedingungen**. Differenzialgleichungen mit Randbedingungen heißen **Randwertaufgaben**.

**Bemerkung:** Ist z. B. $q(x) = q_0$ gegeben (konstante Streckenlast), so lautet die Lösung der Differenzialgleichung $M(x) = -0.5q_0x^2 + c_1x + c_2$ mit beliebigen reellen Konstanten $c_1$ und $c_2$. Mit der Randbedingung $M(0) = 0$ folgt $c_2 = 0$, und mit der Randbedingung $M(l) = 0$ ergibt sich $c_1 = 0.5q_0l$. Damit ist die Biegemomentenfunktion

$$M(x) = -0.5q_0x^2 + 0.5q_0lx = -0.5q_0x(x - l).$$

Die Querkraftfunktion $V$ ist nach Differenzieren der Biegemomentenfunktion $M$

$$V(x) = M'(x) = -q_0x + 0.5q_0l = q_0\,(0.5\,l - x)\,.$$

## 2.2 Definitionen

Der Begriff der Differenzialgleichung, ihrer Ordnung und ihrer Lösung wird erklärt.

Viele Vorgänge in der Naturwissenschaft, Technik und Ökonomie werden durch die Angabe funktionaler Abhängigkeiten der Gestalt

$$y = f(x)$$

**Differenzialgleichungen, Ordnung**

beschrieben. Häufig lässt sich der Zusammenhang zwischen der unabhängigen Variablen $x$ und der abhängigen Variablen $y$ nicht unmittelbar angeben, sondern es liegt eine Abhängigkeit zwischen $x$, $y$ und den Ableitungen $y'$, $y''$,...,$y^{(n)}$ vor:

$$F(x, y, y', y'', ..., y^{(n)}) = 0. \tag{2.1}$$

Wenn in die Bestimmungsgleichung für $y$ auch deren Ableitungen eingehen, so heißt diese Gleichung **Differenzialgleichung**.

Differenzialgleichungen, deren Lösungen $y = f(x)$ lediglich von einer Variablen abhängen, heißen **gewöhnliche Differenzialgleichungen**.

Hängt die Lösung $y = f(x_1, ..., x_m)$ von mehreren Variablen ab und enthält die Differenzialgleichung die partiellen Ableitungen von $y$, so handelt es sich um eine **partielle Differenzialgleichung**.

Die höchste Ordnung einer in der Differenzialgleichung vorkommenden Ableitung heißt **Ordnung** der Differenzialgleichung.

**Ordnung von Differenzialgleichungen**

**Beispiel 2.3**

| | |
|---|---|
| $y' + 3x^2y - 5 = 0$ | ist eine Differenzialgleichung 1. Ordnung, |
| $y'' - 2y' + 3x^2y + x^2 = 0$ | ist eine Differenzialgleichung 2. Ordnung, |
| $\ddot{x}_1 = 0,\ \ddot{x}_2 = -g$ | sind Differenzialgleichungen 2. Ordnung (siehe **Beispiel 2.1**), |
| $M'' = -q(x)$ | ist eine Differenzialgleichung 2. Ordnung (siehe **Beispiel 2.2**). |

**Lösung, partikuläre, allgemeine, singuläre**

Eine Funktion $y = f(x)$, die die Bestimmungsgleichung identisch erfüllt, heißt **partikuläre Lösung** der Differenzialgleichung.

Die **allgemeine Lösung** einer gewöhnlichen Differenzialgleichung der Ordnung $n$ hat die Gestalt

$$y = y(x, c_1, ..., c_n),$$

wobei die Anzahl der frei wählbaren reellen Konstanten $c_1, ..., c_n$ der Ordnung $n$ der Differenzialgleichung entspricht. Bei jeder konkreten Wahl dieser $n$ Konstanten ergeben sich partikuläre Lösungen der Differenzialgleichung.

Eine Differenzialgleichung kann auch **singuläre Lösungen** besitzen, d. h., Lösungen, die sich nicht aus der allgemeinen Lösung durch Einsetzen spezieller Werte für die Konstanten $c_1, ..., c_n$ ergeben.

**Allgemeine und partikuläre Lösung**

**Beispiel 2.4**

Wenn $y$ die Anzahl der Bakterien im Becken einer Kläranlage zum Zeitpunkt $t$ ist, so ist nach dem Gesetz des organischen Wachstums die Zunahmegeschwindigkeit $\dot{y}$ der Bakterien proportional zur Anzahl der Bakterien:

$$\dot{y} = \alpha y. \tag{2.2}$$

Dabei ist $\alpha$ der Proportionalitätsfaktor. Die Anzahl $y_0$ der Bakterien zu Beginn des Wachstumsprozesses, d. h., zum Zeitpunkt $t = 0$, ist gegeben. Gesucht ist die Anzahl $y(t)$ der Bakterien zu einem beliebigen Zeitpunkt $t > 0$. Gleichung (2.2) ist eine Differenzialgleichung 1. Ordnung bezüglich der unbekannten Funktion $y(t)$. Wegen der Anfangsbedingung $y(0) = y_0$ handelt es sich hierbei um eine Anfangswertaufgabe.

Probieren und anschließende Probe führt zur allgemeinen Lösung

$$y(t) = c\,\mathrm{e}^{\alpha t},\ c \in \mathbb{R}.$$

Durch Einsetzen der Anfangsbedingung folgt als Wachstumsgesetz der Bakterien die partikuläre Lösung $y(t) = y_0\,\mathrm{e}^{\alpha t}$.

## 2.3 Differenzialgleichungen 1. Ordnung

Dieser Abschnitt beschäftigt sich mit der Lösbarkeit von Differenzialgleichungen 1. Ordnung. Ein Beispiel zeigt die eindeutige Lösung einer solchen Gleichung mit der Angabe der Lösungskurve.

**Implizite Form**

Die **implizite** Form einer Differenzialgleichungen 1. Ordnung ist

$$F(x, y, y') = 0,$$

d. h., diese Bestimmungsgleichung ist nicht notwendig nach der höchsten Ableitung $y'$ aufgelöst.

**Explizite Form**

Falls sich diese Gleichung nach $y'$ auflösen lässt, so entsteht daraus die **explizite** Form

$$y' = f(x, y). \tag{2.3}$$

Der folgende Satz beantwortet die Frage, unter welchen Voraussetzungen diese Differenzialgleichung eindeutig lösbar ist.

**Satz 2.5**

Wenn von der Gleichung $y' = f(x, y)$ die Funktion $f(x, y)$ und ihre partielle Ableitung $f_y$ in einem beschränkten Bereich $B$ der $(x, y)$-Ebene, der den Punkt $(x_0, y_0)$ enthält, stetig sind, so gibt es eine eindeutige Lösung $y = y(x)$ dieser Gleichung in $B$, die der Bedingung $y_0 = y(x_0)$ genügt.

**Bemerkung 2.6**

1. Die Gleichung (2.3) besitzt unendlich viele verschiedene Lösungen, da es durch *jeden* Punkt des Bereiches $B$ eine Lösungskurve gibt.
2. Durch jeden Punkt $(x_0, y_0)$ des Bereiches $B$ verläuft *genau eine* Lösungskurve, d. h., die Vorgabe eines solchen Punktes selektiert genau eine Lösung der Differenzialgleichung.

**Beispiel 2.7**

**Eindeutige Lösung**

Betrachtet wird die Differenzialgleichung 1. Ordnung $y' = y$ mit den Lösungen $y = c\,\mathrm{e}^x$, $c \in \mathbb{R}$, als Spezialfall von **Beispiel 2.4** für $\alpha = 1$. Es ist $f(x, y) = y$. Diese Funktion und ihre partielle Ableitung $f_y = 1$ existieren auf $\mathbb{R}^2$ und damit auch auf jedem beschränkten Bereich $B \subset \mathbb{R}^2$.

In **Bild 2.3** sind die Lösungskurven für $c = 0, \pm 1, \pm 2$ dargestellt. Durch den Punkt $(x_0, y_0)$ verläuft wegen $y_0 = c\,\mathrm{e}^{x_0}$ die Lösungskurve $y(x) = y_0\,\mathrm{e}^{x-x_0}$. Die Pfeile veranschaulichen den Wert der Ableitung $y'$, d. h., die Steigung der Lösungskurve, im jeweiligen Punkt der $(x, y)$-Ebene. Diese Zuordnung heißt **Richtungsfeld**.

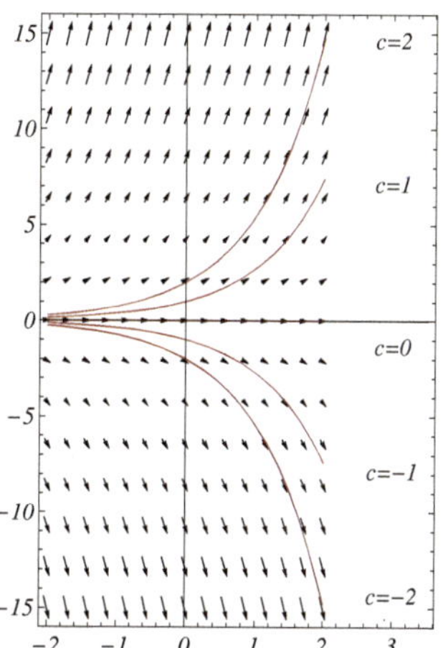


**Bild 2.3** Lösungskurven $y(x) = c\,\mathrm{e}^x$ und Richtungsfeld

## 2.4 Trennung der Variablen

Eine Möglichkeit der Lösung einer gewöhnlichen Differenzialgleichung besteht dann, wenn die Bestimmungsgleichung so umgestellt werden kann, dass auf der linken Seite nur Terme mit der unabhängigen Variablen $x$ und auf der rechten Seite nur Terme mit der abhängigen Variablen $y$ vorkommen. Diese Methode der Trennung der Variablen und der anschließenden Integration der Differenzialgleichung wird erklärt.

**Voraussetzung**

Falls in der Differenzialgleichung $y' = f(x, y)$ die Funktion $f(x, y)$ das Produkt einer nur von $x$ abhängigen Funktion $g(x)$ und einer nur von $y$ abhängigen Funktion $h(y)$ darstellt:

$$\frac{\mathrm{d}y}{\mathrm{d}x} = y' = f(x, y) = g(x)h(y), \tag{2.4}$$

**Trennung**

so lassen sich die Variablen $x$ und $y$ auf folgende Weise „trennen“:

$$\frac{\mathrm{d}y}{h(y)} = g(x)\,\mathrm{d}x, \quad h(y) \neq 0. \tag{2.5}$$

Wird auf beiden Seiten dieser Gleichung das unbestimmte Integral gebildet und beachtet, dass sich Stammfunktionen identischer Funktionen höchstens um eine additive Konstante unterscheiden, so folgt

$$\int \frac{\mathrm{d}y}{h(y)} = \int g(x)\,\mathrm{d}x + c.$$

Sind $H(y)$ und $G(x)$ die entsprechenden integralfreien Stammfunktionen von $1/h(y)$ und $g(x)$, so folgt als Lösung der Differenzialgleichung

**Lösung**

$$H(y) = G(x) + c, \quad c \in \mathbb{R}.$$

**Singuläre Lösungen**

Beim Trennen der Variablen in Gleichung (2.5) wurde $h(y) \neq 0$ berücksichtigt. Gibt es hingegen Nullstellen der Funktion $h(y)$, d. h., $y_i \in \mathbb{R}$ mit $h(y_i) = 0$, $i = 1, \ldots, m$, so sind die konstanten Funktionen $y(x) = y_i$ singuläre Lösungen der Differenzialgleichung (2.4).

**Trennung der Variablen**

**Beispiel 2.8**

Die Differenzialgleichung $y' = xy$ soll gelöst werden. Nach der Trennung der Variablen mit den Funktionen $g(x) = x$, $h(y) = y$ ergibt sich

$$\frac{\mathrm{d}y}{y} = x\ \mathrm{d}x, \quad y \neq 0$$

und weiter nach Integration

$$\ln|y| = \frac{1}{2}x^2 + c, \qquad \text{d. h.,} \qquad |y| = \mathrm{e}^c\,\mathrm{e}^{x^2/2}.$$

Für $y > 0$ folgt $y(x) = \bar{c}\,\mathrm{e}^{x^2/2}$, für $y < 0$ folgt $y(x) = -\bar{c}\,\mathrm{e}^{x^2/2}$, $\bar{c} = \mathrm{e}^c > 0$.

Die Funktion $h(y) = y$ hat die Nullstelle $y_1 = 0$. Damit ist $y(x) = 0$ singuläre Lösung der Differenzialgleichung. Sie ergibt sich aus der obigen Gleichung formal für $\bar{c} = 0$. Die Lösungen der Differenzialgleichung sind die Funktionen (siehe **Bild 2.4**)

$$y(x) = c\,\mathrm{e}^{x^2/2}, \quad c \in \mathbb{R}.$$

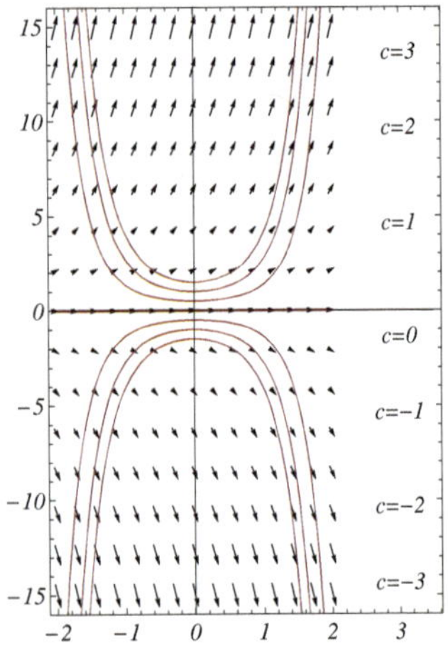

**Bild 2.4** Lösungskurven $y(x) = c\,\mathrm{e}^{x^2/2}$ und Richtungsfeld

## 2.5 Lineare Differenzialgleichungen 1. Ordnung

Die Lösung von linearen Differenzialgleichungen 1. Ordnung erfolgt in zwei Schritten: dem Lösen der zugehörigen homogenen Differenzialgleichung und dem Auffinden einer partikulären Lösung der inhomogenen Differenzialgleichung. Dazu kann die Methode der Variation der Konstanten auf der Grundlage der bereits ermittelten Lösung der homogenen Differenzialgleichung benutzt werden.

**Definition 2.9**

Eine Differenzialgleichung 1. Ordnung, die bezüglich der unbekannten Funktion $y$ und deren Ableitung $y'$ linear ist, heißt **lineare Differenzialgleichung 1. Ordnung**. Sie hat die Gestalt

$$y' + p(x)y = q(x), \tag{2.6}$$

wobei $p$ und $q$ gegebene Funktionen sind. Ist $q(x) \equiv 0$, so heißt die Differenzialgleichung (2.6) **homogen**, andernfalls **inhomogen**.

**Zugehörige homogene Differenzialgleichung**

Zuerst soll die Lösung $y_\mathrm{h}$ der **zugehörigen homogenen** Differenzialgleichung

$$y' + p(x)y = 0$$

bestimmt werden. Nach der Trennung der Variablen $x$ und $y$ wie in **Abschnitt 2.4** folgt

$$\frac{\mathrm{d}y}{y} = -p(x)\ \mathrm{d}x$$

und daraus nach Integration

$$y_\mathrm{h}(x) = c\,\mathrm{e}^{-\int p(x)\ \mathrm{d}x}, \quad c \in \mathbb{R}. \tag{2.7}$$

**Inhomogene Differenzialgleichung**

Die Lösung der inhomogenen Differenzialgleichung erfolgt mit der Methode der **Variation der Konstanten**. Dabei wird die Lösung der Gleichung (2.6) ausgehend von der Lösung (2.7) der zugehörigen homogenen Differenzialgleichung in der Gestalt

$$y(x) = c(x)\,\mathrm{e}^{-\int p(x)\,\mathrm{d}x} \tag{2.8}$$

gesucht. Die *Konstante* $c$ aus (2.7) wurde dabei formal durch eine zu bestimmende *Funktion* $c(x)$ ersetzt. Zusammen mit der Ableitung

$$y'(x) = c'(x)\,\mathrm{e}^{-\int p(x)\,\mathrm{d}x} - c(x)p(x)\,\mathrm{e}^{-\int p(x)\,\mathrm{d}x}$$

folgt aus der Ausgangsgleichung (2.6)

$$\big(c'(x) - c(x)p(x)\big)\,\mathrm{e}^{-\int p(x)\,\mathrm{d}x} + p(x)c(x)\,\mathrm{e}^{-\int p(x)\,\mathrm{d}x} = q(x)$$

und weiter nach Vereinfachen

$$c'(x)\,\mathrm{e}^{-\int p(x)\,\mathrm{d}x} = q(x).$$

Das ist eine Differenzialgleichung 1. Ordnung für die gesuchte Funktion $c$, die mit der Methode der Trennung der Variablen wie in **Abschnitt 2.4** gelöst werden kann. Es folgt

$$\mathrm{d}c = q(x)\,\mathrm{e}^{\int p(x)\,\mathrm{d}x}\,\mathrm{d}x$$

und nach Integration

$$c(x) = \int q(x)\,\mathrm{e}^{\int p(x)\,\mathrm{d}x}\,\mathrm{d}x + c_1,\quad c_1 \in \mathbb{R}.$$

Wird die gefundene Funktion $c(x)$ in den Lösungsansatz (2.8) eingesetzt, ergibt sich die allgemeine Lösung der Ausgangsgleichung (2.6)

**Lösung**

$$y(x) = \mathrm{e}^{-\int p(x)\,\mathrm{d}x} \int q(x)\,\mathrm{e}^{\int p(x)\,\mathrm{d}x}\,\mathrm{d}x + c_1\mathrm{e}^{-\int p(x)\,\mathrm{d}x},\quad c_1 \in \mathbb{R}. \tag{2.9}$$

Der zweite Summand auf der rechten Seite von (2.9) ist identisch mit der allgemeinen Lösung $y_\mathrm{h}$ der zugehörigen homogenen Differenzialgleichung in (2.7). Der erste Summand ist eine partikuläre Lösung $y_\mathrm{p}$ der inhomogenen Differenzialgleichung, die sich aus der allgemeinen Lösung in (2.9) für $c_1 = 0$ ergibt.

**Satz 2.10**

Die allgemeine Lösung $y_\mathrm{allg}$ der inhomogenen Differenzialgleichung 1. Ordnung (2.6) ist die Summe aus der allgemeinen Lösung $y_\mathrm{h}$ der zugehörigen homogenen Differenzialgleichung und einer beliebigen partikulären Lösung $y_\mathrm{p}$ der inhomogenen Differenzialgleichung:

$$y_\mathrm{allg} = y_\mathrm{h} + y_\mathrm{p}.$$

**Bemerkung 2.11**

Das Auffinden einer partikulären Lösung $y_\mathrm{p}$ der Differenzialgleichung kann, muss aber nicht mit der Methode der Variation der Konstanten erfolgen. Mitunter lässt sich eine partikuläre Lösung sogar erraten.

**Allgemeine Lösung einer inhomogenen Differenzialgleichung**

**Beispiel 2.12**

Zu lösen ist die Differenzialgleichung $y' - 2xy = x$.

1. Die zugehörige homogene Differenzialgleichung lautet $y' - 2xy = 0$. Die Trennung der Variablen führt auf die Gleichung $\dfrac{\mathrm{d}y}{y} = 2x\,\mathrm{d}x$, woraus sich nach Integration die allgemeine Lösung ergibt:

   $y_\mathrm{h}(x) = c\,\mathrm{e}^{x^2}$.

2. Mit dem Ansatz $y(x) = c(x)\,\mathrm{e}^{x^2}$ gemäß der Methode der Variation der Konstanten und der Ableitung $y'(x) = c'(x)\mathrm{e}^{x^2} + c(x)\cdot 2x\,\mathrm{e}^{x^2}$ folgt aus der Ausgangsgleichung die Differenzialgleichung für die unbekannte Funktion $c(x)$

   $c'(x)\mathrm{e}^{x^2} = x$,

   deren Trennung der Variablen

   $\mathrm{d}c = x\,\mathrm{e}^{-x^2}\,\mathrm{d}x$

   und die anschließende Integration

   $c(x) = -\dfrac{1}{2}\,\mathrm{e}^{-x^2} + c_1$

   ergibt. Damit lautet die allgemeine Lösung der Differenzialgleichung

   $$y_\mathrm{allg}(x) = \left(-\frac{1}{2}\,\mathrm{e}^{-x^2} + c_1\right)\mathrm{e}^{x^2}, \quad \text{d.h.,} \quad y_\mathrm{allg}(x) = -\frac{1}{2} + c_1\mathrm{e}^{x^2}.$$

3. Bei Vorgabe eines Punktes $P(x_0, y_0)$ der Lösungskurve kann eine eindeutige Lösung durch Berechnung der entsprechenden Konstanten $c_1$ bestimmt werden. Wird z. B. $y(0) = 2$ gefordert, was dem Punkt $(0, 2)$ entspricht, so folgt aus der allgemeinen Lösung durch Einsetzen von $x = 0$ und $y = 2$

   $$2 = -\frac{1}{2} + c_1\mathrm{e}^{0^2}, \quad \text{d.h.,} \quad c_1 = \frac{5}{2}.$$

   Die partikuläre Lösung, die dieser Anfangsbedingung genügt, heißt damit $y(x) = \dfrac{1}{2}\left(5\mathrm{e}^{x^2} - 1\right)$ (siehe **Bild 2.5**).

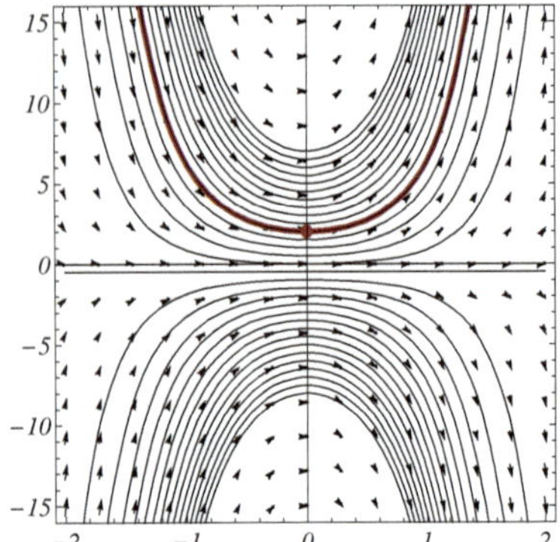


**Bild 2.5** Richtungsfeld, Lösungskurve für $c_1 = 2.5$ durch $P(0, 2)$

## 2.6 Lineare Differenzialgleichungen höherer Ordnung mit konstanten Koeffizienten

Die Struktur der Lösungsmenge einer linearen Differenzialgleichung höherer Ordnung mit konstanten Koeffizienten wird erklärt. Für homogene lineare Differenzialgleichungen 2. Ordnung wird die Ermittlung des Fundamentalsystems gezeigt und auf homogene lineare Differenzialgleichungen höherer Ordnung übertragen. Die Berechnung einer partikulären Lösung der inhomogenen Differenzialgleichung kann mit der Ansatzmethode oder der Methode der Variation der Konstanten erfolgen.

## 2.6.1 Sätze über die Lösungen

**Definition 2.13**

Differenzialgleichungen der Gestalt

$$y^{(n)} + f_{n-1}(x)y^{(n-1)} + ... + f_1(x)y' + f_0(x)y = g(x) \tag{2.10}$$

mit den gegebenen **Koeffizienten** $f_0, f_1, ..., f_{n-1}: \mathbb{R} \to \mathbb{R}$ heißen **lineare Differenzialgleichungen $n$-ter Ordnung.**
Differenzialgleichungen der Gestalt

$$y^{(n)} + a_{n-1}y^{(n-1)} + ... + a_1 y' + a_0 y = g(x) \tag{2.11}$$

mit $a_0, a_1, ..., a_{n-1} \in \mathbb{R}$ heißen **lineare Differenzialgleichungen mit konstanten Koeffizienten.**
Die Differenzialgleichung

$$y^{(n)} + a_{n-1}y^{(n-1)} + ... + a_1 y' + a_0 y = 0 \tag{2.12}$$

heißt **zugehörige homogene Differenzialgleichung.**

**Homogene lineare Differenzialgleichungen**

In diesem Abschnitt wird die Lösungsmenge von homogenen linearen Differenzialgleichungen $n$-ter Ordnung beschrieben.

**Satz 2.14**

Sind $y_1, ..., y_m$ partikuläre Lösungen der homogenen linearen Differenzialgleichung (2.12), so ist jede Linearkombination

$$\sum_{k=1}^{m} c_k y_k, \quad c_k \in \mathbb{R}, \quad k = 1, ..., m,$$

ebenfalls Lösung dieser Differenzialgleichung. Weitere Lösungen der homogenen Differenzialgleichung ergeben sich somit durch *Superposition* oder *Überlagerung* von partikulären Lösungen.

Im Folgenden wird die Frage beantwortet, wie viele und welche partikulären Lösungen die allgemeine Lösung der homogenen linearen Differenzialgleichung (2.12) bilden.

**Definition 2.15**

Die Funktionen $y_1, ..., y_m$ heißen **linear unabhängig**, wenn für *beliebiges $x$* die Gleichung

$$\sum_{k=1}^{m} c_k y_k(x) = 0$$

nur dann erfüllt ist, wenn alle Koeffizienten der Linearkombination gleich null sind: $c_k = 0, \ k = 1, ..., m$. Andernfalls sind sie **linear abhängig.**

**Beispiel 2.16**

**Lineare Unabhängigkeit von Funktionen**

1. Sind die Funktionen $\sin x$ und $\cos x$ linear unabhängig?
   Aus der Gleichung

   $c_1 \sin x + c_2 \cos x = 0$

folgt für

$$\begin{aligned} x=\pi/2&: 1\cdot c_1 + 0\cdot c_2 = 0, \text{ d.h., } c_1 = 0,\\ x=0&: 0\cdot c_1 + 1\cdot c_2 = 0, \text{ d.h., } c_2 = 0. \end{aligned}$$

Da die Linearkombination für beliebige $x$ nur im Fall $c_1 = c_2 = 0$ gleich null ist, sind die Funktionen $\sin x$ und $\cos x$ linear unabhängig.

2. Sind die Funktionen $1, t, t^2$ linear unabhängig?
Aus der Gleichung

$$c_1 + c_2 t + c_3 t^2 = 0$$

folgt für

$$\begin{aligned} t=0&: c_1 = 0, \text{ d.h., } c_1 = 0,\\ t=1&: c_1 + c_2 + c_3 = 0, \text{ d.h., } c_2 = -c_3\\ t=-1&: c_1 - c_2 + c_3 = 0, \text{ d.h., } c_2 = c_3. \end{aligned}$$

Daher ist notwendig $c_1 = c_2 = c_3 = 0$, d. h., die Funktionen $1, t, t^2$ sind linear unabhängig.

3. Sind die Funktionen $t, t^2, 2t + t^2$ linear unabhängig?
Aus der Gleichung

$$c_1 t + c_2 t^2 + c_3(2t + t^2) = 0 \tag{2.13}$$

folgt für

$$\begin{aligned} t=1&: c_1 + c_2 + 3c_3 = 0,\\ t=-1&: -c_1 + c_2 - c_3 = 0\\ t=-2&: -2c_1 + 4c_2 = 0. \end{aligned}$$

Dieses lineare Gleichungssystem hat die unendlich vielen Lösungen $(c_1, c_2, c_3)^\top = (-2r, -r, r)^\top$, $r \in \mathbb{R}$.
Die Gleichung (2.13) ist somit z. B. für $c_1 = -2$, $c_2 = -1$, $c_3 = 2$ für beliebige Argumente $t$ identisch erfüllt. Die Funktionen $t, t^2, 2t+t^2$ sind linear abhängig.

**Satz 2.17** Eine homogene lineare Differenzialgleichung $n$-ter Ordnung besitzt genau $n$ linear unabhängige Lösungen.

**Definition 2.18** Ein System von $n$ linear unabhängigen Lösungen $y_1, ..., y_n$ der homogenen linearen Differenzialgleichung $n$-ter Ordnung heißt **Fundamentalsystem**.
Die Linearkombination der Funktionen eines Fundamentalsystems

$$y_\text{h} = \sum_{k=1}^{n} c_k y_k, \qquad c_k \in \mathbb{R},\ k = 1, ..., n,$$

ist die **allgemeine Lösung** der homogenen linearen Differenzialgleichung $n$-ter Ordnung.

Der folgende Satz gibt ein Kriterium an, mit dem bestimmt werden kann, ob $n$ Lösungen einer homogenen linearen Differenzialgleichung $n$-ter Ordnung linear unabhängig sind und damit ein Fundamentalsystem bilden.

**Satz 2.19**

Die Lösungen $y_1, ..., y_n$ der homogenen linearen Differenzialgleichung $n$-ter Ordnung bilden genau dann ein Fundamentalsystem, wenn ihre **Wronski-Determinante**

$$W(x) = \begin{vmatrix} y_1 & y_2 & \dots y_n \\ y_1' & y_2' & \dots y_n' \\ y_1'' & y_2'' & \dots y_n'' \\ \dots & & \\ y_1^{(n-1)} & y_2^{(n-1)} & \dots y_n^{(n-1)} \end{vmatrix} \qquad (2.14)$$

verschieden von null ist.
Dabei gilt: Ist $W(x) = 0$ für eine spezielle Stelle $x$, so auch für beliebiges $x \in \mathbb{R}$. Ist $W(x) \neq 0$ für eine spezielle Stelle $x$, so auch für beliebiges $x \in \mathbb{R}$.

**Joseph Marie Wronski**, eigentlich **Hoëné**
(* 24. August 1778 in der Provinz Posen, † 9. August 1853 in Paris)
polnischer Mathematiker und Philosoph, Offizier der polnischen und russischen Armee
Philosophie als Fortsetzung der Philosophie von Kant („Messianismus"), Philosophie der Mathematik, Reihenentwicklung von Funktionen, Konstruktion von Raupenfahrzeugen (in Konkurrenz zur Eisenbahn)
*hier: Wronski-Determinante*

## 2.6.2 Allgemeine Lösung von homogenen Differenzialgleichungen 2. Ordnung

Betrachtet wird zunächst die homogene Differenzialgleichung 2. Ordnung mit konstanten Koeffizienten (vergl. (2.11))

$$y'' + a_1 y' + a_0 y = 0, \; a_0, a_1 \in \mathbb{R}. \qquad (2.15)$$

**Fourier-Ansatz**

Gemäß **Satz 2.17** besitzt diese Differenzialgleichung als Fundamentalsystem genau zwei linear unabhängige Lösungen $y_1(x)$ und $y_2(x)$. Der **Fourier-Ansatz** $y(x) = e^{\lambda x}$ mit zu bestimmender Konstanten $\lambda \in \mathbb{R}$ führt nach Einsetzen in die Differenzialgleichung (2.15) mit $y'(x) = \lambda e^{\lambda x}$, $y''(x) = \lambda^2 e^{\lambda x}$ auf die sogenannte charakteristische Gleichung bezüglich $\lambda$

**Charakteristische Gleichung**

$$\lambda^2 + a_1\lambda + a_0 = 0. \qquad (2.16)$$

Die Lösungen dieser quadratischen Gleichung sind

$$\lambda_{1/2} = \frac{-a_1 \pm \sqrt{a_1^2 - 4a_0}}{2}.$$

Drei Fälle für die Lösungen $\lambda_1, \lambda_2$ kommen in Frage:

**Verschiedene reelle Lösungen**

1. $\lambda_1, \lambda_2$ sind reell und voneinander verschieden.

   In diesem Fall sind $y_1(x) = e^{\lambda_1 x}$ und $y_2(x) = e^{\lambda_2 x}$ partikuläre, linear unabhängige Lösungen der Differenzialgleichung (2.15).

   **Beweis:** $y_1$ und $y_2$ sind partikuläre Lösungen der Differenzialgleichung (2.15), wie durch Einsetzen in (2.15) bestätigt wird.

Die Wronski-Determinante beider Funktionen ergibt

$$\begin{vmatrix} e^{\lambda_1 x} & e^{\lambda_2 x} \\ \lambda_1 e^{\lambda_1 x} & \lambda_2 e^{\lambda_2 x} \end{vmatrix} = e^{(\lambda_1+\lambda_2)x} \begin{vmatrix} 1 & 1 \\ \lambda_1 & \lambda_2 \end{vmatrix} = e^{(\lambda_1+\lambda_2)x}(\lambda_2 - \lambda_1) \neq 0,$$

da $\lambda_1$ und $\lambda_2$ voneinander verschieden sind. ∎

Damit bilden $y_1$ und $y_2$ ein Fundamentalsystem, und nach **Definition 2.18** ist die allgemeine Lösung der Differenzialgleichung (2.15)

$$y(x) = c_1 e^{\lambda_1 x} + c_2 e^{\lambda_2 x}, \quad c_1, c_2 \in \mathbb{R}. \tag{2.17}$$

**Zusammenfallende reelle Lösungen**

2. $\lambda_1 = \lambda_2 = \lambda$ sind zusammenfallende reelle Lösungen.

In diesem Fall sind $y_1(x) = e^{\lambda x}$ und $y_2(x) = xe^{\lambda x}$ partikuläre, linear unabhängige Lösungen der Differenzialgleichung (2.15).

**Beweis:** Die Lösungen der charakteristischen Gleichung (2.16) fallen dann zusammen, wenn die Diskriminante $a_1^2 - 4a_0$ verschwindet, d. h., $\lambda = -a_1/2$ ist. Durch Einsetzen in die Differenzialgleichung (2.15) wird bestätigt, dass $y_1(x) = e^{\lambda x}$ und $y_2(x) = xe^{\lambda x}$ jeweils partikuläre Lösungen sind.

Die Wronski-Determinante beider Funktionen ergibt

$$\begin{vmatrix} e^{\lambda x} & xe^{\lambda x} \\ \lambda e^{\lambda x} & e^{\lambda x} + \lambda x e^{\lambda x} \end{vmatrix} = e^{2\lambda x} \begin{vmatrix} 1 & x \\ \lambda & 1+\lambda x \end{vmatrix} = e^{2\lambda x}(1+\lambda x - \lambda x) = e^{2\lambda x} \neq 0.$$ ∎

Damit bilden $y_1$ und $y_2$ ein Fundamentalsystem, und nach **Definition 2.18** ist die allgemeine Lösung der Differenzialgleichung (2.15)

$$y(x) = c_1 e^{\lambda x} + c_2 x e^{\lambda x}, \quad c_1, c_2 \in \mathbb{R}. \tag{2.18}$$

**Konjugiert komplexe Lösungen**

3. $\lambda_{1/2} = \alpha \pm i\beta$ sind konjugiert komplexe Lösungen.

Ist die Diskriminante $a_1^2 - 4a_0 < 0$, so hat die charakteristische Gleichung die komplexen Lösungen

$\lambda_{1/2} = \alpha \pm i\beta$ mit $\alpha = -a_1/2$ und $\beta = \sqrt{4a_0 - a_1^2}/2$.

Die **imaginäre Einheit** $i$ ist hierbei diejenige komplexe Zahl, deren Quadrat $-1$ ergibt: $i^2 = -1$. Formal ergeben sich die (komplexen !) Funktionen $y_1^*(x) = e^{(\alpha+i\beta)x}$ und $y_2^*(x) = e^{(\alpha-i\beta)x}$ als Lösungen. Mit der **Euler-Gleichung**

$$e^{i\phi} = \cos\phi + i\sin\phi \tag{2.19}$$

folgt aus dem Fourier-Ansatz

$$\begin{aligned} y_1^*(x) &= e^{\alpha x} e^{i\beta x} &&= e^{\alpha x}(\cos\beta x + i\sin\beta x), \\ y_2^*(x) &= e^{\alpha x} e^{-i\beta x} &&= e^{\alpha x}(\cos\beta x - i\sin\beta x), \end{aligned}$$

das sind noch immer komplexe Funktionen. Ihre Linearkombination enthält die beiden reellen Funktionen $y_1(x) = e^{\alpha x}\cos\beta x$ und $y_2(x) = e^{\alpha x}\sin\beta x$, die ein Fundamentalsystem der Differenzialgleichung (2.15) bilden.

**Jean Baptiste Joseph Fourier**
(* 21. März 1768 bei Auxerre, † 16. Mai 1830 in Paris)

französischer Mathematiker und Physiker, Professor an der Ècole Polytechnique, Sekretär der Académie des Sciences

Theorie der Gleichungen, Fourieranalyse (Bedeutung z. B. für die akustischen Grundlagen der Musik und die digitale Klangerzeugung), Wärmeausbreitung in Festkörpern (Gesetz von Fourier, Begriff des Glashauseffektes, heute Treibhauseffekt), als Präfekt des Departements Isère Trockenlegung der Sümpfe bei Lyon

*hier: Fourier-Ansatz*

**Beweis:** Durch Einsetzen in die Differenzialgleichung (2.15) wird bestätigt, dass $y_1(x) = \mathrm{e}^{\alpha x}\cos\beta x$ und $y_2(x) = \mathrm{e}^{\alpha x}\sin\beta x$ jeweils partikuläre Lösungen sind.

Die Wronski-Determinante beider Funktionen ergibt

$$\begin{vmatrix} \mathrm{e}^{\alpha x}\cos\beta x & \mathrm{e}^{\alpha x}\sin\beta x \\ \mathrm{e}^{\alpha x}(\alpha\cos\beta x-\beta\sin\beta x) & \mathrm{e}^{\alpha x}(\alpha\sin\beta x+\beta\cos\beta x) \end{vmatrix}$$

$$= \mathrm{e}^{2\alpha x}\begin{vmatrix} \cos\beta x & \sin\beta x \\ \alpha\cos\beta x-\beta\sin\beta x & \alpha\sin\beta x+\beta\cos\beta x \end{vmatrix} = \beta\mathrm{e}^{2\alpha x} \neq 0,$$

da $\beta \neq 0$ ist. (Für $\beta = 0$ wären die Lösungen der charakteristischen Gleichung reell und zusammenfallend, entgegen der Voraussetzung). ■

Damit bilden $y_1$ und $y_2$ ein Fundamentalsystem, und nach **Definition 2.18** ist die allgemeine Lösung der Differenzialgleichung (2.15)

$$y(x) = \mathrm{e}^{\alpha x}(c_1\cos\beta x + c_2\sin\beta x),\quad c_1, c_2 \in \mathbb{R}. \tag{2.20}$$

**Leonhard Euler**
(* 15. April 1707 in Riehen (Schweiz), † 18. September 1783 in St. Petersburg)

schweizerischer Mathematiker, Professor für Physik und Mathematik in St. Petersburg, Mitglied der Akademie der Wissenschaften St. Petersburg (1727), Direktor der Berliner Akademie der Wissenschaften (1741), Mitglied der American Academy of Arts and Sciences (1782)

Begründer der Analysis (Begriff der Funktion), u. a. Arbeiten auf den Gebieten: Variationsrechnung, Differenzial- und Integralrechnung, Differenzialgleichungen, Algebra, Graphentheorie („Königsberger Brückenproblem"), Anwendung mathematischer Methoden in den Sozial- und Wirtschaftswissenschaften (Rentenrechnung, Lebenserwartung, Lotterien), physikalische Arbeiten auf den Gebieten Mechanik (Balkentheorie, Bewegungsgleichungen nach Euler), Hydrodynamik, Optik (Wellentheorie des Lichtes, Linsen), philosophische und theologische Schriften, einer der bedeutendsten Mathematiker aller Zeiten

*hier: Euler-Gleichung*

### Beispiel 2.20

1. Die Differenzialgleichung $y'' + y' - 6y = 0$ hat die charakteristische Gleichung $\lambda^2 + \lambda - 6 = 0$ mit den verschiedenen reellen Lösungen $\lambda_1 = 2,\ \lambda_2 = -3$.
Ihre allgemeine Lösung lautet daher gemäß (2.17) $y(x) = c_1\mathrm{e}^{2x} + c_2\mathrm{e}^{-3x}$.
2. Die Differenzialgleichung $y'' - 4y' + 4y = 0$ hat die charakteristische Gleichung $\lambda^2 - 4\lambda + 4 = 0$ mit den zusammenfallenden reellen Lösungen $\lambda_1 = 2,\ \lambda_2 = 2$.
Ihre allgemeine Lösung lautet daher gemäß (2.18) $y(x) = c_1\mathrm{e}^{2x} + c_2x\mathrm{e}^{2x}$.
3. Die Differenzialgleichung $M'' = 0$ (siehe **Beispiel 2.2**, zugehörige homogene Differenzialgleichung) hat die charakteristische Gleichung $\lambda^2 = 0$ mit der zusammenfallenden reellen Lösungen $\lambda_1 = 0,\ \lambda_2 = 0$.
Ihre allgemeine Lösung lautet daher gemäß (2.18) $M(x) = c_1 + c_2x$.
4. Die Differenzialgleichung $y'' + 2y' + 5y = 0$ hat die charakteristische Gleichung $\lambda^2 + 2\lambda + 5 = 0$ mit den konjugiert komplexen Lösungen
$\lambda_1 = -1 + 2i,\ \lambda_2 = -1 - 2i$.
Ihre allgemeine Lösung lautet daher gemäß (2.20)
$y(x) = \mathrm{e}^{-x}(c_1\cos 2x + c_2\sin 2x)$.

## 2.6.3 Homogene Differenzialgleichungen höherer Ordnung

Die homogene lineare Differenzialgleichung $n$-ter Ordnung mit konstanten Koeffizienten (vergl. (2.12))

$$y^{(n)} + a_{n-1}y^{(n-1)} + \ldots + a_1y' + a_0y = 0$$

hat nach **Satz 2.17** und **Definition 2.18** ein Fundamentalsystem $n$ linear unabhängiger Lösungen. Der Lösungsansatz $y(x) = \mathrm{e}^{\lambda x}$ führt nach Einsetzen in die Differenzialgleichung auf die charakteristische Gleichung zur Bestimmung der reellen Konstanten $\lambda$

**Charakteristische Gleichung**

$$\lambda^n + a_{n-1}\lambda^{n-1} + \ldots + a_1\lambda + a_0 = 0.$$

Auf der linken Seite dieser Gleichung steht ein Polynom $n$-ten Grades. Es handelt sich daher um eine algebraische Gleichung $n$-ten Grades in $\lambda$ mit den reellen Koeffizienten $a_0, a_1, ..., a_{n-1}$. Nach dem **Fundamentalsatz der Algebra** hat diese im Bereich der komplexen Zahlen genau $n$ Lösungen. Der erste vollständige Beweis für den Fundamentalsatz der Algebra erfolgte 1799 durch den Mathematiker Carl Friedrich Gauß im Rahmen seiner Dissertation. In der folgenden **Tabelle 2.1** ist die Gestalt der partikulären Lösung in Abhängigkeit von den Lösungen der charakteristischen Gleichung zusammengefasst:

**Tabelle 2.1** Partikuläre Lösungen homogener Differenzialgleichungen

| Lösungen der charakteristischen Gleichung | Partikuläre Lösungen |
|---|---|
| einfach reell<br>$\lambda$ | $y(x) = \mathrm{e}^{\lambda x}$ |
| einfach konjugiert komplex<br>$\lambda_{1/2} = \alpha \pm i\beta$ | $y_1(x) = \mathrm{e}^{\alpha x} \cos \beta x,\ y_2(x) = \mathrm{e}^{\alpha x} \sin \beta x$ |
| $k$-fach reell<br>$\lambda_1 = ... = \lambda_k = \lambda$ | $y_1(x) = \mathrm{e}^{\lambda x},\ y_2(x) = x\mathrm{e}^{\lambda x}, ...,\ y_k(x) = x^{k-1}\mathrm{e}^{\lambda x}$ |
| $k$-fach konjugiert komplex<br>$\lambda_{11} = ... = \lambda_{1k} = \alpha + i\beta$<br>$\lambda_{21} = ... = \lambda_{2k} = \alpha - i\beta$ | $y_{11}(x) = \mathrm{e}^{\alpha x} \cos \beta x,\ y_{12}(x) = x\mathrm{e}^{\alpha x} \cos \beta x, ...,\ y_{1k}(x) = x^{k-1}\mathrm{e}^{\alpha x} \cos \beta x$<br>$y_{21}(x) = \mathrm{e}^{\alpha x} \sin \beta x,\ y_{22}(x) = x\mathrm{e}^{\alpha x} \sin \beta x, ...,\ y_{2k}(x) = x^{k-1}\mathrm{e}^{\alpha x} \sin \beta x$ |

**Homogene Differenzialgleichung höherer Ordnung**

**Beispiel 2.21**

Die homogene lineare Differenzialgleichung $y^{IV} - 4y''' + 5y'' - 4y' + 4y = 0$ hat die charakteristische Gleichung $\lambda^4 - 4\lambda^3 + 5\lambda^2 - 4\lambda + 4 = 0$ mit den Lösungen $\lambda_1 = 2,\ \lambda_2 = 2,\ \lambda_3 = i,\ \lambda_4 = -i$. Ihre allgemeine Lösung hat daher die Gestalt $y(x) = c_1\mathrm{e}^{2x} + c_2x\mathrm{e}^{2x} + c_3 \cos x + c_4 \sin x$.

### 2.6.4 Allgemeine Lösung inhomogener Differenzialgleichungen höherer Ordnung

Für die lineare Differenzialgleichung $n$-ter Ordnung mit der Inhomogenität $g$ (vergl. (2.10)) gilt der folgende Satz:

**Satz 2.22**

Die allgemeine Lösung $y_{\text{allg}}$ der inhomogenen Differenzialgleichung (2.10) setzt sich additiv zusammen aus der allgemeinen Lösung $y_{\text{h}}$ der zugehörigen homogenen Differenzialgleichung und aus einer partikulären Lösung $y_{\text{p}}$ der inhomogenen Differenzialgleichung:

$$y_{\text{allg}} = y_{\text{h}} + y_{\text{p}}.$$

Sind die Koeffizienten der Differenzialgleichung konstant (vergl. (2.11)):

$$y^{(n)} + a_{n-1}y^{(n-1)} + ... + a_1y' + a_0y = g(x),$$

so lässt sich die allgemeine Lösung $y_{\mathrm{h}}$ der zugehörigen homogenen Differenzialgleichung nach der in **Abschnitt 2.6.3** gezeigten Methode ermitteln. Gesucht ist noch eine partikuläre Lösung $y_{\mathrm{p}}$ der inhomogenen Differenzialgleichung.

**Johann Carl Friedrich Gauß**
(* 30. April 1777 in Braunschweig, † 23. Februar 1855 in Göttingen)

deutscher Mathematiker, Astronom, Geodät und Physiker, Professor in Göttingen und Direktor der Sternwarte

einer der wichtigsten Mathematiker („Fürst der Mathematik"), u. a. Fundamentalsatz der Algebra, Quadraturformeln, Divergenzsatz, Normalverteilung, Methode der kleinsten Fehlerquadrate, Grundlagen der Differenzialgeometrie usw., Landvermessung, Erfinder des Heliotrops und Magnetometers, astronomische Berechnungen

*hier: Fundamentalsatz der Algebra*

## Ansatzmethode

Die folgende **Tabelle 2.2** enthält Ansätze für die partikuläre Lösung $y_{\mathrm{p}}$ bei speziellen Störtermen $g(x)$.

**Tabelle 2.2** Partikuläre Lösungen inhomogener Differenzialgleichungen

| Störterm $g(x)$ | Ansatz für $y_{\mathrm{p}}$ |
|---|---|
| $p_0 + p_1x + ... + p_nx^n$ | $y_{\mathrm{p}}(x) = P_0 + P_1x + ... + P_nx^n$<br>gesucht: $P_0, P_1, ..., P_n$ |
| $a\mathrm{e}^{mx}$ | $y_{\mathrm{p}}(x) = A\mathrm{e}^{mx}$<br>gesucht: $A$ |
| $a\cos mx + b\sin mx$ | $y_{\mathrm{p}}(x) = A\cos mx + B\sin mx$<br>gesucht: $A, B$ |
| $a\cosh mx + b\sinh mx$ | $y_{\mathrm{p}}(x) = A\cosh mx + B\sinh mx$<br>gesucht: $A, B$ |
| $\mathrm{e}^{px}(p_0 + p_1x + ... + p_nx^n)\cdot$<br>$(a\cos mx + b\sin mx)$ | $y_{\mathrm{p}}(x) = \mathrm{e}^{px}(P_0 + P_1x + ... + P_nx^n)\cdot$<br>$(A\cos mx + B\sin mx)$<br>gesucht: $P_0, P_1, ..., P_n, A, B$ |

### Beispiel 2.23

**Inhomogene Differenzialgleichung höherer Ordnung**

Gesucht ist die allgemeine Lösung der Differenzialgleichung
$y''' - y'' - 4y' + 4y = 5\mathrm{e}^{3x}$.

1. Die zugehörige homogene Differenzialgleichung lautet $y''' - y'' - 4y' + 4y = 0$. Ihre charakteristische Gleichung $\lambda^3 - \lambda^2 - 4\lambda + 4 = 0$ hat die drei reellen Lösungen $\lambda_1 = 1$, $\lambda_2 = 2$, $\lambda_3 = -2$. Die allgemeine Lösung ist

   $y_{\mathrm{h}}(x) = c_1\mathrm{e}^{x} + c_2\mathrm{e}^{2x} + c_3\mathrm{e}^{-2x}$.

2. Die rechte Seite (Störterm) der Differenzialgleichung lautet $5\mathrm{e}^{3x}$. Der Ansatz für eine partikuläre Lösung wird daher $y_{\mathrm{p}}(x) = A\mathrm{e}^{3x}$ gewählt, wobei die Konstante $A$ gesucht ist. Einsetzen des Ansatzes und der Ableitungen $y_{\mathrm{p}}'(x) = 3A\mathrm{e}^{3x}$, $y_{\mathrm{p}}''(x) = 9A\mathrm{e}^{3x}$, $y_{\mathrm{p}}'''(x) = 27A\mathrm{e}^{3x}$ in die Differenzialgleichung führt nach Division durch $\mathrm{e}^{3x}$ auf $27A - 9A - 12A + 4A = 5$, woraus $A = 0.5$ folgt. Die partikuläre Lösung ist

   $y_{\mathrm{p}}(x) = 0.5\mathrm{e}^{3x}$.

3. Die allgemeine Lösung der inhomogenen Differenzialgleichung ist

   $y(x) = c_1\mathrm{e}^{x} + c_2\mathrm{e}^{2x} + c_3\mathrm{e}^{-2x} + 0.5\mathrm{e}^{3x}$.

### Methode der Variation der Konstanten

Die Ansatzmethode zum Auffinden einer partikulären Lösung der inhomogenen Differenzialgleichung versagt, falls der Störterm $g(x)$ selbst Lösung der homogenen Differenzialgleichung ist. Diese Situation heißt **Resonanzfall**. Hier kann die Methode der **Variation der Konstanten** angewendet werden, die am Beispiel einer linearen Differenzialgleichung 2. Ordnung gezeigt wird.

Die Differenzialgleichung

$$y'' + a_1 y' + a_0 y = g(x)$$

**Zugehörige homogene Differenzialgleichung**

hat die zugehörige homogene Gleichung

$$y'' + a_1 y' + a_0 y = 0$$

mit der allgemeinen Lösung

$$y_{\text{h}}(x) = c_1 y_1(x) + c_2 y_2(x), \quad c_1, c_2 \in \mathbb{R},$$

wobei $y_1(x)$ und $y_2(x)$ linear unabhängige Lösungen der homogenen Gleichung, d. h., ein Fundamentalsystem, sind.

**Partikuläre Lösung**

Als Ansatz für eine partikuläre Lösung der inhomogenen Differenzialgleichung wird

$$y_{\text{p}}(x) = c_1(x) y_1(x) + c_2(x) y_2(x)$$

mit zu bestimmenden Funktionen $c_1(x)$, $c_2(x)$ gewählt. Einsetzen dieses Ansatzes mit den Ableitungen

$$\begin{aligned} y_{\text{p}}' &= c_1' y_1 + c_1 y_1' + c_2' y_2 + c_2 y_2', \\ y_{\text{p}}'' &= c_1'' y_1 + c_1' y_1' + c_1' y_1' + c_1 y_1'' + c_2'' y_2 + c_2' y_2' + c_2' y_2' + c_2 y_2'' \end{aligned}$$

in die inhomogene Differenzialgleichung führt auf

$$\begin{aligned} g(x) &= y_{\text{p}}'' + a_1 y_{\text{p}}' + a_0 y_{\text{p}} \\ &= c_1(y_1'' + a_1 y_1' + a_0 y_1) + c_2(y_2'' + a_1 y_2' + a_0 y_2) + \\ &\quad a_1(c_1' y_1 + c_2' y_2) + (c_1' y_1 + c_2' y_2)' + (c_1' y_1' + c_2' y_2'). \end{aligned}$$

Die ersten beiden Summanden sind gleich null, da $y_1$ und $y_2$ Lösungen der homogenen Differenzialgleichung darstellen. Die Forderung für den dritten Summanden

$$c_1' y_1 + c_2' y_2 = 0 \tag{2.21}$$

hat zur Folge, dass auch der vierte als Ableitung dieses Terms gleich null ist. Der fünfte Summand muss die Restforderung

$$c_1' y_1' + c_2' y_2' = g(x) \tag{2.22}$$

erfüllen. Die Gleichungen (2.21) und (2.22) stellen ein lineares Gleichungssystem bezüglich der Ableitungen $c_1'(x)$ und $c_2'(x)$ der zu ermittelnden Funktionen $c_1(x)$ und $c_2(x)$ dar, wobei die Determinante seiner Koeffizientenmatrix die Wronski-Determinante der linear unabhängigen Lösungen $y_1$ und $y_2$ der homogenen Differenzialgleichung ist und daher von null verschieden ist. Es existiert also stets die eindeutige Lösung dieses Gleichungssystems

$$c_1'(x) = h_1(x), \qquad c_2'(x) = h_2(x),$$

aus der die gesuchten Funktionen $c_1(x)$ und $c_2(x)$ durch Integration bestimmt werden:

$$\begin{aligned} c_1(x) &= \int h_1(x)\,\mathrm{d}x + C_1 = H_1(x) + C_1, \\ c_2(x) &= \int h_2(x)\,\mathrm{d}x + C_2 = H_2(x) + C_2, \quad C_1, C_2 \in \mathbb{R}. \end{aligned} \tag{2.23}$$

**Allgemeine Lösung**

Die allgemeine Lösung der inhomogenen Differenzialgleichung lautet mit (2.23) für $C_1 = C_2 = 0$

$$y(x) = (c_1 + H_1(x))\,y_1(x) + (c_2 + H_2(x))\,y_2(x), \quad c_1, c_2 \in \mathbb{R}.$$

---

**Bemerkung 2.24**

**Verallgemeinerung auf lineare Differenzialgleichungen $n$-ter Ordnung**

1. Die Methode der Variation der Konstanten kann auf lineare Differenzialgleichungen $n$-ter Ordnung mit konstanten Koeffizienten verallgemeinert werden. Ist $y_1, \ldots, y_n$ das Fundamentalsystem und $W(x)$ die Wronski-Determinante (2.14), so ergibt sich aus dem Ansatz

   $$y_\mathrm{p}(x) = \sum_{k=1}^{n} c_k(x) y_k(x)$$

   das folgende lineare Gleichungssystem bezüglich der Ableitungen $c' = (c_1', \ldots, c_n')^\top$ der zu bestimmenden Funktionen $c = (c_1, \ldots, c_n)^\top$

   $$W(x)c'(x) = f(x), \; f(x) = (0, \ldots, 0, g(x))^\top$$

   mit der eindeutigen Lösung

   $$c_k'(x) = W_k(x)/W(x), \; k = 1, \ldots, n,$$

   wobei gemäß der Regel von Cramer $W_k(x)$ die Determinante der aus der Koeffizientenmatrix dadurch hervorgegangenen Matrix ist, dass deren $k$-te Spalte durch den Vektor der rechten Seite $f(x)$ ersetzt wurde.

**Ansatzmethode im Resonanzfall**

2. Im Resonanzfall kann ein Ansatz für eine partikuläre Lösung der inhomogenen Differenzialgleichung auch dadurch gewonnen werden, dass der formale Ansatz aufgrund der vorliegenden rechten Seite nach **Tabelle 2.2** so oft mit $x$ multipliziert wird, bis die entstandene Funktion nicht in der allgemeinen Lösung $y_\mathrm{h}$ enthalten ist.

---

## Variation der Konstanten

**Gabriel Cramer**
(* 31. Juli 1704 in Genf, † 4. Januar 1752 in Bagnols-sur Cèze, Frankreich)

schweizerischer Mathematiker, Professor für Mathematik an der Universität Genf

Erkenntnisse über algebraische Kurven, Schriften zur Geschichte der Mathematik und Rechts- und Staatsphilosophie, Beteiligung an Militär- und Rüstungsprojekten der Regierung, Berater bei Kircheninstandsetzungen

*hier: Regel von Cramer zur Lösung linearer Gleichungssysteme*

### Beispiel 2.25

Zu lösen ist die Differenzialgleichung $y'' - y' - 2y = \mathrm{e}^{2x}$.

1. Die allgemeine Lösung der zugehörigen homogenen Differenzialgleichung ist $y_\mathrm{h}(x) = c_1\mathrm{e}^{2x} + c_2\mathrm{e}^{-x}$.
2. Der Ansatz für die partikuläre Lösung der inhomogenen Differenzialgleichung mit der Methode der Variation der Konstanten lautet $y_\mathrm{p}(x) = c_1(x)\mathrm{e}^{2x} + c_2(x)\mathrm{e}^{-x}$.
   Das Gleichungssystem für die Ableitungen der gesuchten Funktionen $c_1(x)$ und $c_2(x)$ lautet
   $$\begin{pmatrix} \mathrm{e}^{2x} & \mathrm{e}^{-x} \\ 2\mathrm{e}^{2x} & -\mathrm{e}^{-x} \end{pmatrix} \begin{pmatrix} c_1'(x) \\ c_2'(x) \end{pmatrix} = \begin{pmatrix} 0 \\ \mathrm{e}^{2x} \end{pmatrix} \text{ mit } W(x) = \begin{vmatrix} \mathrm{e}^{2x} & \mathrm{e}^{-x} \\ 2\mathrm{e}^{2x} & -\mathrm{e}^{-x} \end{vmatrix} = -3\mathrm{e}^{x}.$$
   Mit der **Regel von Cramer** ([3], [30]) folgt
   $$c_1'(x) = \frac{1}{W(x)} \begin{vmatrix} 0 & \mathrm{e}^{-x} \\ \mathrm{e}^{2x} & -\mathrm{e}^{-x} \end{vmatrix}, \quad c_2'(x) = \frac{1}{W(x)} \begin{vmatrix} \mathrm{e}^{2x} & 0 \\ 2\mathrm{e}^{2x} & \mathrm{e}^{2x} \end{vmatrix}.$$
   Daraus ergibt sich
   $$c_1'(x) = 1/3, \quad c_1(x) = x/3 + C_1,$$
   $$c_2'(x) = -\mathrm{e}^{3x}/3, \quad c_2(x) = -\mathrm{e}^{3x}/9 + C_2.$$
3. Die allgemeine Lösung der inhomogenen Differenzialgleichung lautet damit $y(x) = c_1\mathrm{e}^{2x} + c_2\mathrm{e}^{-x} + x\mathrm{e}^{2x}/3$.

**Bemerkung:** Ein Ansatz für eine partikuläre Lösung im vorliegenden Resonanzfall kann auch dadurch gewonnen werden, dass der formale Ansatz $P_0\mathrm{e}^{2x}$ nach **Tabelle 2.2** so oft mit $x$ multipliziert wird, bis die entstandene Funktion nicht in der allgemeinen Lösung $y_\mathrm{h}$ enthalten ist. So ergibt sich aus dem resultierenden Ansatz $y_\mathrm{p}(x) = P_0x\mathrm{e}^{2x}$ nach Einsetzen in die inhomogene Differenzialgleichung $P_0 = 1/3$.

## Differenzialgleichung für die Momentenlinie eines Balkens

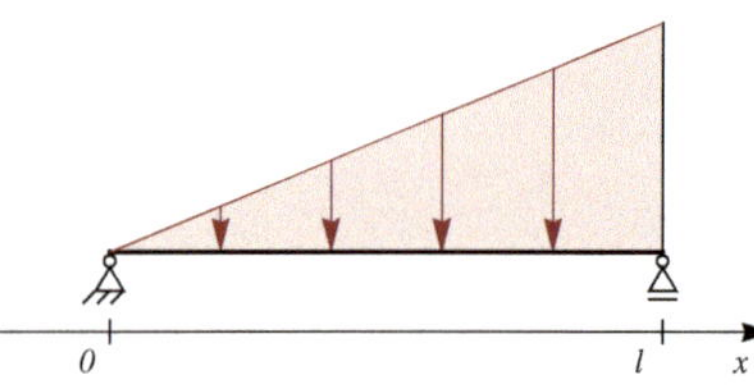


**Bild 2.6** Balken mit linearer Streckenlast $q(x) = q_0x/l$

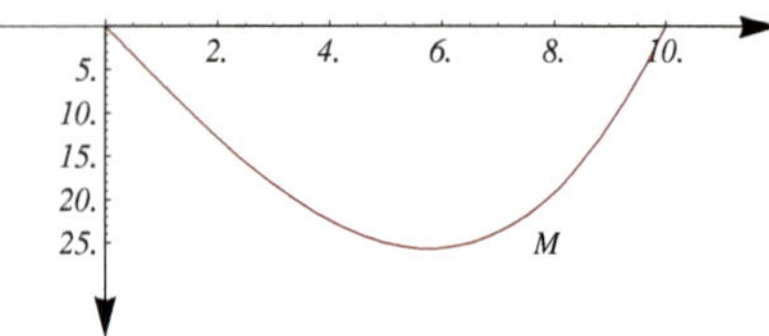


**Bild 2.7** Momentenlinie $M$, $q_0 = 4, l = 10$

### Beispiel 2.26

Zu lösen ist die Differenzialgleichung für die Momentenlinie eines Balkens mit linearer Streckenlast $M''(x) = -q_0x/l$ (siehe **Beispiel 2.2** für $q(x) = q_0x/l$).

1. Die allgemeine Lösung der zugehörigen homogenen Differenzialgleichung ist (siehe **Beispiel 2.20**)
   $M_\mathrm{h}(x) = c_1 + c_2x$.
2. Der Ansatz für die partikuläre Lösung der inhomogenen Differenzialgleichung lautet mit der Methode der Variation der Konstanten
   $M_\mathrm{p}(x) = c_1(x) + c_2(x)x$.
   Aus dem Gleichungssystem (2.21), (2.22) bezüglich $c_1'$ und $c_2'$
   $$\begin{pmatrix} 1 & x \\ 0 & 1 \end{pmatrix} \begin{pmatrix} c_1'(x) \\ c_2'(x) \end{pmatrix} = \begin{pmatrix} 0 \\ -q_0x/l \end{pmatrix} \text{ folgt } \begin{matrix} c_1'(x) = q_0x^2/l, & c_1(x) = q_0x^3/(3l) + C_1, \\ c_2'(x) = -q_0x/l, & c_2(x) = -q_0x^2/(2l) + C_2. \end{matrix}$$
3. Die allgemeine Lösung der inhomogenen Differenzialgleichung lautet damit $M(x) = C_1 + C_2x - q_0x^3/(6l)$, $C_1, C_2 \in \mathbb{R}$.
4. Für einen beidseits gelenkig gelagerten Balken (siehe **Bild 2.6**) ergeben sich mit den Randbedingungen $M(0) = 0$, $M(l) = 0$ die Konstanten $C_1 = 0$, $C_2 = q_0l/6$ und damit die dementsprechende partikuläre Lösung $M(x) = q_0(l^2x - x^3)/(6l)$ (siehe **Bild 2.7**).

**Bemerkung:** Ein Ansatz für eine partikuläre Lösung der inhomogenen Ausgangsdifferenzialgleichung im vorliegenden Resonanzfall kann dadurch gewonnen werden, dass der formale Ansatz $P_0 + P_1x$ nach **Tabelle 2.2** so oft mit $x$ multipliziert wird, bis die entstandene Funktion nicht in der allgemeinen Lösung $M_\mathrm{h}$ enthalten ist. So ergibt sich aus dem resultierenden Ansatz $M_\mathrm{p}(x) = x^2(P_0 + P_1x)$ nach Einsetzen in die inhomogene Differenzialgleichung $P_0 = 0$ und $P_1 = -q_0/(6l)$.

## 2.7 Lineare Systeme von Differenzialgleichungen 1. Ordnung

Die Modellierung von mechanischen Systemen mit mehreren Freiheitsgraden führt i. Allg. auf Systeme von Differenzialgleichungen. Beispiele dafür sind mechanische Systeme mit mehreren Massen, die durch Federn, Dämpfungselemente oder Gelenke miteinander verbunden sind, Torsionsschwingungen einer Kurbelwelle oder Horizontalschwingungen eines mehrgeschossigen Bauwerkes unter Erdbebeneinfluss. Zudem lässt sich jede lineare Differenzialgleichung höherer Ordnung in ein System linearer Differenzialgleichungen 1. Ordnung umwandeln. In diesem Abschnitt wird für diese oft auftretende Klasse von Systemen von Differenzialgleichungen – lineare Systeme 1. Ordnung – angegeben, welche Struktur ihre Lösungsmenge hat. Für lineare Systeme 1. Ordnung mit konstanter Koeffizientenmatrix wird die Berechnung des Fundamentalsystems mithilfe ihrer Eigen- und Hauptvektoren gezeigt und an Beispielen illustriert. Eine allgemeine Möglichkeit zur Gewinnung einer partikulären Lösung des inhomogenen Systems ist die Methode der Variation der Konstanten, für die die Wronski-Determinante der Lösungsmatrix des zugehörigen homogenen Systems benötigt wird.

### 2.7.1 Definitionen, Beispiele

Seien $y_i\colon \mathbb{R} \to \mathbb{R}$, $i = 1, ..., n$, stetig differenzierbare Funktionen einer Veränderlichen $x \in \mathbb{R}$, sodass $y\colon \mathbb{R}^n \to \mathbb{R}^n$, $y = (y_1, ..., y_n)^\top$, eine vektorwertige Funktion der Veränderlichen $x$ darstellt. Seien weiterhin $f_i\colon \mathbb{R}^{n+1} \to \mathbb{R}$, $i = 1, ..., n$, gegebene Funktionen, die ebenfalls zu einer vektorwertigen Funktion $f\colon \mathbb{R}^{n+1} \to \mathbb{R}^n$, $f = (f_1, ..., f_n)^\top$, zusammengefasst sind.

**Definition 2.27**

Das System der $n$ Differenzialgleichungen

$$y_i' = f_i(x, y_1, ..., y_n),\ i = 1, ..., n, \qquad \text{oder kurz} \qquad (2.24)$$
$$y' = f(x, y)$$

heißt **explizites System von $n$ Differenzialgleichungen 1. Ordnung** bezüglich der unbekannten Funktionen $y_i$. Eine differenzierbare vektorwertige Funktion $y = (y_1, ..., y_n)^\top$ heißt **Lösung** des Systems (2.24), wenn sie alle $n$ Gleichungen für beliebiges $x$ erfüllt.

**Beispiel 2.28**

**System von Differenzialgleichungen**

Die Gesamtheit der drei Differenzialgleichungen

$$\begin{aligned} y_1' &= f_1(x, y_1, y_2, y_3) = y_2^2 + 2x^2 \\ y_2' &= f_2(x, y_1, y_2, y_3) = xy_3 \\ y_3' &= f_3(x, y_1, y_2, y_3) = -x/y_1 - y_2^2 + x^3 y_3 \end{aligned}$$

bildet ein explizites System von Differenzialgleichungen 1. Ordnung.
Die vektorwertige Funktion $y(x) = (y_1(x), y_2(x), y_3(x))^\top = (x^3, x, 1/x)^\top$ ist eine Lösung dieses Systems, wie durch Einsetzen bestätigt werden kann.

**Zusammenhang Differenzialgleichung $n$-ter Ordnung, System von Differenzialgleichungen 1. Ordnung**

Eine Differenzialgleichung $n$-ter Ordnung bezüglich der unbekannten Funktion $y\colon \mathbb{R} \to \mathbb{R}$ mit der expliziten Bestimmungsgleichung

$$y' = g(x, y, y', ..., y^{(n)})$$

als Sonderfall der Differenzialgleichung (2.1) kann mithilfe der Bezeichnungen

$$y_1 = y,\ y_2 = y_1',\ y_3 = y_2',\ \dots\ ,\ y_n = y_{n-1}'$$

in folgendes System von Differenzialgleichungen 1. Ordnung überführt werden:

$$\begin{aligned} y_1' &= y_2 \\ y_2' &= y_3 \\ &\dots \\ y_{n-1}' &= y_n \\ y_n' &= g(x, y_1, y_2, ..., y_n). \end{aligned} \tag{2.25}$$

In **Abschnitt 2.6** sind Möglichkeiten zur Lösung einer linearen Differenzialgleichung $n$-ter Ordnung mit konstanten Koeffizienten wie (2.11) angegeben. Alternativ können solche Differenzialgleichungen in ein System von $n$ Differenzialgleichungen 1. Ordnung wie in (2.25) umgewandelt werden.

**Lineare Systeme 1. Ordnung**

Sind die Funktionen $f_i$ auf den rechten Seiten der Differenzialgleichungen in (2.24) linear bezüglich der Argumente $y_1, ..., y_n$, so heißt das System dieser Differenzialgleichungen 1. Ordnung **linear**.

**Definition 2.29**

Ein lineares System von Differenzialgleichungen 1. Ordnung hat die Gestalt

$$y' = A(x)y + b(x), \qquad A\colon \mathbb{R} \to \mathbb{R}^{n\times n},\ b\colon \mathbb{R} \to \mathbb{R}^n. \tag{2.26}$$

Die Matrix $A(x)$ ist die **Koeffizientenmatrix**, der Vektor $b(x)$ ist die **rechte Seite**. Ist $b(x) \neq O$, so heißt das System **inhomogen**. Für $b(x) = O$ ergibt sich das **zugehörige homogene** System.

**Lineares System 1. Ordnung**

**Beispiel 2.30**

Das System

$$\begin{aligned} y_1' &= y_1/x + 2xy_2 + b_1(x) \\ y_2' &= y_2/x + b_2(x) \end{aligned} \quad \text{bzw.} \quad y' = \begin{pmatrix} 1/x & 2x \\ 0 & 1/x \end{pmatrix} y + b(x)$$

ist für $b(x) = (b_1(x), b_2(x))^\top = (3x^3, 0)^\top$ ein explizites inhomogenes System von Differenzialgleichungen 1. Ordnung und für $b(x) = (0, 0)^\top$ das zugehörige homogene System.

---

**Eigenschaften**

Die Lösungen linearer Systeme von Differenzialgleichungen 1. Ordnung haben folgende Eigenschaften:

**Linearkombination reeller Lösungen**

1. Sind $y^1, y^2 \colon \mathbb{R}^n \to \mathbb{R}^n$ vektorwertige Lösungen der Systeme $(y^1)' = Ay^1 + b^1$ und $(y^2)' = Ay^2 + b^2$, so ist die Linearkombination $y = c_1 y^1 + c_2 y^2$ Lösung des Systems $y' = Ay + b$ mit $b = c_1 b^1 + c_2 b^2$.

   Für homogene lineare Systeme folgt mit $b^1 = O$ und $b^2 = O$, dass jede Linearkombination von Lösungen $y^1$ und $y^2$ ebenfalls Lösung des homogenen Systems ist.

**Komplexe Lösung**

2. Die Lösungen von Differenzialgleichungssystemen können auch komplexe vektorwertige Funktionen sein. Mit Eigenschaft **1.** folgt für $c_1 = 1$ und $c_2 = i$ ($i$ ist hierbei die imaginäre Einheit, siehe **Abschnitt 2.6.2**):
   Sind $y^1, y^2 \colon \mathbb{R}^n \to \mathbb{R}^n$ vektorwertige Lösungen der Systeme $(y^1)' = Ay^1 + b^1$ und $(y^2)' = Ay^2 + b^2$, so ist die komplexe vektorwertige Funktion $y = y^1 + iy^2$ Lösung des Systems $y' = Ay + b$ mit $b = b^1 + ib^2$.

   Für homogene lineare Systeme folgt mit $b^1 = O$ und $b^2 = O$, dass sowohl Real- als auch Imaginärteil einer komplexen vektorwertigen Lösung reelle Lösungen dieses Systems sind.

**Fundamentalsystem**

3. Das zugehörige homogene System $y' = Ay$ hat genau $n$ linear unabhängige reelle Lösungsvektoren $y^1, ..., y^n$, die das **Fundamentalsystem** bilden. Die Matrix $Y = (y^1, ..., y^n) \in \mathbb{R}^{n\times n}$, deren Spalten die Vektoren des Fundamentalsystems sind, ist die **Lösungsmatrix**. Ihre Determinante ist die **Wronski-Determinante**

   $$W(x) = \det\left(Y(x)\right). \tag{2.27}$$

   Beliebige $n$ Lösungsvektoren $y^1, ..., y^n$ des zugehörigen homogenen Systems $y' = Ay$ bilden genau dann ein Fundamentalsystem, wenn die Wronski-Determinante für alle $x \in \mathbb{R}$ verschieden von nullist. Dabei folgt aus $W(x) \neq 0$ für eine spezielle Stelle $x$ gleichzeitig $W(x) \neq 0$ für beliebiges $x \in \mathbb{R}$.

   **Allgemeine Lösung des homogenen Systems**

   Mit Eigenschaft **1.** folgt für die allgemeine Lösung des homogenen Systems

   $$y_{\mathrm{h}} = \sum_{i=1}^{n} c_i y^i = Yc, \qquad c = (c_1, ..., c_n)^{\top} \in \mathbb{R}^n. \tag{2.28}$$

**Allgemeine Lösung des inhomogenen Systems**

4. Die allgemeine Lösung $y_{\mathrm{allg}}$ des inhomogenen Systems (2.26) ist die Summe aus der allgemeinen Lösung $y_{\mathrm{h}}$ des zugehörigen homogenen Systems und einer partikulären Lösung $y_{\mathrm{p}}$ des inhomogenen Systems (2.26):

   $$y_{\mathrm{allg}} = y_{\mathrm{h}} + y_{\mathrm{p}}. \tag{2.29}$$

**Partikuläre Lösung des inhomogenen Systems**

5. Eine partikuläre Lösung des inhomogenen Systems (2.26) kann mit der Methode der Variation der Konstanten ermittelt werden. Der Ansatz dafür lautet wie in (2.28) mit der zu berechnenden vektorwertigen Funktion $c(x) = (c_1(x), ..., c_n(x))^\top$

$$y_\text{p} = Y(x)c(x) \quad \text{mit der Ableitung} \quad y_\text{p}' = Y'(x)c(x) + Y(x)c'(x).$$

Einsetzen in die Differenzialgleichung (2.26) ergibt unter Beachtung von $Y'(x) = A(x)Y(x)$ das lineare System von Differenzialgleichungen bezüglich $c(x)$ in der Gestalt

$$Y(x)c'(x) = b(x) \quad \text{mit der Lösung}$$

$$c(x) = \int_{x_0}^{x} Y^{-1}(t)b(t)\,\text{d}t + \bar{c}, \ \bar{c} \in \mathbb{R}^n, \ x_0 \in \mathbb{R},$$

die durch einfache Integration ermittelt wurde. Die allgemeine Lösung der Differenzialgleichung (2.26) ist damit

$$y_\text{allg} = Y(x)\left(\int_{x_0}^{x} Y^{-1}(t)b(t)\,\text{d}t + \bar{c}\right), \ \bar{c} \in \mathbb{R}^n, \ x_0 \in \mathbb{R}. \tag{2.30}$$

---

**Bemerkung 2.31**

Für $x = x_0$ verschwindet das Integral auf der rechten Seite von (2.30), und die verbleibende Gleichung ergibt $y(x_0) = Y(x_0)\bar{c}$ bzw. $\bar{c} = Y^{-1}(x_0)y(x_0)$. Die partikuläre Lösung des linearen Systems von Differenzialgleichungen mit der sogenannten **Anfangsbedingung** $y^0 = y(x_0)$ mit gegebener Stelle $x_0 \in \mathbb{R}$ und gegebenem Vektor von Funktionswerten $y^0 = (y_1(x_0), ..., y_n(x_0))^\top \in \mathbb{R}^n$ ergibt sich daher aus der allgemeinen Lösung (2.30) mit dem Vektor der Konstanten

$$\bar{c} = Y^{-1}(x_0)y^0. \tag{2.31}$$

---

**Allgemeine Lösung eines inhomogenen Systems**

### Beispiel 2.32

Gesucht ist die allgemeine Lösung des Systems der linearen Differenzialgleichungen aus **Beispiel 2.30** mit der rechten Seite $b(x) = (3x^3, 0)^\top$ sowie die partikuläre Lösung $y(x)$ mit der Anfangsbedingung $y(1) = (2, 1)^\top$.

1. Fundamentalsystem des zugehörigen homogenen Systems

$$y' = \begin{pmatrix} 1/x & 2x \\ 0 & 1/x \end{pmatrix} y, \qquad x \neq 0.$$

Die zweite Gleichung im System ist $y_2' = y_2/x$. Sie enthält nur die unbekannte Funktion $y_2$. Die Lösung dieser homogenen linearen Differenzialgleichung 1. Ordnung kann mit der Methode der Trennung der Variablen (siehe **Abschnitt 2.4**) ermittelt werden: $y_2(x) = c_2 x, c_2 \in \mathbb{R}$.
Mit der partikulären Lösung $y_2 = 0$ lautet die erste Gleichung im System $y_1' = y_1/x$. Sie enthält nur die unbekannte Funktion $y_1$ und hat die Lösung $y_1(x) = c_1 x, c_1 \in \mathbb{R}$. Eine partikuläre Lösung ist $y_1 = x$. Damit ist ein erster

Lösungsvektor des Systems $y^1 = (x, 0)^\top$.
Mit der partikulären Lösung $y_2 = x$ lautet die erste Gleichung im System $y_1' = y_1/x + 2x^2$. Die Lösung dieser inhomogenen linearen Differenzialgleichung 1. Ordnung ist $y_1(x) = x^3 + c_1 x, c_2 \in \mathbb{R}$. Eine partikuläre Lösung ist $y_1 = x^3$. Damit ist ein zweiter Lösungsvektor des Systems $y^2 = (x^3, x)^\top$.
Die Lösungen $y^1$ und $y^2$ bilden ein Fundamentalsystem, denn die Wronski-Determinante der Lösungsmatrix

$$Y(x) = \begin{pmatrix} x & x^3 \\ 0 & x \end{pmatrix} \quad \text{ist} \quad W(x) = \det(Y(x)) = x^2 > 0 \quad \text{für} \quad x \neq 0.$$

2. Allgemeine Lösung des inhomogenen Systems
Die Inverse der Lösungsmatrix ist

$$Y^{-1}(x) = \frac{1}{W(x)} \begin{pmatrix} x & -x^3 \\ 0 & x \end{pmatrix} = \frac{1}{x} \begin{pmatrix} 1 & -x^2 \\ 0 & 1 \end{pmatrix}.$$

Damit ergibt sich aus (2.30) die allgemeine Lösung des inhomogenen Systems

$$y_{\text{allg}} = \begin{pmatrix} x & x^3 \\ 0 & x \end{pmatrix} \left( \int_{x_0}^{x} \frac{1}{t} \begin{pmatrix} 1 & -t^2 \\ 0 & 1 \end{pmatrix} \begin{pmatrix} 3t^3 \\ 0 \end{pmatrix} \mathrm{d}t + \begin{pmatrix} \bar{c}_1 \\ \bar{c}_2 \end{pmatrix} \right)$$
$$= \begin{pmatrix} x & x^3 \\ 0 & x \end{pmatrix} \left( \begin{pmatrix} x^3 - x_0^3 \\ 0 \end{pmatrix} + \begin{pmatrix} \bar{c}_1 \\ \bar{c}_2 \end{pmatrix} \right).$$

3. Spezielle Lösung mit der Anfangsbedingung $y(1) = (2, 1)^\top$
Aus (2.31) ergeben sich die Konstanten

$$\begin{pmatrix} \bar{c}_1 \\ \bar{c}_2 \end{pmatrix} = Y^{-1}(1) y(1) = \frac{1}{1} \begin{pmatrix} 1 & -1^2 \\ 0 & 1 \end{pmatrix} \begin{pmatrix} 2 \\ 1 \end{pmatrix} = \begin{pmatrix} 1 \\ 1 \end{pmatrix}$$

und damit die spezielle Lösung

$$y(x) = \begin{pmatrix} x & x^3 \\ 0 & x \end{pmatrix} \left( \begin{pmatrix} x^3 - 1 \\ 0 \end{pmatrix} + \begin{pmatrix} 1 \\ 1 \end{pmatrix} \right) = \begin{pmatrix} x^4 + x^3 \\ x \end{pmatrix}.$$

## 2.7.2 Lineare homogene Systeme 1. Ordnung mit konstanten Koeffizienten

Für Koeffizientenmatrizen $A$, die von $x$ abhängige Koeffizienten enthalten, ist es i. Allg. unmöglich, ein Fundamentalsystem für (2.26) zu konstruieren. Hat die Koeffizientenmatrix $A$ als Elemente reelle Zahlen, d. h., gilt $A = const$, so kann das Fundamentalsystem immer berechnet werden. Dazu werden die Hauptvektoren der Matrix $A$ benötigt.

**Definition 2.33**

Ein Vektor $v \in \mathbb{R}$ heißt **Hauptvektor** der Stufe $l \geq 1$ zum Eigenwert $\lambda$ der Matrix $A \in \mathbb{R}$, wenn gilt

$$(A - \lambda E)^{l-1} v \neq O \quad \text{und} \quad (A - \lambda E)^l v = O. \tag{2.32}$$

**Bemerkung 2.34**

**Eigenvektor**

1. Jeder Eigenvektor $u$ der Matrix $A$ ist ein Hauptvektor der Stufe 1, denn nach Definition eines Eigenvektors $u \neq O$ der Matrix $A$ ist $(A - \lambda E)u = O$. Eigenvektoren zu verschiedenen Eigenwerten sind stets linear unabhängig.

**Diagonalisierbarkeit von $A$**

**2.** Ist die Matrix $A$ diagonalisierbar, d. h., es existiert eine Diagonalmatrix $D$ und eine reguläre Matrix $S$, sodass $A$ als Produkt $A = SDS^{-1}$ darstellbar ist, so existieren keine Hauptvektoren der Stufe $l > 1$, sondern genau $n$ Eigenvektoren. Ein Beispiel dafür sind symmetrische Matrizen.

**3.** Ist $v$ ein Hauptvektor der Stufe $l$ zum Eigenwert $\lambda$, so sind die Hauptvektoren der Stufen $1, ..., l$ linear unabhängig:

$$v,\ (A - \lambda E)v,\ ...,\ (A - \lambda E)^{l-1}v.$$

**Berechnung der Hauptvektoren**

**4.** Die Berechnung der Hauptvektoren kann nach folgendem Schema erfolgen:

1. Bestimmung aller Eigenwerte $\lambda$ und ihrer Vielfachheit
2. Bestimmung aller Eigenvektoren $u$ zum Eigenwert $\lambda$
3. Für mehrfache Eigenwerte $\lambda$ mit weniger Eigenvektoren als seine Vielfachheit wird mithilfe eines Eigenvektors $u$ das System $(A-\lambda E)v^2 = u$ für einen Hauptvektor der Stufe 2, danach $(A-\lambda E)v^k = v^{k-1}$ für einen Hauptvektor der Stufe $k$, $k = 3, 4, ...,$ so lange gelöst, bis die Summe aus der Anzahl aller gefundenen Eigenvektoren und Hauptvektoren zum Eigenwert $\lambda$ gleich seiner Vielfachheit ist.

**Fundamentalsystem**

**5.** Das Fundamentalsystem des Systems $y' = Ay$, bestehend aus $n$ linear unabhängigen Lösungsvektoren, setzt sich wie folgt zusammen:

1. Für jeden Eigenvektor $u$ zum Eigenwert $\lambda$:

$$y(x) = \mathrm{e}^{\lambda x} u. \tag{2.33}$$

2. Für jeden Hauptvektor $v$ der Stufe $l$ zum Eigenwert $\lambda$:

$$y(x) = \mathrm{e}^{\lambda x}\left(v + x(A-\lambda E)v + ... + \frac{x^{l-1}}{(l-1)!}(A-\lambda E)^{l-1}v\right). \tag{2.34}$$

---

**System mit reellen Eigenwerten der Koeffizientenmatrix**

## Beispiel 2.35

Die allgemeine Lösung des homogenen linearen Systems von Differenzialgleichungen 1. Ordnung mit konstanten Koeffizienten ist anzugeben:

$$y' = \begin{pmatrix} 0 & 1 & -1 \\ -2 & 3 & -1 \\ -1 & 1 & 1 \end{pmatrix} y.$$

**1.** Bestimmung der Eigenwerte und ihrer Vielfachheit
Die charakteristische Gleichung

$$|A - \lambda E| = \begin{vmatrix} -\lambda & 1 & -1 \\ -2 & 3-\lambda & -1 \\ -1 & 1 & 1-\lambda \end{vmatrix} = -\lambda^3 + 4\lambda^2 - 5\lambda + 2 = 0$$

hat die reellen Lösungen
$\lambda_1 = 2$ mit der Vielfachheit 1 und $\lambda_2 = 1$ mit der Vielfachheit 2.

2. Bestimmung der Eigenvektoren

Das Gleichungssystem für einen Eigenvektor $u^1$ zum Eigenwert $\lambda_1 = 2$

$$\begin{pmatrix} -2 & 1 & -1 \\ -2 & 1 & -1 \\ -1 & 1 & -1 \end{pmatrix} u^1 = \begin{pmatrix} 0 \\ 0 \\ 0 \end{pmatrix} \quad \text{hat die Lösung} \quad u^1 = t \begin{pmatrix} 0 \\ 1 \\ 1 \end{pmatrix}, \ t \in \{\mathbb{R}\backslash 0\}.$$

Für $t = 1$ ergibt sich der Eigenvektor $u^1 = (0, 1, 1)^\top$.

Das Gleichungssystem für einen Eigenvektor $u^2$ zum Eigenwert $\lambda_2 = 1$

$$\begin{pmatrix} -1 & 1 & -1 \\ -2 & 2 & -1 \\ -1 & 1 & 0 \end{pmatrix} u^2 = \begin{pmatrix} 0 \\ 0 \\ 0 \end{pmatrix} \quad \text{hat die Lösung} \quad u^2 = t \begin{pmatrix} 1 \\ 1 \\ 0 \end{pmatrix}, \ t \in \{\mathbb{R}\backslash 0\}.$$

Für $t = 1$ ergibt sich der Eigenvektor $u^2 = (1, 1, 0)^\top$.

3. Bestimmung eines Hauptvektors zum Eigenwert $\lambda_2 = 1$

Da $\lambda_2 = 1$ ein zweifacher Eigenwert ist, dem aber nur ein Eigenvektor entspricht, wird ein Hauptvektor 2. Stufe benötigt, der aus der Lösung des Gleichungssystems $(A - \lambda_2 E)v^2 = u^2$ bestimmt wird. Das Gleichungssystem für einen Hauptvektor $v^2$ zum Eigenwert $\lambda_2 = 1$

$$\begin{pmatrix} -1 & 1 & -1 \\ -2 & 2 & -1 \\ -1 & 1 & 0 \end{pmatrix} v^2 = \begin{pmatrix} 1 \\ 1 \\ 0 \end{pmatrix} \quad \text{hat die Lösung} \quad v^2 = t \begin{pmatrix} 1 \\ 1 \\ 0 \end{pmatrix} + \begin{pmatrix} 0 \\ 0 \\ -1 \end{pmatrix}, \ t \in \mathbb{R}.$$

Für $t = 0$ ergibt sich der Hauptvektor $v^2 = (0, 0, -1)^\top$.

4. Fundamentalsystem und allgemeine Lösung

Die Lösungen zu den Eigenvektoren $u^1$ und $u^2$ sind mit (2.33)

$$y^1(x) = \mathrm{e}^{\lambda_1 x} u^1 = \mathrm{e}^{2x} \begin{pmatrix} 0 \\ 1 \\ 1 \end{pmatrix}, \qquad y^2(x) = \mathrm{e}^{\lambda_2 x} u^2 = \mathrm{e}^{x} \begin{pmatrix} 1 \\ 1 \\ 0 \end{pmatrix}.$$

Die Lösung zum Hauptvektor $v^2$ ist mit (2.34)

$$y^3(x) = \mathrm{e}^{\lambda_2 x}\left(v^2 + x(A - \lambda_2 E)v^2\right) = \mathrm{e}^{x}\left(v^2 + xu^2\right) = \mathrm{e}^{x}\left(\begin{pmatrix} 0 \\ 0 \\ -1 \end{pmatrix} + x \begin{pmatrix} 1 \\ 1 \\ 0 \end{pmatrix}\right).$$

Die allgemeine Lösung des Systems ist

$y_{\text{h}} = c_1 y^1(x) + c_2 y^2(x) + c_3 y^3(x)$, $c_1, c_2, c_3 \in \mathbb{R}$.

---

## Beispiel 2.36

**System mit komplexen Eigenwerten der Koeffizientenmatrix**

Die allgemeine Lösung des homogenen linearen Systems von Differenzialgleichungen 1. Ordnung mit konstanten Koeffizienten ist anzugeben:

$$y' = \begin{pmatrix} 0 & 2 & 0 \\ 0 & 0 & 2 \\ -1 & 1 & 0 \end{pmatrix} y.$$

1. Bestimmung der Eigenwerte und ihrer Vielfachheit

Die charakteristische Gleichung

$$|A - \lambda E| = \begin{vmatrix} -\lambda & 2 & 0 \\ 0 & -\lambda & 2 \\ -1 & 1 & -\lambda \end{vmatrix} = -\lambda^3 + 2\lambda - 4 = 0$$

hat den reellen Eigenwert $\lambda_1 = -2$ und die konjugiert komplexen Eigenwerte $\lambda_{2/3} = 1 \pm i$. Alle Eigenwerte haben die Vielfachheit 1.

**2.** Bestimmung der Eigenvektoren
Das Gleichungssystem für einen Eigenvektor $u^1$ zum Eigenwert $\lambda_1 = -2$

$$\begin{pmatrix} 2 & 2 & 0 \\ 0 & 2 & 2 \\ -1 & 1 & 2 \end{pmatrix} u^1 = \begin{pmatrix} 0 \\ 0 \\ 0 \end{pmatrix} \quad \text{hat die Lösung} \quad u^1 = t \begin{pmatrix} 1 \\ -1 \\ 1 \end{pmatrix}, \; t \in \{\mathbb{R}\backslash 0\}.$$

Für $t = 1$ ergibt sich der Eigenvektor $u^1 = (1, -1, 1)^\top$.
Das Gleichungssystem für einen Eigenvektor $u^2$ zum Eigenwert $\lambda_2 = 1 + i$

$$\begin{pmatrix} -(1+i) & 2 & 0 \\ 0 & -(1+i) & 2 \\ -1 & 1 & -(1+i) \end{pmatrix} u^2 = \begin{pmatrix} 0 \\ 0 \\ 0 \end{pmatrix} \text{ hat die Lösung } u^2 = t \begin{pmatrix} -2i \\ 1-i \\ 1 \end{pmatrix}, \; t \in \{\mathbb{C}\backslash 0\}.$$

Für $t = 1$ ergibt sich der Eigenvektor $u^2 = (-2i, 1 - i, 1)^\top$.

**3.** Fundamentalsystem und allgemeine Lösung
Die Lösungen zu den Eigenvektoren $u^1$ und $u^2$ sind mit (2.33)

$$y^1(x) = \mathrm{e}^{\lambda_1 x} u^1 = \mathrm{e}^{-2x} \begin{pmatrix} 1 \\ -1 \\ 1 \end{pmatrix} \quad \text{und} \quad y^2(x) = \mathrm{e}^{\lambda_2 x} u^2 = \mathrm{e}^{(1+i)x} \begin{pmatrix} -2i \\ 1-i \\ 1 \end{pmatrix}.$$

Die Lösung $y^2$ ist komplex. Real- und Imaginärteil von $y^2$ sind zwei reelle, linear unabhängige Lösungen des Fundamentalsystems. Mit der Euler-Gleichung (2.19) und anschließendem Ausmultiplizieren ergibt sich

$$y^2(x) = \mathrm{e}^x(\cos x + i \sin x) \left( \begin{pmatrix} 0 \\ 1 \\ 1 \end{pmatrix} + i \begin{pmatrix} -2 \\ -1 \\ 0 \end{pmatrix} \right) = y^2_{\mathrm{Re}}(x) + i y^2_{\mathrm{Im}}(x) \text{ mit}$$

$$y^2_{\mathrm{Re}}(x) = \mathrm{e}^x \left( \sin x \begin{pmatrix} 2 \\ 1 \\ 0 \end{pmatrix} + \cos x \begin{pmatrix} 0 \\ 1 \\ 1 \end{pmatrix} \right), \; y^2_{\mathrm{Im}}(x) = \mathrm{e}^x \left( \sin x \begin{pmatrix} 0 \\ 0 \\ 1 \end{pmatrix} - \cos x \begin{pmatrix} 2 \\ 1 \\ 0 \end{pmatrix} \right).$$

Das Fundamentalsystem besteht aus den drei Lösungen $y^1(x)$, $y^2_{\mathrm{Re}}(x)$ und $y^2_{\mathrm{Im}}(x)$. Die allgemeine Lösung des Systems ist
$y_\mathrm{h} = c_1 y^1(x) + c_2 y^2_{\mathrm{Re}}(x) + c_3 y^2_{\mathrm{Im}}(x)$, $c_1, c_2, c_3 \in \mathbb{R}$.

---

**Bemerkung 2.37** Eine partikuläre Lösung inhomogener Systeme von linearen Differenzialgleichungen 1. Ordnung mit konstanten Koeffizienten kann mit der Methode der Variation der Konstanten ermittelt werden.

---

## 2.8 Anwendungen an Beispielen

### 2.8.1 Mechanische Schwingung

**Ausgangssituation**

Gegeben ist ein Feder-Masse-System mit der Federkonstanten $k = 1$ und der Masse $m = 1$ (siehe **Bild 2.8**). Das System sei geschwindigkeitsgedämpft: Die Dämpfungskraft ist proportional zur Geschwindigkeit mit dem Proportionalitätsfaktor $\alpha = -1$. Ferner wirke auf das System eine Kraft von der Form $f(t) = \cos t$. Bestimmt werden soll das Weg-Zeit-Gesetz $x(t)$ des Systems, das angibt, an welcher Stelle $x$ sich die Masse $m$ zum Zeitpunkt $t > 0$ befindet.

**Lösungsweg**

Sei $x_0$ die Auslenkung der Masse $m$ infolge der Gewichtskraft $F_G = mg$. Die äußere Kraft $f(t) = \cos t$ wirkt *in* Richtung der Gewichtskraft $F_G$.

In *entgegengesetzte* Richtung wirkt einerseits die Federkraft $F_F$, die nach dem **Gesetz von Hooke** proportional zur Auslenkung $x_0 + x$ ist: $F_F = k(x_0 + x)$. Andererseits wirkt in *entgegengesetzte* Richtung auch die Dämpfungskraft $F_D$, die, wie in der Aufgabe angegeben, proportional zur Geschwindigkeit $\dot{x}(t)$ ist: $F_D = \alpha\dot{x}(t)$ (die entgegengesetzte Richtung wird durch $\alpha < 0$ berücksichtigt).

**Herleitung der Differenzialgleichung**

Die Masse $m$ befindet sich in Bewegung, d. h., nach dem **zweiten Axiom von Newton** ist die infolgedessen auf sie wirkende Gesamtkraft $F$ gleich dem Produkt aus der Masse $m$ und ihrer Beschleunigung. Als Kräftebilanz ergibt sich damit die Gleichung

$$F = F_G + f(t) - F_F + F_D$$

bzw. mit Berücksichtigung der gegeben Größen

$$F = m\,\ddot{x}(t) = mg + f(t) - k(x_0 + x) + \alpha\dot{x}(t). \tag{2.35}$$

Wird noch beachtet, dass die Auslenkung der Masse infolge ihrer Gewichtskraft die Ruhelage ergibt, d. h., dass die Masse durch die Feder im Gleichgewicht gehalten wird, so folgt $kx_0 = mg$ und damit aus (2.35)

$$m\ddot{x} - \alpha\dot{x} + kx = f(t). \tag{2.36}$$

Das ist eine inhomogene gewöhnliche Differenzialgleichung 2. Ordnung für die gesuchte Funktion $x$. Dazu gehören außerdem die *Anfangsbedingungen*

$$x(0) = 0 \quad \text{und} \quad \dot{x}(0) = 0. \tag{2.37}$$

Die erste Anfangsbedingung besagt, dass keine Abweichung $x$ von der Ruhelage zu Beginn der Bewegung vorhanden war. Die zweite besagt, dass die Masse zu Beginn der Bewegung keine Geschwindigkeit hatte.

**Robert Hooke**
(* 18. Juli 1635 auf der Isle of Wight, † 3. März 1703 in London)

englischer Physiker, Mathematiker und Erfinder, Professor für Geometrie in Oxford, Mitglied der Royal Society

Fundamentalgesetze der Festkörpermechanik, Wegbereiter der mikroskopischen Forschung, Entdecker der Zellen in Pflanzen, Analyse des Wesens der Verbrennung, Bau eines optischen Telegraphen, Federunruh zur Regelung von Uhren, Architekt von London, Entwurf von Gebäuden

*hier: Federkraft*

Mit $m = 1$, $k = 1$, $\alpha = -1$ und $f(t) = \cos t$ ergibt sich aus (2.36) die Gleichung

$$\ddot{x} + \dot{x} + x = \cos t. \tag{2.38}$$

**Lösung der Differenzialgleichung**
**Homogene Differenzialgleichung**

Zuerst wird die allgemeine Lösung $x_{\mathrm{h}}$ der zugehörigen homogenen Differenzialgleichung

$$\ddot{x} + \dot{x} + x = 0 \tag{2.39}$$

gesucht. Ihre charakteristische Gleichung $\lambda^2 + \lambda + 1 = 0$ hat die komplexen Lösungen $\lambda_{1,2} = -1/2 \pm \sqrt{3}i/2$. Die allgemeine Lösung $x_{\mathrm{h}}$ von (2.39) lautet daher

$$x_{\mathrm{h}}(t) = \mathrm{e}^{-t/2}\left(c_1 \cos(\sqrt{3}t/2) + c_2 \sin(\sqrt{3}t/2)\right). \tag{2.40}$$

**Partikuläre Lösung**

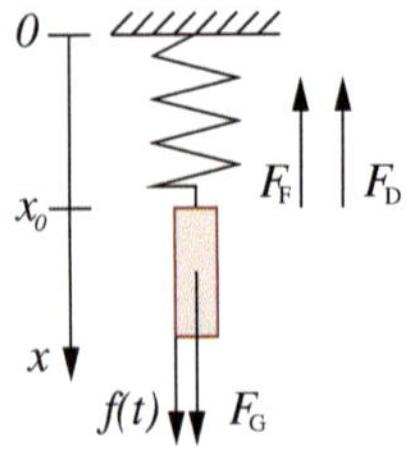

Um eine partikuläre Lösung $x_{\mathrm{p}}$ der inhomogenen Gleichung (2.38) zu finden, wird gemäß **Abschnitt 2.6.4** der Ansatz in der Gestalt von (2.40) gewählt:

$$x_{\mathrm{p}}(t) = A \cos t + B \sin t. \tag{2.41}$$

**Bild 2.8** Feder-Masse-Schwinger

Einsetzen des Ansatzes (2.41) zusammen mit seiner ersten und zweiten Ableitung

$$\dot{x}_{\mathrm{p}}(t) = -A \sin t + B \cos t \qquad \text{und} \qquad \ddot{x}_{\mathrm{p}}(t) = -A \cos t - B \sin t$$

in die Gleichung (2.38) ergibt $A = 0$ und $B = 1$. Damit ist

$$x_{\mathrm{p}}(t) = \sin t. \tag{2.42}$$

**Allgemeine Lösung**

Die allgemeine Lösung der Gleichung (2.38) ist die Summe der allgemeinen Lösung $x_{\mathrm{h}}$ der zugehörigen homogenen Gleichung (2.39) und ihrer partikulären Lösung $x_{\mathrm{p}}$. Mit (2.40) und (2.42) ist daher

$$x(t) = \mathrm{e}^{-t/2}\left(c_1 \cos(\sqrt{3}t/2) + c_2 \sin(\sqrt{3}t/2)\right) + \sin t. \tag{2.43}$$

**Anfangsbedingungen**

Mit den Anfangsbedingungen (2.37) werden die Konstanten $c_1$ und $c_2$ bestimmt. Wird in die Lösung (2.43) $t{=}0$ eingesetzt, so folgt unmittelbar $c_1{=}0$. Wird der verbleibende Term $x(t) = \mathrm{e}^{-t/2} c_2 \sin(\sqrt{3}t/2) + \sin t$ nach $t$ abgeleitet und danach wieder $t = 0$ eingesetzt, so ergibt sich $c_2 = -2/\sqrt{3}$.

**Ergebnis**

Damit ist das gesuchte Bewegungsgesetz

$$x(t) = -2/\sqrt{3}\mathrm{e}^{-t/2} \sin(\sqrt{3}t/2) + \sin t.$$

### 2.8.2 Ausströmgeschwindigkeit einer Flüssigkeit

**Ausgangssituation**

Ein zylindrischer Wasserbehälter mit dem Radius $R$ des Grundkreises ist bis zur Höhe $h_0$ gefüllt und entleert sich durch ein kreisförmiges Loch mit dem Radius $r$ unter dem Einfluss der Schwerkraft (siehe **Bild 2.9**). Berechnet werden soll die Höhe $h$ des Wasserstandes in Abhängigkeit von der Zeit $t$.

**Lösungsweg**

**Herleitung der Differenzialgleichung**

Zur Herleitung einer Gleichung für den Wasserstand $h(t)$ zum Zeitpunkt $t$ dient die Überlegung, dass das Volumen $V_1$ des im Zeitintervall $dt$ durch das Loch ausfließenden Wassers gleich dem Volumen $V_2$ des im selben Zeitraum aus dem Behälter entwichenen Wassers ist. Ist die Ausströmgeschwindigkeit des Wassers durch das Loch zum Zeitpunkt $t$ gleich $v(t)$, so fließt im Zeitraum $dt$ die zylindrische Wassersäule mit dem Radius $r$ des Grundkreises und der Höhe $v(t)dt$ aus. Nach dem **Gesetz von Torricelli** ist die Ausströmgeschwindigkeit von der Höhe der sich darüber befindenden Wassersäule $h(t)$ abhängig: $v(t) = \sqrt{2gh(t)}$, wobei $g$ die Erdbeschleunigung bedeutet. Damit ist

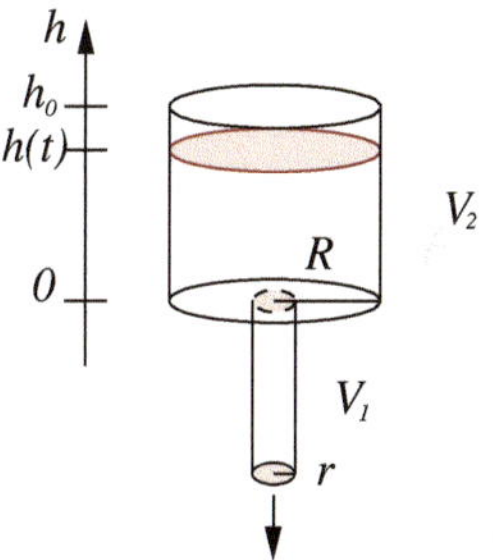


**Bild 2.9** Wasserbehälter

$$V_1 = \pi r^2 v(t)dt = \pi r^2 \sqrt{2gh(t)}dt. \qquad (2.44)$$

Die Geschwindigkeit des Wasserspiegelstandes $h$ im Wasserbehälter ist seine Ableitung nach der Zeit $\dot{h}$. Damit ist die Höhe der im Zeitraum $dt$ aus dem Behälter entwichenen zylindrischen Wassersäule gleich $\dot{h}dt$, ihr Radius des Grundkreises ist $R$. Damit ist

$$V_2 = \pi R^2 \dot{h}(t)dt. \qquad (2.45)$$

Gleichsetzen der Gleichungen (2.44) und (2.45) liefert die Differenzialgleichung 1. Ordnung bezüglich der gesuchten Funktion $h$:

**Evangelista Torricelli**
(* 25. Oktober 1608 in Faenza, † 25. Oktober 1647 in Florenz)

italienischer Mathematiker, Physiker und Astronom, Hofmathematiker unter Ferdinand II der Toscana

Arbeiten zur räumlichen Geometrie, Untersuchung des Vakuums und Bau des Barometers, Prinzip der Hydraulik, Astronomische Untersuchungen

*hier: Flüssigkeitsprinzip von Torricelli*

$$\dot{h} = k\sqrt{h} \quad \text{mit der Konstanten} \quad k = \frac{r^2}{R^2}\sqrt{2g}. \qquad (2.46)$$

Dazu gehört die *Anfangsbedingung*

$$h(0) = h_0, \qquad (2.47)$$

die gemäß der Aufgabenstellung besagt, dass die Höhe des Wasserstandes zu Beginn (Zeitpunkt $t = 0$) gleich $h_0$ war.

**Lösung der Differenzialgleichung**

**Allgemeine Lösung**

Zuerst wird die allgemeine Lösung der Gleichung (2.46) ermittelt. Mit der Methode der Trennung der Variablen (siehe **Abschnitt 2.4**) folgt

$$\frac{dh}{\sqrt{h}} = k\,dt$$

und nach Integration

$$h(t) = \left(\frac{kt}{2} + c\right)^2, \; c \in \mathbb{R}. \qquad (2.48)$$

**Anfangsbedingung**

Die Anfangsbedingung (2.47) wird zur Bestimmung der Konstanten $c$ verwendet. Einsetzen von $t = 0$ in die allgemeine Lösung (2.48) ergibt $h_0 = c^2$ bzw. $c = \pm\sqrt{h_0}$. Dabei kommt $c = \sqrt{h_0}$ nicht in Frage, da andernfalls die Funktion $h$ monoton steigend wäre, was physikalisch nicht möglich ist.

**Ergebnis**

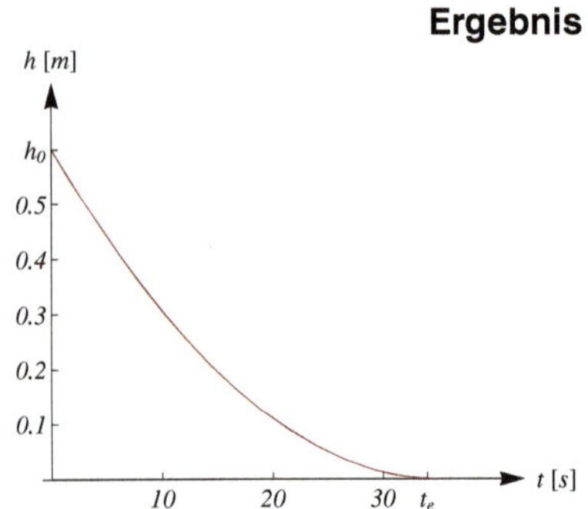


**Bild 2.10** Funktion $h(t)$ für $r = 0.05$, $R = 0.5$, $h_0 = 0.6$ [m]

Die gesuchte Funktion des Wasserstandes in Abhängigkeit von der Zeit ist damit

$$h(t) = \left(\frac{r^2}{R^2}\sqrt{\frac{g}{2}}t - \sqrt{h_0}\right)^2, \quad t > 0. \tag{2.49}$$

Hierbei gilt $h(t) \geq 0$, d. h., für die Zeit $t$ ergibt sich mit (2.49)

$$0 \leq t \leq \frac{R^2}{r^2}\sqrt{\frac{2h_0}{g}}.$$

Für $h(t) = 0$, d. h., zum Zeitpunkt $t_e = \frac{R^2}{r^2}\sqrt{\frac{2h_0}{g}}$, ist der Behälter leer. Die Funktion $h$ ist für $r = 0.05$, $R = 0.5$, $h_0 = 0.6$ [m] in **Bild 2.10** dargestellt.

### 2.8.3 Gleichung einer Seilkurve

**Ausgangssituation**

Bestimmt werden soll die Gleichung der Seilkurve eines an zwei Punkten $A$ und $B$ befestigten frei hängenden Seiles, das nur durch sein Eigengewicht (konstante Streckenlast $q$) belastet wird, bei einer Spannweite $l$ (siehe **Bild 2.11**). Die Höhe der Aufhängung im Punkt $B$ unterscheidet sich dabei gegenüber der im Punkt $A$ um $h$.

**Lösungsweg**

**Herleitung der Differenzialgleichung**

Zur Herleitung einer Gleichung für die Abweichung $y(x)$ des Seiles an der Stelle $x$ von der Nulllage wird ein inkrementell kleines Seilelement der Länge $\mathrm{d}x$ betrachtet, das an der Stelle $x+\mathrm{d}x$ die Abweichung $y+\mathrm{d}y$ aufweist (siehe **Bild 2.12**). Am linken Ende dieses Seilelementes tritt dabei die Seilkraft $S = (H, V)^\top$ und am rechten Seilende die Seilkraft $(S + dS) = (H + \mathrm{d}H, V + \mathrm{d}V)^\top$ auf. Da das Seil in Ruhe befindlich ist, gelten folgende Kräfte- und Momentenbilanzen:

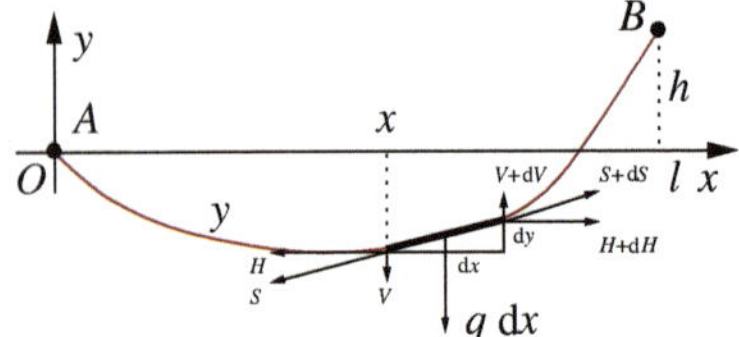


**Bild 2.11** Seilkurve

$$-H + (H + \mathrm{d}H) = 0, \tag{2.50}$$

$$-V + (V + \mathrm{d}V) - q\mathrm{d}x = 0, \tag{2.51}$$

$$(V + \mathrm{d}V)\mathrm{d}x - q\,\mathrm{d}x\frac{\mathrm{d}x}{2} - (H + \mathrm{d}H)\mathrm{d}y = 0. \tag{2.52}$$

Gleichung (2.52) drückt das Momentengleichgewicht bezüglich des linken Endes des Seilelementes aus. Aus Gleichung (2.50) folgt unmittelbar $\mathrm{d}H = 0$, d. h., konstanter Horizontalzug. Aus Gleichung (2.51) ergibt sich

$$V' = q. \tag{2.53}$$

Wenn in Gleichung (2.52) die Glieder zweiter Ordnung $\mathrm{d}V\mathrm{d}x$, $q(\mathrm{d}x)^2/2$ und $\mathrm{d}H\mathrm{d}y$ vernachlässigt werden, verbleibt in linearer Näherung

$$V = Hy'. \tag{2.54}$$

Wird Gleichung (2.54) nach $x$ differenziert und darin Gleichung (2.53) eingesetzt, so folgt als Bestimmungsgleichung für die gesuchte Funktion $y$ die Differenzialgleichung 2. Ordnung mit konstanten Koeffizienten

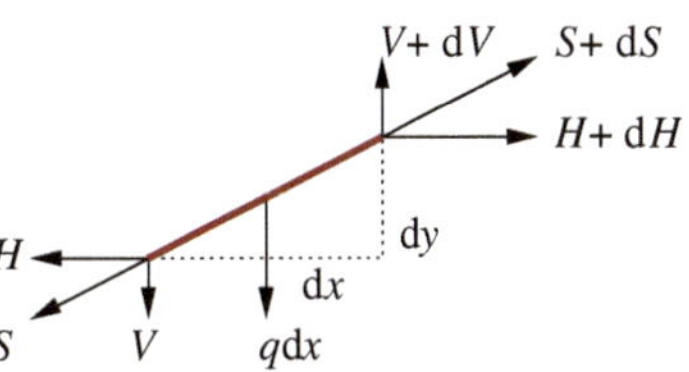

**Bild 2.12** Seilelement

$$y'' = \frac{q}{H}. \tag{2.55}$$

Dazu gehören die *Randbedingungen*

$$y(0) = 0 \qquad \text{und} \qquad y(l) = h. \tag{2.56}$$

**Lösung der Differenzialgleichung**
**Homogene Differenzialgleichung**

Zuerst wird wieder die allgemeine Lösung der Gleichung (2.55) gesucht. Die charakteristische Gleichung ihrer zugehörigen homogenen Differenzialgleichung $Hy'' = 0$ lautet $H\lambda^2 = 0$. Sie hat die doppelte Lösung $\lambda_{1,2} = 0$. Damit ist die allgemeine Lösung $y_\mathrm{h}$ der zugehörigen homogenen Differenzialgleichung (siehe **Abschnitt 2.6.2**)

$$y_\mathrm{h}(x) = c_1\mathrm{e}^0 + xc_2\mathrm{e}^0 = c_1 + c_2x. \tag{2.57}$$

**Partikuläre Lösung**

Da die Ansatzmethode zum Auffinden einer partikulären Lösung der Gleichung (2.55) versagt (die rechte Seite $q/H$ ist bereits in der allgemeinen Lösung (2.57) der zugehörigen homogenen Differenzialgleichung enthalten), wird die Methode der Variation der Konstanten (siehe **Abschnitt 2.6.4**) gewählt. Der Ansatz für $y_\mathrm{p}$ lautet

$$y_\mathrm{p}(x) = c_1(x) + c_2(x)x.$$

Aus dem Gleichungssystem bezüglich der Ableitungen der gesuchten Funktionen $c_1$ und $c_2$

$$\begin{pmatrix} 1 & x \\ 0 & 1 \end{pmatrix} \begin{pmatrix} c_1'(x) \\ c_2'(x) \end{pmatrix} = \begin{pmatrix} 0 \\ q/H \end{pmatrix}$$

folgt

$$c_2'(x) = \frac{q}{H}, \quad \text{d. h.,} \quad c_2(x) = \frac{q}{H}x,$$
$$c_1'(x) = -\frac{q}{H}x, \quad \text{d. h.,} \quad c_1(x) = -\frac{q}{2H}x^2.$$

Die partikuläre Lösung $y_\mathrm{p}$ der Gleichung (2.55) ergibt sich aus dem Ansatz (2.57) zu

$$y_\mathrm{p} = qx^2/(2H).$$

**Allgemeine Lösung**

Die allgemeine Lösung der Gleichung (2.55) ist damit

$$y(x) = c_1 + c_2 x + \frac{q}{2H} x^2. \tag{2.58}$$

**Randbedingungen**

Die Konstanten $c_1$ und $c_2$ werden mit den Randbedingungen (2.56) bestimmt. Für $x = 0$ folgt unmittelbar $c_1 = 0$. Wird danach $x = l$ in Gleichung (2.58) eingesetzt, so folgt $c_2 = h/l - ql/(2H)$.

**Ergebnis**

Die gesuchte Gleichung der Seilkurve lautet damit

$$y(x) = \frac{h}{l} x + \frac{q}{2H} x(x - l). \tag{2.59}$$

**Bemerkung:**

1. Die Gleichung (2.58) kann aus der Differenzialgleichung (2.55) auch durch unmittelbare zweifache unbestimmte Integration gewonnen werden. Als Bestimmungsgleichung enthält (2.55) lediglich die zweite Ableitung der unbekannten Funktion $y$.
2. Zur Bestimmung des noch unbekannten Horizontalzuges $H$ in Gleichung (2.59) kann z. B. die Vorgabe der Länge $L$ des Seiles verwendet werden. Mit dem Integral zur Berechnung der Bogenlänge (siehe z. B. [3], [30])

   $$L = \int_0^l \sqrt{1 + (y'(x))^2}\, \mathrm{d}x$$

   folgt nach Einsetzen von (2.59) eine nichtlineare Gleichung zur Bestimmung des Horizontalzuges $H$, die mit einem numerischen Verfahren gelöst werden kann (siehe [4]).

### 2.8.4 Knickkraft nach Euler

**Ausgangssituation**

Betrachtet wird ein im Punkt $A$ gelenkig gelagerter Stab der Länge $l$, auf den an seinem ebenfalls gelenkig gelagerten Ende $B$ eine Druckbelastung $F$ einwirkt (siehe **Bild 2.13**). Infolge dieser Last kann sich der Stab verbiegen. Gesucht ist die **Knickkraft nach Euler** $F_\mathrm{K}$, bei der das seitliche Ausknicken des Stabes erstmalig einsetzt.

**Lösungsweg**

**Herleitung der Differenzialgleichung**

Zur Herleitung einer Gleichung für die mögliche Durchbiegung $w(x)$ des Stabes an der Stelle $x$ wird das Biegemoment im ausgelenkten Punkt $X$ bezüglich des Punktes $A$ ermittelt. Es ist

$$M = F\,w(x). \tag{2.60}$$

Die Differenzialgleichung der Biegelinie $w(x)$ lautet andererseits (siehe **Abschnitt 2.8.5**)

$$EIw''(x) = -M, \tag{2.61}$$

wobei $E$ der Elastizitätsmodul und $I$ das Trägheitsmoment des Querschnittes des Stabes sind. Beide werden hier als konstant vorausgesetzt. Aus den Gleichungen (2.60) und (2.61) ergibt sich die Differenzialgleichung für die Durchbiegung $w(x)$

$$EIw'' = -F\,w$$

bzw. mit der Konstanten $k^2 = F/(EI)$

$$w'' + k^2 w = 0. \tag{2.62}$$

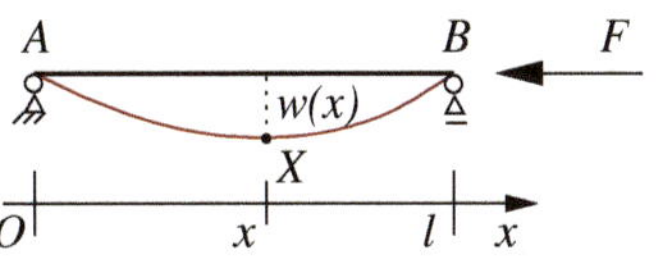


**Bild 2.13** Zur Knickkraft nach Euler

Wegen der gelenkigen Lagerung in den Punkten $A$ und $B$ gehören dazu die *Randbedingungen*

$$w(0) = 0 \quad \text{und} \quad w(l) = 0. \tag{2.63}$$

**Lösung der Differenzialgleichung**

Gleichung (2.62) ist eine homogene Differenzialgleichung mit konstanten Koeffizienten. Ihre charakteristische Gleichung (siehe **Abschnitt 2.6.2**) $\lambda^2 + k^2 = 0$ hat die komplexen Lösungen $\lambda_{1,2} = \pm ki$. Damit ist die allgemeine Lösung der Gleichung (2.62)

$$w(x) = c_1 \cos kx + c_2 \sin kx. \tag{2.64}$$

**Randbedingungen**

Die Konstanten $c_1$ und $c_2$ werden mit den Randbedingungen (2.63) bestimmt. Wird $x = 0$ in Gleichung (2.64) eingesetzt, so folgt unmittelbar $c_1 = 0$. Wird danach $x = l$ in Gleichung (2.64) eingesetzt, so ergibt sich die Gleichung

$$c_2 \sin kl = 0.$$

Eine von null verschiedene Lösung für $c_2$ (und damit eine Durchbiegung des Stabes) ist folglich nur dann möglich, wenn $\sin kl = 0$ ist. Das bedeutet

$$kl = n\pi, \quad n = 0, \pm 1, \pm 2, \ldots .$$

**Ergebnis**

Die Kraft, für die erstmalig eine Durchbiegung des Stabes eintritt, ergibt sich für $n = 1$. Damit ist $k = \pi/l$, und die Knickkraft nach Euler $F_K$ beträgt wegen $k^2 = F/(EI)$

$$F_K = \frac{\pi^2}{l^2} EI.$$

Die Gleichung der zugehörigen Biegelinie ist mit Gleichung (2.64)

$$w(x) = c_2 \sin \frac{\pi}{l} x.$$

Damit ist es lediglich möglich, die Form des gebogenen Stabes zu bestimmen, nicht aber seine tatsächliche Durchbiegung.

## 2.8.5 Biegelinie eines Balkens

**Ausgangssituation**

Gesucht ist die Gleichung der Biegelinie eines beidseits gelenkig gelagerten Balkens der Länge $l$, der durch die konstante Streckenkast $q(x) = q_0$ belastet ist (siehe **Bild 2.14**).

**Lösungsweg**

**Belastung und Biegemoment**

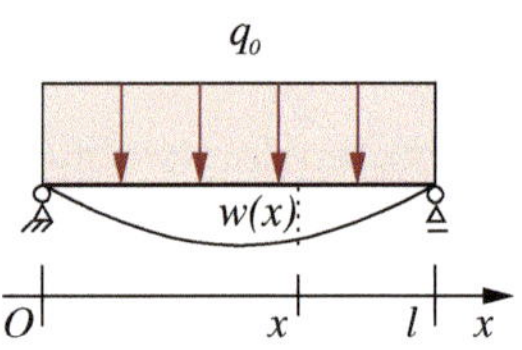


**Bild 2.14** Belasteter Balken

Die Biegelinie eines Balkens ist die Balkenachse nach der Verformung des Balkens infolge seiner Belastung. Bei ihrer Herleitung soll die Belastungsfunktion $q(x)$ zunächst beliebig sein. Ist $V(x)$ die Querkraft im Balkenquerschnitt an der Stelle $x$ und $V + \mathrm{d}V$ die Querkraft an der Stelle $x + \mathrm{d}x$, so liefert das Kräftegleichgewicht des in Ruhe befindlichen Balkenelementes der Länge $\mathrm{d}x$ (siehe **Bild 2.15**) die Gleichung

$$V - q\,\mathrm{d}x - (V + \mathrm{d}V) = 0.$$

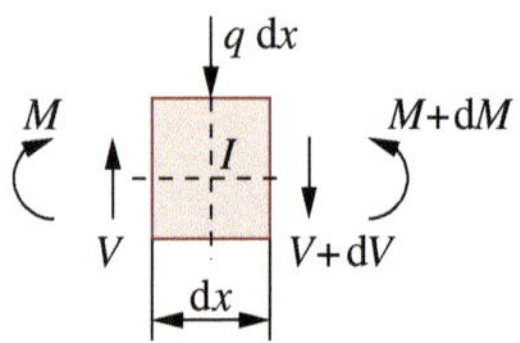


**Bild 2.15** Kräfte und Momente am Balkenelement

Das Momentengleichgewicht bezüglich des Schwerpunktes $I$ ergibt die Gleichung

$$-M - V\frac{\mathrm{d}x}{2} - (V + \mathrm{d}V)\frac{\mathrm{d}x}{2} + M + dM = 0.$$

Mit Vernachlässigung des Gliedes zweiter Ordnung $\mathrm{d}V\mathrm{d}x/2$ ergeben sich nach dem Grenzübergang $\mathrm{d}x \longrightarrow 0$ die Gleichungen

$$V' = -q(x) \quad \text{und} \quad M' = V(x)$$

bzw. nach Differenzieren der zweiten Gleichung nach $x$ und anschließendem Einsetzen der ersten Gleichung

$$M'' = -q(x). \tag{2.65}$$

Das ist eine Differenzialgleichung 2. Ordnung für die Biegemomentenfunktion $M$.

**Biegemoment und Durchbiegung**

Jetzt wird ein Zusammenhang zwischen dem Biegemoment $M(x)$ und der Durchbiegung $w(x)$ an der Stelle $x$ abgeleitet. Nach der **Hypothese von Bernoulli** bleiben die vor der Verformung zur Balkenachse senkrechten Querschnitte bei der Biegung eben. Die Dehnung $\varepsilon$ in $x$-Richtung im Balkenquerschnitt ist in $y$-Richtung konstant und daher nur von der Position $z$ bezüglich der Balkenachse abhängig. Mit der Krümmung $\kappa$ der Biegelinie ist

$$\varepsilon = -\kappa z.$$

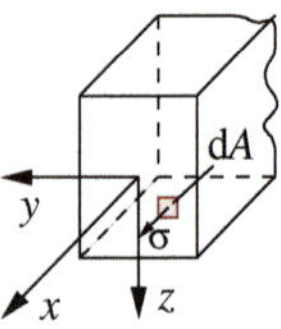


**Bild 2.16** Spannung im Balkenquerschnitt

Nach dem **Gesetz von Hooke** zur Proportionalität von Spannung $\sigma$ und Dehnung $\varepsilon$ mit dem Proportionalitätsfaktor $E$ (Elastizitätsmodul) $\sigma = E\varepsilon$ ergibt sich die Spannungsverteilung im Balkenquerschnitt $A$ (siehe **Bild 2.16**)

$$\sigma = -E\kappa z. \tag{2.66}$$

Das Biegemoment ist unter Berücksichtigung von Gleichung (2.66)

$$M = \int_A z\sigma \, \mathrm{d}A = -E\kappa \int_A z^2 \, \mathrm{d}A = -EI\kappa. \tag{2.67}$$

$I$ ist das Flächenmoment 2. Grades des Balkenquerschnittes. Für kleine Verformungen wird $w'(x) \ll 1$ angenommen, sodass sich für die Krümmung $\kappa(x)$ der Biegelinie an der Stelle $x$

$$\kappa(x) = \frac{w''(x)}{\sqrt{(1 + w'(x)^2)^3}} \approx w''(x) \tag{2.68}$$

ergibt. Aus Gleichung (2.67) folgt mit Gleichung (2.68) der gesuchte Zusammenhang zwischen Durchbiegung und Biegemoment

$$w''(x) = -\frac{M(x)}{EI(x)}. \tag{2.69}$$

**Jacob Bernoulli**
(* 27. Dezember 1654 in Basel, † 16. August 1705 in Basel)

schweizerischer Mathematiker und Physiker, Professor für Mathematik an der Universität Basel, Mitglied der Académie des Sciences und der Akademie der Wissenschaften in Berlin

wesentliche Beiträge zur Wahrscheinlichkeitstheorie (Gesetz der großen Zahlen, Bernoulli-Verteilung), Untersuchung von unendlichen Reihen, Infinitesimalrechnung, Differenzialgleichungen und Differenzialgeometrie, Variationsrechnung, Experimentalphysik (Hydrostatik, Optik), Elastizitätslehre

*hier: Hypothese von Bernoulli*

Mit Gleichung (2.65) folgt jetzt aus Gleichung (2.69) die Gleichung der Biegelinie $w$

$$(EI(x)w'')'' = q(x)$$

bzw. für konstanten Querschnitt und damit konstantem Trägheitsmoment $I$

$$EIw^{IV} = q(x). \tag{2.70}$$

(2.70) ist eine Differenzialgleichung 4. Ordnung mit konstanten Koeffizienten. Da an den Auflagern keine Durchbiegungen und keine Biegemomente auftreten, folgen mit dem Zusammenhang (2.69) die vier *Randbedingungen*

$$w(0) = 0 \quad \text{und} \quad w(l) = 0, \tag{2.71}$$
$$w''(0) = 0 \quad \text{und} \quad w''(l) = 0. \tag{2.72}$$

**Lösung der Differenzialgleichung**
**Homogene Differenzialgleichung**

Zunächst wird die allgemeine Lösung der Differenzialgleichung (2.70) ermittelt. Die charakteristische Gleichung der zugehörigen homogenen Differenzialgleichung $EIw^{IV} = 0$ lautet $\lambda^4 = 0$ mit den Lösungen $\lambda_{1,2,3,4} = 0$. Die allgemeine Lösung der zugehörigen homogenen Differenzialgleichung ist daher (siehe **Abschnitt 2.6.4**)

$$w_\mathrm{h}(x) = c_1 + c_2 x + c_3 x^2 + c_4 x^3. \tag{2.73}$$

**Partikuläre Lösung**

Eine partikuläre Lösung $w_\mathrm{p}$ der Differenzialgleichung (2.70) für den Fall $q(x) = q_0$ kann wieder durch die Methode der Variation der Konstanten (siehe **Abschnitt 2.6.4**) gewonnen werden. Auch folgende einfache

Überlegung führt hier zum Ziel: Wenn gemäß Gleichung (2.70) die vierte Ableitung der gesuchten Funktion $w_\mathrm{p}$ konstant ist, so ergibt sich $w_\mathrm{p}$ durch viermaliges Integrieren von $q_0$. Durch Einsetzen in Gleichung (2.70) wird geprüft, dass eine partikuläre Lösung lautet

$$w_\mathrm{p}(x) = \frac{1}{EI}\frac{q_0 x^4}{24}. \tag{2.74}$$

**Allgemeine Lösung**

Die allgemeine Lösung der Gleichung (2.70) für $q(x) = q_0$ lautet mit den Gleichungen (2.73) und (2.74)

$$w(x) = \frac{1}{EI}\left(c_1 + c_2 x + c_3 x^2 + c_4 x^3 + \frac{q_0 x^4}{24}\right). \tag{2.75}$$

**Randbedingungen**

Die Konstanten $c_1, c_2, c_3, c_4$ werden mit den Randbedingungen (2.71), (2.72) bestimmt. Es ist zunächst

$$w''(x) = \frac{1}{EI}\left(2c_3 + 6c_4 x + \frac{q_0 x^2}{2}\right). \tag{2.76}$$

Wird in Gleichung (2.75) und (2.76) jeweils $x=0$ eingesetzt, so ergibt sich unmittelbar $c_1=0$ und $c_3=0$. Wird danach in Gleichung (2.75) und (2.76) jeweils $x=l$ eingesetzt, so folgt $c_4=-q_0 l/12$ und $c_2=q_0 l^3/24$.

**Ergebnis**

Die Gleichung der gesuchten Biegelinie lautet somit

$$w(x) = \frac{q_0 x}{24EI}\left(l^3 - 2lx^2 + x^3\right).$$

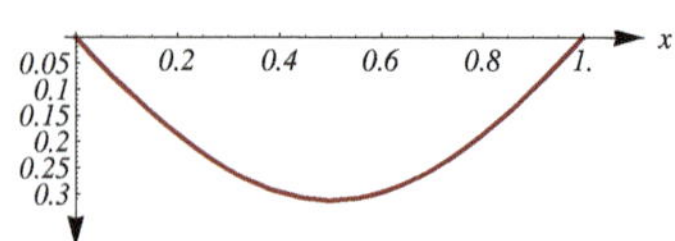


**Bild 2.17** Biegelinie $w$ für $l = 1$, $q_0/(24EI) = 1$

Die Biegelinie $w$ ist für $l = 1$, $q_0/(24EI) = 1$ in **Bild 2.17** dargestellt.

**Bemerkung:** Die Gleichung (2.75) kann aus der Differenzialgleichung (2.70) durch unmittelbare vierfache unbestimmte Integration gewonnen werden, denn die Bestimmungsgleichung (2.70) enthält lediglich die vierte Ableitung der unbekannten Funktion $w$.

### 2.8.6 Absenkung des Grundwasserspiegels mit einem vollkommenen Brunnen

**Ausgangssituation**

Wird aus einem zylindrischen Brunnen mit dem Radius $r$ des Grundkreises Wasser abgepumpt, so bildet sich zwischen dem Wasserstand $h$ im Brunnen und dem unbeeinflussten Grundwasserspiegel der Höhe $H$ ein Gefälle aus. Das Grundwasser fließt dem Brunnen von allen Seiten trichterförmig zu. Der unbeeinflusste Grundwasserspiegel der Höhe $H$ wird dabei in der Entfernung $R$ (Reichweite der Absenkung) von der Brunnenachse erreicht. Der Brunnen soll vollkommen sein, d. h., durch seine Grundfläche dringt kein Wasser ein. **Bild 2.18** zeigt einen Querschnitt durch den Brunnen und das umgebende Gelände. Gesucht ist eine Gleichung für die Höhe des Wasserstandes $y(x)$ in der Entfernung $x > r$ von der Brunnenachse.

### Lösungsweg

#### Herleitung der Differenzialgleichung

Den Berechnungen wird zugrunde gelegt, dass die Strömung des Grundwassers **stationär** ist, d. h., dass der Wasserzufluss $q$ als Produkt aus dem Betrag der Strömungsgeschwindigkeit $v$ und durchströmter Fläche $A$ gemäß dem **Kontinuitätsgesetz** konstant ist:

$$q = v\,A = const. \tag{2.77}$$

Für die Grundwasserbewegung wird die vereinfachende Annahme getroffen, dass die Strömungsgeschwindigkeit horizontal gerichtet ist. Außerdem gilt das **Filtergesetz von Darcy** (2.78), nach dem der Betrag der Strömungsgeschwindigkeit $v$ im Boden proportional zur Neigung $y' = \mathrm{d}y/\mathrm{d}x$ der Absenkungskurve $y$ mit dem Proportionalitätsfaktor $k$ (Durchlässigkeitsbeiwert der durchflossenen Bodenart) ist:

$$v = k\,y'. \tag{2.78}$$

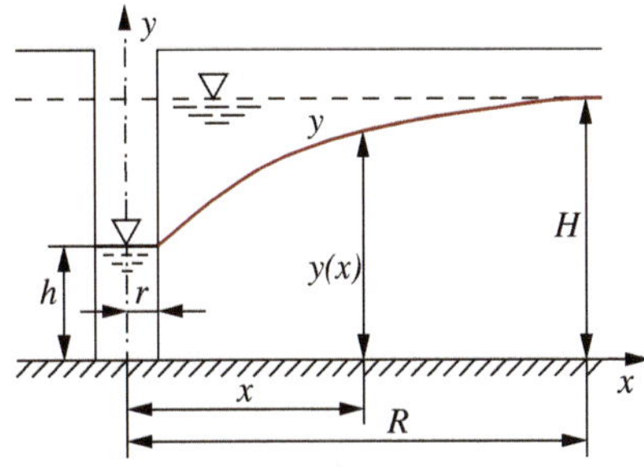


**Bild 2.18** Absenkkurve $y$ für einen vollkommenen Brunnen

Die Fläche $A$ eines zylindrischen Querschnitts im Abstand $x$ von der Brunnenachse (Mantelfläche des Zylinders mit dem Radius $x$ des Grundkreises und der Höhe $y(x)$) beträgt

$$A = 2\pi\,x\,y(x). \tag{2.79}$$

Werden die Gleichungen (2.78) und (2.79) in das Kontinuitätsgesetz (2.77) eingesetzt, so ergibt sich die Differenzialgleichung 1. Ordnung bezüglich der Absenkung $y$:

$$q = 2\pi k\,x\,y\,y'.$$

#### Lösung der Differenzialgleichung

Mit der Methode der Trennung der Variablen (siehe **Abschnitt 2.4**) ergibt sich daraus zunächst

$$y\,\mathrm{d}y = \frac{q}{2\pi k\,x}\,\mathrm{d}x$$

und nach Integration

$$y^2 = \frac{q}{\pi k}\ln x + c. \tag{2.80}$$

#### Randbedingung

Wie eingangs vorausgesetzt, ist die Höhe des Wasserstandes in der Entfernung $R$ gleich $H$:

$$y(R) = H.$$

Das ist eine Bedingung zur *eindeutigen* Bestimmung der Integrationskonstanten $c$ in Gleichung (2.80). Für $x = R$ folgt aus dieser Gleichung damit

$$c = H^2 - \frac{q}{\pi k}\ln R. \tag{2.81}$$

**Ergebnis**

Aus (2.80) ergibt sich damit die Gleichung der Absenkkurve $y$:

$$y(x) = \sqrt{H^2 - \frac{q}{\pi k} \ln \frac{R}{x}}, \qquad x > r.$$

**Henry Philibert Gaspard Darcy**
(* 10. Juni 1803 in Dijon, Frankreich, † 3. Januar 1858)

französischer Ingenieur

Durchströmung poröser Medien, laminare Strömungen, Hydraulik von Rohrleitungen, Strömungen in Freispiegelgerinnen

*hier: Filtergesetz von Darcy*

**Bemerkung:** Mit der Wasserhöhe $h$ am Brunnenrand ist

$y(r) = h$.

Wird in Gleichung (2.80) $x = r$ gesetzt, so ergibt sich

$c = h^2 - \frac{q}{\pi k} \ln r$.

Subtraktion dieser Gleichung von (2.81) und Umstellen nach $q$ liefert eine Berechnungsmöglichkeit für den Wasserdurchfluss $q$:

$q = \frac{\pi k(H^2 - h^2)}{\ln R - \ln r}$.

Dabei wird für die Reichweite $R$ folgender, nach **Sichardt** experimentell ermittelter Zusammenhang angesetzt:

$R = 3000(H - h)\sqrt{k}$.

## 2.8.7 Schwingungssystem

**Ausgangssituation**

In einem Schwingungssystem sind zwei Linearschwinger der Massen $m_1$ und $m_2$ durch Federn mit der Federkonstante $c_1$ mit der Wand und untereinander durch eine Feder mit der Konstante $c_2$ verbunden (siehe **Bild 2.19**). Wird eine der Punktmassen aus der Ruhelage ausgelenkt, so wird eine Schwingung erzeugt, die sich wegen der Federn auf die andere Punktmasse überträgt. Gesucht sind die Bewegungsgleichungen der Linearschwinger.

**Lösungsweg**

Sind die Auslenkungen der Linearschwinger zum Zeitpunkt $t$ gleich $s_1(t)$ bzw. $s_2(t)$, so ergeben sich mit dem **zweiten Axiom von Newton** die Kräftebilanzen

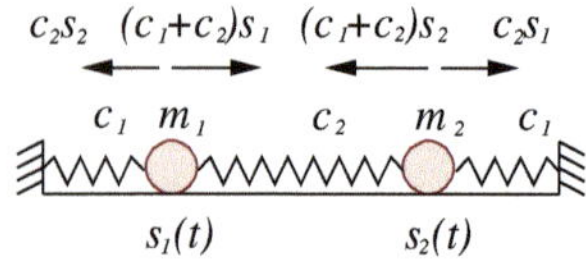


**Bild 2.19** Schwingungssystem

$$\begin{aligned} m_1\ddot{s}_1 &= -(c_1+c_2)s_1 + c_2 s_2, \\ m_2\ddot{s}_2 &= \phantom{-}c_2 s_1 - (c_1+c_2)s_2 \end{aligned} \quad \text{bzw.} \quad \begin{aligned} \ddot{s}_1 &= -p_1^2 s_1 + k_1^2 s_2, \\ \ddot{s}_2 &= \phantom{-}k_2^2 s_1 - p_2^2 s_2 \end{aligned} \quad \text{mit}$$

$p_1^2 = (c_1 + c_2)/m_1$, $p_2^2 = (c_1 + c_2)/m_2$, $k_1^2 = c_2/m_1$, $k_2^2 = c_2/m_2$

als konstante Koeffizienten. Dieses System von linearen Differenzialgleichungen 2. Ordnung wird mit den Funktionen

$y_1 = \dot{s}_1$, $y_2 = \dot{s}_2$, $y_3 = s_1$, $y_4 = s_2$ und $y = (y_1, y_2, y_3, y_4)^\top$

**System von Differenzialgleichungen 1. Ordnung**

umgewandelt in das System homogener linearer Differenzialgleichungen 1. Ordnung mit konstanten Koeffizienten

$$\begin{aligned} \dot{y}_1 &= -p_1^2 y_3 + k_1^2 y_4 \\ \dot{y}_2 &= k_2^2 y_3 - p_1^2 y_4 \\ \dot{y}_3 &= y_1 \\ \dot{y}_4 &= y_2 \end{aligned} \quad \text{bzw.} \quad \dot{y} = \begin{pmatrix} 0 & 0 & -p_1^2 & k_1^2 \\ 0 & 0 & k_2^2 & -p_2^2 \\ 1 & 0 & 0 & 0 \\ 0 & 1 & 0 & 0 \end{pmatrix} y = Ay. \qquad (2.82)$$

**Eigenwerte**

Die Eigenwerte der Koeffizientenmatrix ergeben sich aus der charakteristischen Gleichung

$$0 = |A - \lambda E| = \lambda^4 + \lambda^2(p_1^2 + p_2^2) + p_1^2 p_2^2 - k_1^2 k_2^2 = 0$$

als konjugiert komplexe Lösungen $\lambda_{1,2} = \pm i\omega_1$, $\lambda_{3,4} = \pm i\omega_2$ mit

$$\omega_{1,2}^2 = -\frac{1}{2}\left(p_1^2 + p_2^2\right) \mp \sqrt{(p_1^2 - p_2^2) + 4k_1^2 k_2^2}.$$

**Eigenvektoren**

Die zugehörigen komplexen Eigenvektoren ergeben sich als Lösung des Eigenwertproblems $Au^k = \lambda_k u^k$

$$u^k = \left(\lambda_k \frac{k_1^2}{p_1^2 + \lambda_k^2}, \lambda_k, \frac{k_1^2}{p_1^2 + \lambda_k^2}, 1\right)^\top, \quad k = 1, 2, 3, 4.$$

**Komplexes Fundamentalsystem**

Ein komplexes Fundamentalsystem des Systems (2.82) ist

$$z^1 = \mathrm{e}^{i\omega_1 t} u^1,\ z^2 = \mathrm{e}^{-i\omega_1 t} u^2,\ z^3 = \mathrm{e}^{i\omega_2 t} u^3,\ z^4 = \mathrm{e}^{-i\omega_2 t} u^4.$$

**Reelles Fundamentalsystem**

Ein reelles Fundamentalsystem ergibt sich aus den Real- und Imaginärteilen der komplexen Lösungen $z^1$ und $z^3$

$$y^1 = \cos\omega_1 t \begin{pmatrix} 0 \\ 0 \\ k_1^2/(p_1^2 - \omega_1^2) \\ 1 \end{pmatrix} - \sin\omega_1 t \begin{pmatrix} \omega_1 k_1^2/(p_1^2 - \omega_1^2) \\ \omega_1 \\ 0 \\ 0 \end{pmatrix},$$

$$y^2 = \cos\omega_1 t \begin{pmatrix} \omega_1 k_1^2/(p_1^2 - \omega_1^2) \\ \omega_1 \\ 0 \\ 0 \end{pmatrix} + \sin\omega_1 t \begin{pmatrix} 0 \\ 0 \\ k_1^2/(p_1^2 - \omega_1^2) \\ 1 \end{pmatrix},$$

$$y^3 = \cos\omega_2 t \begin{pmatrix} 0 \\ 0 \\ k_1^2/(p_1^2 - \omega_2^2) \\ 1 \end{pmatrix} - \sin\omega_2 t \begin{pmatrix} \omega_2 k_1^2/(p_1^2 - \omega_2^2) \\ \omega_2 \\ 0 \\ 0 \end{pmatrix},$$

$$y^4 = \cos\omega_2 t \begin{pmatrix} \omega_2 k_1^2/(p_1^2 - \omega_2^2) \\ \omega_2 \\ 0 \\ 0 \end{pmatrix} + \sin\omega_2 t \begin{pmatrix} 0 \\ 0 \\ k_1^2/(p_1^2 - \omega_2^2) \\ 1 \end{pmatrix}.$$

**Sonderfall**

Im Sonderfall $m_1 = m_2 = m$, d. h., gleichen Massen der Schwinger, ist

$$p_1^2 = p_2^2 = \frac{c_1 + c_2}{m},\ k_1^2 = k_2^2 = \frac{c_2}{m},\ \omega_1^2 = \frac{c_1}{m},\ \omega_2^2 = \frac{c_1 + 2c_2}{m}.$$

Ein reelles Fundamentalsystem ergibt sich wie folgt:

$$y^1 = \cos\omega_1 t \begin{pmatrix} 0 \\ 0 \\ 1 \\ 1 \end{pmatrix} - \sin\omega_1 t \begin{pmatrix} \omega_1 \\ \omega_1 \\ 0 \\ 0 \end{pmatrix}, \quad y^2 = \cos\omega_1 t \begin{pmatrix} \omega_1 \\ \omega_1 \\ 0 \\ 0 \end{pmatrix} + \sin\omega_1 t \begin{pmatrix} 0 \\ 0 \\ 1 \\ 1 \end{pmatrix},$$

$$y^3 = \cos\omega_2 t \begin{pmatrix} 0 \\ 0 \\ -1 \\ 1 \end{pmatrix} - \sin\omega_2 t \begin{pmatrix} -\omega_2 \\ \omega_2 \\ 0 \\ 0 \end{pmatrix}, \quad y^4 = \cos\omega_2 t \begin{pmatrix} -\omega_2 \\ \omega_2 \\ 0 \\ 0 \end{pmatrix} + \sin\omega_2 t \begin{pmatrix} 0 \\ 0 \\ -1 \\ 1 \end{pmatrix}.$$

Die allgemeine Lösung des Differenzialgleichungssystems ist damit

**Ergebnis**

$$y_{\text{allg}} = C_1 y^1 + C_2 y^2 + C_3 y^3 + C_4 y^4, \ C_1, C_2, C_3, C_4 \in \mathbb{R}.$$

**Anfangsbedingung**

Sind zum Anfangszeitpunkt $t_0 = 0$ die Positionen der Schwinger

$s_1(0) = s_{10}$ und $s_2(0) = s_{20}$

vorgegeben und befinden sich zu diesem Zeitpunkt beide Schwinger in Ruhe, d. h., ist

$\dot{y}_1(0) = 0$ und $\dot{y}_2(0) = 0$,

dann ergeben sich aus der allgemeinen Lösung mit den Gleichungen für $\dot{s}_1$ und $\dot{s}_2$ die Konstanten

$C_2 = C_4 = 0$

und danach mit den Gleichungen für $s_1$ und $s_2$ die Konstanten

$C_1 = 0.5(s_{10} + s_{20})$ und $C_3 = 0.5(s_{20} - s_{10})$.

Die partikuläre Lösung für die gegebenen Anfangsbedingungen ist mit diesen Konstanten $y(x) = C_1 y^1 + C_3 y^3$ bzw.

**Ergebnis**

$$\begin{aligned} s_1(t) &= \phantom{-}0.5(s_{10}+s_{20}) \cos\omega_1 t - 0.5(s_{20}-s_{10}) \cos\omega_2 t, \\ \dot{s}_1(t) &= -0.5(s_{10}+s_{20})\omega_1 \sin\omega_1 t + 0.5(s_{20}-s_{10})\omega_2 \sin\omega_2 t, \\ s_2(t) &= \phantom{-}0.5(s_{10}+s_{20}) \cos\omega_1 t + 0.5(s_{20}-s_{10}) \cos\omega_2 t, \\ \dot{s}_2(t) &= -0.5(s_{10}+s_{20})\omega_1 \sin\omega_1 t - 0.5(s_{20}-s_{10})\omega_2 \sin\omega_2 t. \end{aligned}$$

# 3 Finanzmathematik

In diesem Kapitel werden Grundbegriffe für betriebswirtschaftliche Kenntnisse und Zusammenhänge erklärt, die in allen Bereichen des Bauwesens eine zunehmende Bedeutung gewinnen. Eine zentrale Rolle spielen dabei Zinsen als Äquivalent für das Überlassen eines Kapitals und ihre Berechnung unter verschiedenen gegebenen Konditionen. Von wirtschaftlichem Interesse für ein Unternehmen sind unter anderem die Tilgung von Krediten, die Bewertung der Wirtschaftlichkeit von Investitionen, z. B. in Immobilien, die Entscheidungen über die Anschaffung von Maschinen und ihre Auslastung, die Bewertung von inhomogenen Zahlungsprozessen sowie die Zusammenfassung regelmäßiger Zahlungen wie z. B. Mieten zu einem bewertbaren Kriterium.

## 3.1 Zinsen

**Zinsen** sind die Vergütung für das Überlassen eines Kapitals innerhalb eines festgelegten Zeitraumes, der **Zinsperiode**. Oft beträgt eine Zinsperiode ein Kalenderjahr. Auch andere Perioden der Verzinsung kommen in der Praxis zur Anwendung, wie ein Quartal (z. B. bei Girokonten) oder ein bzw. mehrere Monate (z. B. bei Festgeldanlagen). Ihre Berechnung sowie darauf basierend die Ermittlung des zu einem bestimmten Zeitpunkt vorhandenen Kapitals ist die Basis für weiterführende betriebswirtschaftliche Analysen und Entscheidungen. Die Höhe der Zinsen ist abhängig von der Höhe des vorhandenen Kapitals, der **Laufzeit**, d. h., der Dauer der Überlassung, und dem Zinssatz. Der **Zinssatz** ist das Verhältnis des für ein Kapital von 100 Geldeinheiten in einer Zinsperiode zu zahlenden Geldbetrages zu 100 Geldeinheiten. Das von einem Gläubiger überlassene Kapital ist ein **Guthaben**. Dafür erhaltene Zinsen sind **Habenzinsen**. Das Kapital, das ein Schuldner in Anspruch nimmt, ist ein **Darlehen**. Dafür zu zahlende Zinsen sind **Sollzinsen**. Zinszahlungen am Ende der Zinsperiode heißen **nachschüssig** und am Anfang der Zinsperiode **vorschüssig**. In der Regel sind Zinszahlungen nachschüssig. Werden die Zinsen am Ende einer jeden Zinsperiode ausbezahlt, so handelt es sich um **lineare Verzinsung**. Werden sie hingegen zum weiter zu verzinsenden Kapital addiert, so liegt **Zinseszins** vor.

**Bezeichnungen**

| | |
|---|---|
| $t$ | Zeitpunkt, Laufzeit |
| $\Delta t$ | Zinsperiode |
| $K_0$ | Anfangskapital, Barwert |
| $K_t$ | Zeitwert, Endwert |
| $i$ | Zinssatz |
| $q = 1 + i$ | Zinsfaktor |
| $Z_t$ | Zinsbetrag zum Zeitpunkt $t$ |
| $n$ | Anzahl der Perioden |
| $m$ | Anzahl der Teilperioden |
| p. a. | per anno (pro Jahr) |

### 3.1.1 Lineare Verzinsung

**Ausgangssituation**

Ein Anfangskapital $K_0$ wird während einer Laufzeit $t$ zu einem konstanten Zinssatz $i$ angelegt. Das Kapital vergrößert sich dabei um die Zinsen und erreicht am Ende der Laufzeit den **Endwert** $K_t$. Oft wird die Laufzeit $t$ in $n$ Perioden gleicher Länge $\Delta t$ (z. B. ein Jahr) eingeteilt, und der Zinssatz $i$ bezieht sich auf die Periode $\Delta t$.

Verzinst wird nur das Anfangskapital $K_0$. Die Zinsen am Ende jeder Zinsperiode werden *nicht* zum Kapital zur erneuten Verzinsung hinzugerechnet (siehe **Bild 3.1**).

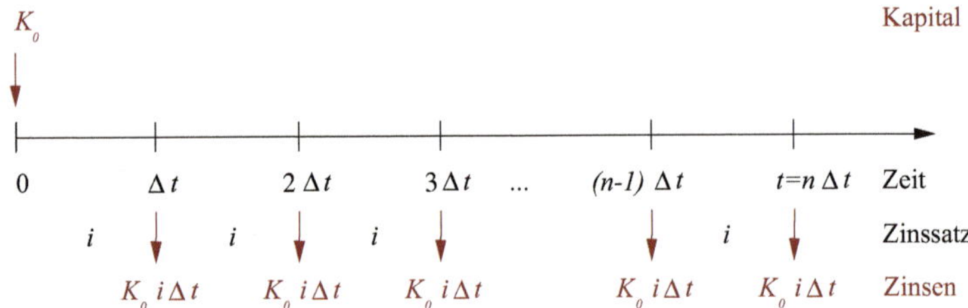


**Bild 3.1** Lineare Verzinsung

**Herleitung**

Nach der ersten Zinsperiode $\Delta t$ ergeben sich für das Anfangskapital $K_0$ beim Zinssatz $i$ Zinsen der Höhe $K_0 i\Delta t$, nach der zweiten Periode ebenfalls wieder Zinsen der Höhe $K_0 i\Delta t$ usw. (siehe **Bild 3.1**). Nach Ablauf der Laufzeit $t = n\Delta t$ betragen die Zinsen insgesamt

**Zinsen**

$$Z_t = nK_0 i\Delta t = K_0 it. \tag{3.1}$$

Damit beträgt der Endwert

**Endwert**

$$K_t = K_0 + Z_t = K_0(1 + it). \tag{3.2}$$

Wird Gleichung (3.2) nach $K_0$ umgestellt, so ergibt sich die Formel zur Berechnung des **Barwertes**, d. h., des Kapitals zum Zeitpunkt $t = 0$ bei gegebenem Endwert $K_t$

$$K_0 = K_t/(1 + it). \tag{3.3}$$

Sind das Anfangskapital $K_0$, der Endwert $K_t$ und die Laufzeit $t$ bekannt, so errechnet sich der Zinssatz $i$ aus Gleichung (3.2), indem nach $i$ umgestellt wird:

$$i = (K_t - K_0)/(K_0 t). \tag{3.4}$$

Bei bekanntem Zinssatz $i$ errechnet sich die Laufzeit $t$, indem die Gleichung (3.2) nach $t$ umgestellt wird.

$$t = (K_t - K_0)/(K_0 i). \tag{3.5}$$

**Lineare Verzinsung**

**Beispiel 3.1**

Ein Bauherr legt einen Geldbetrag $K_0 = 100\,000$ € zu einem jährlichen konstanten Zinssatz von $i = 5$ % p. a. über einen Zeitraum von $t = 3$ Jahren an. Wie groß ist dann sein Kapital bei linearer Verzinsung?

Mit Gleichung (3.2) ergibt sich der Endwert

$K_3 = K_0(1 + it) = 100\,000(1 + 3 \cdot 5/100) = 115\,000$ [€].

**Bemerkung 3.2**

**Barwert bei kaufmännischer Diskontierung**

1. Wird in Gleichung (3.3) der Barwert $K_0$ als Funktion des Zinssatzes $i$ betrachtet:

$$K_0(i) = \frac{K_t}{1+it},$$

so lautet die Taylorzerlegung der Funktion $K_0(i)$ an der Stelle $i = 0$

$$K_0(i) = K_t\left(1 + \left[\frac{-1}{(1+it)^2}t\right]_{i=0} i + O(i^2)\right) = K_t\left(1 - it + O(i^2)\right).$$

Für kleine Zinssätze $i$ kann daher folgender **Barwert bei kaufmännischer Diskontierung** als Näherung benutzt werden:

$$K_0 \approx K_t(1 - it). \tag{3.6}$$

**Effektiver Zinssatz bei kaufmännischer Diskontierung**

2. Der effektive Zinssatz bei kaufmännischer Diskontierung $i_{\text{eff}}$ ergibt sich aus dem Zinssatz in Gleichung (3.4) bei Verwendung des Barwertes bei kaufmännischer Diskontierung (3.6):

$$i_{\text{eff}} = \frac{K_t - K_t(1-it)}{K_t(1-it)t} = \frac{i}{1-it}. \tag{3.7}$$

**Beispiel 3.3**

**Barwerte**

Ein Student träumt von einer Eigentumswohnung, die er sich in 5 Jahren für 150 000 € kaufen möchte. Die Bank bietet ihm einen konstanten Zinssatz von 4.5 % p. a. bei linearer Verzinsung an. Wie viel Geld muss der Student anlegen, damit sich sein Traum verwirklichen kann? Wie viel Geld ist es bei kaufmännischer Diskontierung? Wie hoch ist der Zinssatz bei kaufmännischer Diskontierung?

Mit $K_5 = 150\,000$ €, $t = 5$ Jahre und $i = 0.045$ ergibt sich aus den Gleichungen (3.3), (3.6), (3.7)

als anzulegender Betrag für den Studenten
$K_0 = K_t/(1+it) = 150\,000/(1+5\cdot 0.045) \approx 122\,448.98$ [€]
und bei kaufmännischer Diskontierung
$K_0 = K_t(1-it) = 150\,000\cdot(1-5\cdot 0.045) = 116\,250$ [€],
$i_{\text{eff}} = i/(1-it) = 0.045/(1-5\cdot 0.045) \approx 5.8$ %.

## 3.1.2 Regelmäßige Zahlungen

**Ausgangssituation**

Die Laufzeit $t$ wird in $n$ Teilperioden der Dauer $\Delta t = t/n$ eingeteilt. Es erfolgen regelmäßige Zahlungen in Höhe $r$ zu Beginn (vorschüssig) bzw. am Ende (nachschüssig) jeder der $n$ Teilperioden. Verzinst wird mit dem konstanten Zinssatz $i$ während der gesamten Laufzeit. Die

Zinsen werden am Ende jeder Periode ausgezahlt. Zu ermitteln ist der Endwert $K_t$ des Kapitals (siehe **Bild 3.2**).

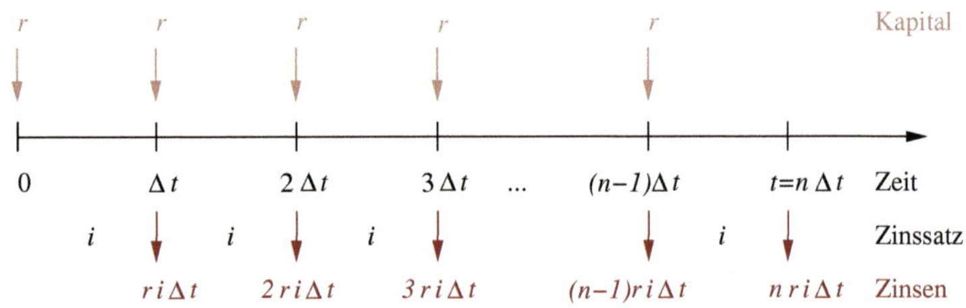


**Bild 3.2** Regelmäßige vorschüssige Zahlungen

**Herleitung** Der Endwert $K_t$ setzt sich aus $n$ Einzahlungen der Höhe $r$ und den Zinsen zusammen. Die gesamten Einzahlungen betragen $nr$. In einer Periode der Dauer $\Delta t$ ergeben sich für das Kapital $r$ beim Zinssatz $i$ die Zinsen $ri\Delta t$ (siehe **Bild 3.2**).

**Vorschüssige Zahlung** Bei vorschüssiger Zahlung sind die Zinsen für das zu Beginn der

| | | |
|---|---|---|
| 1. | Periode vorhandene Kapital $r$ | $ri\Delta t,$ |
| 2. | Periode vorhandene Kapital $2r$ | $2\,ri\Delta t,$ |
| ... | | |
| $(n-1)$-ten | Periode vorhandene Kapital $(n-1)r$ | $(n-1)ri\Delta t,$ |
| $n$-ten | Periode vorhandene Kapital $nr$ | $nri\Delta t.$ |

Als Endwert ergibt sich die Summe

$$\begin{aligned} K_t &= nr + ri\Delta t\,(1 + 2 + \cdots + (n-1) + n) \\ &= nr + ri\Delta t n(n+1)/2, \qquad \text{also} \end{aligned}$$

$$K_t = r\,(n + 0.5\,(n+1)\,it)\,. \tag{3.8}$$

**Nachschüssige Zahlung** Bei nachschüssiger Zahlung sind die Zinsen für das zu Beginn der

| | | |
|---|---|---|
| 2. | Periode vorhandene Kapital $r$ | $ri\Delta t,$ |
| 3. | Periode vorhandene Kapital $2r$ | $2ri\Delta t,$ |
| ... | | |
| $(n-1)$-ten | Periode vorhandene Kapital $(n-2)r$ | $(n-2)ri\Delta t,$ |
| $n$-ten | Periode vorhandene Kapital $(n-1)r$ | $(n-1)ri\Delta t.$ |

Als Endwert ergibt sich die Summe

$$\begin{aligned} K_t &= nr + ri\Delta t\,(1 + 2 + \cdots + (n-2) + (n-1)) \\ &= nr + ri\Delta t(n-1)n/2, \qquad \text{also} \end{aligned}$$

$$K_t = r\,(n + 0.5\,(n-1)\,it)\,. \tag{3.9}$$

Bei regelmäßigen monatlichen Zahlungen in der Höhe $r$ ergibt sich bei einem jährlichen Zinssatz $i$ nach Ablauf einer Zinsperiode ($t = 1$ Jahr)

bei vorschüssiger Zahlung ein Endwert von $K_t = r(12 + 6.5i)$,
bei nachschüssiger Zahlung ein Endwert von $K_t = r(12 + 5.5i)$.

**Beispiel 3.4**

**Regelmäßige Zahlungen**

Eine Studentin zahlt monatlich jeweils 20 € auf ihr Konto ein. Über welche Summe verfügt sie am Jahresende bei Zahlung am Monatsanfang bzw. am Monatsende, wenn die Bank Zinsen von 5 % p. a. gewährt? Über welche Summe verfügt sie nach 1.5 Jahren?

Bei Zahlung von $r = 20$ € am Monatsanfang verfügt sie nach $n = 12$ Monaten (Teilperioden) beim Zinssatz $i = 5$ % bezogen auf $t = 1$ Jahr nach Gleichung (3.8)

$K_1 = 20(12 + 6.5 \cdot 5\ \% \cdot 1) = 246.50$ [€]

und bei Zahlung am Monatsende nach Gleichung (3.9)

$K_1 = 20(12 + 5.5 \cdot 5\ \% \cdot 1) = 245.50$ [€].

Nach $t = 1.5$ Jahren, d. h., nach $n = 18$ Monaten, verfügt sie über

$K_{1.5} = 20(18 + 9.5 \cdot 5\ \% \cdot 1.5) = 374.25$ [€] bei vorschüssiger Zahlungsweise,
$K_{1.5} = 20(18 + 8.5 \cdot 5\ \% \cdot 1.5) = 372.75$ [€] bei nachschüssiger Zahlungsweise.

### 3.1.3 Geometrische Verzinsung

**Ausgangssituation**

Ein Anfangskapital $K_0$ wird in der Laufzeit $t$ zum konstanten Zinssatz $i$ angelegt. Es wird **Zinseszins** gewährt, d. h., die Zinsen werden nach jeder Zinsperiode der Länge $\Delta t$ dem Kapital hinzugefügt und mit verzinst. Der Zinszuschlag erfolgt in der Regel am Ende jeder Zinsperiode. Die Zinsen beziehen sich auf das Kapital zu Beginn der Periode. Gesucht ist der Endwert $K_n$ des Kapitals nach Ablauf von $n$ Zinsperioden, d. h., nach der Laufzeit $t = n\Delta t$ (siehe **Bild 3.3**).

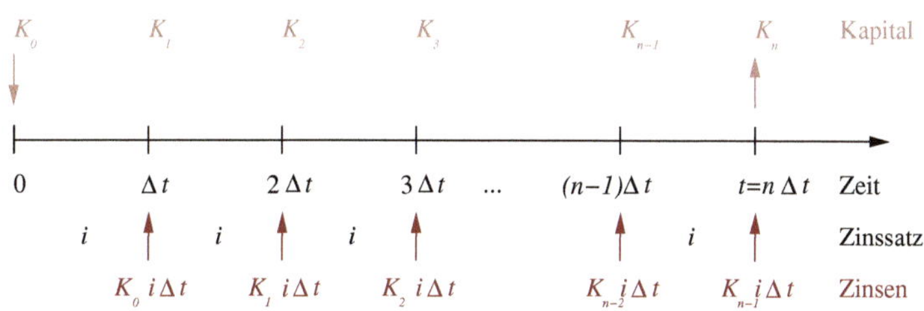


**Bild 3.3** Geometrische Verzinsung

**Herleitung**

Das Kapital $K_1$ nach Ablauf der ersten Zinsperiode, d. h., zum Zeitpunkt $\Delta t$, ist die Summe aus dem Kapital $K_0$, das zu Beginn der ersten Zinsperiode vorhanden ist, und den Zinsen, die nach Ablauf der ersten Zinsperioden gezahlt werden, d. h., $K_0 i\Delta t$:

$$K_1 = K_0 + K_0 i\Delta t = K_0(1 + i\Delta t). \tag{3.10}$$

Das Kapital $K_2$ nach Ablauf der zweiten Zinsperiode, d. h., zum Zeitpunkt $2\Delta t$, ist die Summe aus dem Kapital $K_1$, das zu Beginn der zweiten Zinsperiode vorhanden ist, und den Zinsen, die nach Ablauf der zweiten Zinsperioden gezahlt werden, d. h., $K_1 i\Delta t$:

$$K_2 = K_1 + K_1 i\Delta t = K_1(1 + i\Delta t).$$

Mit Gleichung (3.10) ergibt sich

$$K_2 = K_0(1 + i\Delta t)^2. \tag{3.11}$$

Nach Ablauf der dritten Zinsperiode ergibt sich analog mit Gleichung (3.11) das Kapital

$$K_3 = K_2 + K_2 i\Delta t = K_2(1 + i\Delta t) = K_0(1 + i\Delta t)^3 \quad \text{usw.},$$

und nach $n$ Zinsperioden, d. h., am Ende der Laufzeit $t = n\Delta t$, ergibt sich das Kapital

$$K_t = K_n = K_{n-1} + K_{n-1} i\Delta t = K_{n-1}(1 + i\Delta t) = K_0(1 + i\Delta t)^n. \tag{3.12}$$

Beträgt die Länge einer Zinsperiode $\Delta t = 1$ und bezieht sich der Zinssatz auf $\Delta t$, z. B. $\Delta t = 1$ Jahr und $i$ p. a., so ist der Endwert

**Endwert**

$$K_t = K_n = K_0(1 + i)^n = K_0 q^n, \tag{3.13}$$

wobei $q = 1 + i$ **Zinsfaktor** genannt wird. Aus Gleichung (3.13) ergibt sich nach entsprechendem Umstellen

**Barwert**
**Zinssatz**
**Anzahl der Zinsperioden**

$$\begin{aligned} K_0 &= K_n/(1 + i)^n = K_n/q^n, \\ i &= \sqrt[n]{K_n/K_0} - 1, \\ n &= (\ln K_n - \ln K_0)/\ln q. \end{aligned} \tag{3.14}$$

**Geometrische Verzinsung**

**Beispiel 3.5**

1. Ein Kapital von 40 000 € wird 5 Jahre lang mit einem Zinssatz von 3 % p. a. mit jährlichen Zinseszinsen verzinst. Wie groß ist das Kapital am Ende der Laufzeit?
   Mit $K_0 = 40\,000$ €, $t = 5$ Jahren, $\Delta t = 1$ Jahr, $n = 5$ Perioden und $i = 3$ % p. a. ergibt sich aus der Endwertformel (3.13)
   $K_5 = 40\,000 \cdot (1 + 3\ \%)^5 \approx 46\,370.96$ [€].
2. Ein Geldinstitut bietet Sparbriefe mit einem Nennwert von 2 000 € und einer Laufzeit von 8 Jahren bei einem konstanten Zinssatz von 4.5 % p. a. und jährlicher Verzinsung an. Wie viel kostet ein solcher Sparbrief?
   Mit der Barwertformel in (3.14) berechnet sich der Barwert des Sparbriefes zu $K_0 = 2\,000/(1 + 4.5\ \%)^8 \approx 1406.37$ [€].
3. Ein auf der Bank eingezahlter Geldbetrag von 10 000 € ist in 6 Jahren auf 12 000 € angewachsen. Mit welchem Zinssatz wurde er jährlich verzinst?
   Aus der Formel für den Zinssatz in (3.14) ergibt sich mit $K_0 = 10\,000$ €, $t = 6$ Jahren, $\Delta t = 1$ Jahr, $n = 6$ Perioden und $K_6 = 12\,000$ € der jährliche Zinssatz
   $i = \sqrt[6]{12\,000/10\,000} - 1 \approx 0.031 = 3.1\ \%$.

4. Frau G. Eizkragen möchte eine Geldsumme von 2 500 € zum aktuellen Zinssatz von 2.5 % p. a. mit Zinseszins fest anlegen und am Ende über 6 000 € verfügen. Wie lange muss sie darauf warten?

   Aus der Formel für die Anzahl der Jahre in (3.14) ergibt sich mit $K_0 = 2\,500$ €, $K_n = 6\,000$ €, $i = 2.5$ % p. a.

   $n = (\ln 6\,000 - \ln 2\,500)/\ln(1 + 2.5\,\%) \approx 35.45.$

---

**Bemerkung 3.6**

**Kapitalverdopplung**

Oft wird gefragt, nach wie viel Zinsperioden Kapitalverdoppelung in Abhängigkeit vom Zinssatz $i$ eintritt. Kapitalverdoppelung bedeutet, dass der Endwert $K_n$ doppelt so hoch wie der Anfangswert $K_0$ des Kapitals ist, also $2K_0$ beträgt. Aus Gleichung (3.14) folgt

$$n = (\ln(2K_0) - \ln K_0)/\ln q = \ln 2/\ln q \approx 0.69/\ln q. \tag{3.15}$$

**Tabelle 3.1** enthält für einige Zinssätze $i$ den Zinsfaktor $q$ bzw. seinen Logarithmus und die (gerundete) Anzahl der Zinsperioden $n$, nach denen Kapitalverdoppelung eintritt. Daraus ist ersichtlich, dass für kleine Zinssätze $i$ näherungsweise $\ln q = \ln(1 + i) \approx i$ gesetzt werden kann. Diese Näherung folgt aus der Taylorzerlegung der Funktion $\ln(1 + x)$ an der Stelle $x = 0$ mit Abbruch nach dem linearen Glied:

**Tabelle 3.1** Kapitalverdoppelung

| $i$ | $q$ | $\ln q$ | $n$ |
|---|---|---|---|
| 0.02 | 1.02 | $0.0198 \approx 0.02$ | 35 |
| 0.03 | 1.03 | $0.0295 \approx 0.03$ | 23 |
| 0.04 | 1.04 | $0.0392 \approx 0.04$ | 18 |
| 0.05 | 1.05 | $0.0488 \approx 0.05$ | 14 |
| 0.06 | 1.06 | $0.0588 \approx 0.06$ | 12 |
| 0.07 | 1.07 | $0.0676 \approx 0.07$ | 10 |

$$\ln(1 + x) = x + O(x^2).$$

Daher kann die Anzahl der Zinsperioden für die Kapitalverdoppelung näherungsweise angegeben werden mit

$$n = \ln 2/\ln q \approx 0.69/i. \tag{3.16}$$

---

**Beispiel 3.7**

**Vervielfachung eines Kapitals**

1. In welcher Zeit verdoppelt (verdreifacht) sich ein Kapital, wenn ein Zinssatz von 4.5 % p. a. zugrunde gelegt wird?

   Mit Gleichung (3.15) ergeben sich bei dem Zinsfaktor $q = 1.045$

   $n = \ln 2/\ln 1.045 \approx 15.75$ Jahre für die Kapitalverdoppelung,
   $n = \ln 3/\ln 1.045 \approx 24.96$ Jahre für die Kapitalverdreifachung.

   Die Faustformel (3.16) ergibt $n = 69/4.5 \approx 15.33$ Jahre für die Kapitalverdoppelung.

2. Bei welchem Zinssatz erfolgt die Kapitalverdopplung bereits in 10 Jahren?

   Wird Gleichung (3.15) nach $q$ umgestellt, so ergibt sich

   der Zinsfaktor $q = \sqrt[10]{2} \approx 1.072$ und der Zinssatz $i = 7.2$ %.

---

**Bemerkung 3.8**

**Wechselnde Verzinsung**

Bei unterschiedlichen Zinssätzen während der Zinsperioden kann der Endwert des Startkapitals wie folgt berechnet werden.

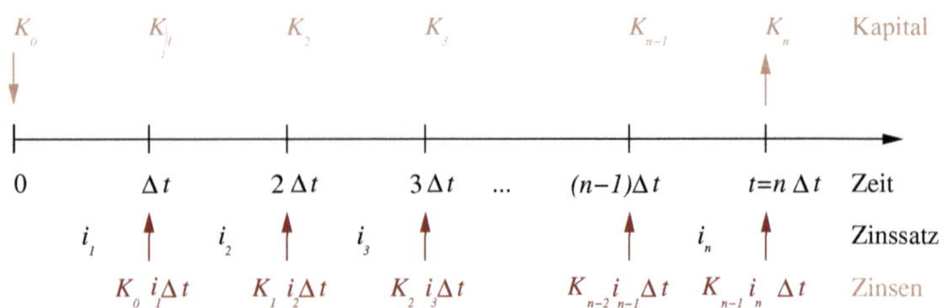


**Bild 3.4** Wechselnde Verzinsung

Beträgt der Zinssatz während der $j$-ten Zinsperiode $i_j$ und der Zinsfaktor $q_j = 1 + i_j$ (siehe **Bild 3.4**), so ergibt sich nach der

1. Zinsperiode das Kapital $K_1 = K_0 q_1$,
2. Zinsperiode das Kapital $K_2 = K_1 q_2 = K_0 q_1 q_2$ usw.

und schließlich nach der $n$.-ten Zinsperiode das Kapital

$$K_n = K_{n-1} q_n = K_0 q_1 q_2 \cdots q_n. \tag{3.17}$$

**Zusatzsparen**

**Beispiel 3.9**

Die Bank „LooseMoney" gewährt ihren Kunden Zusatzsparen, bei dem im ersten Jahr ein Zinssatz von 1.5 % p. a., im zweiten Jahr von 2.0 % p. a. und im dritten Jahr von 3.0 % p. a. vorgesehen ist. Welcher Endwert ergibt sich, wenn 10 000 € angelegt werden? Welchem konstanten Zinssatz p. a. entspricht das in den drei Jahren?

Als Endwert folgt nach Gleichung (3.17) mit $q_1 = 1.015$, $q_2 = 1.02$, $q_3 = 1.03$ und $K_0 = 10\,000$ €

$K_3 = 10\,000 \cdot 1.015 \cdot 1.02 \cdot 1.03 = 10\,663.59$ [€].

Der Durchschnittszinssatz $i$ ergibt sich aus dem Ansatz (3.17) für wechselnde Verzinsung

$K_0 q^3 = K_0 q_1 q_2 q_3$, d. h., $q = \sqrt[3]{q_1 q_2 q_3}$, zu $i = q - 1 \approx 2.16\,\%$.

**Bemerkung 3.10**
**Angebrochene Zinsperioden**

Mitunter wird ein Kapital nicht genau zu Beginn einer Zinsperiode der Länge $\Delta t$ zum konstanten Zinssatz $i$ angelegt, sondern zwischen zwei Zinsperioden. Ebenso ist es möglich, dass der Endwert zwischen zwei Zinsperioden ausgezahlt wird.

Sind $\Delta t_1$ und $\Delta t_2$ die Längen der angebrochenen Zinsperioden und $n$ die Anzahl der vollen Zinsperioden der Länge $\Delta t$ (siehe **Bild 3.5**), so ergibt sich nach der angegebenen Zeit jeweils das folgende Kapital:

$$\begin{array}{ll}
\Delta t_1 & K_1 = K_0(1+i\Delta t_1), \\
\Delta t_1 + \Delta t & K_2 = K_1(1+i\Delta t) = K_0(1+i\Delta t_1)(1+i\Delta t), \\
\Delta t_1 + 2\Delta t & K_3 = K_2(1+i\Delta t) = K_0(1+i\Delta t_1)(1+i\Delta t)^2, \\
\ldots & \\
\Delta t_1 + n\Delta t & K_n = K_{n-1}(1+i\Delta t) = K_0(1+i\Delta t_1)(1+i\Delta t)^n,
\end{array}$$

und schließlich nach der letzten Zinsperiode, d. h., nach der Zeit $t = \Delta t_1 + n\Delta t + \Delta t_2$, das Kapital

$$K_t = K_0(1+i\Delta t_1)(1+i\Delta t)^n(1+i\Delta t_2). \tag{3.18}$$

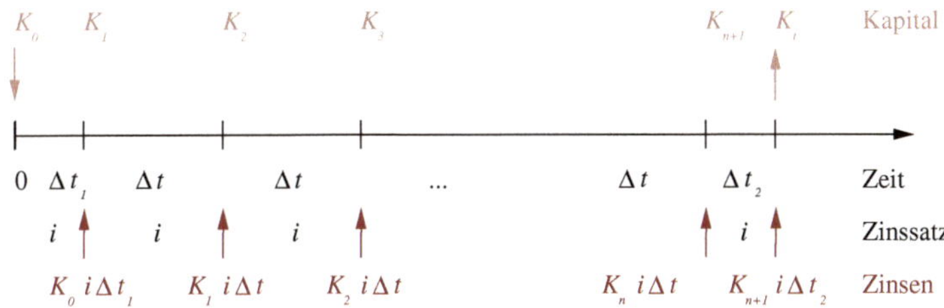


**Bild 3.5** Taggenaue Verzinsung

Als Vereinfachung kann folgende Formel benutzt werden, die der reinen Zinseszinsrechnung nach Gleichung (3.12) mit der (nicht notwendig ganzzahligen) Anzahl von Perioden $n + t_1 + t_2$ entspricht:

$$K_t = K_0(1 + i\Delta t)^{n+t_1+t_2}, \; t_1 = \frac{\Delta t_1}{\Delta t}, \; t_2 = \frac{\Delta t_2}{\Delta t}. \tag{3.19}$$

Beträgt die Länge einer Zinsperiode $\Delta t = 1$ und bezieht sich der Zinssatz auf $\Delta t$, z. B. $\Delta t = 1$ Jahr und $i$ p. a., so lauten die Gleichungen (3.18) und (3.19)

$$K_t = K_0(1 + it_1)(1 + i)^n(1 + it_2) \text{ und} \tag{3.20}$$
$$K_t = K_0(1 + i)^{n+t_1+t_2}. \tag{3.21}$$

**Beispiel 3.11**

**Taggenaue Verzinsung**

Ein Betrag von 100 000 € wird am 30. September eines Jahres auf der „Teuro“-Bank eingezahlt und mit 2.5 % p. a. taggenau verzinst. Am 30. April des darauf folgenden dritten Jahres wird das gesamte Kapital abgehoben. Wie hoch ist es? Welcher Unterschied ergibt sich im Vergleich zur reinen Zinseszinsrechnung?

Mit dem Anfangswert $K_0 = 100\,000$ €, der Zinsperiode $\Delta t = 1$ Jahr, den Zeiträumen $\Delta t_1 = 1/4$ Jahr, $\Delta t_2 = 1/3$ Jahr und den dazwischen liegenden $n = 2$ ganzen Zinsperioden ergibt sich mit Gleichung (3.20) bzw. näherungsweise bei reiner Zinseszinsrechnung mit Gleichung (3.21)

$$K_{31/12} = 100\,000 \left(1 + 2.5\,\% \cdot \tfrac{1}{4}\right)(1 + 2.5\,\%)^2 \left(1 + 2.5\,\% \cdot \tfrac{1}{3}\right) \approx 106\,600.13 \text{ [€]},$$
$$K_{31/12} = 100\,000 \; (1 + 2.5\,\%)^{(2+1/4+1/3)} \approx 106\,586.77 \text{ [€]}.$$

## 3.1.4 Unterjährige Verzinsung

**Ausgangssituation**

Der Zinszuschlag zum Kapital $K_0$ erfolgt bei der unterjährigen Verzinsung $m$-mal während einer Zinsperiode der Länge $\Delta t$ jeweils im gleichen zeitlichen Abstand $\Delta t/m$, konstanten Zinssatz $i$ vorausgesetzt (siehe **Bild 3.6**). Bestimmt werden soll der Endwert nach $n$ Zinsperioden, also zum Zeitpunkt $t = n\Delta t$.

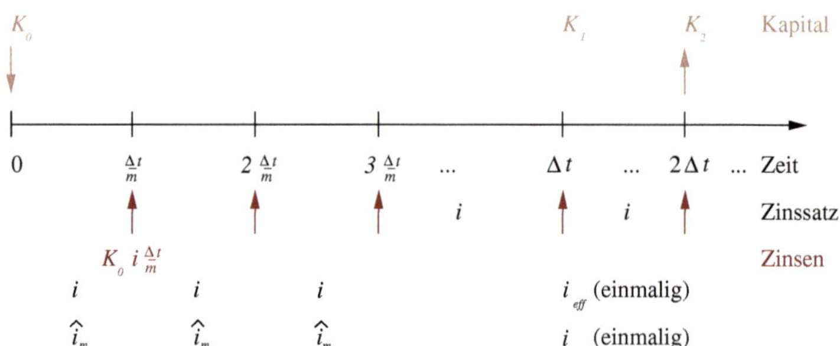


**Bild 3.6** Unterjährige Verzinsung

**Herleitung**

Das Kapital $K_1$ nach einer Zinsperiode der Länge $\Delta t$ errechnet sich nach Gleichung (3.12), wenn $m$ Teilperioden der Länge $\Delta t/m$ zugrunde gelegt werden:

$$K_1 = K_0 \left(1 + i\frac{\Delta t}{m}\right)^m . \tag{3.22}$$

Entsprechend ergibt sich das Kapital $K_t = K_n$ nach $n$ Zinsperioden

$$K_t = K_n = K_0 \left(\left(1 + i\frac{\Delta t}{m}\right)^m\right)^n = K_0 \left(1 + i\frac{\Delta t}{m}\right)^{mn} . \tag{3.23}$$

Beträgt die Länge einer Zinsperiode $\Delta t = 1$ und bezieht sich der Zinssatz auf $\Delta t$, z. B. $\Delta t = 1$ Jahr und $i$ p. a., so ist der Endwert

$$K_t = K_n = K_0 \left(1 + \frac{i}{m}\right)^{mn} . \tag{3.24}$$

**Bemerkung 3.12**
**Effektiver Zinssatz**

1. Als effektiver Zinssatz $i_{\text{eff}}$ wird derjenige Zinssatz bezeichnet, der in der Zinsperiode $\Delta t$ zugrunde gelegt werden muss, um bei einmaliger Verzinsung am Ende dieser Zinsperiode dasselbe Kapital zu erhalten wie bei der unterjährigen $m$-maligen Verzinsung (siehe **Bild 3.6**). Aus der Gleichung

$$K_1 = K_0 \left(1 + i\frac{\Delta t}{m}\right)^m = K_0(1 + i_{\text{eff}}\Delta t) \tag{3.25}$$

folgt durch Umstellen nach $i_{\text{eff}}$

$$i_{\text{eff}} = \frac{1}{\Delta t}\left(\left(1 + i\frac{\Delta t}{m}\right)^m - 1\right) \tag{3.26}$$

und für die Zinsperiode $\Delta t = 1$, $i$ bezogen auf $\Delta t$,

$$i_{\text{eff}} = \left(1 + \frac{i}{m}\right)^m - 1. \tag{3.27}$$

**Äquivalenter unterjähriger Zinssatz**

2. Als äquivalenter unterjähriger Zinssatz $\hat{i}_m = \hat{i}/m$ wird derjenige Zinssatz bezeichnet, der bei unterjähriger Verzinsung mit dem Zinssatz $\hat{i}$ nach einer Zinsperiode $\Delta t$ dasselbe Kapital wie bei einmaliger Verzinsung mit dem Zinssatz $i$ ergibt (siehe **Bild 3.6**). Aus der Gleichung

$$K_1 = K_0 \left(1 + \hat{i}\frac{\Delta t}{m}\right)^m = K_0(1 + i\Delta t) \tag{3.28}$$

folgt durch Umstellen nach $\hat{i}/m$

$$\hat{i}_m = \frac{\hat{i}}{m} = \left(\sqrt[m]{1 + i\Delta t} - 1\right)/\Delta t \tag{3.29}$$

und für die Zinsperiode $\Delta t = 1$, $i$ bezogen auf $\Delta t$,

$$\hat{i}_m = \sqrt[m]{1 + i} - 1. \tag{3.30}$$

**Vergleich der Zinssätze**

3. Für den effektiven Zinssatz $i_{\text{eff}}$, den Bankzinssatz $i$ und den äquivalenten unterjährigen Zinssatz $\hat{i}_m$ gilt die folgende Ungleichung, die sich mithilfe der Gleichungen (3.29) und (3.26) und dem binomischen Lehrsatz (siehe z. B. [3], [30]) ergibt:

$$m\,\hat{i}_m \leq i \leq i_{\text{eff}} \quad \text{bzw.} \quad \hat{i} \leq i \leq i_{\text{eff}}, \quad \text{Gleichheit für } m = 1.$$

---

### Beispiel 3.13

**Unterjährige Verzinsung**

Um das Wievielfache wächst jeweils ein Kapital in fünf Jahren, wenn der Zinssatz 3 % p. a. bei

1. jährlicher, 2. quartalsweiser, 3. monatlicher

Zinseszinszahlung zugrunde gelegt wird? Welchem effektiven Zinssatz bzw. äquivalenten unterjährigen Zinssatz entspricht das jeweils?

Mit den Gleichungen (3.24), (3.27) und (3.30) ist

1. $K_5 = K_0\,(1+3\,\%)^5 \approx 1.159\,K_0$,
   $i_{\text{eff}} = \hat{i}_1 = i = 3\,\%$
2. $K_5 = K_0\,(1+3\,\%/4)^{4\cdot 5} \approx 1.1612\,K_0$,
   $i_{\text{eff}} = \left(1+\frac{3\,\%}{4}\right)^4 - 1 \approx 3.03\,\%$, $\hat{i}_4 = \sqrt[4]{1+3\,\%} - 1 \approx 0.74\,\%$, d. h., $\hat{i} \approx 2.97\,\%$.
3. $K_5 = K_0\,(1+3\,\%/12)^{12\cdot 5} \approx 1.1616\,K_0$,
   $i_{\text{eff}} = \left(1+\frac{3\,\%}{12}\right)^{12} - 1 \approx 3.04\,\%$, $\hat{i}_{12} = \sqrt[12]{1+3\,\%} - 1 \approx 0.247\,\%$, d. h., $\hat{i} \approx 2.96\,\%$.

---

### 3.1.5 Stetige Verzinsung

**Ausgangssituation**

Wird bei der unterjährigen Verzinsung die Anzahl $m$ der Unterteilungen einer Zinsperiode $\Delta t$ und der Prozess der Verzinsung für $m \to \infty$ betrachtet, so ergibt sich die stetige Verzinsung (siehe **Bild 3.7**). Gesucht ist wieder der Endwert $K_t$ des Kapitals $K_0$ bei konstantem Zinssatz $i$ während der gesamten Laufzeit $t$.

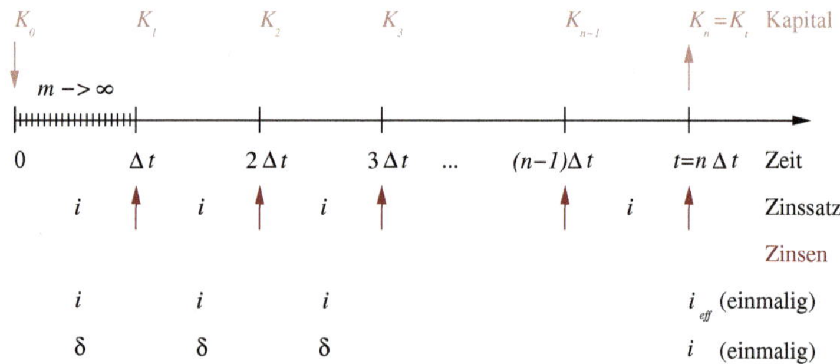


**Bild 3.7** Stetige Verzinsung

**Herleitung**

Aus der Gleichung (3.23) zur Berechnung des Endwertes bei der unterjährigen Verzinsung folgt mit dem Grenzwert

$$\lim_{m \to \infty} \left( \left( 1 + \frac{i\Delta t}{m} \right)^m \right)^n = e^{i\Delta tn}$$

und der Laufzeit $t = \Delta tn$ der Endwert bei stetiger Verzinsung

$$K_t = K_0 e^{i\Delta tn} = K_0 e^{it}. \tag{3.31}$$

Umstellen dieser Gleichung nach $K_0$ ergibt den Anfangswert in Abhängigkeit vom Endwert $K_t$ und der Laufzeit $t$

$$K_0 = K_t e^{-it}.$$

**Bemerkung 3.14**

**Effektiver Zinssatz**

1. Als effektiver Zinssatz $i_{\text{eff}}$ wird derjenige Zinssatz bezeichnet, der in der Laufzeit $t$ zugrunde gelegt werden muss, um bei einmaliger Verzinsung am Ende der gesamten Laufzeit dasselbe Kapital zu erhalten wie bei der stetigen Verzinsung mit dem Zinssatz $i$ (siehe **Bild 3.7**). Aus der Gleichung

   $$K_t = K_0 e^{it} = K_0(1 + i_{\text{eff}} t)$$

   folgt durch Umstellen nach $i_{\text{eff}}$

   $$i_{\text{eff}} = \frac{e^{it} - 1}{t} \tag{3.32}$$

und für die Laufzeit $t = 1$ (z. B. ein Jahr)

$$i_{\text{eff}} = e^{i} - 1 \quad \text{bzw.} \quad i = \ln(1 + i_{\text{eff}}). \tag{3.33}$$

**Äquivalente Zinsintensität**

2. Als zum Zinssatz $i$ äquivalente Zinsintensität $\delta$ wird derjenige Zinssatz bezeichnet, der bei stetiger Verzinsung mit dem Zinssatz $\delta$ nach der Laufzeit $t$ dasselbe Kapital wie bei einmaliger Verzinsung mit dem Zinssatz $i$ ergibt (siehe **Bild 3.7**). Aus der Gleichung

$$K_t = K_0 e^{\delta t} = K_0(1 + it)$$

folgt durch Umstellen nach $\delta$

$$\delta = \frac{\ln(1 + it)}{t} \tag{3.34}$$

und für die Laufzeit $t = 1$

$$\delta = \ln(1 + i) \quad \text{bzw.} \quad i = e^{\delta} - 1. \tag{3.35}$$

**Vergleich der Zinssätze**

3. Für den effektiven Zinssatz $i_{\text{eff}}$, den Bankzinssatz $i$ und die äquivalente Zinsintensität $\delta$ gilt die folgende Ungleichung, die sich mithilfe der Gleichungen (3.34) und (3.32) und der Taylorzerlegung (siehe z. B. [30], [3]) ergibt:

$$\delta \leq i \leq i_{\text{eff}}, \quad \text{Gleichheit für } i = 0.$$

**Beispiel 3.15**

**Stetige Verzinsung**

Um das Wievielfache wächst ein Kapital in fünf Jahren, wenn der Zinssatz 3 % p. a. bei stetiger Verzinsung zugrunde gelegt wird? Welchem effektiven Zinssatz bzw. welcher äquivalenten Zinsintensität entspricht das jeweils?

Mit Gleichung (3.31), (3.32) und (3.34) ist

$$\begin{aligned} K_5 &= K_0 e^{3\,\% \cdot 5} && \approx 1.1618\, K_0, \\ i_{\text{eff}} &= \left(e^{3\,\% \cdot 5} - 1\right)/5 && \approx 0.0324 = 3.24\,\%, \\ \delta &= \ln(1 + 3\,\% \cdot 5)/5 && \approx 0.0279 = 2.79\,\%. \end{aligned}$$

Zum Vergleich mit **Beispiel 3.13** ist der effektive Zinssatz bzw. die äquivalente Zinsintensität bezogen auf ein Jahr zu ermitteln. Mit Gleichung (3.33) und (3.35) ist

$$\begin{aligned} i_{\text{eff}} &= e^{3\,\%} - 1 && \approx 0.03045 \approx 3.05\,\%, \\ \delta &= \ln(1 + 3\,\%) && \approx 0.02955 \approx 2.96\,\%. \end{aligned}$$

So ergibt sich bei der stetigen Verzinsung der größte Endwert, der größte effektive Zinssatz $i_{\text{eff}}$ und die kleinste Zinsintensität $\delta$ bei gleichem Zinssatz $i$ und gleichem Startkapital $K_0$.

### 3.1.6 Zusammenfassung

Die folgende **Tabelle 3.2** enthält die Formeln für die lineare, regelmäßige, geometrische, unterjährige und stetige Verzinsung.

**Tabelle 3.2** Verzinsung

| Formel | Bedeutung |
|---|---|
| Lineare Verzinsung | |
| $Z_t = K_0 it$ | Zinsbetrag zum Zeitpunkt $t$ |
| $K_t = K_0(1+it)$ | Zeitwert, Endwert zum Zeitpunkt $t$ |
| $K_0 = K_t/(1+it)$ | Anfangskapital, Barwert |
| $K_0 = K_t(1-it)$ | Barwert bei kaufmännischer Diskontierung |
| $i = (K_t - K_0)/(K_0 t)$ | Zinssatz |
| $i_{\text{eff}} = i/(1-it)$ | effektiver Zinssatz bei kaufmännischer Diskontierung |
| $t = (K_t - K_0)/(K_0 i)$ | Laufzeit |
| Lineare Verzinsung, regelmäßige Zahlungen der Höhe $r$, $n$ Perioden der Dauer $t/n$ | |
| $K_n = r(n + 0.5(n+1)it)$ | Endwert nach $n$ Perioden, vorschüssig |
| $K_n = r(n + 0.5(n-1)it)$ | Endwert nach $n$ Perioden, nachschüssig |
| $K_{12} = r(12 + 6.5i)$ | vorschüssig, $t=1$ Jahr, $n=12$ Monate, $i$ – Zinssatz p. a. |
| $K_{12} = r(12 + 5.5i)$ | nachschüssig, $t=1$ Jahr, $n=12$ Monate, $i$ – Zinssatz p. a. |
| Geometrische Verzinsung | |
| $K_n = K_0(1+i)^n = K_0 q^n$ | Endwert nach $n$ Perioden, konstanter Zinssatz $i$ |
| $K_0 = K_n/(1+i)^n = K_n/q^n$ | Anfangskapital, Barwert |
| $i = \sqrt[n]{K_n/K_0} - 1$ | Zinssatz |
| $n = (\ln K_n - \ln K_0)/\ln q$ | Anzahl der Perioden |
| $n \approx 0.69/i$ | Faustformel für Verdopplung eines Kapitals |
| $K_n = K_0 q_1 q_2 \ldots q_n$ | Endwert bei wechselnder Verzinsung mit Zinsfaktoren $q_j$ |
| $K_t = K_0(1+it_1)(1+i)^n(1+it_2)$ | gemischte (taggenaue) Verzinsung, $n$ – Anzahl ganzer Perioden, $t_1$, $t_2$ – Länge angebrochener Perioden |
| $K_t \approx K_0(1+i)^{(n+t_1+t_2)}$ | näherungsweise gemischte Verzinsung mit nicht ganzzahligem Exponenten |
| Unterjährige Verzinsung | |
| $K_n = K_0(1+i/m)^{mn}$ | Endwert nach $n$ Perioden zu je $m$ Teilperioden |
| $i_m = i/m$ | relativer unterjähriger Zinssatz |
| $i_{\text{eff}} = (1+i_m)^m - 1$ | effektiver Jahreszinssatz |
| $\hat{i}_m = \sqrt[m]{1+i} - 1$ | äquivalenter relativer unterjähriger Zinssatz |
| Stetige Verzinsung | |
| $K_t = K_0 \mathrm{e}^{it}$ | Endwert zum Zeitpunkt $t$ |
| $K_0 = K_t \mathrm{e}^{-it}$ | Barwert |
| $i_{\text{eff}} = \mathrm{e}^i - 1$ | effektiver Jahreszinssatz |
| $\delta = \ln(1+i)$ | zu $i$ äquivalente Zinsintensität |

## 3.2 Tilgungsrechnung

Gegenstand der Tilgungsrechnung ist die Berechnung der Rückzahlungsraten in den Zinsperioden (in der Regel jährlich) für Zinsen und Tilgung eines aufgenommenen Kapitalbetrages (Schuld, Darlehen, Hypothek, Kredit). Diese werden in sogenannten Tilgungsplänen zusammengestellt. In jeder Zinsperiode ist zur Abtragung der Schuld eine Zahlung (Annuität) zu leisten, die sowohl die Tilgungsrate zur Verringerung der Schuld als auch die Zinsen auf die jeweils vorhandene Restschuld beinhaltet. Pro Zinsperiode wird die Restschuld zu Beginn der Zinsperiode, die Annuität, die Tilgung, die Zinsen und die Restschuld am Ende der Zinsperiode in den Tilgungsplan eingetragen. Am Ende der Laufzeit soll dabei die Restschuld gleich null betragen, d. h., die Schuld ist dann vollständig getilgt. Oft sind auch Bestimmungsgrößen wie z. B. Laufzeit oder Effektivverzinsung gesucht. Es werden verschiedene Tilgungsarten unterschieden:

**Bezeichnungen**

| | |
|---|---|
| $n$ | Anzahl der Rückzahlungsperioden |
| $i$ | Zinssatz |
| $q = 1 + i$ | Zinsfaktor |
| $S_0$ | Anfangsschuld |
| $S_k$ | Restschuld Periode $k$ |
| $T_k$ | Tilgung Periode $k$ |
| $Z_k$ | Zinsen Periode $k$ |
| $A_k$ | Annuität Periode $k$ |

- Bei der **Annuitätentilgung** sind die Annuitäten, d. h., die Rückzahlungsbeträge, in jeder Zinsperiode konstant. Die Tilgungsbeträge sind steigend, die Zinsen fallend.
- Bei der **Ratentilgung** sind die Tilgungsbeträge in jeder Zinsperiode konstant. Die Zinsen sind fallend, die Annuitäten auch.
- Bei der **Zinsschuldtilgung** erfolgen zunächst nur Zinszahlungen auf die Gesamtschuld. Erst in der letzten Periode werden letztmalig Zinsen auf die Gesamtschuld bezahlt und außerdem die Gesamtschuld auf einmal getilgt. Die Zinsen sind damit konstant, die Annuität auch (bis auf die letzte Zahlungsperiode).

### 3.2.1 Tilgungsprozess

Für den Tilgungsprozess werden folgende Voraussetzungen getroffen:

Die Länge einer Zinsperiode beträgt 1 (z. B. ein Jahr).
Der Zinssatz $i$ pro Zinsperiode ist in allen Zinsperioden konstant.
Die Annuität wird jeweils am Ende einer Zinsperiode gezahlt.

**Annuität**

Eine Schuld $S_0$ soll nach $n$ Zinsperioden mit $n$ Rückzahlungen vollständig getilgt sein. Die Annuität $A_k$ in der $k$-ten Periode ist dabei die Summe aus der Tilgung $T_k$ und den auf die Restschuld $S_k$ zu zahlenden Zinsen $Z_k$:

$$A_k = T_k + Z_k, \qquad k = 1, ..., n. \tag{3.36}$$

**Zinsen**

Die Zinsen $Z_k$ berechnen sich aus der zu Beginn der $k$-ten Zahlungsperiode vorhandenen Restschuld $S_{k-1}$ durch Multiplikation mit dem Zinssatz $i$:

$$Z_k = iS_{k-1}, \qquad k = 1, ..., n. \tag{3.37}$$

**Summe der Tilgungen** Wenn die Schuld $S_0$ nach $n$ Zinsperioden durch die Tilgungen vollständig abgetragen ist, beträgt die Summe aller Tilgungen $S_0$:

$$\sum_{k=1}^{n} T_k = S_0. \tag{3.38}$$

**Restschuld** Die Restschuld am Ende der Laufzeit beträgt gleich null, d. h., die Schuld ist vollständig getilgt:

$$S_n = 0. \tag{3.39}$$

Die Restschuld am Ende der $k$-ten Zinsperiode berechnet sich aus der zuvor vorhandenen Restschuld am Ende der $(k-1)$-ten (bzw. zu Beginn der $k$-ten) Zinsperiode durch Subtraktion des Tilgungsbetrages $T_k$

$$S_k = S_{k-1} - T_k, \qquad k = 1, ..., n. \tag{3.40}$$

Wird der Tilgungsbetrag $T_k$ mit Gleichung (3.36) ersetzt, so ergibt sich

$$S_k = S_{k-1} - A_k + Z_k, \qquad k = 1, ..., n. \tag{3.41}$$

### 3.2.2 Annuitätentilgung

**Restschuld** Bei konstanter Annuität $A_k = A$ errechnet sich die Restschuld am Ende der ersten Zahlungsperiode nach Gleichung (3.41)

$$S_1 = S_0 - A_1 + Z_1 = S_0 - A + iS_0 = qS_0 - A, \tag{3.42}$$

wobei $q = 1 + i$ der Zinsfaktor ist. Analog ergibt sich die Restschuld am Ende der zweiten Zahlungsperiode

$$S_2 = S_1 - A_2 + Z_2 = S_1 - A + iS_1 = qS_1 - A \quad \text{usw.} \tag{3.43}$$

Rekursiv folgt die Gleichung zur Berechnung der Restschuld $S_{k+1}$ aus der zuvor vorhandenen Schuld $S_k$

$$S_k = qS_{k-1} - A, \qquad k = 1, ..., n. \tag{3.44}$$

Einsetzen der Gleichung (3.42) in Gleichung (3.43) ergibt

$$S_2 = q^2 S_0 - (q + 1)A.$$

Wird diese Gleichung wiederum in Gleichung (3.44) für $k = 2$ zur Berechnung der Schuld $S_3$ eingesetzt, so ergibt sich

$$S_3 = q^3 S_0 - \left(q^2 + q + 1\right) A \quad \text{usw.}$$

Explizit folgt die Gleichung zur Berechnung der Restschuld aus der Anfangsschuld $S_0$

$$S_k = q^k S_0 - \left(q^{k-1} + q^{k-2} + ... + q + 1\right) A$$
$$= q^k S_0 - A\frac{q^k - 1}{q - 1}, \qquad k = 1, ..., n. \tag{3.45}$$

**Annuität**

Nach Ablauf der $n$-ten Zinsperiode soll die Schuld getilgt sein. Mit den Gleichungen (3.45) für $k = n$ und (3.39) ergibt sich durch Umstellen nach der Annuität $A$

$$A = S_0 \frac{q^n (q - 1)}{q^n - 1}. \tag{3.46}$$

**Anfangsschuld**

Wird diese Gleichung nach der Anfangsschuld $S_0$ umgestellt, so ergibt diese sich in Abhängigkeit von der Annuität $A$

$$S_0 = A\frac{q^n - 1}{q^n (q - 1)}.$$

**Tilgungsbetrag**

Für den Tilgungsbetrag $T_k$ folgt aus den Gleichungen (3.36) und (3.37)

$$T_k = A - iS_{k-1} \tag{3.47}$$

und mit der Rekursion (3.44)

$$T_k = A - i(qS_{k-2} - A) = A - i((1 + i)S_{k-2} - A))$$
$$= (A - iS_{k-2})(1 + i),$$

woraus sich mit Gleichung (3.47) und dem Zinsfaktor $q = 1 + i$ rekursiv

$$T_1 = A - iS_0, \qquad T_k = qT_{k-1}, \qquad k = 2, ..., n$$

ergibt. Daraus folgt explizit für den Tilgungsbetrag $T_k$

$$T_k = q^{k-1}T_1, \qquad k = 2, ..., n.$$

**Zinsbetrag**

Für den Zinsbetrag ergibt sich mit Gleichung (3.37) und der Rekursion (3.44)

$$Z_k = iS_{k-1} = i(qS_{k-2} - A) = qiS_{k-2} - iA$$

und damit rekursiv

$$Z_1 = iS_0, \qquad Z_k = qZ_{k-1} - iA, \qquad k = 2, ..., n.$$

Daraus ergibt sich durch sukzessives Einsetzen explizit

$$\begin{aligned} Z_k &= q^{k-1} Z_1 - iA \left(q^{k-2} + q^{k-3} + \ldots + 1\right) \\ &= q^{k-1} Z_1 - iA \frac{q^{k-1} - 1}{q - 1} \\ &= q^{k-1} Z_1 - A \left(q^{k-1} - 1\right) \end{aligned}$$

und mit $T_1 = A - Z_1 = A - iS_0$ schließlich

$$Z_k = A - q^{k-1} T_1, \qquad k = 1, \ldots, n.$$

Die Summe der Zinsen ist damit

$$\sum_{k=1}^{n} Z_k = \sum_{k=1}^{n} \left(A - q^{k-1} T_1\right) = nA - T_1 \frac{q^n - 1}{q - 1}.$$

**Rückzahlungsperioden**

Wird Gleichung (3.46) nach der Anzahl $n$ der Rückzahlungsperioden umgestellt, so folgt

$$n = \frac{1}{\ln q} \left(\ln A - \ln T_1\right).$$

**Annuitätentilgung**

**Beispiel 3.16**

Für einen Kreditbetrag von $S_0 = 100\,000$ € ist eine jährlich konstante Annuität von $A = 11\,300$ € bei einem jährlich konstanten Zinssatz von $i = 5\,\%$ vereinbart worden. In welcher Zeit ist das Darlehen vollständig getilgt? Welche Geldsumme muss im letzten Tilgungsjahr zurückbezahlt werden?

Der Tilgungsbetrag im ersten Jahr ist

$T_1 = A - iS_0 = 11\,300 - 0.05 \cdot 100\,000 = 6\,300$ [€].

Damit ergibt sich die Anzahl der Jahre der Rückzahlung zu

$n = (\ln A - \ln T_1) / \ln q = (\ln 11\,300 - \ln 6\,300) / \ln 1.05 \approx 11.97.$

Die Restschuld im letzten, d. h., dem 12. Tilgungsjahr, beträgt

$S_{11} = S_0 - T_1(q^{11} - 1)/(q - 1) = 100\,000 - 6\,300 \cdot (1.05^{11} - 1)/0.05 \approx 10\,497.24$ [€].

Im letzten Jahr muss somit als Annuität der folgende Betrag zurückbezahlt werden:

$A_{12} = (S_{11} + iS_{11}) \approx 11\,022.10$ [€].

Die Zinsen in $n = 11$ vollen und dem angebrochenen 12. Jahr belaufen sich insgesamt auf

$nA - T_1(q^n - 1)/(q - 1) + iS_{11} = 11 \cdot 11\,300 - 6\,300(1.05^{11} - 1)/0.05 + 524.86 \approx 35\,322.10$ [€].

Der Tilgungsplan ist in **Tabelle 3.3** angegeben.

**Tabelle 3.3** Tilgungsplan der Annuitätentilgung

| Jahr $k$ | Restschuld zu Periodenbeginn $S_{k-1}$ | Zinsen $Z_k$ | Tilgung $T_k$ | Annuität $A_k$ | Restschuld zu Periodenende $S_k$ |
|---|---|---|---|---|---|
| 1 | 100 000.00 | 5 000.00 | 6 300.00 | 11 300.00 | 93 700.00 |
| 2 | 93 700.00 | 4 685.00 | 6 615.00 | 11 300.00 | 87 085.00 |
| 3 | 87 085.00 | 4 354.25 | 6 945.75 | 11 300.00 | 80 139.25 |
| 4 | 80 139.25 | 4 006.96 | 7 293.04 | 11 300.00 | 72 846.21 |
| 5 | 72 846.21 | 3 642.31 | 7 657.69 | 11 300.00 | 65 188.52 |
| 6 | 65 188.52 | 3 259.45 | 8 040.57 | 11 300.00 | 57 147.95 |
| 7 | 57 147.95 | 2 857.40 | 8 442.60 | 11 300.00 | 48 705.35 |
| 8 | 48 705.35 | 2 435.27 | 8 864.73 | 11 300.00 | 39 840.61 |
| 9 | 39 840.61 | 1 992.03 | 9 307.97 | 11 300.00 | 30 532.64 |
| 10 | 30 532.64 | 1 526.63 | 9 773.37 | 11 300.00 | 20 759.28 |
| 11 | 20 759.28 | 1 037.96 | 10 262.04 | 11 300.00 | 10 497.24 |
| 12 | 10 497.24 | 524.86 | 10 497.24 | 11 022.10 | 0.00 |
| Summen | | 35 322.10 | 100 000.00 | 135 322.10 | |

### 3.2.3 Ratentilgung

**Tilgungsbetrag**

Bei der Ratentilgung ist der Tilgungsbetrag $T_k$ in jeder Rückzahlungsperiode konstant. Werden $n$ Rückzahlungsperioden vereinbart, nach denen die Anfangsschuld vollständig getilgt sein muss, so ergibt sich mit Gleichung (3.38)

$$T_k = T = \frac{S_0}{n}. \tag{3.48}$$

**Restschuld**

Für die Restschuld $S_k$ nach der $k$-ten Rückzahlungsperiode gilt mit Gleichung (3.40) und (3.48)

$$S_k = S_{k-1} - T = S_{k-1} - \frac{S_0}{n}, \qquad k = 1, ..., n.$$

Wird nacheinander in die Gleichung für $S_k$ die Gleichung für $S_{k-1}$ eingesetzt, so ergibt sich explizit

$$S_k = S_0\left(1 - \frac{k}{n}\right), \qquad k = 1, ..., n. \tag{3.49}$$

**Zinsbetrag**

Der Zinsbetrag $Z_k$ in der $k$-ten Rückzahlungsperiode ergibt sich unmittelbar aus Gleichung (3.37) und (3.49)

$$Z_k = iS_{k-1} = iS_0\left(1 - \frac{k-1}{n}\right), \qquad k = 1, ..., n. \tag{3.50}$$

Die Summe der Zinsen ist damit

$$\sum_{k=1}^{n} Z_k = iS_0 \sum_{k=1}^{n} \left(1 - \frac{k-1}{n}\right) = iS_0 \frac{n+1}{2}.$$

**Annuität**

Für die Annuität $A_k$ in der $k$-ten Rückzahlungsperiode folgt aus Gleichung (3.37) und (3.50)

$$A_k = T + Z_k = \frac{S_0}{n}\left(1 + (n-k+1)i\right), \qquad k = 1, ..., n.$$

**Ratentilgung**

**Beispiel 3.17**

Ein Kreditbetrag von $S_0 = 100\,000$ € soll in $n = 12$ Jahren bei konstanter jährlicher Tilgung bei einem Jahreszinssatz von $i = 5\,\%$ zurückbezahlt werden. Wie viele Zinsen sind insgesamt zu zahlen? Wie hoch ist die Annuität im fünften Jahr?

Die Zinsen betragen insgesamt

$\sum_{k=1}^{n} Z_k = S_0 i(n+1)/2 = 100\,000 \cdot 0.05 \cdot 13/2 = 32\,500$ [€].

Die Annuität im fünften Jahr beträgt

$A_5 = S_0(1 + (n-5+1)i)/n = 100\,000 \cdot (1 + 8 \cdot 0.05)/12 = 11\,666.67$ [€].

Der Tilgungsplan ist in **Tabelle 3.4** angegeben.

**Tabelle 3.4** Tilgungsplan der Ratentilgung

| Jahr | Restschuld zu Periodenbeginn | Zinsen | Tilgung | Annuität | Restschuld zu Periodenende |
|---|---|---|---|---|---|
| $k$ | $S_{k-1}$ | $Z_k$ | $T_k$ | $A_k$ | $S_k$ |
| 1 | 100 000.00 | 5 000.00 | 8 333.33 | 13 333.33 | 91 666.67 |
| 2 | 91 666.67 | 4 583.33 | 8 333.33 | 12 916.67 | 83 333.33 |
| 3 | 83 333.33 | 4 166.67 | 8 333.33 | 12 500.00 | 75 000.00 |
| 4 | 75 000.00 | 3 750.00 | 8 333.33 | 12 083.33 | 66 666.67 |
| 5 | 66 666.67 | 3 333.33 | 8 333.33 | 11 666.67 | 58 333.33 |
| 6 | 58 333.33 | 2 916.67 | 8 333.33 | 11 250.00 | 50 000.00 |
| 7 | 50 000.00 | 2 500.00 | 8 333.33 | 10 833.33 | 41 666.67 |
| 8 | 41 666.67 | 2 083.33 | 8 333.33 | 10 416.67 | 33 333.33 |
| 9 | 33 333.33 | 1 666.67 | 8 333.33 | 10 000.00 | 25 000.00 |
| 10 | 25 000.00 | 1 250.00 | 8 333.33 | 9 583.33 | 16 666.67 |
| 11 | 16 666.67 | 833.33 | 8 333.33 | 9 166.67 | 8 333.33 |
| 12 | 8 333.33 | 416.67 | 8 333.33 | 8 750.00 | 0.00 |
| Summen | | 32 500.00 | 100 000.00 | 132 500.00 | |

### 3.2.4 Zinsschuldtilgung

Bei der Zinsschuldtilgung werden in den ersten $n-1$ Rückzahlungsperioden nur die Zinsen auf die Anfangsschuld $S_0$ bezahlt. In der letzten Rückzahlungsperiode wird die gesamte Schuld sowie die Zinsen bezahlt. Damit sind bei der Zinsschuldtilgung die Zinsen in jeder Rückzahlungsperiode konstant. Es ist

$$\begin{aligned} A_k &= Z_k = iS_0, \; T_k = 0, \quad S_k = S_0, \; k = 1, ..., n-1, \\ A_n &= S_0(1+i), \; Z_n = iS_0, \; T_n = S_0, \; S_n = 0, \\ \sum_{k=1}^{n} Z_k &= iS_0 n. \end{aligned}$$

**Beispiel 3.18**

**Zinsschuldtilgung**

Ein Kreditbetrag von $S_0 = 100\,000$ € soll in $n = 12$ Jahren mit Zinsschuldtilgung bei einem Jahreszinssatz von $i = 5\,\%$ zurückbezahlt werden. Wie viele Zinsen sind insgesamt zu zahlen?

Die Zinsen betragen insgesamt

$\sum_{k=1}^{n} Z_k = iS_0 n = 100\,000 \cdot 0.05 \cdot 12 = 60\,000$ [€].

Der Tilgungsplan ist in **Tabelle 3.5** angegeben.

**Tabelle 3.5** Tilgungsplan der Zinsschuldtilgung

| Jahr | Restschuld zu Periodenbeginn | Zinsen | Tilgung | Annuität | Restschuld zu Periodenende |
|---|---|---|---|---|---|
| $k$ | $S_{k-1}$ | $Z_k$ | $T_k$ | $A_k$ | $S_k$ |
| 1 | 100 000.00 | 5 000.00 | 0.00 | 5 000.00 | 100 000.00 |
| 2 | 100 000.00 | 5 000.00 | 0.00 | 5 000.00 | 100 000.00 |
| 3 | 100 000.00 | 5 000.00 | 0.00 | 5 000.00 | 100 000.00 |
| 4 | 100 000.00 | 5 000.00 | 0.00 | 5 000.00 | 100 000.00 |
| 5 | 100 000.00 | 5 000.00 | 0.00 | 5 000.00 | 100 000.00 |
| 6 | 100 000.00 | 5 000.00 | 0.00 | 5 000.00 | 100 000.00 |
| 7 | 100 000.00 | 5 000.00 | 0.00 | 5 000.00 | 100 000.00 |
| 8 | 100 000.00 | 5 000.00 | 0.00 | 5 000.00 | 100 000.00 |
| 9 | 100 000.00 | 5 000.00 | 0.00 | 5 000.00 | 100 000.00 |
| 10 | 100 000.00 | 5 000.00 | 0.00 | 5 000.00 | 100 000.00 |
| 11 | 100 000.00 | 5 000.00 | 0.00 | 5 000.00 | 100 000.00 |
| 12 | 100 000.00 | 5 000.00 | 100 000.00 | 105 000.00 | 0.00 |
| Summen | | 60 000.00 | 100 000.00 | 160 000.00 | |

### 3.2.5 Zusammenfassung

Die **Tabelle 3.6** enthält die Formeln zur Berechnung eines Tilgungsplanes, d. h., Restschuld, Annuität, Tilgungsrate und Zinssatz sowie die Anzahl der Tilgungsperioden für die Annuitäten-, Raten- und Zinsschuldtilgung.

**Tabelle 3.6** Tilgung

| Tilgung | rekursiv | | explizit | |
|---|---|---|---|---|
| **Annuitätent.** | $k=1$ | $k=2,\ldots,n$ | $k=1,\ldots,n$ | |
| Restschuld $S_k$ | $qS_0-A$ | $qS_{k-1}-A$ | $S_0q^k-A(q^k-1)/(q-1)$ $=S_0-T_1(q^k-1)/(q-1)$ | |
| Annuität $A_k$ | $A=\text{const}$ | $A=\text{const}$ | $S_0q^n(q-1)/(q^n-1)$ | |
| Tilgung $T_k$ | $A-iS_0$ | $qT_{k-1}$ | $T_1q^{k-1}=(A-S_0i)q^{k-1}$ | |
| Zinsen $Z_k$ | $iS_0$ | $qZ_{k-1}-iA$ | $A-T_1q^{k-1}=A-(A-S_0i)q^{k-1}$ | |
| Summe der Zinsen | | | $\sum_{k=1}^{n} Z_k=nA-T_1\frac{q^n-1}{q-1}$ | |
| Perioden $n$ | | | $(\ln A-\ln(A-S_0i))/\ln q$ | |
| **Ratentilgung** | $k=1$ | $k=2,\ldots,n$ | $k=1,\ldots,n$ | |
| Restschuld $S_k$ | $S_0(1-1/n)$ | $S_{k-1}-S_0/n$ | $S_0(1-k/n)$ | |
| Annuität $A_k$ | $T+iS_0$ | $A_{k-1}-iS_0/n$ | $S_0(1+(n-k+1)i)/n$ | |
| Tilgung $T_k$ | $T=\text{const}$ | $T=\text{const}$ | $T=S_0/n$ | |
| Zinsen $Z_k$ | $iS_0$ | $Z_{k-1}-iS_0/n$ | $S_0i(n-k+1)/n$ | |
| Summe der Zinsen | | | $\sum_{k=1}^{n} Z_k=iS_0(n+1)/2$ | |
| Perioden $n$ | | | $S_0/T$ | |
| **Zinsschuldt.** | $k=1$ | $k=2,\ldots,n$ | $k=1,\ldots,n-1$ | $k=n$ |
| Restschuld $S_k$ | $S_0$ | $S_{k-1}$ | $S_0$ | $0$ |
| Annuität $A_k$ | $0$ | $A_{k-1}$ | $iS_0$ | $S_0(1+i)$ |
| Tilgung $T_k$ | $0$ | $T_{k-1}$ | $0$ | $S_0$ |
| Zinsen $Z_k$ | $0$ | $Z_{k-1}$ | $iS_0$ | $iS_0$ |
| Summe der Zinsen | | | $\sum_{k=1}^{n} Z_k=iS_0n$ | |

## 3.3 Investitionsrechnung

Die mehrperiodige Investitionsrechnung liefert Modelle und Methoden zur Beurteilung von Investitionen. Dabei werden in jeder Zinsperiode mögliche Einnahmen und Ausgaben im Zusammenhang mit dieser Investition berücksichtigt. Bewertet werden soll eine Investition im Zeitraum von $n$ Perioden (Jahren), wobei im $k$-ten Jahr Einnahmen $E_k$ und Ausgaben $A_k$ von i. Allg. unterschiedlicher Höhe vorhanden sind.

**Bezeichnungen**

- $E_k$ Einnahme im $k$-ten Jahr
- $A_k$ Ausgabe im $k$-ten Jahr
- $C_k$ Einnahmeüberschuss im $k$-ten Jahr
- $K_{\mathrm{E}}$ Barwert der Einnahmen
- $K_{\mathrm{A}}$ Barwert der Ausgaben
- $C$ Barwert der Investition
- $G$ Wiederkehrender Betrag
- $K$ Barwert des wiederkehrenden Betrages
- $n$ Anzahl der Perioden
- $q$ Zinsfaktor

### 3.3.1 Kapitalwertmethode

**Ausgangssituation**

Zur Beurteilung der Wirtschaftlichkeit einer Investition wie z. B. bei der Bewertung von Grundstücken oder Gebäuden wird der Barwert (Kapitalwert) $C$ aller Einnahmeüberschüsse, basierend auf einem sogenannten Kalkulationszinssatz $i$, ermittelt. Die Investition mit dem größten Barwert ist die beste.

Für $C = 0$ erfolgt die Investition mit dem Kalkulationszinssatz.
Für $C > 0$ erfolgt die Investition mit einem höheren Zinssatz als dem Kalkulationszinssatz, was als vorteilhaft anzusehen ist.

**Herleitung**

In **Abschnitt 3.1.3** wurde der Zusammenhang zwischen dem Barwert (Kapitalwert) $K_0$ und seinem Endwert $K_k$ nach $k$ Zinsperioden mit dem Zinssatz $i$ bei geometrischer Verzinsung hergeleitet:

$$K_k = q^k K_0.$$

**Barwerte der Einnahmen bzw. Ausgaben**

Der Barwert einer Einnahme $E_k$ in der $k$-ten Zinsperiode ist somit

$$E_0 = \frac{E_k}{q^k}.$$

Der Barwert aller Einnahmen in den Zinsperioden $0, ..., n$ ist die Summe der Barwerte der Einnahmen $E_0$, $E_1$, ..., $E_n$

$$K_\mathrm{E} = \sum_{k=0}^{n} \frac{E_k}{q^k}. \tag{3.51}$$

Entsprechend ist der Barwert aller Ausgaben in den Zinsperioden $0, ..., n$ die Summe der Barwerte der Ausgaben $A_0$, $A_1$, ..., $A_n$:

$$K_\mathrm{A} = \sum_{k=0}^{n} \frac{A_k}{q^k}. \tag{3.52}$$

Als Barwert aller Einnahmeüberschüsse $C_k = E_k - A_k$ in den Zinsperioden $0, ..., n$ ergibt sich analog

$$C = K_\mathrm{E} - K_\mathrm{A} = \sum_{k=0}^{n} \frac{C_k}{q^k}. \tag{3.53}$$

**Barwert wiederkehrender Einnahmen bzw. Ausgaben**

Ist die Einnahme bzw. Ausgabe in den Zinsperioden $0, ..., n$ konstant gleich $G$, so ergibt sich als Sonderfall der Formeln (3.51) bzw. (3.52) für $A_k = G$ bzw. $E_k = G$, $k = 0, ..., n$, für den Barwert $K$

$$K=\sum_{k=0}^{n}\frac{G}{q^k}=G\sum_{k=0}^{n}\frac{1}{q^k}=G\frac{q^{n+1}-1}{iq^n}.$$

Ist die Einnahme bzw. Ausgabe in den Zinsperioden $m_a,...m_e$ konstant gleich $G$, so ergibt sich als Sonderfall der Formeln (3.51) bzw. (3.52) für $A_k = G$ bzw. $E_k = G$, $k = m_a,...,m_e$, für den Barwert $K$ in diesen Zinsperioden

$$K=\sum_{k=m_a}^{m_e}\frac{G}{q^k}=G\sum_{k=m_a}^{m_e}\frac{1}{q^k}=\frac{G}{q^{m_a}}\sum_{k=0}^{m_e-m_a}\frac{1}{q^k}=G\frac{q^{m_e-m_a+1}-1}{iq^{m_e}}. \quad (3.54)$$

**Bewertung der Investition in eine Immobilie**

**Beispiel 3.19**

Herr W. Ohnen erwarb ein Mietshaus für 500 000 €. Er erwartet in den folgenden 20 Jahren Mieteinnahmen von jeweils 60 000 € und rechnet mit durchschnittlichen Unterhaltungskosten von 10 000 € pro Jahr. Ist die Investition als vorteilhaft einzuschätzen, wenn er einen Kalkulationszinssatz von $i = 7\,\%$ p. a. voraussetzt?

Der Barwert der in den Jahren $1,...,20$ wiederkehrenden Einnahmen von jeweils 60 000 € beträgt nach Formel (3.54) mit $G = 60\,000$ €, $m_a = 1$, $m_e = 20$

$$K_{\mathrm{E}}=60\,000\sum_{k=1}^{20}\frac{1}{1.07^k}=60\,000\cdot\frac{1.07^{20}-1}{0.07\cdot 1.07^{20}}\approx 635\,640.85\ [€].$$

Der Barwert der einmaligen Ausgabe von 500 000 € und der in den Jahren $1,...,20$ wiederkehrenden Ausgabe von 10 000 € beträgt nach Formel (3.54) mit $G = 10\,000$ €, $m_a = 1$, $m_e = 20$

$$K_{\mathrm{A}}=500\,000+10\,000\sum_{k=1}^{20}\frac{1}{1.07^k}=500\,000+10\,000\cdot\frac{1.07^{20}-1}{0.07\cdot 1.07^{20}}\approx 605\,940.14\ [€].$$

Wegen $K_{\mathrm{E}} > K_{\mathrm{A}}$, d. h., $C > 0$, ist die Investition bei einem erwarteten Zinssatz von $i = 7\,\%$ als vorteilhaft einzuschätzen.

### 3.3.2 Methode des internen Zinsfußes

**Ausgangssituation**

Als **interner Zinsfuß** oder **Rendite** einer Investition wird derjenige Zinsfuß $p = 100\,i_{\text{int}}$ bezeichnet, für den der Barwert $C$ der Investition mit dem entsprechenden Zinssatz $i_{\text{int}}$ gleich null ist ([9]). Eine Investition ist umso besser, desto höher ihr interner Zinsfuß ist.

**Herleitung**

Der dem internen Zinsfuß entsprechende Zinsfaktor wird mit $q_{\text{int}}$ bezeichnet. Nach Formel (3.53) ergibt sich damit zu seiner Bestimmung die nichtlineare Gleichung

$$\sum_{k=0}^{n}\frac{C_k}{q^k}=0$$

bzw. nach Multiplikation mit $q^n$ die algebraische Gleichung $n$-ten Grades in $q$

$$f(q) = \sum_{k=0}^{n} C_k q^{n-k} = 0. \tag{3.55}$$

**Existenz einer Lösung**

Nach dem Hauptsatz der Algebra gibt es im Bereich der reellen Zahlen höchstens $n$ reelle Lösungen dieser Gleichung. Sie können i. Allg. nicht explizit analytisch ermittelt werden. Zudem ist nicht gewährleistet, dass überhaupt eine reelle Lösung existiert. Für bestimmte Situationen kann die Existenz einer reellen Lösung garantiert werden. So hat die Funktion $f$ auf der linken Seite der Gleichung (3.55) für $q = 1$ den Funktionswert

$$f(1) = \sum_{k=0}^{n} C_k,$$

das ist die Summe der Einnahmeüberschüsse. Wenn bekannt ist, dass diese Summe positiv ist, gilt somit

$$f(1) > 0.$$

Wenn zudem eine Anfangsinvestition $A_0$ so erfolgt, dass der Einnahmeüberschuss $C_0 < 0$ ist, gilt andererseits

$$\lim_{q \to \infty} f(q) = -\infty.$$

**Bernardus Placidus Johann Nepomuk Bolzano**
(* 5. Oktober 1781 in Prag, † 18. Dezember 1848 in Prag)
tschechischer Philosoph, Theologe und Mathematiker, Professor für Religionsphilosophie an der Karl-Universität Prag
Grundlagenforschung in der Analysis (Konstruktion einer überall stetigen, aber nirgends differenzierbaren Funktion), unendlich große und kleine Zahlen, Gegner des Philosophen Immanuel Kant
*hier: Satz von Bolzano*

Wegen der Stetigkeit der Funktion $f$ hat sie nach dem **Satz von Bolzano** (siehe [3]) auf dem Intervall $[1, \infty)$ eine reelle Nullstelle. Damit ist in diesem Fall die Existenz einer reellen Lösung $q > 1$ der Gleichung (3.55) garantiert, die als Zinsfaktor $q_{\text{int}}$ in Frage kommt.

**Näherungsverfahren**

Näherungslösungen der Gleichung (3.55) können z. B. mit dem Newton-Verfahren ([4]) bestimmt werden. Ausgehend von einer Startnäherung $q_0$ werden dabei die Iterierten $q_1, q_2, \ldots$ mit der folgenden Iterationsvorschrift ermittelt:

$$q_{k+1} = q_k - \frac{f(q_k)}{f'(q_k)}, \quad k = 0, 1, \ldots \tag{3.56}$$

Der Iterationsprozess kann bei gewählter Genauigkeit $\varepsilon$ bei Erfüllung des Abruchkriteriums

$$|q_{k+1} - q_k| < \varepsilon \qquad \text{oder} \qquad |f(q_k)| < \varepsilon \tag{3.57}$$

beendet werden. Die Ableitung $f'$, die im Nenner auf der rechten Seite der Iterationsvorschrift (3.56) benötigt wird, lautet

$$f'(q) = \sum_{k=0}^{n-1} C_k (n-k) q^{n-k-1}.$$

Sowohl der Funktionswert von $f$ als auch ihre Ableitung $f'$ an der Stelle $q_k$ können bei der Realisierung des Iterationsverfahrens mit dem **Horner-Schema** (siehe [3]) berechnet werden, das die Anzahl der arithmetischen Operationen minimiert.

Eine andere Möglichkeit besteht in der Anwendung des Sekantenverfahrens ([4]). Ausgehend von einem Startintervall $[q_0, q_1]$ werden die Iterierten $q_{k+2}$, $k = 0, 1, \ldots$, nach der folgender Iterationsvorschrift berechnet:

$$q_{k+2} = q_k - \frac{q_{k+1} - q_k}{f(q_{k+1}) - f(q_k)} f(q_k), \; k = 0, 1, \ldots \tag{3.58}$$

Diese Iterierten sind jeweils die Nullstellen der linearen Funktionen

$$s_k(q) = f(q_k) - \frac{f(q_{k+1}) - f(q_k)}{q_{k+1} - q_k}(q - q_k), \; k = 0, 1, \ldots, \tag{3.59}$$

deren Graphen die Geraden (Sekanten) durch die Punkte $(q_k, f(q_k))$ und $(q_{k+1}, f(q_{k+1}))$ darstellen. Der Iterationsprozess wird wieder bei Erfüllung des Abbruchkriteriums (3.57) beendet.

**Interner Zinsfuß**

### Beispiel 3.20

Für die Investition aus **Beispiel 3.19** ergeben sich die Einnahmeüberschüsse

$C_0 = -500\,000, C_1 = C_2 = \ldots = C_{20} = 50\,000$ [€].

Gleichung (3.55) lautet in diesem Fall mit $n = 20$

$$f(q) = -500\,000 q^{20} + 50\,000 \sum_{k=1}^{20} q^{20-k} = 0. \tag{3.60}$$

Die Existenz eines Zinsfaktors $q > 1$, der diese Gleichung erfüllt, ist garantiert wegen $f(1) = 500\,000$ und $C_0 < 0$ und daher $\lim_{q \to \infty} f(q) = -\infty$. Das Newton-Verfahren zur Lösung dieser Gleichung konvergiert z. B. mit der Startnäherung $q_0 = 1.02$ und dem Abbruchkriterium $\varepsilon = 10^{-6}$ in sieben Iterationsschritten gegen den Zinsfaktor $q_{\text{int}} \approx 1.0775$, was einem internen Zinssatz von ca. 7.75 % bzw. internen Zinsfuß von 7.75 entspricht. Der interne Zinssatz ist deutlich höher (besser) als der Kalkulationszinssatz von 7 %. Damit lohnt sich die Investition. In **Bild 3.8** ist der Graph des Polynoms $f$ und seine Nullstelle $q_{\text{int}}$ dargestellt.

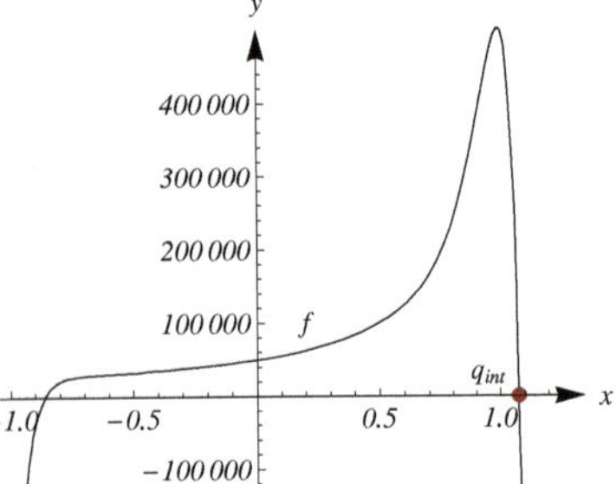


**Bild 3.8** Funktion $f$, Zinsfaktor $q_{\text{int}}$

### Bemerkung 3.21

**Näherung für den internen Zinsfaktor**

Nach einem Iterationsschritt ergibt sich aus der Iterationsvorschrift (3.58) die Näherung

$$q_2 = q_0 - \frac{q_1 - q_0}{f(q_1) - f(q_0)} f(q_0). \tag{3.61}$$

Wenn $f(q_0)$ und $f(q_1)$ unterschiedliche Vorzeichen haben, ist nach dem Satz von Bolzano die Existenz einer Nullstelle im Intervall $[q_0, q_1]$ garantiert, und $q_2$ kann als (grobe) Näherung für $q_{\text{int}}$ verwendet werden.

In **Beispiel 3.20** ergibt sich mit $q_0 = 1.05$ und $q_1 = 1.1$ sowie $f(q_0) \approx 326\,649$ € und $f(q_1) \approx -500\,000$ € als (grobe) Näherung für den Zinsfaktor

$q_2 \approx 1.06976.$

In **Bild 3.9** ist die Funktion $f$ aus (3.60), die Sekante $s$ durch die Punkte $(q_0, f(q_0))$ und $(q_1, f(q_1))$, der interne Zinsfaktor $q_{\text{int}}$ und die Näherung $q_2$ dargestellt.

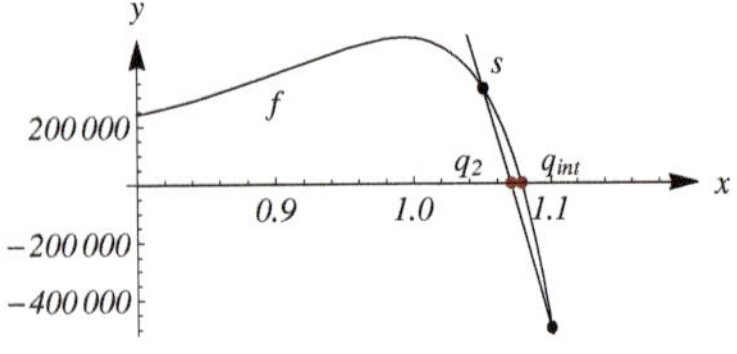


**Bild 3.9** Näherung $q_2$ nach Vorschrift (3.61)

## 3.4 Abschreibungen

Abschreibungen geben die Wertminderung von Anlagegütern an. In jedem auf die Anschaffung folgenden Jahr hat das Anlagegut weniger Wert als im vorhergehenden. Der Wert des Anlagegutes in einem bestimmten Jahr ist der **Buchwert**. Er ergibt sich als Differenz aus dem Anfangswert des Anlagegutes und der Summe der Abschreibungen bis zu diesem Jahr. In Abhängigkeit vom Betrag der Wertminderung in jedem Jahr werden folgende Abschreibungsarten unterschieden:

- die **lineare Abschreibung**, bei der die jährliche Abschreibung konstant ist,
- die **arithmetisch degressive Abschreibung**, bei der die jährliche Abschreibung um einen konstanten Minderungsbetrag abnimmt,
- die **digitale Abschreibung**, bei der der Minderungsbetrag der jährlichen Abschreibung gleich der Abschreibung im letzten Jahr ist,
- die **geometrische Abschreibung**, bei der die jährliche Abschreibung ein bestimmter Prozentsatz des Buchwertes ist.

**Bezeichnungen**

$n$ Nutzungsdauer (in Jahren)
$A$ Anfangswert
$w_k$ Abschreibung im $k$-ten Jahr
$d_k$ Minderungsbetrag der jährlichen Abschreibung
$R_k$ Buchwert im $k$-ten Jahr
$W$ Abschreibung nach $n$ Jahren
$s$ Abschreibungsprozentsatz

### 3.4.1 Abschreibungsprozess

**Anfangswert**

Im Jahr der Anschaffung hat das Anlagegut einen Anfangswert $A$. Das ist gleichzeitig sein Buchwert $R_0$ in diesem Jahr:

$$A = R_0. \tag{3.62}$$

**Minderungsbetrag der jährlichen Abschreibung**

In den darauffolgenden Jahren verliert das Anlagegut an Wert. Die Wertminderung oder Abschreibung im Folgejahr $k$ wird mit $w_k$ bezeichnet. Oft wird diese Abschreibung als degressiv in den Folgejahren angesehen, d. h., anfangs tritt eine größere Abschreibung ein als in späteren Jahren. Die Differenz der Abschreibungen aufeinanderfolgender Jahre

$$d_k = w_{k-1} - w_k, \;\; k = 1, ..., n, \tag{3.63}$$

ist der Minderungsbetrag der jährlichen Abschreibung.

**Buchwert**

Der Buchwert des Anlagegutes im Jahr $k$ ergibt sich als Differenz aus seinem Anfangswert und der Summe der Abschreibungen in den vorausgehenden $k-1$ Jahren:

$$R_k = A - \sum_{i=1}^{k-1} w_i, \;\; k = 1, ..., n. \tag{3.64}$$

**Gesamte Abschreibung**

Die gesamte Abschreibung des Anlagegutes nach $n$ Jahren ist die Differenz aus seinem Anfangswert und seinem Buchwert im $n$-ten Jahr:

$$W = A - R_n. \tag{3.65}$$

**Abschreibungsprozentsatz**

Ist ein Abschreibungsprozentsatz $s$ vereinbart, so ist der Buchwert im aktuellen Jahr um $s$ % geringer als im Vorjahr:

$$R_k = R_{k-1} - \frac{s}{100} R_{k-1}, \quad k = 1, ..., n. \tag{3.66}$$

## 3.4.2 Lineare Abschreibung

**Ausgangssituation**

Bei der linearen Abschreibung ist die jährliche Abschreibung konstant. Nach Ablauf von $n$ Jahren soll ausgehend vom Anfangswert $A$ der Buchwert $R_n$ erreicht werden.

**Abschreibung**

Die jährliche Abschreibung ergibt sich durch gleiche Aufteilung der gesamten Wertminderung $A - R_n$ auf $n$ Jahre als

$$w_k = w = (A - R_n)/n. \tag{3.67}$$

**Buchwert**

Der Buchwert im $k$-ten Jahr ist damit

$$R_k = A - kw.$$

**Minderungsbetrag der jährlichen Abschreibung**

Da die jährliche Abschreibung konstant ist, ist ihr Minderungsbetrag

$$d_k = d = 0.$$

**Gesamte Abschreibung**

Die Abschreibung, d. h., die gesamte Wertminderung, beträgt

$$W = wn.$$

## 3.4.3 Geometrisch degressive Abschreibung

**Ausgangssituation**

Bei der geometrisch degressiven Abschreibung wird vorausgesetzt, dass der Buchwert des Anlagegutes im Folgejahr jeweils um $s$ % niedriger ist als im aktuellen Jahr.

**Buchwert**

Mit Gleichung (3.66) folgt für den Buchwert $R_k$ die rekursive Formel

$$R_k = R_{k-1} \left(1 - \frac{s}{100}\right). \tag{3.68}$$

Ausgehend vom Anfangswert $A = R_0$ des Anlagegutes ergibt sich daraus

$$
\begin{aligned}
R_1 &= R_0\left(1-\frac{s}{100}\right) = A\left(1-\frac{s}{100}\right),\\
R_2 &= R_1\left(1-\frac{s}{100}\right) = A\left(1-\frac{s}{100}\right)^2,\\
R_3 &= R_2\left(1-\frac{s}{100}\right) = A\left(1-\frac{s}{100}\right)^3,\ldots
\end{aligned}
\tag{3.69}
$$

und damit den Buchwert im $k$-ten Jahr

$$R_k = A\left(1-\frac{s}{100}\right)^k. \tag{3.70}$$

**Abschreibung**

Als Abschreibung im $k$-ten Jahr ergibt sich aus Formel (3.68)

$$w_k = \frac{s}{100}R_{k-1}$$

und mit den Formeln (3.69)

$$
\begin{aligned}
w_1 &= \frac{s}{100}A,\\
w_2 &= \frac{s}{100}R_1 = \frac{s}{100}\left(1-\frac{s}{100}\right)A,\\
w_3 &= \frac{s}{100}R_2 = \frac{s}{100}\left(1-\frac{s}{100}\right)^2 A,\ldots
\end{aligned}
$$

schließlich explizit

$$w_k = \frac{s}{100}\left(1-\frac{s}{100}\right)^{k-1} A. \tag{3.71}$$

**Abschreibungsprozentsatz**

Für einen gegebenen, nach $n$ Jahren zu erzielenden Buchwert $R_n$ kann der dafür notwendige Abschreibungsprozentsatz $s$ ermittelt werden, indem Gleichung (3.70) für $k = n$ nach $s$ umgestellt wird:

$$s = 100\left(1-\sqrt[n]{R_n/A}\right).$$

**Minderungsbetrag der jährlichen Abschreibung**

Der Minderungsbetrag der Abschreibung im $k$-ten Jahr bezüglich des vorherigen $(k-1)$-ten Jahres ergibt sich mithilfe von Formel (3.71) und der Bezeichnung $z = 1 - s/100$ wie folgt:

$$d_k = w_{k-1} - w_k = A\frac{s}{100}z^{k-2} - A\frac{s}{100}z^{k-1} = A\frac{s}{100}z^{k-2}(1-z)$$

und somit

$$d_k = A\left(\frac{s}{100}\right)^2 z^{k-2},\ k \geq 2.$$

**Gesamte Abschreibung**

Die Abschreibung, d. h., die gesamte Wertminderung, ergibt sich mit Formel (3.71):

$$W = \sum_{k=1}^{n} w_k = A\frac{s}{100}\sum_{k=1}^{n} z^{k-1} = A\,(1 - z^n)\,. \tag{3.72}$$

### 3.4.4 Übergang degressive - lineare Abschreibung

**Ausgangssituation**

Ein Anlagegut mit dem Anfangswert $A$ soll in $n$ Jahren vollständig abgeschrieben werden, d. h., es soll der Buchwert $R_n = 0$ erzielt werden. Dabei sollen die Abschreibungen möglichst früh und möglichst hoch erfolgen. Den beiden letzten Anforderungen genügt die geometrisch degressive Abschreibung. Allerdings erreicht sie für keine Anzahl der Perioden $n$ den Buchwert $R_n = 0$. Um diesen Nachteil auszugleichen, wird eine Kombination aus geometrisch degressiver und linearer Abschreibung angewendet, bei der bis zum Jahr $k$ degressiv und ab dem Jahr $k$ linear abgeschrieben wird. Dabei ist als konstante lineare Abschreibung $w$ die zuletzt erreichte geometrisch degressive Abschreibung $w_k$ im Jahr $k$ zu verwenden. Gesucht ist die Anzahl $k$ der Jahre, in denen unter diesen Bedingungen geometrisch degressiv abgeschrieben wird.

**Die ersten $k$ Jahre**

Ausgehend vom Anfangswert $A$ des Anlagegutes wird bei degressiver Abschreibung mit dem Prozentsatz $s$ nach $k$ Jahren der Buchwert

$$R_k = A\left(1 - \frac{s}{100}\right)^k \tag{3.73}$$

und die folgende Abschreibung erreicht:

$$w_k = A\frac{s}{100}\left(1 - \frac{s}{100}\right)^{k-1}. \tag{3.74}$$

**Die folgenden $n-k$ Jahre**

In den verbleibenden $n-k$ Jahren ist der Buchwert $R_k$ linear mit der konstanten Abschreibung $w = w_k$ abzuschreiben, sodass nach dieser Zeit der Buchwert gleich null ist. Der Anfangswert dieser linearen Abschreibung ist $R_k$ und der Buchwert nach $n-k$ Jahren gleich null. Die Abschreibung ist damit nach Formel (3.67)

$$w = \frac{R_k - 0}{n-k}. \tag{3.75}$$

Werden die Formeln (3.73), (3.74) und (3.75) in die Bedingung $w_k = w$ eingesetzt, so folgt die Gleichung zur Bestimmung der Anzahl $k$ der Perioden mit geometrisch degressiver Abschreibung

$$A\frac{s}{100}\left(1 - \frac{s}{100}\right)^{k-1} = \frac{A}{n-k}\left(1 - \frac{s}{100}\right)^k,$$

aus der durch Umstellen nach $k$ folgt

$$k = n + 1 - \frac{100}{s}.$$

## 3.4.5 Arithmetisch degressive Abschreibung

**Ausgangssituation**

Bei der arithmetisch degressiven Abschreibung verringern sich die Abschreibungsbeträge von Jahr zu Jahr um denselben Minderungsbetrag $d$.

**Abschreibung**

Damit sind die Abschreibungen

$$w_2 = w_1 - d, \quad w_3 = w_2 - d = w_1 - 2d, \quad w_4 = w_3 - d = w_1 - 3d \qquad (3.76)$$

und somit die Abschreibung im $k$-ten Jahr

$$w_k = w_1 - (k-1)d. \qquad (3.77)$$

**Buchwert**

Mit der Definition (3.77) ergibt sich der Buchwert nach dem $k$-ten Jahr

$$R_k = A - \sum_{i=1}^{k} w_i = A - (kw_1 - dk(k-1)/2) \qquad (3.78)$$

**Gesamte Abschreibung**

und die gesamte Abschreibung

$$W = A - R_n = nw_1 - dn(n-1)/2. \qquad (3.79)$$

**Minderungsbetrag der jährlichen Abschreibung**

Aus Gleichung (3.79) folgt für den Minderungsbetrag

$$d = 2\,\frac{nw_1 - (A - R_n)}{n(n-1)}. \qquad (3.80)$$

**Erste Wertminderung**

Wegen $d \geq 0$ ergibt sich damit eine Einschränkung an die erste Wertminderung $w_1$:

$$w_1 \geq (A - R_n)/n.$$

Andererseits gilt auch für die letzte Abschreibung $w_n \geq 0$. Mithilfe von Formel (3.77) für $k = n$, in die der Minderungsbetrag $d$ aus Gleichung (3.80) eingesetzt wird, ergibt sich eine weitere Einschränkung an die erste Wertminderung $w_1$:

$$w_1 \leq 2(A - R_n)/n,$$

insgesamt also

$$(A - R_n)/n \leq w_1 \leq 2(A - R_n)/n.$$

**Digitale Abschreibung**

Ein Sonderfall der arithmetisch degressiven Abschreibung tritt dann ein, wenn der Abschreibungsbetrag $w_n$ im letzten Jahr gleich dem Minderungsbetrag der Abschreibung $d$ ist:

$$w_n = d.$$

**Abschreibung**

Dann gilt gemäß der Entwicklung (3.76)

$$w_{n-1} = d + w_n = 2d, \qquad w_{n-2} = d + w_{n-1} = 3d, \ldots, \qquad w_1 = d + w_2 = nd$$

und somit für die Abschreibung im $k$-ten Jahr

$$w_k = (n - k + 1)d.$$

**Buchwert**

Aus Formel (3.78) folgt mit $w_1 = nd$ für den Buchwert im $k$-ten Jahr

$$R_k = A - \sum_{i=1}^{k} w_i = A - (knd - dk(k-1)/2) = A - kd(n - (k-1)/2).$$

**Gesamte Abschreibung**

Die gesamte Abschreibung beträgt

$$W = A - R_n = dn(n+1)/2. \tag{3.81}$$

**Minderungsbetrag der jährlichen Abschreibung**

Aus Gleichung (3.81) ergibt sich für den Minderungsbetrag der jährlichen Abschreibung bei gegebenem Buchwert $R_n$ nach $n$ Jahren

$$d = \frac{2\,(A - R_n)}{n(n+1)}. \tag{3.82}$$

**Abschreibungen**

## Beispiel 3.22

Eine Maschine hat einen Anschaffungspreis von $A = 100\,000$ €. Nach einer Nutzungsdauer von $n = 6$ Jahren ist sie voraussichtlich noch $R_6 = 16\,000$ € wert. Wie groß ist die Abschreibung $w_5$ im 5. Jahr und der Buchwert $R_5$ nach fünf Jahren bei

1. linearer,
2. arithmetisch degressiver (Wertminderung im ersten Jahr 25 000 €),
3. digitaler,
4. geometrisch degressiver Abschreibung?

Zusätzlich zu den Ergebnissen der Aufgabenstellung sind die jährlichen Buchwerte zu Jahresbeginn und Jahresende, Abschreibungen und die Minderungsbeträge der Abschreibungen anzugeben.

1. Lineare Abschreibung

$w = (A - R_n)/n = (100\,000 - 16\,000)/6 = 14\,000$ [€],
$R_5 = A - 5w = 100\,000 - 5 \cdot 14\,000 = 30\,000$ [€].

| Jahr $k$ | Buchwert $R_{k-1}$ | Abschreibung $w_k$ | Minderungs-betrag $d_k$ | Buchwert $R_k$ |
|---|---|---|---|---|
| 1 | 100 000.00 | 14 000.00 | | 86 000.00 |
| 2 | 86 000.00 | 14 000.00 | 0 | 72 000.00 |
| 3 | 72 000.00 | 14 000.00 | 0 | 58 000.00 |
| 4 | 58 000.00 | 14 000.00 | 0 | 44 000.00 |
| 5 | 44 000.00 | 14 000.00 | 0 | 30 000.00 |
| 6 | 30 000.00 | 14 000.00 | 0 | 16 000.00 |

2. Arithmetisch degressive Abschreibung

$$d = 2(nw_1 - (A - R_n))/(n(n-1)) = 2(6 \cdot 25\,000 - (100\,000 - 16\,000))/(6 \cdot 5) = 4\,400 \text{ [€]}$$
$$w_5 = w_1 - (5-1)d = 25\,000 - 4400 \cdot (5-1) = 7\,400 \text{ [€]},$$
$$R_5 = A - 5(w_1 - (5-1)d/2) = 100\,000 - 5(25\,000 - (5-1) \cdot 4400/2) = 19\,000 \text{ [€]}.$$

| Jahr $k$ | Buchwert $R_{k-1}$ | Abschreibung $w_k$ | Minderungs-betrag $d_k$ | Buchwert $R_k$ |
|---|---|---|---|---|
| 1 | 100 000.00 | 25 000.00 | | 75 000.00 |
| 2 | 75 000.00 | 20 600.00 | 4 400.00 | 54 400.00 |
| 3 | 54 400.00 | 16 200.00 | 4 400.00 | 38 200.00 |
| 4 | 38 200.00 | 11 800.00 | 4 400.00 | 26 400.00 |
| 5 | 26 400.00 | 7 400.00 | 4 400.00 | 19 000.00 |
| 6 | 19 000.00 | 3 000.00 | 4 400.00 | 16 000.00 |

3. Digitale Abschreibung

$$d = 2(A - R_n)/(n(n+1)) = 2 \cdot (100\,000 - 16\,000)/(6 \cdot 7) = 4\,000 \text{ [€]},$$
$$w_5 = (n-5+1)d = (6-5+1) \cdot 4000 = 8\,000 \text{ [€]},$$
$$R_5 = A - 5(nd - (5-1)d/2) = 100\,000 - 5 \cdot (6 \cdot 4000 - (5-1) \cdot 4000/2) = 20\,000 \text{ [€]}.$$

| Jahr $k$ | Buchwert $R_{k-1}$ | Abschreibung $w_k$ | Minderungs-betrag $d_k$ | Buchwert $R_k$ |
|---|---|---|---|---|
| 1 | 100 000.00 | 24 000.00 | | 76 000.00 |
| 2 | 76 000.00 | 20 000.00 | 4 000.00 | 56 000.00 |
| 3 | 56 000.00 | 16 000.00 | 4 000.00 | 40 000.00 |
| 4 | 40 000.00 | 12 000.00 | 4 000.00 | 28 000.00 |
| 5 | 28 000.00 | 8 000.00 | 4 000.00 | 20 000.00 |
| 6 | 20 000.00 | 4 000.00 | 4 000.00 | 16 000.00 |

4. Geometrisch degressive Abschreibung

$$s/100 = 1 - \sqrt[6]{R_6/A} = 1 - \sqrt[6]{16\,000/100\,000} \approx 0.2632,$$
$$w_5 = A\frac{s}{100}\left(1 - \frac{s}{100}\right)^{5-1} \approx 100\,000 \cdot 0.2632 \cdot (1 - 0.2632)^{5-1} \approx 7\,756.91 \text{ [€]},$$
$$R_5 = A\left(1 - \frac{s}{100}\right)^5 \approx 100\,000 \cdot (1 - 0.2632)^5 \approx 21\,715.34 \text{ [€]}.$$

| Jahr $k$ | Buchwert $R_{k-1}$ | Abschreibung $w_k$ | Minderungs betrag $d_k$ | Buchwert $R_k$ |
|---|---|---|---|---|
| 1 | 100 000.00 | 26 319.37 | | 73 680.63 |
| 2 | 73 680.63 | 19 392.28 | 6 927.09 | 54 288.35 |
| 3 | 54 288.35 | 14 288.35 | 5 103.93 | 40 000.00 |
| 4 | 40 000.00 | 10 527.75 | 3 760.60 | 29 472.25 |
| 5 | 29 472.25 | 7 756.91 | 2 770.84 | 21 715.34 |
| 6 | 21 715.34 | 5 715.34 | 2 041.57 | 16 000.00 |

### 3.4.6 Zusammenfassung

Die Zusammenfassung der Formeln für die Abschreibungen ist in **Tabelle 3.7** enthalten.

**Tabelle 3.7** Abschreibungen

| Abschreibung | $w_k,\ k = 1, \ldots, n$ | $d_k,\ k = 2, \ldots, n$ | $R_k,\ k = 1, \ldots, n$ | $W$ |
|---|---|---|---|---|
| Lineare | $(A - R_n)/n$ | $0$ | $A - kw$ | $wn$ |
| Arithmetisch degressive | $w_1 - (k-1)d$ | $2\,\dfrac{nw_1 - (A - R_n)}{n(n-1)}$ | $A - k\,(w_1 - (k-1)d/2)$ | $nw_1 - d\,\dfrac{n(n-1)}{2}$ |
| Digitale | $(n - k + 1)d$ | $2\,\dfrac{A - R_n}{n(n+1)}$ | $A - k\,(nd - (k-1)d/2)$ | $d\,\dfrac{n(n+1)}{2}$ |
| Geometrisch degressive | $A\dfrac{s}{100}\left(1 - \dfrac{s}{100}\right)^{k-1}$ | $A\left(\dfrac{s}{100}\right)^2\left(1 - \dfrac{s}{100}\right)^{k-2}$ | $A\left(1 - \dfrac{s}{100}\right)^k$ | $A\left(1 - \left(1 - \dfrac{s}{100}\right)^n\right)$ |

Abschreibungsprozentsatz bei der geometrisch degressiven Abschreibung: $s = 100\left(1 - \sqrt[n]{R_n/A}\right)$

## 3.5 Berechnung des effektiven Zinssatzes

**Bezeichnungen**

- $m$ Anzahl der Darlehenszahlungen
- $D_k$ Höhe der $k$-ten Darlehenszahlung
- $t_{Dk}$ Zeitabstand zwischen erster und $k$-ter Darlehenszahlung [Jahre]
- $n$ Anzahl der Tilgungszahlungen
- $T_j$ Höhe der $j$-ten Tilgungszahlung
- $t_{Tj}$ Zeitabstand zwischen erster Darlehenszahlung und $j$-ter Tilgungszahlung [Jahre]
- $i$ Effektiver Jahreszinssatz

Bei der Kreditvergabe kommen oft kompliziertere Modelle als in **Abschnitt 3.2** beschrieben zur Anwendung. So werden z. B. Rückzahlungen in unterschiedlicher Höhe und Zeitabständen geleistet, Sondertilgungen werden eingeräumt, rückgezahlte Beträge werden erst zu späteren Zeitpunkten gutgeschrieben, nicht das gesamte Darlehen wird sofort ausgezahlt, Gebühren und Zuschläge werden erhoben usw. In diesem Fall weicht die vereinbarte Nominalverzinsung von der tatsächlichen effektiven Verzinsung ab, bei deren Zugrundelegung nach dem Äquivalenzprinzip der Barwert aller Gläubigerleistungen dem Barwert aller Schuldnerleistungen entspricht.

**Ausgangssituation**

In der Preisangabenverordnung des BGB Teil I Nr. 76 vom 25.10.2002 ist in § 6 Abs. 1 das Verfahren zur Berechnung des effektiven Jahreszinssatzes bei Kreditvergaben gesetzlich geregelt. Zu ermitteln ist der effektive Jahreszinssatz $i$, mit der Darlehenszahlungen zu verzinsen wären, damit ihr Barwert dem Barwert der geleisteten Tilgungszahlungen entspricht, gleiche Verzinsung vorausgesetzt (siehe **Bild 3.10**).

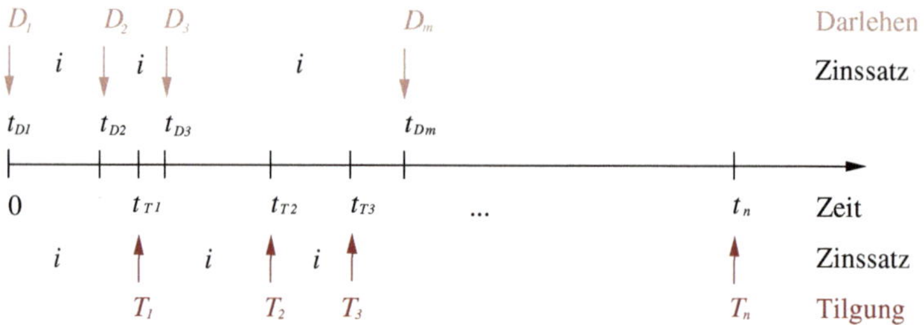


**Bild 3.10** Darlehens- und Tilgungszahlungen

**Barwert der Darlehenszahlungen**

Der Barwert der Darlehenszahlung $D_k$ im Zeitabstand $t_{Dk}$ (in Jahren) zur ersten Darlehenszahlung beträgt, bezogen auf den Zeitpunkt der ersten Darlehenszahlung, nach der Barwertformel (3.14) bei geometrischer Verzinsung mit dem jährlichen Zinssatz $i$

$$\frac{D_k}{(1+i)^{t_{Dk}}}. \tag{3.83}$$

Der Zeitabstand der ersten Darlehenszahlung ist mit $t_{D1} = 0$ anzusetzen. Der Barwert aller Darlehenszahlungen $D_k$ in den Zeitabständen $t_{Dk}$, $k=1, ..., m$, zur ersten Darlehenszahlung ist demzufolge die Summe aller einzelnen Barwerte nach Formel (3.83):

$$D_0 = \sum_{k=1}^{m} \frac{D_k}{(1+i)^{t_{Dk}}}.$$

**Barwert der Tilgungszahlungen**

Analog ist der Barwert der Tilgungszahlungen $T_j$ in den Zeitabständen $t_{Tj}$ (in Jahren), $j = 1, ..., n$, zur ersten Darlehenszahlung bei geometrischer Verzinsung mit dem jährlichen Zinssatz $i$

$$T_0 = \sum_{j=1}^{n} \frac{T_j}{(1+i)^{t_{Tj}}}.$$

**Effektiver Jahreszinssatz**

Der **effektive Jahreszinssatz** $i$ ergibt sich aus der Übereinstimmung des Barwert $D_0$ aller Darlehenszahlungen mit dem Barwert $T_0$ aller Tilgungszahlungen:

$$\sum_{k=1}^{m} \frac{D_k}{(1+i)^{t_{Dk}}} = \sum_{j=1}^{n} \frac{T_j}{(1+i)^{t_{Tj}}}.$$

Bezüglich des Zinsfaktors $q = 1 + i$ ergibt sich daraus die i. Allg. nichtlineare Gleichung

$$f(q) = \sum_{k=1}^{m} \frac{D_k}{q^{t_{Dk}}} - \sum_{j=1}^{n} \frac{T_j}{q^{t_{Tj}}} = 0. \qquad (3.84)$$

Wie in **Abschnitt 3.3.2** kann zur näherungsweisen Bestimmung des Zinsfaktors z. B. das Newton-Verfahren (3.56) mit dem Abbruchkriterium (3.57) angewendet werden. Die Ableitung der Funktion $f$ auf der linken Seite der Bestimmungsgleichung (3.84) ist dabei

$$f'(q) = -\sum_{k=1}^{m} \frac{D_k t_{Dk}}{q^{t_{Dk}+1}} + \sum_{j=1}^{n} \frac{T_j t_{Tj}}{q^{t_{Tj}+1}}. \qquad (3.85)$$

## Beispiel 3.23

**Effektiver Zinssatz für Darlehen und Rechnung**

1. Ein Darlehen beträgt $D_1 = 10\,000$ €. Der Darlehensnehmer hat nach einem halben Jahr $T_1 = 6000$ € und nach einem Jahr $T_2 = 5500$ € zurückzuzahlen. Wie hoch ist der effektive Jahreszinssatz $i$?

   Bei geometrischer Verzinsung lautet die Gleichung (3.84) für den Zinsfaktor $q$

   $$10\,000 = \frac{6000}{q^{0.5}} + \frac{5500}{q^1}.$$

   Sie hat die positive Lösung $q = 1.21$, die sich mit der Substitution $z = q^{0.5}$ aus der quadratischen Gleichung $10\,000z^2 - 6000z - 5500 = 0$ ergibt. Die negative Lösung $z = -0.5$ kommt wegen $q^{0.5} > 0$ nicht in Frage. Der effektive Jahreszinssatz beträgt $i = q - 1 = 21\,\%$. Für den Gläubiger ist das ein Haben-Zinssatz, für den Darlehensnehmer ein Soll-Zinssatz.

2. Ein Unternehmer bestellt eine Ladung Bauholz für 10 000 €. Der Lieferant verspricht die Lieferung nach Ablauf von vier Monaten (120 Tagen) zum genannten Preis. Für den Fall einer sofortigen Vorauszahlung gewährt er einen Rabatt von 6 %. Wie hoch ist der Effektivzins der Anzahlung des Kunden?

   Wenn dem Unternehmer ein Rabatt von 6 % gewährt wird, so hat er (sofort) $10\,000 \cdot 94\,\% = 9\,400$ € zu zahlen.

   Bei geometrischer Verzinsung beträgt der Barwert der „Tilgung" von 10 000 € nach 120 Tagen, d. h., 120/365 Jahren, $10\,000/q^{120/365}$ €. Die Gleichung (3.84) für den Zinsfaktor $q$ lautet

   $$9\,400 = 10\,000/q^{120/365}.$$

Daraus ergibt sich der Zinsfaktor von

$$q = \left(\frac{10\,000}{9\,400}\right)^{\frac{365}{120}} \approx 1.2071$$

und der effektive Jahreszinssatz von $i = q - 1 \approx 20.71\,\%$. Aus Sicht des Unternehmers lohnt sich die Kundenanzahlung, wenn er dabei mit einem unter 20.71 % liegenden Kalkulationszinssatz rechnet.

## 3.6 Rentenrechnung

**Bezeichnungen**

| | |
|---|---|
| $i$ | Zinssatz |
| $n$ | Anzahl der Zahlungsperioden |
| $r$ | Rate, Höhe der Rente |
| $q = i + 1$ | Zinsfaktor |

Die Rentenrechnung befasst sich einerseits mit der Ermittlung des Wertes regelmäßig wiederkehrender Zahlungen und andererseits mit der Aufteilung eines Kapitals in eine bestimmte Anzahl von Zahlungen unter Beachtung anfallender Zinsen.

Eine in gleichen Zeitabständen erfolgende Zahlung bestimmter Höhe heißt **Rente**. Wird eine Rente zu Beginn einer Zahlungsperiode gezahlt, heißt sie **vorschüssig**, wird sie zum Ende einer Zahlungsperiode gezahlt, heißt sie **nachschüssig**. Vorschüssige Renten treten z. B. beim regelmäßigen Sparen oder Mietzahlungen auf, nachschüssige Renten bei der Rückzahlung von Krediten und Darlehen.

Es gibt **Zeitrenten**, d. h., Renten von begrenzter Dauer, und **ewige Renten**, d. h., Renten von unbegrenzter Dauer.

Nach der Rentenhöhe werden **konstante** (gleichbleibende) und **dynamische** (veränderliche, meist wachsende) Renten unterschieden.

Vorausgesetzt wird ein konstanter Zinssatz über die gesamte Laufzeit.

Der äquivalente Einmalbetrag nach allen Zahlungsperioden heißt **Endwert**, der nötige Geldbetrag zu Beginn, der die Rentenzahlung über alle Zahlungsperioden ermöglicht, heißt **Barwert**. Von besonderem Interesse bei der Rentenrechnung ist die Ermittlung des Barwertes und des Endwertes einer Rentenzahlung bei festgelegter Höhe der Rente und vereinbarter Anzahl der Zahlungsperioden.

### 3.6.1 Konstante Rente

**Ausgangssituation** Eine konstante Rente der Höhe $r$ wird jeweils zu Beginn (vorschüssige Rente) bzw. am Ende (nachschüssige Rente) jeder von $n$ Perioden gezahlt. Zu ermitteln ist ihr Endwert und ihr Barwert, bezogen auf den Zeitpunkt des Beginns der Zahlungen. Dabei wir der konstante Zinssatz $i$ bzw. der Zinsfaktor $q = 1 + i$ und geometrische Verzinsung zugrunde gelegt.

**Konstante vorschüssige Rente** Eine konstante Rente der Höhe $r$ wird jeweils zu Beginn jeder von $n$ Perioden gezahlt, wie in **Bild 3.11** dargestellt.

**Endwert** Der Endwert der ersten Rentenzahlung beträgt nach $n$ Perioden gemäß der Endwertformel (3.13) bei geometrischer Verzinsung $rq^n$, der Endwert der zweiten Rentenzahlung beträgt nach $n-1$ Perioden $rq^{n-1}$

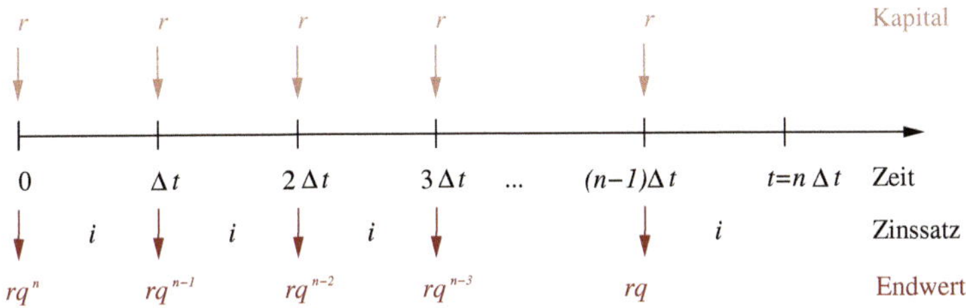


**Bild 3.11** Konstante vorschüssige Rente

usw., und der Endwert der letzten Rentenzahlung beträgt nach einer Periode $rq$. Die Summe dieser einzelnen Endwerte ergibt den Endwert $E_n^{\text{vor}}$ aller Zahlungen:

$$E_n^{\text{vor}} = rq^n + rq^{n-1} + ... + rq = rq\frac{q^n - 1}{q - 1}. \tag{3.86}$$

**Barwert**

Umgekehrt beträgt nach der Barwertformel (3.14) bei geometrischer Verzinsung der Barwert der ersten Rentenzahlung $r$, der Barwert der zweiten Rentenzahlung $r/q$, der dritten Rentenzahlung $r/q^2$ usw. und der Barwert der letzten Rentenzahlung $r/q^{n-1}$. Die Summe dieser Barwerte ergibt den Barwert $B_n^{\text{vor}}$ aller Zahlungen

$$B_n^{\text{vor}} = r + \frac{r}{q} + \frac{r}{q^2} + ... + \frac{r}{q^{n-1}} = r\frac{q^n - 1}{q^{n-1}(q-1)}, \tag{3.87}$$

der ebenfalls als Barwert des Endwertes $E_n^{\text{vor}}$ vor $n$ Perioden mit dem Zinsfaktor $q$ berechnet werden kann:

$$B_n^{\text{vor}} = E_n^{\text{vor}}/q^n. \tag{3.88}$$

Der Barwert $B_n^{\text{vor}}$ entspricht dem Geldbetrag, der zu Beginn hätte vorliegen müssen, um die Rentenzahlungen in der Höhe $r$ zu Beginn jeder der $n$ Perioden zu ermöglichen, konstanten Zinssatz $i$ vorausgesetzt.

**Laufzeit**

Wird Formel (3.86) bzw. (3.87) nach der Anzahl der Perioden $n$ umgestellt, so beträgt die Laufzeit der Rentenzahlung bei gegebenem End- bzw. Barwert und Höhe der Rentenzahlung

$$n = \frac{1}{\ln q} \ln\left(E_n^{\text{vor}}\frac{q-1}{rq} + 1\right) \quad \text{bzw.} \quad n = \frac{1}{\ln q} \ln\frac{rq}{rq-(q-1)B_n^{\text{vor}}}.$$

**Höhe der Rente**

Umstellen der Formeln (3.86) bzw. (3.87) nach der Höhe der Rente $r$ ergibt diese in Abhängigkeit von End- bzw. Barwert und Anzahl der Perioden:

$$r = \frac{(q-1)E_n^{\text{vor}}}{q(q^n-1)} \quad \text{bzw.} \quad r = \frac{(q-1)q^{n-1}B_n^{\text{vor}}}{q^n-1}. \tag{3.89}$$

**Zinsfaktor**

Zur Bestimmung des Zinsfaktors $q$ bei gegebenem Bar- bzw. Endwert, Höhe der Rente und Anzahl der Perioden ergeben sich aus Formel (3.86) bzw. (3.87) die i. Allg. nichtlinearen polynomialen Gleichungen

$$f_{\text{E}}(q) = rq^{n+1} - (r + E_n^{\text{vor}})\,q + E_n^{\text{vor}} = 0 \quad \text{bzw.}$$
$$f_{\text{B}}(q) = (B_n^{\text{vor}} - r)\,q^n - B_n^{\text{vor}}q^{n-1} + r = 0.$$

Zu ihrer näherungsweisen Lösung kann das bereits in **Abschnitt 3.3.2** beschriebene Newton-Verfahren angewendet werden.

**Ansparen mit konstanter vorschüssiger Rente**

**Beispiel 3.24**

Welcher konstante Betrag $r$ muss zu Beginn jeden Jahres bei einem konstanten jährlichen Zinssatz von $i = 4.5\,\%$ eingezahlt werden, damit nach $n = 10$ Jahren ein Kapital von 200 000 € zur Verfügung steht?

Mit dem Endwert $E_{10}^{\text{vor}} = 200\,000$ € bei vorschüssiger Rentenzahlung ergibt sich mit Formel (3.89) der Betrag

$$r = \frac{0.045 \cdot 200\,000}{1.045 \cdot (1.045^{10} - 1)} \approx 15\,574.89 \text{ [€]}.$$

**Ewige Rente**

Eine sogenannte ewige Rente liegt vor, wenn die Rentenzahlungen zeitlich nicht begrenzt sind. Dann kommt als Rentenzahlung höchstens der in einer Periode anfallende Zinsbetrag des Anfangskapitals in Frage. Ein Beispiel dafür sind Stiftungen, bei denen das Stiftungskapital unangetastet bleibt und in jeder Periode nicht mehr als die Zinserträge ausbezahlt werden. Die ewige Rente kann als Modell von Rentenzahlungen bei großer Anzahl der Perioden betrachtet werden. Wegen der zeitlichen Unbeschränktheit der ewigen Rente ist die Frage nach dem Endwert gegenstandslos. Nur der Barwert der ewigen Rente ist von Interesse. Er ergibt sich aus dem Barwert der Rente bei $n$ Perioden als Grenzwert für $n \to \infty$.

Im Falle konstanter vorschüssiger Rentenzahlungen folgt aus Formel (3.87)

$$B_\infty^{\text{vor}} = \lim_{n\to\infty} B_n^{\text{vor}} = r \lim_{n\to\infty} \frac{q^n - 1}{q^{n-1}(q-1)} = \frac{rq}{q-1}. \tag{3.90}$$

**Stiftungen**

**Beispiel 3.25**

Ein Unternehmen stiftet einen Geldbetrag, aus dessen Zinserträgen jährlich vorschüssig ein Preis für die beste an der „Bauhaushochschule“ der dafür berühmten Stadt Seudas angefertigte Bachelorarbeit verliehen werden soll. Um welchen Betrag handelt es sich, wenn der Preis 1 000 € beträgt und eine jährliche Verzinsung von 3 % zugrunde gelegt wird?

Der Stiftungsbetrag wird als Barwert einer ewigen konstanten Rentenzahlung bei vorschüssiger Zahlweise ermittelt. Mit $r = 1\,000$ € und $q = 1 + i = 1.03$ ergibt sich nach der Barwertformel (3.90) der ewigen Rente

$$B_{\infty}^{\text{vor}} = \frac{1\,000 \cdot 1.03}{0.03} \approx 34\,333.33[€].$$

**Konstante nachschüssige Rente**

Eine konstante Rente der Höhe $r$ wird jeweils zum Ende jeder von $n$ Perioden gezahlt, wie in **Bild 3.12** dargestellt. Die Herleitung der Formeln für End- und Barwert erfolgt analog wie bei der vorschüssigen Rente. Bei der Berechnung des Endwertes ist jeweils eine Periode weniger zu berücksichtigen und bei der Ermittlung des Barwertes eine Periode mehr im Vergleich zur vorschüssigen Rente.

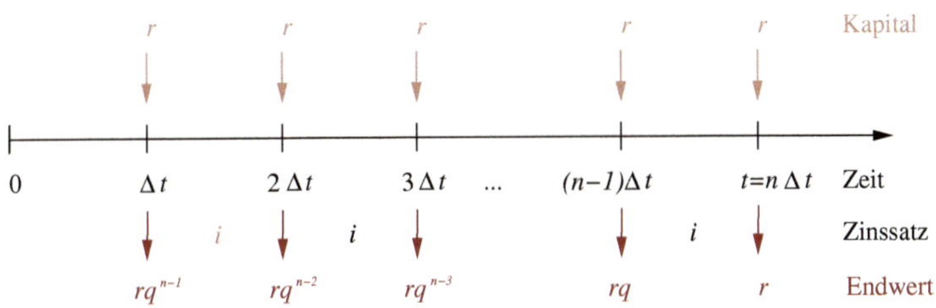


**Bild 3.12** Konstante nachschüssige Rente

**Endwert**

Für den Endwert $E_n^{\text{nach}}$ ergibt sich

$$E_n^{\text{nach}} = rq^{n-1} + rq^{n-2} + \ldots + r = r\frac{q^n - 1}{q - 1}, \tag{3.91}$$

**Barwert**

für den Barwert $B_n^{\text{nach}}$ folgt

$$B_n^{\text{nach}} = \frac{r}{q} + \frac{r}{q^2} + \frac{r}{q^3} \ldots + \frac{r}{q^n} = r\frac{q^n - 1}{q^n(q - 1)}. \tag{3.92}$$

**Ewige Rente**

Den Barwert der ewigen Rente ergibt sich aus Formel (3.92) als Grenzwert für $n \to \infty$

$$B_{\infty}^{\text{nach}} = \lim_{n\to\infty} B_n^{\text{nach}} = r \lim_{n\to\infty} \frac{q^n - 1}{q^n(q - 1)} = \frac{r}{q - 1}. \tag{3.93}$$

**Laufzeit, Höhe der Rente**

Umstellen der Formeln (3.91) und (3.92) nach der Laufzeit $n$ bzw. der Höhe der Rente $r$ ergibt

$$n = \frac{1}{\ln q} \ln\left(E_n^{\text{nach}} \frac{q-1}{r} + 1\right) \quad \text{bzw.} \quad n = \frac{1}{\ln q} \ln \frac{r}{r - (q-1)B_n^{\text{nach}}},$$

$$r = \frac{(q-1)E_n^{\text{nach}}}{q^n - 1} \quad \text{bzw.} \quad r = \frac{(q-1)q^n B_n^{\text{nach}}}{q^n - 1}.$$

**Zinsfaktor**

Zur Bestimmung des Zinsfaktors $q$ bei gegebenem Bar- bzw. Endwert, Höhe der Rente und Anzahl der Perioden ergeben sich aus Formel (3.91) bzw. (3.92) die i. Allg. nichtlinearen polynomialen Gleichungen

$$f_{\text{E}}(q) = rq^n - E_n^{\text{nach}} q + E_n^{\text{nach}} - r = 0 \quad \text{bzw.}$$
$$f_{\text{B}}(q) = B_n^{\text{nach}} q^{n+1} - \left(B_n^{\text{nach}} + r\right) q^n + r = 0.$$

Zu ihrer näherungsweisen Lösung kann das bereits in **Abschnitt 3.3.2** beschriebene Newton-Verfahren angewendet werden.

**Bewertung einer Immobilie**

### Beispiel 3.26

Bei der Bewertung einer Immobilie nach dem Ertragswertverfahren wurde ihr jährlicher mittlerer Reinertrag abzüglich der Bodenwertverzinsung zu $r = 20\,000$ € ermittelt. Wie groß ist der Ertragswert der Immobilie bei einer Nutzungsdauer von $n = 12$ Jahren, einen konstanten jährlichen Zinssatz von $i = 4\,\%$ vorausgesetzt?

Der Ertragswert der Immobilie wird als Barwert einer nachschüssigen Rentenzahlung ermittelt, deren jährlicher konstanter Betrag $r$ ist.

Der Ertragswert beträgt daher mit Formel (3.93)

$$B_{12}^{\text{nach}} = \frac{20\,000}{1.04^{12}} \cdot \frac{1.04^{12} - 1}{0.04} \approx 187\,701.48 \text{ [€]}.$$

**Bemerkung 3.27**

**Unterjährige geometrische Verzinsung**

1. Erfolgen die Rentenzahlungen innerhalb von $N$ Perioden (Jahren) unterjährig, d. h., wird der konstante Betrag $r$ innerhalb einer Periode (eines Jahres) $m$-mal eingezahlt und mit dem anteiligen Zinssatz $i/m$ berücksichtigt, so ist in den Formeln in **Abschnitt 3.6.1** der Zinsfaktor $q = 1 + i/m$ und die Anzahl der Renten- bzw. Zinsperioden $n = mN$ zu setzen.

**Unterjährige lineare Verzinsung**

2. Häufig wird bei monatlichen, viertel- oder halbjährigen Rentenperioden eine jährliche Verzinsung mit dem Zinssatz $i$ vereinbart. Der Gesamtbetrag $R$ dieser $m$ Zahlungen innerhalb einer Periode (eines Jahres) berechnet sich entsprechend der vor- oder nachschüssigen Zahlweise bei linearer Verzinsung mit den Formeln (3.8) bzw. (3.9):

   $$R^{\text{vor}} = r(m + 0.5(m+1)i) \quad \text{bzw.} \quad R^{\text{nach}} = r(m + 0.5(m-1)i).$$

   Er ist als nachschüssiger Betrag einer konstanten Rentenzahlung in $N$ Jahren bei der Berechnung des Endwertes anzusetzen.

**Ansparen bei unterjähriger Verzinsung**

### Beispiel 3.28

1. Welcher Endwert wird bei einem vierteljährlichen vorschüssigen Sparbetrag von $r = 2\,500$ € und einem Jahreszinssatz von $i = 6\,\%$ nach $N = 8$ Jahren Sparphase bei unterjährigem Zinseszins erreicht?

2. Welcher Endwert ergibt sich bei unterjähriger linearer Verzinsung der Rentenzahlungen?

1. Mit $m = 4$ Unterteilungen der Periode (1 Jahr), dem Rentenbetrag $r = 2\,500$ €, dem Zinsfaktor $q = 1 + i/m = 1.015$ und $n = mN = 32$ Zinsperioden ergibt sich nach Formel (3.86)

   $E_{32}^{\text{vor}} = 2\,500 \cdot 1.015 \frac{1.015^{32}-1}{0.015} \approx 103\,246.53$ [€].
2. Der jährliche Betrag der unterjährig linear verzinsten vorschüssigen Rentenzahlungen beläuft sich nach Formel (3.8) auf

   $R^{\text{vor}} = 2\,500(4 + 0.5 \cdot 5 \cdot 0.06) = 10\,375$ [€].

   Dieser Betrag ist als nachschüssige konstante Rente innerhalb von acht Jahren mit dem Jahreszinssatz $i = 6\,\%$ anzusetzen. Nach Formel (3.91) ergibt sich subsectionals Endwert

   $E_8^{\text{nach}} = 10\,375 \frac{1.06^8-1}{0.06} \approx 102\,686.32$ [€].

## 3.6.2 Geometrisch wachsende Rente

**Ausgangssituation**

Die Zahlungen der geometrisch wachsenden Rente erhöhen sich mit dem konstanten Faktor $b = 1 + s$, wobei $s$ die prozentuale Steigerungsrate aufeinanderfolgender Zahlungen bedeutet. Die Zahlungen bilden eine geometrische Folge.

**Geometrische wachsende vorschüssige Rente**

Bei vorschüssiger Zahlungsweise ergibt sich damit das Schema in **Bild 3.13**:

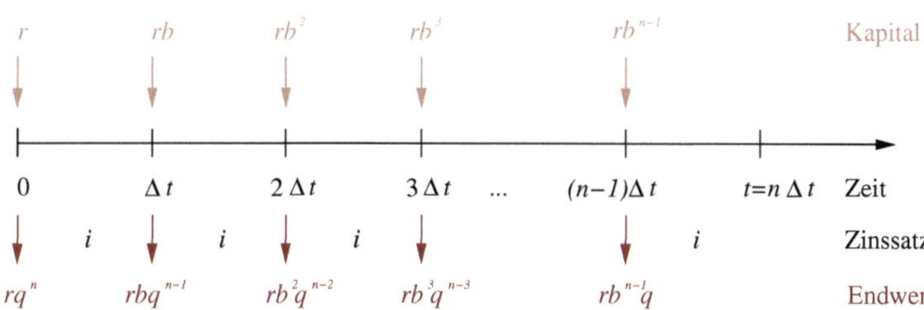


**Bild 3.13** Geometrisch wachsende vorschüssige Rente

**Endwert**

Ist $r$ die Höhe der ersten Zahlung zu Beginn der ersten Periode, so ist ihr Endwert nach $n$ Perioden gemäß der Endwertformel (3.13) $rq^n$. Zu Beginn der zweiten Periode beträgt die Zahlung $rb$, und ihr Endwert nach $n-1$ Perioden ist $rbq^{n-1}$. Zu Beginn der dritten Periode beträgt die Zahlung $rb^2$, und ihr Endwert nach $n-2$ Perioden ist $rb^2q^{n-2}$ usw. Zu Beginn der $n$-ten Periode beträgt die Zahlung $rb^{n-1}$, und ihr Endwert nach einer Periode ist $rb^{n-1}q$. Als Endwert $E_n^{\text{vor}}$ der gesamten Rentenzahlung ergibt sich

$$E_n^{\text{vor}} = rq^n + rbq^{n-1} + rb^2q^{n-2} + \ldots + rb^{n-1}q = rq\frac{q^n - b^n}{q - b}. \qquad (3.94)$$

**Barwert**

Der Barwert dieses Endwertes beträgt mit Formel (3.88)

$$B_n^{\text{vor}} = \frac{r}{q^{n-1}} \frac{q^n - b^n}{q - b}. \quad (3.95)$$

**Ewige Rente** Als Barwert der ewigen Rente ergibt sich für $b < q$, d. h., die Steigerungsrate $s$ ist kleiner als der Zinssatz $i$,

$$B_\infty^{\text{vor}} = \lim_{n\to\infty} B_n^{\text{vor}} = \frac{rq}{q-b}.$$

**Höhe der Rente** Die Formeln (3.94) und (3.95), nach der Höhe der Rente $r$ umgestellt, sind

$$r = \frac{(q-b)E_n^{\text{vor}}}{q(q^n - b^n)} \quad \text{bzw.} \quad r = \frac{(q-b)q^{n-1}B_n^{\text{vor}}}{q^n - b^n}.$$

**Laufzeit** Für das Ermitteln der Laufzeit $n$ bei gegebenem Endwert, Höhe der Rente, Zinsfaktor und Steigerungsfaktor ist das Lösen der nichtlinearen Gleichung erforderlich, das z. B. mit dem in **Abschnitt 3.3.2** beschriebenen Newton-Verfahren erfolgen kann:

$$g_{\mathrm{E}}(n) = \frac{(q-b)E_n^{\text{vor}}}{rq} - q^n + b^n = 0. \quad (3.96)$$

Für die Laufzeit $n$ bei gegebenem Barwert, Höhe der Rente, Zinsfaktor und Steigerungsfaktor ergibt sich nach Umstellen der Formel (3.95)

$$n = 1 + \frac{\ln\left(rq - (q-b)B_n^{\text{vor}}\right) - \ln(rb)}{\ln(b/q)}.$$

**Zinsfaktor** Die Bestimmungsgleichungen zur Ermittlung des Zinsfaktors $q$ bei gegebenem End- bzw. Barwert, Höhe der Rente, Anzahl der Perioden und Steigerungsfaktor lauten

$$f_{\mathrm{E}}(q) = rq^{n+1} - (rb^n + E_n^{\text{vor}})\,q + bE_n^{\text{vor}} = 0 \quad \text{bzw.}$$
$$f_{\mathrm{B}}(q) = (B_n^{\text{vor}} - r)\,q^n - B_n^{\text{vor}} bq^{n-1} + rb^n = 0.$$

Diese polynomialen Gleichungen sind ebenfalls i. Allg. nichtlinear und können näherungsweise mit dem in **Abschnitt 3.3.2** beschriebenen Newton-Verfahren gelöst werden.

**Ansparen mit geometrisch wachsender vorschüssiger Rente**

**Beispiel 3.29**

1. Zu welchem Zeitpunkt kann Herr H. Ausbau über $E^{\text{vor}} = 200\,000$ € verfügen,

wenn er zu Beginn jeden Jahres einen Betrag einzahlt, der bei der ersten Zahlung $r = 12\,000$ € beträgt und sich jährlich um $s = 5\,\%$ erhöht? Der vereinbarte Bankzinssatz beträgt $i = 2\,\%$ p. a. über die gesamte Laufzeit.

2. Zu welchem Zeitpunkt kann Herr H. Ausbau über den selben Endbetrag verfügen, wenn er die Zahlungen monatlich entrichtet, beginnend mit der vorschüssigen ersten Zahlung von $r = 1\,000$ €, die sich monatlich um den zwölften Teil der jährlichen prozentualen Steigerungsrate $s$ erhöht?

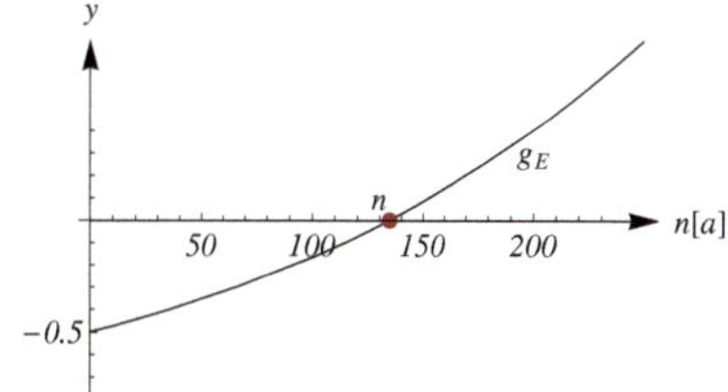


**Bild 3.14** Funktion $g_{\mathrm{E}}$ und Nullstelle $n$ bei jährl. Zahlungen

1. Mit den gegebenen Größen $E^{\mathrm{vor}} = 200\,000$ €, $r = 12\,000$ € sowie $q = 1.02$ und $b = 1.05$ lautet Gleichung (3.96)

   $g_{\mathrm{E}}(n) = -0.490196 - 1.02^n + 1.05^n = 0.$

   Mit einem Iterationsverfahren ergibt sich die Näherungslösung $n \approx 11.39$ Jahre, das sind ca. 137 Monate. Nach dieser Zeit kann Herr H. Ausbau über den Betrag $E^{\mathrm{vor}} = 200\,000$ € verfügen. Die Funktion $g_{\mathrm{E}}$ ist zusammen mit der Nullstelle $n$ in **Bild 3.14** dargestellt.

2. Mit den gegebenen Größen $E^{\mathrm{vor}} = 200\,000$ €, $r = 1\,000$ € sowie $q = 1 + i/12 \approx 1.00167$ und $b = 1 + s/12 \approx 1.004167$ lautet Gleichung (3.96)

   $g_{\mathrm{E}}(n) = -0.499168 - 1.00167^n + 1.00417^n = 0.$

   Mit einem Iterationsverfahren ergibt sich die Näherungslösung $n \approx 134.664$ Monate, das sind ca. 135 Monate. Nach dieser Zeit kann Herr H. Ausbau über $E^{\mathrm{vor}} = 200\,000$ € verfügen, also ca. zwei Monate früher als bei jährlicher Einzahlung in vergleichbarer Höhe. Die Funktion $g_{\mathrm{E}}$ ist zusammen mit der Nullstelle $n$ in **Bild 3.15** dargestellt.

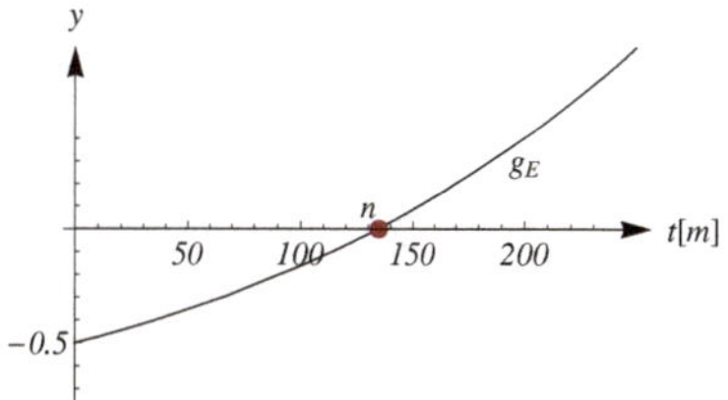


**Bild 3.15** Funktion $g_{\mathrm{E}}$ und Nullstelle $n$ bei monatl. Zahlungen

**Geometrisch wachsende nachschüssige Rente**

Bei nachschüssigen Zahlungen jeweils am Ende der Zahlungsperiode ergibt sich das Schema in **Bild 3.16**:

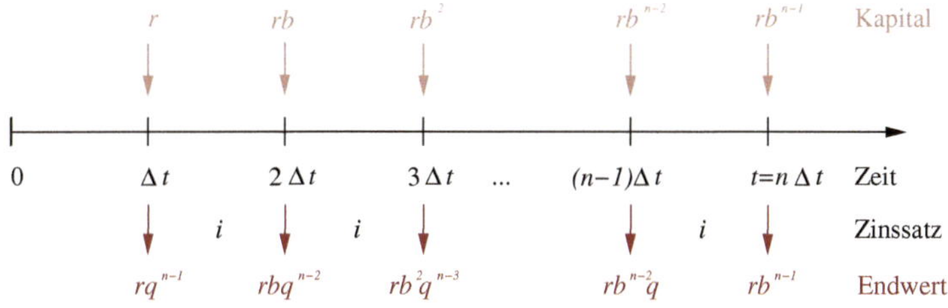


**Bild 3.16** Geometrisch wachsende nachschüssige Rente

**Endwert**

Ist $r$ die Höhe der ersten Zahlung am Ende der ersten Periode, so ist ihr Endwert nach $n-1$ Perioden gemäß der Endwertformel (3.13) $rq^{n-1}$. Am Ende der zweiten Periode beträgt die Zahlung $rb$, und ihr Endwert nach $n-2$ Perioden ist $rbq^{n-2}$. Am Ende der dritten Periode beträgt die Zahlung $rb^2$, und ihr Endwert nach $n-3$ Perioden ist $rb^2q^{n-3}$ usw. Am Ende der $n$-ten Periode beträgt die Zahlung $rb^{n-1}$, was gleichzeitig ihr Endwert ist. Als Endwert $E_n^{\mathrm{vor}}$ der gesamten Rentenzahlung ergibt sich

$$E_n^{\mathrm{nach}} = rq^{n-1} + rbq^{n-2} + rb^2q^{n-3} + ... + rb^{n-1} = r\frac{q^n - b^n}{q-b}. \quad (3.97)$$

**Barwert**

Der Barwert dieses Endwertes beträgt mit Formel (3.88)

$$B_n^{\text{nach}} = \frac{r}{q^n}\frac{q^n - b^n}{q - b}. \tag{3.98}$$

**Ewige Rente** Als Barwert der ewigen Rente ergibt sich für $b < q$

$$B_\infty^{\text{nach}} = \lim_{n\to\infty} B_n^{\text{nach}} = \frac{r}{q-b}.$$

**Höhe der Rente** Umstellen der Formeln (3.97) und (3.98) nach der Höhe der Rente $r$ ergibt

$$r = \frac{(q-b)E_n^{\text{nach}}}{(q^n - b^n)} \quad \text{bzw.} \quad r = \frac{(q-b)q^n B_n^{\text{nach}}}{q^n - b^n}.$$

**Laufzeit** Für das Ermitteln der Laufzeit $n$ bei gegebenem Endwert, Höhe der Rente, Zinsfaktor und Steigerungsfaktor ist das Lösen der nichtlinearen Gleichung erforderlich, das mit dem in **Abschnitt 3.3.2** beschriebenen Newton-Verfahren erfolgen kann:

$$g_{\text{E}}(n) = \frac{(q-b)E_n^{\text{nach}}}{r} - q^n + b^n = 0.$$

Für das Ermitteln der Laufzeit $n$ bei gegebenem Barwert, Höhe der Rente, Zinsfaktor und Steigerungsfaktor ergibt sich nach Umstellen der Formel (3.98)

$$n = \frac{\ln(r - (q-b)B_n^{\text{nach}}) - \ln r}{\ln(b/q)}.$$

**Zinsfaktor** Die Bestimmungsgleichungen zur Ermittlung des Zinsfaktors $q$ bei gegebenem End- bzw. Barwert, Höhe der Rente, Anzahl der Perioden und Steigerungsfaktor lauten

$$f_{\text{E}}(q) = q^n - \frac{E_n^{\text{nach}}}{r}q + \frac{E_n^{\text{nach}}}{r}b - b^n = 0 \quad \text{bzw.}$$

$$f_{\text{B}}(q) = \frac{B_n^{\text{nach}}}{r}q^{n+1} + \left(\frac{B_n^{\text{nach}}}{r} - 1\right)q^n + b^n = 0.$$

Sie sind i. Allg. nichtlinear und können näherungsweise mit dem in **Abschnitt 3.3.2** beschriebenen Newton-Verfahren gelöst werden.

**Beispiel 3.30**

**Geometrisch wachsende nachschüssige Mietzahlungen**

Der Eigentümer eines Bürohauses vermietet sein Gebäude für $n = 10$ Jahre. Die jeweils am Jahresende zu entrichtende Miete beträgt im ersten Jahr 100 000 € und wächst vereinbarungsgemäß von Jahr zu Jahr um $s = 5\,\%$. Der Vermieter rechnet mit einem Kalkulationszinssatz von $i = 7\,\%$ p. a. Wie groß ist der Ertragswert (Barwert) und der Endwert dieser gleichmäßig steigenden Mietzahlungen?

Mit $r = 100\,000$ €, dem Steigerungsfaktor $b = 1 + s = 1.05$ und dem Zinsfaktor $q = 1 + i = 1.07$ ergibt sich mit der Endwertformel (3.94) geometrisch wachsender vorschüssiger Renten

$$E_{10}^{\text{nach}} = 100\,000 \cdot \frac{1.05^{10} - 1.07^{10}}{1.05 - 1.07} \approx 1\,691\,283.65 \text{ [€]}$$

und mit dem Zusammenhang (3.88) zwischen Endwert und Barwert

$$B_{10}^{\text{nach}} = E_{10}^{\text{nach}}/q^{10} \approx 1\,691\,283.65/1.07^{10} \approx 859\,762.85 \text{ [€]}.$$

## 3.6.3 Arithmetisch wachsende Rente

**Arithmetisch wachsende vorschüssige Rente**

Aufeinanderfolgende Zahlungen der arithmetisch wachsenden Rente mit dem Anfangsbetrag $r$ erhöhen sich um den konstanten Betrag $rs$, wobei $s$ die prozentuale Steigerungsrate bedeutet. Die Zahlungen bilden eine arithmetische Folge. Bei vorschüssiger Zahlungsweise ergibt sich damit das Schema in **Bild 3.17**:

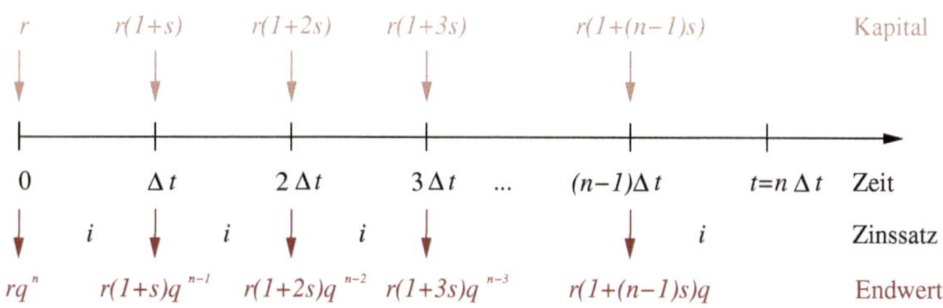


**Bild 3.17** Arithmetisch wachsende vorschüssige Rente

**Endwert**

Ist $r$ die Höhe der ersten Zahlung zu Beginn der ersten Periode, so ist ihr Endwert nach $n$ Perioden gemäß der Endwertformel (3.13) $rq^n$. Zu Beginn der zweiten Periode beträgt die Zahlung $r(1 + s)$, und ihr Endwert nach $n - 1$ Perioden ist $r(1 + s)q^{n-1}$. Zu Beginn der dritten Periode beträgt die Zahlung $r(1 + 2s)$, und ihr Endwert nach $n - 2$ Perioden ist $r(1 + 2s)q^{n-2}$ usw. Zu Beginn der $n$-ten Periode beträgt die Zahlung $r(1 + (n - 1)s)$, und ihr Endwert nach einer Periode ist $r(1 + (n - 1)s)q$.

Das Aufsummieren der Endwerte der Einzelzahlungen ergibt

$$\begin{aligned}
E_n^{\text{vor}} &= rq^n + r(1+s)q^{n-1} + r(1+2s)q^{n-2} + \ldots + r(1+(n-1)s)q \\
&= rq\left(q^{n-1} + (1+s)q^{n-2} + (1+2s)q^{n-3} + \ldots + (1+(n-1)s)\right) \\
&= rq\left(q^{n-1} + q^{n-2} + q^{n-3} + \ldots + 1\right) + rqs\left(q^{n-2} + 2q^{n-3} + \ldots + (n-1)\right) \\
&= rq\frac{q^n - 1}{q - 1} + rqs\left(\frac{q^{n-1} - 1}{q - 1} + \frac{q^{n-2} - 1}{q - 1} + \ldots + \frac{q^1 - 1}{q - 1}\right) \\
&= rq\frac{q^n - 1}{q - 1} + \frac{rqs}{q - 1}\left(\frac{q^n - 1}{q - 1} - n\right).
\end{aligned}$$

Als Endwert $E_n^{\text{vor}}$ der gesamten Rentenzahlung ergibt sich schließlich

$$E_n^{\text{vor}} = \frac{rq}{q-1} Q \quad \text{mit} \quad Q = q^n - 1 + s\left(\frac{q^n - 1}{q-1} - n\right). \tag{3.99}$$

**Barwert** Der Barwert beträgt mit Formel (3.88)

$$B_n^{\text{vor}} = \frac{r}{q^{n-1}(q-1)} Q. \tag{3.100}$$

**Ewige Rente** Als Barwert der ewigen Rente ergibt sich

$$\begin{aligned} B_\infty^{\text{vor}} &= \lim_{n\to\infty} B_n^{\text{vor}} = \frac{r}{q-1} \lim_{n\to\infty}\left(\frac{q^n-1}{q^{n-1}} + s\left(\frac{1}{q-1}\frac{q^n-1}{q^{n-1}} - \frac{n}{q^{n-1}}\right)\right) \\ &= \frac{rq}{q-1}\left(1 + \frac{s}{q-1}\right). \end{aligned}$$

**Höhe der Rente** Umstellen der Formeln (3.99) und (3.100) nach der Höhe der Rente $r$ ergibt

$$r = \frac{(q-1)E_n^{\text{vor}}}{qQ} \quad \text{bzw.} \quad r = \frac{(q-1)q^{n-1}B_n^{\text{vor}}}{Q}.$$

**Laufzeit** Für das Ermitteln der Laufzeit $n$ bei gegebenem Endwert bzw. Barwert, Höhe der Rente, Zinsfaktor und Steigerungsfaktor ist das Lösen der folgenden nichtlinearen Gleichungen erforderlich:

$$\begin{aligned} g_{\mathrm{E}}(n) &= q^n\left(1 + \frac{s}{q-1}\right) - sn - \frac{(q-1)E_n^{\text{vor}}}{rq} - \left(1 + \frac{s}{q-1}\right) = 0 \quad \text{bzw.} \\ g_{\mathrm{B}}(n) &= q^n\left(1 + \frac{s}{q-1}\right) - q^{n-1}\frac{rB_n^{\text{vor}}}{q-1} - sn - \left(1 + \frac{s}{q-1}\right) = 0 \end{aligned}$$

Ihre Lösung kann z. B. mit dem in **Abschnitt 3.3.2** beschriebenen Newton-Verfahren erfolgen.

**Zinsfaktor** Die polynomialen Bestimmungsgleichungen zur Ermittlung des Zinsfaktors $q$ bei gegebenem End- bzw. Barwert, Höhe der Rente, Anzahl der Perioden und Steigerungsrate lauten

$$\begin{aligned} f_{\mathrm{E}}(q) &= rq^{n+2} - r(s-1)q^{n+1} - \left(r(sn+1) + E_n^{\text{vor}}\right) q^2 \\ &\quad + \left(r(sn+1-s+2E_n^{\text{vor}})\right) q - E_n^{\text{vor}} = 0 \qquad \text{bzw.} \end{aligned}$$

$$f_B(q) = (r - B_n^{\text{vor}})\, q^{n+1} + (r(s-1) + 2B_n^{\text{vor}})\, q^n - B_n^{\text{vor}} q^{n-1}$$
$$-r(sn+1)q + r(sn+1-s) = 0.$$

Sie sind nichtlinear und können näherungsweise mit dem in **Abschnitt 3.3.2** beschriebenen Newton-Verfahren gelöst werden.

### Beispiel 3.31

**Rücklagen für Renovierung**

Herr Habegeld spart jährlich einen Geldbetrag zur Instandhaltung und Renovierung seines Hauses in einigen Jahren. Wegen der zu erwartenden allgemeinen Teuerung will er in jedem Jahr einen konstanten Betrag mehr als im Vorjahr dafür zurücklegen.

1. Wie viel Geld steht nach $n = 15$ Jahren zur Verfügung, wenn er zu Beginn des ersten Jahres $r = 2\,000$ € gespart hat und seinen Sparbetrag danach jährlich um 500 € erhöht, einen konstanten Zinssatz von $i = 3\,\%$ p. a. vorausgesetzt?
2. Welchen Betrag muss Herr Habegeld jährlich mehr zurücklegen, wenn nach dem Zeitraum von $n = 15$ Jahren zur Instandhaltung und Renovierung seines Hauses 45 000 € zur Verfügung stehen sollen?

1. Mit $n = 15$, $r = 2\,000$ €, $q = 1 + i = 1.03$ und $s = 500/2000 = 0.25$ ergibt sich der Endwert der arithmetisch wachsenden vorschüssigen Rente nach der Endwertformel (3.99) zu

$$E_n^{\text{vor}} = \frac{rq}{q-1}\left(q^n - 1 + s\left(\frac{q^n-1}{q-1} - n\right)\right)$$
$$= \frac{2\,000 \cdot 1.03}{0.03}\left(1.03^{15} - 1 + 0.25\left(\frac{1.03^{15}-1}{0.03} - 15\right)\right) \approx 100\,095 \text{ €}.$$

2. Wird die Endwertformel (3.99) nach der konstanten Steigerungsrate $s$ umgestellt, so ergibt sich

$$s = \left(\frac{E_n^{\text{vor}}(q-1)}{rq} - q^n + 1\right)\left(\frac{q^n-1}{q-1} - n\right)^{-1}$$
$$= \left(\frac{0.03 \cdot 45\,000}{2\,000 \cdot 1.03} - 1.03^{15} + 1\right)\left(\frac{1.03^{15}-1}{0.03} - 15\right)^{-1} \approx 0.02706$$

und damit den konstanten jährlichen Steigerungsbetrag von $rs \approx 54.12$ €.

**Arithmetisch wachsende nachschüssige Rente**

Bei nachschüssiger Zahlungsweise ergibt sich das Schema in **Bild 3.18**:

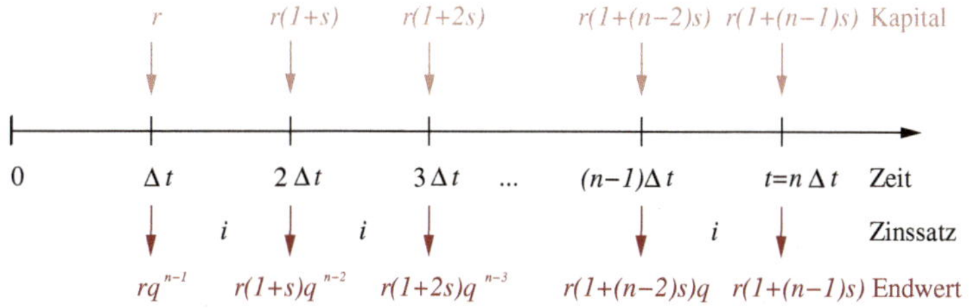


**Bild 3.18** Arithmetisch wachsende nachschüssige Rente

**Endwert**

Ist $r$ die Höhe der ersten Zahlung am Ende der ersten Periode, so ist ihr Endwert nach $n-1$ Perioden gemäß der Endwertformel (3.13) $rq^{n-1}$.

Am Ende der zweiten Periode beträgt die Zahlung $r(1+s)$, und ihr Endwert nach $n-2$ Perioden ist $r(1+s)q^{n-2}$. Am Ende der dritten Periode beträgt die Zahlung $r(1+2s)$, und ihr Endwert nach $n-3$ Perioden ist $r(1+2s)q^{n-3}$ usw. Am Ende der $n$-ten Periode beträgt die Zahlung $r(1+(n-1)s)$, was gleichzeitig ihr Endwert ist.

Für den Endwert $E_n^{\text{nach}}$ der gesamten Rentenzahlung folgt

$$\begin{aligned} E_n^{\text{nach}} &= rq^{n-1} + r(1+s)q^{n-2} + r(1+2s)q^{n-3} + \ldots + r(1+(n-1)s) \\ &= r\left(q^{n-1} + q^{n-2} + \ldots + 1\right) + rs\left(q^{n-2} + 2q^{n-3} + \ldots + (n-1)\right) \end{aligned}$$

und daraus die Formel

$$E_n^{\text{nach}} = \frac{r}{q-1}Q \quad \text{mit} \quad Q = q^n - 1 + s\left(\frac{q^n-1}{q-1} - n\right). \tag{3.101}$$

**Barwert** Der Barwert beträgt mit Formel (3.88)

$$B_n^{\text{nach}} = \frac{r}{q^n(q-1)}Q. \tag{3.102}$$

**Ewige Rente** Als Barwert der ewigen Rente ergibt sich für $b < q$

$$\begin{aligned} B_\infty^{\text{nach}} &= \lim_{n\to\infty} B_n^{\text{nach}} = \frac{r}{q-1}\lim_{n\to\infty}\left(\frac{q^n-1}{q^n} + \frac{s}{q^n}\left(\frac{q^n-1}{q-1} - n\right)\right) \\ &= \frac{r}{q-1}\left(1 + \frac{s}{q-1}\right). \end{aligned}$$

**Höhe der Rente** Umstellen der Formeln (3.101) und (3.102) nach der Höhe der Rente $r$ ergibt

$$r = \frac{(q-1)E_n^{\text{nach}}}{Q} \quad \text{bzw.} \quad r = \frac{(q-1)q^n B_n^{\text{nach}}}{Q}.$$

**Laufzeit** Für das Ermitteln der Laufzeit $n$ bei gegebenem Endwert bzw. Barwert, Höhe der Rente, Zinsfaktor und Steigerungsfaktor ist das Lösen der folgenden nichtlinearen Gleichungen erforderlich, das mit dem in **Abschnitt 3.3.2** beschriebenen Newton-Verfahren erfolgen kann:

$$\begin{aligned} g_{\text{E}}(n) &= q^n\left(1+\frac{s}{q-1}\right) - sn - \frac{(q-1)E_n^{\text{nach}}}{r} - \left(1+\frac{s}{q-1}\right) = 0, \\ g_{\text{B}}(n) &= q^n\left(1+\frac{s}{q-1} - \frac{q-1}{r}B_n^{\text{nach}}\right) - sn - \left(1+\frac{s}{q-1}\right) = 0. \end{aligned} \tag{3.103}$$

**Zinsfaktor**

Die polynomialen Bestimmungsgleichungen zur Ermittlung des Zinsfaktors $q$ bei gegebenem End- bzw. Barwert, Höhe der Rente, Anzahl der Perioden und Steigerungsrate lauten

$$\begin{aligned} f_{\mathrm{E}}(q) &= rq^{n+1} - r(s-1)q^n - E_n^{\mathrm{nach}} q^2 - \left(r(sn+1) - 2E_n^{\mathrm{nach}}\right) q \\ &\quad + r(sn+1-s) + E_n^{\mathrm{nach}} = 0 \qquad \text{bzw.} \\ f_{\mathrm{B}}(q) &= -B_n^{\mathrm{nach}} q^{n+2} + \left(r + 2B_n^{\mathrm{nach}}\right) q^{n+1} + \left(r(1-s) - B_n^{\mathrm{nach}}\right) q^n \\ &\quad - r(sn+1)q + r(sn+1-s) = 0. \end{aligned}$$

Sie sind nichtlinear und können näherungsweise mit dem in **Abschnitt 3.3.2** beschriebenen Newton-Verfahren gelöst werden.

## Beispiel 3.32

**Investition einer Firma**

Die Firma „Tief & Tiefer“ plant die Anschaffung einer Baumaschine zum Preis von 550 000 €. Dafür sollen jährliche Rücklagen gebildet werden, die am Ende des ersten Jahres 40 000 € betragen und in den folgenden Jahren jeweils um 10 000 € steigen, da die Firma eine gute wirtschaftliche Lage erwartet. In wie vielen Jahren kann der Kauf der Baumaschine erfolgen, wenn der Kalkulationszinssatz $i = 2\,\%$ p. a. beträgt?

Die Steigerungsrate der arithmetisch wachsenden nachschüssigen Zahlungen beträgt $s = 10\,000/40\,000 = 0.25$. Die nichtlineare Gleichung (3.103) zur Ermittlung der erforderlichen Laufzeit $n$ ist mit den gegebenen Größen $E_n^{\mathrm{nach}} = 550\,000$ €, $r = 40\,000$ €, $q = 1 + i = 1.02$

$$g_{\mathrm{E}}(n) = -13.775 + 13.5 \cdot 1.02^n - 0.25n = 0.$$

Sie hat die Näherungslösung $n \approx 7.3$ Jahre (das sind ca. 7 Jahre, 3 Monate und 18 Tage), d. h., nach Ablauf dieses Zeitraumes steht das Geld zum Kauf der Baumaschine zur Verfügung. Die Funktion $g_{\mathrm{E}}$ und die Näherungslösung ist in **Bild 3.19** dargestellt.

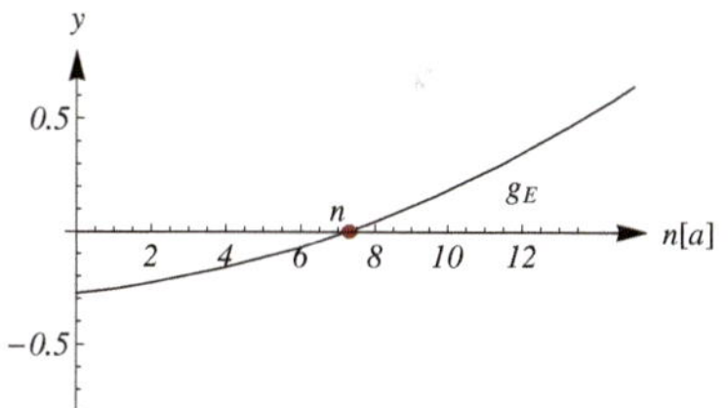


**Bild 3.19** Funktion $g_{\mathrm{E}}$ und Nullstelle $n$

### 3.6.4 Zusammenfassung

Die folgende **Tabelle 3.8** enthält die Formeln für Endwert, Barwert, Laufzeit und Höhe der Rente bei vorschüssiger und nachschüssiger Rentenzahlungen. $s$ ist die Steigerungsrate aufeinanderfolgender Zahlungen. Dabei ist für die

geometrisch wachsende Rentenzahlung: $Q = \dfrac{q^n - b^n}{q - b}$, $b = 1 + s$,

arithmetisch wachsende Rentenzahlung: $Q = q^n - 1 + s\left(\dfrac{q^n - 1}{q - 1} - n\right)$.

**Tabelle 3.8** Rentenzahlung

| Bedeutung | Vorschüssige Rente | Nachschüssige Rente |
|---|---|---|
| Konstante Rentenzahlung | | |
| Endwert | $E_n^{\text{vor}} = rq\dfrac{q^n - 1}{q - 1}$ | $E_n^{\text{nach}} = r\dfrac{q^n - 1}{q - 1}$ |
| Barwert | $B_n^{\text{vor}} = \dfrac{r}{q^{n-1}}\dfrac{q^n - 1}{q - 1}$ | $B_n^{\text{nach}} = \dfrac{r}{q^n}\dfrac{q^n - 1}{q - 1}$ |
| Barwert der ewigen Rente | $B_\infty^{\text{vor}} = \dfrac{rq}{q - 1}$ | $B_\infty^{\text{nach}} = \dfrac{r}{q - 1}$ |
| Laufzeit | $n = \dfrac{1}{\ln q}\ln\left(E_n^{\text{vor}}\dfrac{q - 1}{rq} + 1\right)$ | $n = \dfrac{1}{\ln q}\ln\left(E_n^{\text{nach}}\dfrac{q - 1}{r} + 1\right)$ |
| Laufzeit | $n = \dfrac{1}{\ln q}\ln\dfrac{rq}{rq - (q - 1)B_n^{\text{vor}}}$ | $n = \dfrac{1}{\ln q}\ln\dfrac{r}{r - (q - 1)B_n^{\text{nach}}}$ |
| Rate | $r = \dfrac{(q - 1)E_n^{\text{vor}}}{q(q^n - 1)}$ | $r = \dfrac{(q - 1)E_n^{\text{nach}}}{q^n - 1}$ |
| Rate | $r = \dfrac{(q - 1)q^{n-1}B_n^{\text{vor}}}{q^n - 1}$ | $r = \dfrac{(q - 1)q^n B_n^{\text{nach}}}{q^n - 1}$ |
| Geometrisch wachsende Rentenzahlung | | |
| Endwert | $E_n^{\text{vor}} = \begin{cases} rqQ, & b \neq q \\ rnq^n, & b = q \end{cases}$ | $E_n^{\text{nach}} = \begin{cases} rQ, & b \neq q \\ rnq^{n-1}, & b = q \end{cases}$ |
| Barwert | $B_n^{\text{vor}} = \begin{cases} rQ/q^{n-1}, & b \neq q \\ rn, & b = q \end{cases}$ | $B_n^{\text{nach}} = \begin{cases} rQ/q^n, & b \neq q \\ rn/q, & b = q \end{cases}$ |
| Barwert der ewigen Rente | $B_\infty^{\text{vor}} = \dfrac{rq}{q - b},\ b < q$ | $B_\infty^{\text{nach}} = \dfrac{r}{q - b},\ b < q$ |
| Arithmetisch wachsende Rentenzahlung | | |
| Endwert | $E_n^{\text{vor}} = \dfrac{rq}{q - 1}Q$ | $E_n^{\text{nach}} = \dfrac{r}{q - 1}Q$ |
| Barwert | $B_n^{\text{vor}} = \dfrac{r}{q^{n-1}(q - 1)}Q$ | $B_n^{\text{nach}} = \dfrac{r}{q^n(q - 1)}Q$ |
| Barwert der ewigen Rente | $B_\infty^{\text{vor}} = \dfrac{rq}{q - 1}\left(1 + \dfrac{s}{q - 1}\right)$ | $B_\infty^{\text{nach}} = \dfrac{r}{q - 1}\left(1 + \dfrac{s}{q - 1}\right)$ |

## 3.7 Anwendungen an Beispielen

### 3.7.1 Die Zinsen von August dem Starken

**Ausgangssituation**

Wie in den 90er Jahren des vergangenen Jahrhunderts bekannt wurde, legte August der Starke, Kurfürst von Sachsen, im Jahr 1697 anlässlich seiner Krönung zum König von Polen bei der Dresdner Hofbank 10 000 Taler zum Zinssatz von 2 % p. a. an. Über welches Kapital hätten seine Erben im Jahr 1997 verfügen können, wenn das Kapital

**1.** einfach, **2.** mit Zinseszins

angelegt worden wäre? Welches Kapital hätte sich im Jahr 2017 bzw. würde sich im Jahr 2027 ergeben?

**Lösungsweg**

Bei der Laufzeit $n$ (in Jahren), dem Barwert $K_0 = 10\,000$ Taler und dem konstanten Zinssatz $i = 2\,\%$ beträgt der Endwert $E(n)$

**1.** bei einfacher (d. h., linearer) Verzinsung

$E(n) = K_0(1 + in) = 10\,000(1 + 0.02 \cdot n)$ [Taler] und

**2.** bei jährlich geometrischer Verzinsung

$E(n) = K_0(1 + i)^n = 10\,000(1 + 0.02)^n$ [Taler].

**Ergebnis**

In der **Tabelle 3.9** sind die Endwerte $E(n)$ zu den Zeitpunkten 1997, 2017 und 2027 zusammengefasst.

**Tabelle 3.9** Endwerte bei einfacher und geometrischer Verzinsung

| Verzinsung | $E(n)$ 1997<br>$n = 300$ | $E(n)$ 2017<br>$n = 320$ | $E(n)$ 2027<br>$n = 330$ |
|---|---|---|---|
| Einfache | 70 000.00 | 74 000.00 | 76 000.00 |
| Geometrische | 3 802 345.08 | 5 650 084.77 | 6 887 421.81 |

### 3.7.2 Die Kredite des Herrn Schuldenreich

**Ausgangssituation**

Herr Schuldenreich hat in einem Jahr einen Kredit in Höhe von $S_1 = 25\,000$ € und zwei Jahre später noch einen Kredit in Höhe von $S_2 = 20\,000$ € zur Modernisierung seines Wohnhauses aufgenommen. Die Rückzahlung der Schuld soll in gleichen Raten $R$ nach jeweils vier, fünf, sieben und neun Jahren nach der Aufnahme des ersten Kredites erfolgen. Wie hoch muss die Rate $R$ sein, einen Zinssatz von $i = 5.5\,\%$ p. a. und

**1.** jährlich geometrische, **2.** jährlich lineare

Verzinsung vorausgesetzt? Als Stichtag für den Vergleich von Schulden und Rückzahlungen ist zu wählen:

a) der Zeitpunkt der Aufnahme des ersten Kredites,
b) der Zeitpunkt der letzten Rückzahlung.

**Lösungsweg**

Die Höhe der Rate $R$ ergibt sich aus der Äquivalenz von Schulden und Rückzahlungen, bezogen auf ein- und denselben Zeitpunkt.

1. **jährlich geometrische Verzinsung**

Zum Zeitpunkt $t = 0$ a der Aufnahme des ersten Kredites beträgt der Barwert der Schulden mit dem Zinsfaktor $q = 1 + i$

$$S_1 + \frac{S_2}{q^2}$$

und der Barwert der Rückzahlungen in Höhe $R$

$$R\left(\frac{1}{q^4} + \frac{1}{q^5} + \frac{1}{q^7} + \frac{1}{q^9}\right).$$

Aus der Gleichheit dieser Barwerte folgt

**Ergebnis**

$$R = \frac{q^7(q^2 S_1 + S_2)}{1 + q^2 + q^4 + q^5} \approx 14\,933.20 \text{ [€]}.$$

Zum Zeitpunkt $t = 9$ a der letzten Rückzahlung beträgt der Endwert der Schulden

$$S_1 q^9 + S_2 q^7$$

und der Endwert der Rückzahlungen in Höhe $R$

$$R\left(q^5 + q^4 + q^2 + 1\right).$$

**Ergebnis**

Aus der Gleichheit dieser Endwerte ergibt sich dieselbe Rate $R$ wie beim Vergleich der Barwerte.

2. **jährlich lineare Verzinsung**

Zum Zeitpunkt $t = 0$ a der Aufnahme des ersten Kredites beträgt der Barwert der Schulden mit dem Zinsfaktor $q = 1 + i$

$$S_1 + \frac{S_2}{1+2i}$$

und der Barwert der Rückzahlungen in Höhe $R$

$$R\left(\frac{1}{1+4i} + \frac{1}{1+5i} + \frac{1}{1+7i} + \frac{1}{1+9i}\right).$$

Aus der Gleichheit dieser Barwerte folgt

**Ergebnis**

$$R = \left(S_1 + \frac{S_2}{1+2i}\right) \Big/ \left(\frac{1}{1+4i} + \frac{1}{1+5i} + \frac{1}{1+7i} + \frac{1}{1+9i}\right) \approx 14\,363.74 \text{ [€]}.$$

Zum Zeitpunkt $t = 9$ a der letzten Rückzahlung beträgt der Endwert der Schulden

$$S_1(1+9i) + S_2(1+7i)$$

und der Endwert der Rückzahlungen in Höhe $R$

$$R((1+5i) + (1+4i) + (1+2i) + 1).$$

Aus der Gleichheit dieser Endwerte folgt

**Ergebnis**

$$R = (S_1(1+9i)+S_2(1+7i)) \,/\, ((1+5i)+(1+4i)+(1+2i)+1) \approx 14\,131.38 \ [€] \,.$$

Die Berechnungen zeigen, dass der Zeitpunkt des Vergleiches von Kapitalien bei vorausgesetzter geometrischer Verzinsung keine Rolle spielt, wogegen das bei vorausgesetzter linearer Verzinsung nicht der Fall ist.

### 3.7.3 Der Bauunternehmer B. Rauchgeld

**Ausgangssituation**

Der Bauunternehmer B. Rauchgeld nimmt zur Finanzierung von Baumaschinen einen Kredit von 30 000 € auf, der vierteljährlich nachschüssig mit jeweils 1.75 % der Restschuld verzinst werden muss. Die Rückzahlungen erfolgen ebenfalls vierteljährlich nachschüssig, im ersten Jahr mit jeweils 3 500 € und im zweiten Jahr mit jeweils 3 000 €.

1. Wie hoch ist seine Restschuld nach einem bzw. zwei Jahren? Wie viele Jahre muss die Schuld noch getilgt werden, wenn die vierteljährlich nachschüssigen Rückzahlungen ab dem dritten Jahr mit jeweils 1 000 € erfolgen? Der Tilgungsplan ist für die ersten zwei Jahre ist zu erstellen.
2. Wie müssten die vierteljährlichen Rückzahlungen in konstanter Höhe gewählt werden, damit der Kredit nach zwei Jahren vollständig getilgt ist?

**Lösungsweg**

1. Der Zinssatz $i = 0.0175$ (vierteljährlich) sowie der entsprechende Zinsfaktor $q = 1 + i = 1.0175$ sind über die gesamte Laufzeit konstant. Die Tilgung der Schuld $S_0 = 30\,000$ € erfolgt in den ersten $m = 4$ Perioden (Vierteljahre) mit der konstanten Annuität $A_1 = 3\,500$ €. Die Restschuld $S_m$ am Ende der $m = 4$-ten Periode beträgt damit nach Gleichung (3.45)

$$S_m = q^m S_0 - A_1 \frac{q^m - 1}{q - 1}$$
$$= 1.0175^4 \cdot 30\,000 - 3\,500 \cdot \frac{1.0175^4 - 1}{0.0175} \approx 17\,783.96 \ [€] \,.$$

$S_m = S_4$ ist gleichzeitig die Ausgangsschuld für die Tilgung im zweiten Jahr in den zweiten $m = 4$ Perioden (Vierteljahre) mit der konstanten Annuität $A_2 = 3\,000$ €. Die Restschuld $S_{2m}$ am Ende der $2m = 8$-ten Periode beträgt damit

$$S_{2m} = q^m S_m - A_2 \frac{q^m - 1}{q - 1}$$
$$= 1.0175^4 \cdot 17\,783.96 - 3\,000 \cdot \frac{1.0175^4 - 1}{0.0175} \approx 6\,743.21 \ [€] \,.$$

$S_{2m} = S_8$ wiederum ist gleichzeitig die Ausgangsschuld für die Tilgung nach dem zweiten Jahr in den folgenden $n$ Perioden (Vierteljahre) mit der konstanten Annuität $A_3 = 1\,000$ €, und es gilt

$$S_{2m+k} = q^k S_{2m} - A_3 \frac{q^k - 1}{q - 1}, \qquad k = 1, 2, ..., n.$$

Die Schuld ist nach $n$ Perioden (Vierteljahren) getilgt, wenn $S_{2m+n} = 0$ ist. Umstellen der Gleichung für $k = n$ nach $n$ ergibt

$$n = \frac{\ln A_3 - \ln(A_3 - iS_{2m})}{\ln q} = \frac{\ln 1\,000 - \ln(1\,000 - 0.0175 \cdot 6\,743.21)}{\ln 1.0175} \approx 7.24 .$$

**Ergebnis**

Der Bauunternehmer B. Rauchgeld muss seine Schuld noch weitere zwei Jahre tilgen.
**Tabelle 3.10** enthält den Tilgungsplan für die ersten zwei Jahre.

**Tabelle 3.10** Tilgungsplan für die ersten zwei Jahre

| $m$ | $S_{m-1}$ | $Z_m$ | $T_m$ | $A_m$ | $S_m$ |
|---|---|---|---|---|---|
| 1 | 30 000.00 | 525.00 | 2 975.00 | 3 500.00 | 27 025.00 |
| 2 | 27 025.00 | 472.94 | 3 027.06 | 3 500.00 | 23 997.94 |
| 3 | 23 997.94 | 419.96 | 3 080.04 | 3 500.00 | 20 917.90 |
| 4 | 20 917.90 | 366.06 | 3 133.94 | 3 500.00 | 17 783.96 |
| 5 | 17 783.96 | 311.22 | 2 688.78 | 3 000.00 | 15 095.18 |
| 6 | 15 095.18 | 264.17 | 2 735.83 | 3 000.00 | 12 359.35 |
| 7 | 12 359.35 | 216.29 | 2 783.71 | 3 000.00 | 9 575.64 |
| 8 | 9 575.64 | 167.57 | 2 832.43 | 3 000.00 | 6 743.21 |

**Lösungsweg**

2. Mit der Ausgangsschuld $S_0 = 30\,000$ € und dem Zinssatz $i = 0.0175$ (vierteljährlich) ergibt sich nach Gleichung (3.46) für die konstante Annuität $A$ in den $2m = 8$ Perioden (Vierteljahren)

**Ergebnis**

$$A = S_0 \frac{q^{2m}(q-1)}{q^{2m} - 1} = 30\,000 \frac{(1.0175)^8 \cdot 0.0175}{(1.0175)^8 - 1} \approx 4\,051.29 \text{ [€]}.$$

### 3.7.4 Abschreibung einer Hochtechnologiemaschine

**Ausgangssituation**

Eine Maschine zur Produktion innovativer hochtechnologischer Baustoffe im Wert von 1 000 000, 00 € soll im Laufe von zehn Jahren vollständig abgeschrieben werden, da sie voraussichtlich danach nicht mehr einsatzfähig sein wird. Gesucht ist der Buchwert am Ende des siebenten Nutzungsjahrs. Der Abschreibungsprozess ist für die dafür möglichen Abschreibungsarten zu tabellieren. Warum ist eine reine geometrisch degressive Abschreibung nicht geeignet?

1. Lineare Abschreibung,
2. Arithmetrisch degressive Abschreibung: mit 18 % des Anfangswertes als erster Abschreibung,
3. Digitale Abschreibung,
4. Geometrisch degressive Abschreibung (Abschreibungsprozentsatzsatz $s = 25$) mit Übergang zur linearen Abschreibung.

Für alle vier Abschreibungsarten gilt gemäß der Aufgabenstellung

**Lösungsweg**

Anfangswert $A = 1\,000\,000,00$ €, Nutzungsdauer $n = 10$, Buchwert am Ende der Nutzungsdauer $R_n = R_{10} = 0$ €.

1. Lineare Abschreibung:
Konstante Abschreibung
$w = (A - R_n)/n = 1\,000\,000/10 = 100\,000$ [€],

Buchwert $R_k = A - kw$,

**Ergebnis**

$R_7 = 1\,000\,000 - 7 \cdot 100\,000 = 300\,000$ [€]

| $k$ | $R_{k-1}$ | $w$ | $d_k$ | $R_k$ |
|---|---|---|---|---|
| 1 | 1000 000.00 | 100 000.00 | | 900 000.00 |
| 2 | 900 000.00 | 100 000.00 | 0 | 800 000.00 |
| 3 | 800 000.00 | 100 000.00 | 0 | 700 000.00 |
| 4 | 700 000.00 | 100 000.00 | 0 | 600 000.00 |
| 5 | 600 000.00 | 100 000.00 | 0 | 500 000.00 |
| 6 | 500 000.00 | 100 000.00 | 0 | 400 000.00 |
| 7 | 400 000.00 | 100 000.00 | 0 | 300 000.00 |
| 8 | 300 000.00 | 100 000.00 | 0 | 200 000.00 |
| 9 | 200 000.00 | 100 000.00 | 0 | 100 000.00 |
| 10 | 100 000.00 | 100 000.00 | 0 | 0 |

2. Arithmetrisch degressive Abschreibung:
Erste Abschreibung $w_1 = 0.18A = 0.18 \cdot 1\,000\,000 = 180\,000$ [€],
Konstanter Minderungsbetrag der Abschreibungen
$d = 2(nw_1 - ((A - R_n)/(n(n-1)))$
$= 2(10 \cdot 180\,000 - 1\,000\,000/(10 \cdot 9) \approx 17\,777.78$ [€]

Buchwert $R_k = A - k(w_1 - (k-1)d/2)$,

**Ergebnis**

$R_7 = 1\,000\,000 - 7(180\,000 - 6 \cdot 17\,777.78/2) \approx 113\,333,33$ [€]

| $k$ | $R_{k-1}$ | $w_k$ | $d$ | $R_k$ |
|---|---|---|---|---|
| 1 | 1000 000.00 | 180 000.00 | | 820 000.00 |
| 2 | 820 000.00 | 162 222.22 | 17 777.78 | 657 777.78 |
| 3 | 657 777.78 | 144 444.44 | 17 777.78 | 513 333.33 |
| 4 | 513 333.33 | 126 666.67 | 17 777.78 | 386 666.67 |
| 5 | 386 666.67 | 108 888.89 | 17 777.78 | 277 777.78 |
| 6 | 277 777.78 | 91 111.11 | 17 777.78 | 186 666.67 |
| 7 | 186 666.67 | 73 333.33 | 17 777.78 | 113 333.33 |
| 8 | 113 333.33 | 55 555.56 | 17 777.78 | 57 777.78 |
| 9 | 57 777.78 | 37 777.78 | 17 777.78 | 20 000.00 |
| 10 | 20 000.00 | 20 000.00 | 17 777.78 | 0 |

3. Digitale Abschreibung:
Konstanter Minderungsbetrag der Abschreibungen
$d = 2(A - R_n)/(n(n+1)) = 2 \cdot 1\,000\,000/(10 \cdot 11) \approx 18\,181.82$ [€],
Abschreibung im Jahr $n = 10$: $w_{10} = d$

Buchwert $R_k = A - k(nd - (k-1)d/2)$,

**Ergebnis** $R_7 = 1\,000\,000 - 7(10 \cdot 18\,181.82 - 6 \cdot 17\,777.78/2) \approx 109.090.91$ [€]

| $k$ | $R_{k-1}$ | $w_k$ | $d$ | $R_k$ |
|---|---|---|---|---|
| 1 | 1000 000.00 | 181 818.18 | | 818 181.82 |
| 2 | 818 181.82 | 163 636.36 | 18 181.82 | 654 545.45 |
| 3 | 654 545.45 | 145 454.55 | 18 181.82 | 509 090.91 |
| 4 | 509 090.91 | 127 272.73 | 18 181.82 | 381 818.18 |
| 5 | 381 818.18 | 109 090.91 | 18 181.82 | 272 727.27 |
| 6 | 272 727.27 | 90 909.09 | 18 181.82 | 181 818.18 |
| 7 | 181 818.18 | 72 727.27 | 18 181.82 | 109 090.91 |
| 8 | 109 090.91 | 54 545.45 | 18 181.82 | 54 545.45 |
| 9 | 54 545.45 | 36 363.64 | 18 181.82 | 18 181.82 |
| 10 | 18 181.82 | 18 181.82 | 18 181.82 | 0 |

4. Geometrisch degressive Abschreibung (Abschreibungsprozentsatz $s = 25$) mit Übergang zur linearen Abschreibung:

Anzahl $k$ der Jahre mit geometrisch degressiver Abschreibung $k = n+1-100/s = 10+1-100/25 = 7$,

Buchwert: $R_k = A(1-s/100)^k$,

**Ergebnis** $R_7 = 1\,000\,000(1-25/100)^7 \approx 133.483.89$ [€]

In den Jahren $k+1, ..., n$, d. h., $8, 9, 10$, lineare Abschreibung mit Anfangswert $R_k = R_7 \approx 133\,483.89$ [€],
Konstante Abschreibung
$w = w_7 = A \cdot (s/100) \cdot (1-s/100)^6 \approx 44\,494.63$ [€].

| $k$ | $R_{k-1}$ | $w_k$ | $d_k$ | $R_k$ |
|---|---|---|---|---|
| 1 | 1000 000.00 | 250 000.00 | | 750 000.00 |
| 2 | 750 000.00 | 187 500.00 | 62 500.00 | 562 500.00 |
| 3 | 562 500.00 | 140 625.00 | 46 875.00 | 421 875.00 |
| 4 | 421 875.00 | 105 468.75 | 35 156.25 | 316 406.25 |
| 5 | 316 406.25 | 79 101.56 | 26 367.19 | 237 304.69 |
| 6 | 237 304.69 | 59 326.17 | 19 775.39 | 177 978.52 |
| 7 | 177 978.52 | 44 494.63 | 14 831.54 | 133 483.89 |
| 8 | 133 483.89 | 44 494.63 | 0 | 88 989.26 |
| 9 | 88 989.26 | 44 494.63 | 0 | 44 494.63 |
| 10 | 44 494.63 | 44 494.63 | 0 | 0 |

Die reine geometrisch degressive Abschreibung kann nicht genutzt werden, da die Folge der Buchwerte positive Glieder hat. Daher kann der Buchwert $R_n = 0$ nicht erzielt werden.

### 3.7.5 Investition in ein Mietshaus

**Ausgangssituation** Ein älterer Immobilienbesitzer in der Kleinstadt Lissa-Kerrauten möchte sein Mietshaus mit vier Wohnungen nachhaltig renovieren, damit er in der nächsten Zeit beruflich etwas kürzer treten kann. Er plant eine Investition von 500 000 €, um in den darauffolgenden 20 Jahren jeweils einen Gewinn von 40 000 € erzielen zu können.

1. Lohnt sich die Investition bei einem jährlichen Kalkulationszinssatz von $i = 2\,\%$? Der Kapitalwert der Investition ist anzugeben.
2. Der interne Zinssatz ist zu ermitteln. Bei welchen Bankzinssätzen lohnt sich die Investition?
3. Wie hoch muss der jährliche Gewinn bei gleicher Investition mindestens sein, damit sich die Investition bei einem jährlichen Kalkulationszinssatz von $i = 2\,\%$ lohnt?

   Wie hoch darf die Investition bei gleichem jährlichen Gewinn höchstens sein, damit sich die Investition bei einem jährlichen Kalkulationszinssatz von $i = 2\,\%$ lohnt?

**Lösungsweg**

1. Der Barwert der Investition ist in Abhängigkeit vom Zinsfaktor $q = 1 + i$ mit der anfänglichen Investition $A_0$ und dem konstanten jährlichen Gewinn $G$ in den darauffolgenden 20 Jahren

$$C(q) = -A_0 + G\,\frac{q^{20} - 1}{(q-1)q^{20}}.$$

Bei einem jährlichen Kalkulationszinssatz von $i = 2\,\%$ ergibt sich mit $A_0 = 0.5$ [Mio. €] und $G = 0.04$ [Mio. €]

$$C(1.02) = -0.5 + 0.04 \cdot \frac{1.02^{20} - 1}{0.02 \cdot 1.02^{20}} \approx 0.154\,057 \text{ [Mio. €]}.$$

**Ergebnis**

Nach der Kapitalwertmethode lohnt sich die Investition wegen $C(1.02) > 0$.

**Lösungsweg**

2. Ein interner Zinssatz erfüllt die Gleichung $C(q) = 0$, $q = 1 + i$. Einzige positive reelle Lösung dieser Gleichung (numerisch ermittelt) ist $q \approx 1.04964$.

**Ergebnis**

Der interne Zinssatz $i_{\text{int}}$ beträgt ca. 4.964 %.
Die Investition lohnt sich für Zinssätze $i$ mit
$0 < i < i_{\text{int}} \approx 4.964\,\%$.

**Lösungsweg**

3. Aus der notwendigen Bedingung der Kapitalwertmethode $C(q) > 0$ folgt für den jährlichen Gewinn $G$

$$G > A_0\frac{(q-1)q^{20}}{q^{20} - 1} = 0.5 \cdot \frac{0.02 \cdot 1.02^{20}}{1.02^{20} - 1} \approx 0.030\,578.40 \text{ [Mio. €]}$$

und für die anfängliche Investition $A_0$

$$A_0 < G\,\frac{q^{20} - 1}{(q-1)q^{20}} = 0.04 \cdot \frac{1.02^{20} - 1}{0.02 \cdot 1.02^{20}} \approx 0.654\,057 \text{ [Mio. €]}.$$

**Ergebnis**

Der jährliche Gewinn $G$ muss mindestens 30 578.40 € betragen, damit sich die Investition lohnt.
Die anfängliche Investition $A_0$ darf höchstens 654 057 € betragen, damit sich die Investition lohnt.

### 3.7.6 Rentenzahlung angesagt?

**Ausgangssituation**

Die Versicherungsgesellschaft „Lebensklug“ bietet Herrn Neureich an, entweder seine fällige Lebensversicherung in Höhe von $L = 200\,000$ € sofort auszuzahlen oder aber 20 Jahre lang in monatlichen vorschüssigen Raten von $r = 950$ €. Es wird einen Kalkulationszinssatz von $i = 2\,\%$ p. a. bei gemischter Verzinsung (unterjährig linear, jährlich geometrisch) vorausgesetzt.

1. Sollte sich Herr Neureich auf dieses Angebot einlassen?
2. Wie hoch müsste die monatliche Rate sein, damit Herrn Neureich kein Verlust (und kein Gewinn) entsteht?
3. Wie viel Jahre müsste die monatliche Rate $r = 950$ € gezahlt werden, damit Herrn Neureich kein Verlust (und kein Gewinn) entsteht?
4. Wie hoch müsste die monatliche Rate bei unendlicher Rentenzahlung sein?

**Lösungsweg**

1. Die Jahresersatzrate von zwölf monatlich vorschüssigen Zahlungen in Höhe von $r = 950$ € beträgt

$$R = r(12 + 6.5i) = 950(12 + 6.5 \cdot 0.02) = 11\,523.50 \text{ [€]},$$

die zur Berechnung des Barwertes der Rentenzahlungen in $n = 20$ Jahren nachschüssig anzusetzen sind. Er beträgt

$$B_n^{\text{nach}} = R\,\frac{q^n - 1}{(q-1)q^n} \approx 11\,523.5 \cdot \frac{1.02^{20} - 1}{0.02 \cdot 1.02^{20}} \approx 188\,426.00 \text{ [€]}.$$

**Ergebnis**

Herrn Neureich stehen aber zu diesem Zeitpunkt 200 000 € zur Verfügung. Er sollte sich nicht auf die Ratenzahlung einlassen.

**Lösungsweg**

2. Aus der Gleichung $L = B_{20}^{\text{nach}}$ (Gleichheit der Einmalzahlung und des Barwertes der Raten) folgt durch Umstellen nach $r$

**Ergebnis**

$$r = L\,\frac{(q-1)q^{20}}{(12 + 6.5i)(q^{20} - 1)} = 200\,000 \cdot \frac{0.02 \cdot 1.02^{20}}{(12 + 6.5 \cdot 0.02)(1.02^{20} - 1)} \approx 1\,008.35 \text{ [€]}.$$

**Lösungsweg**

3. Aus der Gleichung $L = B_{20}^{\text{nach}}$ ergibt sich durch Umstellen nach $n$

**Ergebnis**

$$n = \frac{\ln((R - L(q-1))/R)}{\ln q} = \frac{\ln((11\,523.5 - 200\,000 \cdot 0.02)/11\,523.5)}{\ln 1.02} \approx 21.5.$$

**Lösungsweg**

4. Die monatliche Rate bei unendlicher Zahlung wäre

**Ergebnis**

$$r_\infty = L\frac{q-1}{12 + 6.5i} = 200\,000 \cdot \frac{0.02}{12 + 6.5 \cdot 0.02} \approx 329.76 \text{ [€]}.$$

### 3.7.7 Das Verhängnis zu leichter Klausuren

**Ausgangssituation**

Prof. Dr.-Ing. Schall-Rauch wurde in einem Gerichtsprozess wegen zu leichter Klausuren dazu verurteilt, ab sofort in den folgenden 20 Jahren jeweils am Jahrestag der Urteilsverkündung 1 000 € für wohltätige Zwecke zu spenden.

1. Welchem Wert entsprechen diese Zahlungen am Tag der Urteilsverkündung, einen jährlichen Zinssatz von $i = 2.5\,\%$ vorausgesetzt?
2. Welcher Wert ergibt sich am Tag der Urteilsverkündung, wenn bei demselben Zinssatz unendlich lange gezahlt werden müsste?

**Lösungsweg**

Mit dem jährlich vorschüssig zu spendenden Betrag $r = 1\,000$ € und dem konstanten jährlichen Zinssatz $i = 2.5\,\%$ bzw. Zinsfaktor $q = 1.025$ ist

**Ergebnis**

1. der Barwert aller Zahlungen bei $n = 20$ Zahlungsperioden (Jahren)
$$B_n^{\text{vor}} = r\,\frac{(q^n - 1)}{(q-1)q^{n-1}} = 1\,000 \cdot \frac{(1.025^{20} - 1)}{0.025 \cdot 1.025^{19}} \approx 15\,978.90\ [€],$$
2. der Barwert der vorschüssigen unendlichen Zahlungen in derselben Höhe
$$B_\infty^{\text{vor}} = \frac{rq}{q-1} = 1\,000 \cdot \frac{1.025}{0.025} = 41\,000\ [€].$$

### 3.7.8 Die kurzen Überlegungen des Bauingenieurs B. Ruchstein

**Ausgangssituation**

Der Bauingenieur B. Ruchstein nimmt ein Darlehen von 400 000 € zur Finanzierung eines Bauvorhabens im Ferienparadies des Kurortes Bad Acronor auf, dessen vollständige Rückzahlung in zehn Jahren durch Zahlung von Raten jeweils am Jahresende in Höhe von 50 000 € erfolgen soll. Seine Bank behauptet, dass die vereinbarten Zahlungen einer Effektivverzinsung von $i = 3.1\,\%$ p. a. entsprächen.

1. Gesucht ist eine Formel zur Berechnung des Endwertes von zehn jährlichen nachschüssigen Ratenzahlungen der Höhe $r$.
2. Gesucht ist der Endwert für $r = 50\,000$ € und $i = 3.1\,\%$ p. a.
3. Gesucht ist der Endwert des Darlehens nach zehn Jahren für den Zinssatz $i = 3.1\,\%$ p. a.
4. Ist der effektive Jahreszinssatz $i_{\text{eff}}$ höher oder niedriger als der von der Bank angegebene Zinssatz $i = 3.1\,\%$ p. a.? Wie hoch ist der effektive Jahreszinssatz $i_{\text{eff}}$ wirklich?

**Lösungsweg**

1. Der Endwert $E_{10}^{\text{vor}}$ von zehn jährlichen nachschüssigen Ratenzahlungen der Höhe $r$ beträgt mit dem jährlichen Zinsfaktor $q = 1 + i$

**Ergebnis**

$$E_{10}^{\text{vor}} = r\,\frac{q^{10} - 1}{(q - 1)}.$$

2. Mit $r = 50\,000$ € und $i = 3.1\,\%$ p. a. ist

**Ergebnis**

$$E_{10}^{\text{vor}} = 50\,000\,\frac{1.031^{10} - 1}{0.031} \approx 575\,841.00 \text{ [€]}.$$

3. Mit $D = 400\,000$ € und $i = 3.1\,\%$ p. a. bzw. dem jährlichen Zinsfaktor $q = 1.031$ ist der Endwert $D_{10}$ des Darlehens $D$

**Ergebnis**

$$D_{10} = Dq^{10} = 400\,000 \cdot 1.031^{10} \approx 542\,809.00 \text{ [€]}.$$

4. Der Endwert der Ratenzahlungen ist größer als der Endwert des Darlehens. Daher gilt für den effektiven Zinssatz $i_{\text{eff}} > i = 3.1\,\%$. Aus der Bestimmungsgleichung für $q_{\text{eff}}$

$$0 = E_{10}^{\text{vor}} - D_{10} = r\,\frac{q_{\text{eff}}^{10} - 1}{(q_{\text{eff}} - 1)} - Dq_{\text{eff}}^{10}$$

ergibt sich die numerische Lösung $q_{\text{eff}} \approx 1.04277$.

**Ergebnis**

Der effektive Zinssatz ist größer als der von der Bank angegebene Zinssatz von $i = 3.1\,\%$ p. a. Er beträgt in Wirklichkeit $i_{\text{eff}} \approx 4.3\,\%$. Aus Sicht der Bank ist das ein Habenzins, aus Sicht des Bauingenieurs B. Ruchstein ein Schuldenzins.

### 3.7.9 Effektivzins eines Wertpapiers

**Ausgangssituation**

Die Bank „W. Papier & Söhne“ wirbt mit Wertpapieren mit einem Nominalbetrag von $2\,000,00$ €, die jährlich nachschüssig zum Nominalzinssatz von $6.5\,\%$ p. a. verzinst werden. Am Ende der Laufzeit von zehn Jahren erfolgt die Rückzahlung des Nominalbetrages.

1. Wie hoch ist der Kaufpreis eines Wertpapiers und sein Kapitalwert am Ende der Laufzeit bei einem Effektivzinssatz von $5.3\,\%$ p. a. bzw. $7.3\,\%$ p. a.? Wie hoch ist sein Kurs?
2. Wie hoch ist der Effektivzinssatz des Wertpapiers, wenn sein Kaufpreis $1\,800,00$ € bzw. $2\,100,00$ € beträgt? Wie hoch ist sein Kurs?
3. Wie hoch wäre der Nominalzinssatz bei einem Effektivzinssatz von $5.3\,\%$ p. a. bzw. $7.3\,\%$ p. a. und einem Kurs von $0.85$?
4. Wie hoch ist der Effektivzinssatz des Wertpapiers, wenn bei gegebenem Nominalzinssatz sein Kaufpreis mit seinem Nominalbetrag übereinstimmt? Welcher Nominalzinssatz ist zu wählen, wenn bei gegebenem Effektivzinssatz der Kaufpreis des Wertpapiers mit seinem Nominalbetrag übereinstimmen soll?

1. Gemäß der Äquivalenz von ausgehenden und eingehenden Zahlungen zum Zeitpunkt $t = 0$ ist der Kaufpreis $K$ (ausgehende Zahlung) gleich dem Barwert $K_{\text{eff},0}$ aller eingehenden Zahlungen bei vorausgesetztem Effektivzinssatz $i_{\text{eff}}$ bzw. entsprechendem Zinsfaktor $q_{\text{eff}} = i_{\text{eff}} + 1$. **Kaufpreis**
Die eingehenden Zahlungen sind einerseits die Rückzahlung des Nominalbetrages $N = 2\,000$ € am Ende der Laufzeit $n = 10$ (in Jahren) und andererseits die jährlich nachschüssigen Zinsen in Höhe von $i_{\text{nom}}N = 0.065 \cdot 2\,000$ [€]. Daraus ergibt sich der Kaufpreis

$$K = K_{\text{eff},0}(i_{\text{nom}}, q_{\text{eff}}, N, n) = i_{\text{nom}} N \frac{q_{\text{eff}}^n - 1}{q_{\text{eff}}^n (q_{\text{eff}} - 1)} + \frac{N}{q_{\text{eff}}^n}. \quad (3.104)$$

**Ergebnis**

Für $i_{\text{eff}} = 0.053$, $q_{\text{eff}} = 1.053$ ist der Kaufpreis
$$K = 0.65 \cdot 2\,000 \frac{1.053^{10} - 1}{1.053^{10} \cdot 0.053} + \frac{2\,000}{1.053^{10}} \approx 2\,182.65 \text{ [€]}.$$
Für $i_{\text{eff}} = 0.073$, $q_{\text{eff}} = 1.073$ ist der Kaufpreis
$$K = 0.65 \cdot 2\,000 \frac{1.073^{10} - 1}{1.073^{10} \cdot 0.073} + \frac{2\,000}{1.073^{10}} \approx 1\,889.16 \text{ [€]}.$$

**Kapitalwert**

Der Kapitalwert (Endwert) $K_{\text{eff},n}$ am Ende der Laufzeit $n$ (in Jahren) ergibt sich bei vorausgesetzter jährlich geometrischer Verzinsung aus dem Barwert durch Multiplikation mit dem Zinsfaktor $q_{\text{eff}}^n$:

$$K_{\text{eff},n}(i_{\text{nom}}, q_{\text{eff}}, N, n) = q_{\text{eff}}^n K_{\text{eff},0}(i_{\text{nom}}, q_{\text{eff}}, N, n).$$

**Ergebnis**

Für $i_{\text{eff}} = 0.053$ ist der gesuchte Kapitalwert (Endwert) $K_{\text{eff},10} = 1.053^{10} \cdot 2\,182.65 \approx 3\,658.21$ [€].
Für $i_{\text{eff}} = 0.073$ ist der gesuchte Kapitalwert (Endwert) $K_{\text{eff},10} = 1.073^{10} \cdot 1\,889.16 \approx 3\,821.79$ [€].

**Kurs**

Der Kurs $C_0$ eines Wertpapieres ist gleich dem Verhältnis aus seinem Kaufpreis $K$ und dem Barwert $K_{\text{nom},0}$ aller eingehenden Zahlungen bei vorausgesetztem Nominalzinssatz $i_{\text{nom}}$ bzw. entsprechendem Zinsfaktor $q_{\text{nom}} = i_{\text{nom}} + 1$. Dieser Barwert $K_{\text{nom},0}$ ist mit den hier eingehenden Zahlungen

$$K_{\text{nom},0}(i_{\text{nom}}, q_{\text{nom}}, N, n) = i_{\text{nom}} N \frac{q_{\text{nom}}^n - 1}{q_{\text{nom}}^n (q_{\text{nom}} - 1)} + \frac{N}{q_{\text{nom}}^n} = N. \quad (3.105)$$

Für den Kurs $C_0$ folgt somit

$$C_0 = \frac{K_{\text{eff},0}(i_{\text{nom}}, q_{\text{eff}}, N, n)}{K_{\text{nom},0}(i_{\text{nom}}, q_{\text{nom}}, N, n)} = \frac{K}{N}. \quad (3.106)$$

**Ergebnis**

Für $i_{\text{eff}} = 0.053$ ist der Kurs $C_0 \approx 2\,182.65/2\,000 \approx 1.09$.
Für $i_{\text{eff}} = 0.073$ ist der Kurs $C_0 \approx 1\,889.16/2\,000 \approx 0.95$.

2. Der Zusammenhang zwischen dem Kaufpreis $K$ und dem Effektivzinssatz $i_{\text{eff}}$ bzw. dem entsprechenden Zinsfaktor $q_{\text{eff}}$ ist in Gleichung (3.104) enthalten. Das ist eine bezüglich der gesuchten Größe $q_{\text{eff}} > 1$ nichtlineare Gleichung (siehe auch **Abschnitt 3.3.2**).

**Ergebnis**

Für $K = 1\,800,00$ € folgt die numerische Lösung $q_{\text{eff}} \approx 1.07$ und daraus der Zinssatz $i_{\text{eff}} \approx 0.0799$.
Für $K = 2\,100,00$ € folgt die numerische Lösung $q_{\text{eff}} \approx 1.06$ und daraus der Zinssatz $i_{\text{eff}} \approx 0.0583$.

Nach Gleichung (3.106) ist der Kurs
für $K = 1\,800,00$ € gleich $C_0 = K/N = 1\,800/2\,000 = 0.9$,
für $K = 2\,100,00$ € gleich $C_0 = K/N = 2\,100/2\,000 = 1.05$.

3. Gleichung (3.106) ist bei gegebenem Kurs $C_0$, Effektivzinssatz bzw. -faktor $q_{\text{eff}}$, Nominalbetrag $N$ und Laufzeit $n$ die Bestimmungsgleichung für den Nominalzinsfaktor $q_{\text{nom}}$ bzw. -satz $i_{\text{nom}}$. Sie lautet hier wegen Gleichung (3.105) $C_0 = K_{\text{eff},0}(i_{\text{nom}}, q_{\text{eff}}, N, n)/N$ und kann direkt nach $i_{\text{nom}}$ umgestellt werden:

$$i_{\text{nom}} = \frac{(C_0 q_{\text{eff}}^n - 1)(q_{\text{eff}} - 1)}{q_{\text{eff}}^n - 1}. \tag{3.107}$$

**Ergebnis**

Für $i_{\text{eff}} = 0.053$ beträgt der Nominalzinssatz $i_{\text{nom}} \approx 0.0333$.
Für $i_{\text{eff}} = 0.073$ beträgt der Nominalzinssatz $i_{\text{nom}} \approx 0.0513$.

**Effektivzinssatz**

4. Im Fall $K = N$ lautet Gleichung (3.104) nach Division durch $N$

$$i_{\text{nom}} \frac{q_{\text{eff}}^n - 1}{q_{\text{eff}}^n (q_{\text{eff}} - 1)} + \frac{1}{q_{\text{eff}}^n} = 1,$$

sie ist bezüglich $q_{\text{eff}} > 1$ nichtlinear. Eine Lösung dieser Gleichung ist offensichtlich $q_{\text{eff}} = q_{\text{nom}} = i_{\text{nom}} + 1$, was das Einsetzen bestätigt.

**Ergebnis**

Der Effektivzinssatz ist somit gleich dem Nominalzinssatz.

**Nominalzinssatz**

Wenn der Kaufpreis des Wertpapiers mit seinem Nominalbetrag übereinstimmt, so ist sein Kurs $C_0 = 1$, und aus Gleichung (3.107) folgt für den Nominalzinssatz

$$i_{\text{nom}} = \frac{(q_{\text{eff}}^n - 1)(q_{\text{eff}} - 1)}{q_{\text{eff}}^n - 1} = q_{\text{eff}} - 1 = i_{\text{eff}}.$$

**Ergebnis**

Der Nominalzinssatz $i_{\text{nom}}$ ist gleich dem Effektivzinssatz $i_{\text{eff}}$ zu wählen.

# 4 Statistik

Gegenstand der Statistik ist die Analyse der Ergebnisse von zufälligen, d. h., nicht vorhersehbaren, Experimenten. Der Begriff der Wahrscheinlichkeit des Eintretens bestimmter Ereignisse und ihre Berechnung spielt die zentrale Rolle in der klassischen Wahrscheinlichkeitsrechnung. Die Beschreibung der zufälligen Experimente mit geeigneten mathematischen Modellen und die zahlenmäßige Erfassung, wie oft ihre Ergebnisse eintreten, erfolgt mit Zufallsvariablen und deren Verteilungsfunktionen.

Die zahlenmäßige Charakterisierung des entstandenen Datenmaterials bei einer i. Allg. großen Anzahl von Wiederholungen eines zufälligen Experimentes ist Gegenstand der „Beschreibenden Statistik". Häufigkeitsverteilungen, ihre graphische Darstellung, Maßzahlen solcher Stichproben und Stichprobenfunktionen sind dafür geeignete Möglichkeiten. Die „Schließende Statistik" hat das Ziel, dabei Kenntnis über die Verteilungsfunktion der Zufallsvariable zu erlangen, die einem zufälligen Experiment zugrunde gelegen haben könnte. Dabei muss auch das Risiko von falschen Schlüssen einkalkuliert werden.

## 4.1 Grundbegriffe der Wahrscheinlichkeitsrechnung

Voraussetzung für die Ermittlung der Wahrscheinlichkeit eines bestimmten Ausganges eines zufälligen Experimentes unter festgelegten Bedingungen ist die Angabe der Anzahl der überhaupt möglichen Ergebnisse des Experimentes und der für den bestimmten Ausgang günstigen Ereignisse. In der Kombinatorik werden solche Anzahlen für Auswahl- und Anordnungsprobleme von Elementen bestimmt.

Die klassische Wahrscheinlichkeitsrechnung hat zufällige Ereignisse und deren Charakterisierung zum Gegenstand. Ein zufälliges Ereignis ist nicht vorhersehbar. Trotzdem kann es sein, dass unter festgelegten Bedingungen und einer großen Zahl von Experimenten beobachtet wird, dass ein mögliches Ereignis verhältnismäßig oft bzw. selten eintritt. Auch das gemeinsame Eintreten von Ereignissen und der kausale Zusammenhang von Ereignissen wird mit der klassischen Wahrscheinlichkeitsrechnung zahlenmäßig beschrieben.

**Bezeichnungen**

| | |
|---|---|
| $A$ | Ereignis |
| $P(A)$ | Wahrscheinlichkeit des Ereignisses $A$ |
| $P_n$ | Permutationen von $n$ Elementen |
| $V_n^{(k)}$ | Variationen von $n$ Elementen zur Klasse $k$ |
| $C_n^{(k)}$ | Kombinationen von $n$ Elementen zur Klasse $k$ |

### 4.1.1 Kombinatorik

**Permutationen**

Permutationen sind Anordnungen von Elementen einer Menge. Beantwortet werden soll die Frage, auf wie viele verschiedene Weisen $n$ Elemente angeordnet werden können.

1. Sind alle $n$ Elemente paarweise voneinander verschieden, so handelt es sich um **Permutationen ohne Wiederholung**. Ihre Anzahl ist

$$P_n = n!\,. \tag{4.1}$$

**Beweis:** Die Behauptung ist offenbar richtig für $n = 1$, denn ein einziges Element kann auf genau eine Weise angeordnet werden. Angenommen, die Behauptung ist für $n = k$ Elemente richtig, dann können diese auf $k!$ verschiedene Weisen angeordnet werden. Das hinzukommende $(k + 1)$-te Element kann bei jeder dieser $k!$ verschiedenen Möglichkeiten entweder vor dem ersten oder nach dem ersten oder nach dem zweiten usw. oder nach dem $k$-ten Element platziert werden. Insgesamt ergeben sich demnach bei $n = k + 1$ Elementen $(k + 1) \cdot k! = (k + 1)!$ verschiedene Anordnungen. ■

2. Sind unter den $n$ Elementen $m$ Gruppen mit jeweils $p_1, p_2, ..., p_m$ gleichen Elementen, so handelt es sich um **Permutationen mit Wiederholung**. Ihre Anzahl ist

$$P_{n,W}^{(m)} = \frac{n!}{p_1!p_2!...p_m!} \quad \text{mit} \quad \sum_{i=1}^{m} p_i = n. \tag{4.2}$$

**Beweis:** Genau diejenigen der $n!$ Anordnungen von $n$ Elementen sind gleich, bei denen jeweils die $p_i$ gleichen Elemente jeder Gruppe $i = 1, ..., m$ untereinander permutieren, das sind entsprechend Gleichung (4.1) $p_i!$ Anordnungen bei jeder Anordnung der restlichen Elemente, was zur Gleichung (4.2) führt. ■

**Anzahl von Wörtern**

### Beispiel 4.1

1. Wie viele verschiedene Wörter (Buchstabenfolgen) lassen sich mit den Buchstaben $A, B, C$ bilden, wenn jeder Buchstabe genau einmal vorkommen soll?

   Da die Buchstaben voneinander verschieden sind, handelt es sich um Permutationen von drei Elementen ohne Wiederholung. Die Anzahl der verschiedenen Wörter beträgt nach Gleichung (4.1)

   $P_3 = 3! = 6.$

2. Wie viele verschiedene Wörter mit 6 Buchstaben lassen sich unter Verwendung der Buchstaben $A, B, C$ bilden, wenn $A$ genau dreimal und $B$ genau zweimal vorkommen darf?

   Wenn insgesamt 6 Buchstaben vorkommen sollen, darunter genau dreimal $A$ und genau zweimal $B$, so muss $C$ genau einmal vorkommen. Es handelt sich um Permutationen von 6 Elementen mit Wiederholung von $p_1 = 3, p_2 = 2$ und $p_3 = 1$ Elementen. Die Anzahl der verschiedenen Wörter aus den angegebenen Buchstaben beträgt nach Gleichung (4.2)

   $P_{6,W}^{(3)} = \frac{6!}{3!2!1!} = 5 \cdot 4 \cdot 3 = 60.$

**Variationen**

Variationen sind Anordnungen ausgewählter Elemente. Beantwortet werden soll die Frage, auf wie viele verschiedene Weisen aus $n$ verschiedenen Sorten von Elementen $k$ Elemente ausgewählt werden können, wobei die Reihenfolge der Auswahl berücksichtigt wird.

1. Sind alle $k$ ausgewählten Elemente voneinander verschieden, so handelt es sich um **Variationen ohne Wiederholung** von $k$ aus $n$ Elementen. Das setzt $n \geq k$ voraus. Ihre Anzahl ist

$$V_n^{(k)} = \frac{P_n}{P_{n-k}} = \frac{n!}{(n-k)!}. \tag{4.3}$$

**Beweis:** $n$ verschiedene Elemente können entsprechend Gleichung (4.1) auf $P_n$ verschiedene Weisen angeordnet werden. Betrachtet werden darunter alle Möglichkeiten, bei denen die ersten $k$ Elemente fixiert sind. Die restlichen $n-k$ Elemente können wegen Gleichung (4.1) auf $P_{n-k}$ verschiedene Weisen angeordnet werden. Für jede Möglichkeit der Anordnung der ersten $k$ Elemente ergeben sich damit $P_{n-k}$ Möglichkeiten der Anordnung der verbleibenden $(n-k)$ Elemente, die aber bei der Auswahl der ersten $k$ keine Rolle spielen. Daher ist die gesuchte Anzahl $V_n^{(k)} = P_n/P_{n-k}$. Mit Gleichung (4.1) folgt Gleichung (4.3). ■

2. Kommen unter den $k$ auszuwählenden Elementen gleiche vor, so handelt es sich um **Variationen mit Wiederholung** von $k$ aus $n$ Elementen. Ihre Anzahl ist

$$V_{n,W}^{(k)} = n^k.$$

**Beweis:** Die Anzahl der Möglichkeiten, das erste der $k$ Elemente aus $n$ auszuwählen, beträgt $n$. Für jede dieser Möglichkeiten gibt es wiederum $n$ Möglichkeiten, das zweite Element aus $n$ auszuwählen, das z. B. auch das gleiche wie das erste Element sein kann. Das sind insgesamt $n^2$ Möglichkeiten der Wahl des ersten und zweiten Elements usw. Bei der Auswahl von $k$ Elementen gibt es daher $n^k$ Möglichkeiten. ■

**Beispiel 4.2**

**Anzahl dreistelliger Zahlen**

1. Wie viele dreistellige Zahlen mit unterschiedlichen Ziffern lassen sich aus den Ziffern 0, 1, 2, ..., 9 bilden?
   Eine dreistellige Zahl darf nicht mit der Ziffer 0 beginnen. Von der Anzahl der Möglichkeiten, aus 10 Ziffern drei verschiedene unter Berücksichtigung ihrer Reihenfolge auszuwählen, ist die Anzahl derjenigen Möglichkeiten zu subtrahieren, bei denen die erste Ziffer eine 0 war. Das ist aber die Anzahl der Möglichkeiten, die erste Ziffer zu fixieren (Ziffer 0) und nur die letzten beiden Ziffern aus den noch zur Verfügung stehenden 9 verschiedenen zu wählen. Die Anzahl der dreistelligen Zahlen mit unterschiedlichen Ziffern beträgt
   $V_{10}^{(3)} - V_9^{(2)} = \frac{10!}{7!} - \frac{9!}{7!} = 10 \cdot 9 \cdot 8 - 9 \cdot 8 = 648.$
2. Wie viele dreistellige Zahlen gibt es?
   Eine dreistellige Zahl darf nicht mit der Ziffer 0 beginnen. Von der Anzahl der Möglichkeiten, aus 10 Ziffern drei (darunter auch gleiche) auszuwählen, ist die Anzahl derjenigen Möglichkeiten zu subtrahieren, bei der die erste Ziffer eine 0 war und nur die letzten beiden aus den 10 Ziffern beliebig gewählt wurden. Die Anzahl der dreistelligen Zahlen beträgt $V_{10,W}^{(3)} - V_{10,W}^{(2)} = 10^3 - 10^2 = 900.$

**Kombinationen**

Kombinationen sind Auswahlmöglichkeiten von Elementen, wobei die Reihenfolge der Auswahl unberücksichtigt bleibt. Beantwortet werden soll die Frage, wie viele Möglichkeiten es gibt, aus $n$ verschiedenen Sorten von Elementen $k$ Elemente auszuwählen.

1. Sind alle $k$ ausgewählten Elemente voneinander verschieden, so handelt es sich um **Kombinationen ohne Wiederholung** von $k$ aus $n$ Elementen. Das setzt $n \geq k$ voraus. Ihre Anzahl ist

$$C_n^{(k)} = \frac{P_n}{P_k P_{n-k}} = \frac{V_n^{(k)}}{P_k} = \frac{n!}{k!(n-k)!} = \binom{n}{k}. \quad (4.4)$$

**Beweis:** Unter den $V_n^{(k)}$ Möglichkeiten der Auswahl von $k$ verschiedenen aus $n$ Elementen mit Berücksichtigung ihrer Reihenfolge sind diejenigen gleich, bei denen die $k$ Elemente lediglich vertauscht (permutiert) sind, das sind $P_k$ Möglichkeiten. Es verbleiben somit $C_n^{(k)} = V_n^{(k)}/P_k$ Möglichkeiten. Mit den Gleichungen (4.3) und (4.1) ergibt sich Gleichung (4.4). ■

2. Können unter den $k$ zu wählenden Elementen auch gleiche vorkommen, so handelt es sich um **Kombinationen mit Wiederholung** von $k$ aus $n$ Elementen. Ihre Anzahl ist

$$C_{n,W}^{(k)} = \frac{P_{n+k-1}}{P_k P_{n-1}} = \binom{n+k-1}{k}. \quad (4.5)$$

**Beweis:** Jedes der $k$ zu wählenden Elemente wird mit einem „e" gekennzeichnet. Die Elemente werden unterteilt nach den $n$ Sorten, getrennt durch jeweils ein Trennzeichen „|", in eine Reihe gelegt. Es gibt somit $k$ Zeichen für Elemente und $n-1$ Trennzeichen in der Reihe. Die verschiedenen Möglichkeiten der Auswahl entstehen dadurch, die $k+n-1$ Plätze in der Reihe entweder mit einem Zeichen „e" oder einem Zeichen „|" zu versehen, wobei genau $k$ Zeichen „e" und genau $n-1$ Zeichen „|" verwendet werden. Es gibt $P_{k+n-1}$ Möglichkeiten der Anordnung dieser $k+n-1$ Zeichen. Die Reihenfolge der $k$ Zeichen „e" spielt dabei keine Rolle. Ebenso spielt die Reihenfolge der $n-1$ Zeichen „|" keine Rolle. Für die gesuchte Anzahl ergibt sich daher $C_{n,W}^{(k)} = P_{n+k-1}/(P_k P_{n-1})$. ■

**Auswahlmöglichkeiten**

**Beispiel 4.3**

1. Auf einer Geburtstagsfeier sind 6 Personen versammelt. Jeder stößt mit jedem an. Wie oft wird angestoßen?

   Das sind Kombinationen von zwei aus sechs Elementen ohne Wiederholung, da die anstoßenden Personen voneinander verschieden sind. Laut Gleichung (4.4) ist die Anzahl der Anstöße

   $C_6^{(2)} = \binom{6}{2} = \frac{6 \cdot 5}{1 \cdot 2} = 15$

2. Ein Korb enthält rote und blaue Kugeln. Wie viele Möglichkeiten gibt es, drei Kugeln darunter auszuwählen?

   Da unter den Kugeln auch gleichfarbige gewählt werden können (sofern der Korb genügend solcher Kugeln enthält), handelt es sich um Kombinationen von drei aus zwei Elementen mit Wiederholung. (Das sind die Möglichkeiten *rrr, rrb, rbb, bbb*). Ihre Anzahl beträgt entsprechend Gleichung (4.5)

   $C_{2,W}^{(3)} = \binom{2+3-1}{3} = 4.$

### 4.1.2 Zufällige Ereignisse

**Definition 4.4**

Ein **zufälliges Ereignis** ist ein Ereignis, das bei einem Versuch unter bestimmten gegebenen Bedingungen eintreten kann, aber nicht notwendig eintreten muss.

### Beispiel 4.5

In folgenden drei Fällen ist der Ausgang der Versuche nicht absehbar, also zufällig.

1. Beim Werfen einer Münze sind die möglichen Ereignisse die „Zahl" oder das „Wappen".
2. Beim Werfen eines Würfels mit den Augenzahlen von 1 bis 6 sind die möglichen Ereignisse die „1", „2", „3", „4", „5" oder „6".
3. Bei der Qualitätsprüfung der Produktion sind die möglichen Ereignisse die Bewertung mit „fehlerfrei" oder „Ausschuss".

### Definition 4.6

1. Das Ereignis $A$ heißt **Teilereignis** des Ereignisses $B$, wenn aus dem Eintreten des Ereignisses $A$ stets das Eintreten des Ereignisses $B$ folgt: $A \subset B$ (siehe **Bild 4.1**).
2. Die **Summe** der Ereignisse $A$ und $B$ ist das Ereignis $C$, bei dem wenigstens eines der beiden Ereignisse $A$ oder $B$ eingetreten ist: $C = A \cup B$ (siehe **Bild 4.2**).
3. Das **Produkt** der Ereignisse $A$ und $B$ ist das Ereignis $C$, bei dem gleichzeitig die Ereignisse $A$ und $B$ eingetreten sind: $C = A \cap B$ (siehe **Bild 4.3**).
4. Die **Differenz** der Ereignisse $A$ und $B$ ist das Ereignis $C$, bei dem das Ereignis $A$ eingetreten, das Ereignis $B$ jedoch nicht eingetreten ist: $C = A \setminus B$ (siehe **Bild 4.4**).
5. Ein Ereignis $E$ heißt **sicher**, wenn es unbedingt eintreten muss. Ein Ereignis $\oslash$ heißt **unmöglich**, wenn es niemals eintreten kann.
6. Zwei Ereignisse $A$ und $\overline{A}$ heißen **zueinander komplementär**, wenn bei Nichteintreten des Ereignisses $A$ das Ereignis $\overline{A}$ unbedingt eintreten muss (siehe **Bild 4.5**).

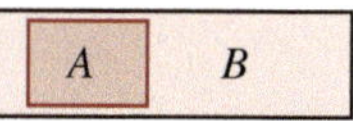


**Bild 4.1** Teilereignis $A \subset B$

**Bild 4.2** Summe $C = A \cup B$

**Bild 4.3** Produkt $C = A \cap B$

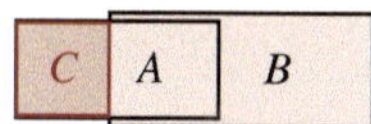


**Bild 4.4** Differenz $C = A \setminus B$

**Bild 4.5** Komplementäres Ereignis $\overline{A}$

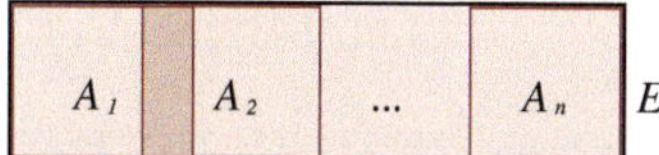


**Bild 4.6** Vollständiges System von Ereignissen $A_1, A_2, ..., A_n$

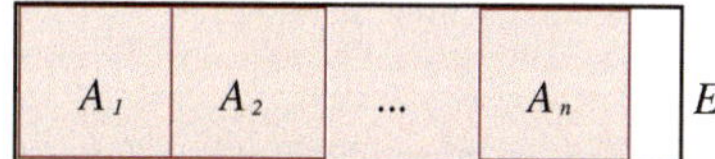


**Bild 4.7** Disjunkte Ereignisse $A_1, A_2, ..., A_n$

### Beispiel 4.7

Betrachtet wird das Werfen eines Würfels mit den Augenzahlen von 1 bis 6 wie in **Beispiel 4.5, 2.**

1. Ist das Ereignis $A$ das „Werfen einer 2" und das Ereignis $B$ das „Werfen einer geraden Zahl", so gilt $A \subset B$.
2. Ist das Ereignis $A$ das „Werfen einer 2", das Ereignis $B$ das „Werfen einer 6" und das Ereignis $C$ das „Werfen einer 2 oder einer 6", so gilt $C = A \cup B$.
3. Ist das Ereignis $A$ das „Werfen einer geraden Zahl" und das Ereignis $B$ das „Werfen einer Primzahl", so ist das Produkt $C$ dieser Ereignisse das Werfen einer geraden Zahl, die gleichzeitig Primzahl ist, also das „Werfen einer 2".
4. Ist das Ereignis $A$ das „Werfen einer geraden Zahl" und das Ereignis $B$ das „Werfen einer 2", so ist die Differenz $C$ dieser Ereignisse das Werfen einer geraden Zahl, die keine 2 ist, also das „Werfen einer 4 oder einer 6".
5. Das Ereignis $E$ „Werfen einer 1 oder 2 oder 3 oder 4 oder 5 oder 6" ist sicher. Das Ereignis $\oslash$ „Weder das Werfen der 1 noch der 2 noch der 3 noch der 4 noch der 5 noch der 6" ist unmöglich.
6. Das Ereignis „Werfen einer geraden Zahl" ist zum Ereignis „Werfen einer ungeraden Zahl" komplementär.

**Definition 4.8**

Die Menge der Ereignisse $\{A_1, A_2, ..., A_n\}$ heißt **vollständiges System von Ereignissen**, wenn eines dieser Ereignisse unbedingt eintreten muss (siehe **Bild 4.6**).
Die Ereignisse $A_1, A_2, ..., A_n$ heißen **disjunkt (unvereinbar)**, wenn das Eintreten eines dieser Ereignisses das Eintreten jedes der anderen vollständig ausschließt (siehe **Bild 4.7**).

**Beispiel 4.9**

In **Beispiel 4.5** bilden die Ereignisse jeweils ein vollständiges System, da eines davon unbedingt eintreten muss.
Die Ereignisse in diesen Systemen sind jeweils disjunkt, da keine zwei von ihnen gleichzeitig eintreten können.

**Definition 4.10**

Ein **Ereignisfeld** $\mathbb{A}$ ist die Menge aller Ereignisse, die bei einem Versuch unter bestimmten Bedingungen eintreten oder nicht eintreten können. $\mathbb{A}$ besteht aus echten oder unechten Teilmengen von Ereignissen.
Die aus einem Element bestehenden Teilmengen von Ereignissen werden als **Elementarereignisse** bezeichnet.

**Beispiel 4.11**

In **Beispiel 4.5, 2.** – Werfen eines Würfels – ist das Ereignisfeld

$\mathbb{A} = \{\oslash, \{1\}, \{2\}, \{3\}, \{4\}, \{5\}, \{6\}, \{1,2\}, \{1,3\}, ..., \{1,2,3\}, ..., E\}$.

Die Elementarereignisse sind $\{1\}$, $\{2\}$, $\{3\}$, $\{4\}$, $\{5\}$, $\{6\}$.

**Pierre Simon Laplace**
(* 23. oder 28. März 1749 in Beaumont-en-Auge in der Normandie, † 5.März 1827 in Paris)

französischer Mathematiker und Astronom, Professor für Mathematik an der Pariser Militärakademie, Akademiemitglied und maßgeblicher Regierungsberater

u. a. Wahrscheinlichkeitstheorie, Differenzialgleichungen, Theorie zur Entstehung des Sonnensystems

*hier: Definition der Wahrscheinlichkeit*

### 4.1.3 Definition der Wahrscheinlichkeit

Der klassische Begriff der **Wahrscheinlichkeit** geht auf **Laplace** zurück. Vorausgesetzt wird ein Ereignisfeld $\mathbb{A}$ mit den Eigenschaften:

1. Alle $n$ Elementarereignisse $A_1, A_2, ..., A_n$ sind gleich wahrscheinlich (gleich möglich).
2. Die Elementarereignisse sind disjunkt (unvereinbar):
   $A_i \cap A_j = \oslash, i \neq j,\ i, j = 1, 2, ..., n$.
3. Keines der Elementarereignisse ist unmöglich:
   $A_i \neq \oslash,\ i = 1, ..., n$.
4. Die Summe der $n$ Elementarereignisse ist das sichere Ereignis, d. h., sie bilden ein vollständiges System von Ereignissen:
   $A_1 \cup A_2 \cup ... \cup A_n = E$.

**Definition 4.12**

Für ein beliebiges Ereignis $A$ aus dem Ereignisfeld $\mathbb{A}$, das sich als Summe von $m$ Elementarereignissen zusammensetzt, ist die **Wahrscheinlichkeit** seines Eintretens gleich dem Verhältnis der Anzahl $m$ der für $A$ günstigen zur Anzahl $n$ der möglichen Elementarereignisse:

$$P(A) = m/n. \tag{4.6}$$

**Beispiel 4.13** — **Würfeln**

Wie groß ist beim Werfen mit einem Würfel die Wahrscheinlichkeit $P(A)$ für das Eintreten des Ereignisses $A$ – „Werfen einer gerade Zahl“?

Die Elementarereignisse sind $A_1$ – das „Werfen einer 1“, $A_2$ – das „Werfen einer 2“,..., $A_6$ – das „Werfen einer 6“. Ihre Anzahl beträgt $n = 6$. Für das Ereignis $A$ gilt $A = A_2 \cup A_4 \cup A_6$ und somit $m = 3$. Damit ist $P(A) = 3/6 = 1/2 = 50\,\%$.

**Beispiel 4.14** — **Qualitätskontrolle**

Ein Gütekontrolleur entnimmt einem Los von $N$ Teilen, von denen $M$ Ausschuss sind, nacheinander ohne Zurücklegen $n$ Teile. Wie groß ist die Wahrscheinlichkeit $P$, dass sich unter diesen $n$ Teilen genau $m$ Ausschussteile befinden?

Die Anzahl der Möglichkeiten (Elementarereignisse), aus $N$ Teilen $n$ auszuwählen, ist nach Gleichung (4.4) gleich $C_N^{(n)}$. Ein günstiges Ereignis besteht darin, $m$ Ausschussteile und $n - m$ fehlerfreie Teile zu wählen. Da $M$ Ausschussteile vorhanden sind, ist entsprechend Gleichung (4.4) die Anzahl der Möglichkeiten der Wahl von $m$ Ausschussteilen $C_M^{(m)}$. Für jede konkrete Wahl von genau $m$ Ausschussteilen gibt es $C_{N-M}^{(n-m)}$ Möglichkeiten, die restlichen $n - m$ Teile unter den vorhandenen $N - M$ fehlerfreien gewählt zu haben. Damit ist die gesuchte Wahrscheinlichkeit $P = C_M^{(m)} C_{N-M}^{(n-m)} / C_N^{(n)} = \binom{M}{m}\binom{N-M}{n-m} / \binom{N}{n}$.

## 4.1.4 Eigenschaften der Wahrscheinlichkeit

**Satz 4.15**

1. Die Wahrscheinlichkeit für das sichere Ereignis $E$ beträgt

$$P(E) = 1. \tag{4.7}$$

2. Die Wahrscheinlichkeit für ein unmögliches Ereignis $\oslash$ beträgt

$$P(\oslash) = 0. \tag{4.8}$$

3. Für die Wahrscheinlichkeit eines möglichen, aber nicht sicheren Ereignisses $A$ gilt

$$0 < P(A) < 1. \tag{4.9}$$

**Beweis:**

1. Die Anzahl der für das sichere Ereignis günstigen Elementarreignisse ist $m = n$. Aus der Definition (4.6) folgt die Eigenschaft (4.7).

2. Für das unmögliche Ereignis gibt es kein günstiges Elementarereignis. Daher ist $m = 0$. Aus der Definition (4.6) folgt die Eigenschaft (4.8).
3. Die Menge der für $A$ günstigen $m > 0$ Elementarereignisse ist eine echte Untermenge aller $n$ Elementarereignisse. Somit gilt $0 < m < n$, und mit der Definition (4.6) folgt die Eigenschaft (4.9). ∎

**Wahrscheinlichkeiten beim Skat**

**Beispiel 4.16**

Wie groß ist die Wahrscheinlichkeit, dass beim einmaligen Ziehen einer Karte aus einem Skatspiel (32 Karten, 4 Farben) folgende Karte gezogen wird:

1. eine Zehn, 2. eine Eichel-Karte, 3. eine Eichel-Zehn.

1. Da es vier Zehnen gibt, ist die Wahrscheinlichkeit gleich $4/32 = 1/8$.
2. Da es acht Eichel-Karten gibt, ist die Wahrscheinlichkeit gleich $8/32 = 1/4$.
3. Da es eine Eichel-Zehn gibt, ist die Wahrscheinlichkeit gleich $1/32$.

**Satz 4.17**

**Additionsgesetz**

Sind $A_1, A_2, ..., A_n$ paarweise disjunkte Ereignisse, so gilt

$$P\left(\bigcup_{i=1}^{n} A_i\right) = \sum_{i=1}^{n} P(A_i). \tag{4.10}$$

Das Additionsgesetz ist auch richtig für abzählbar unendlich viele Ereignisse.

**Beweis:** Die Anzahl der für das Ereignis $\bigcup_{i=1}^{n} A_i$ günstigen Elementarereignisse ist die Summe der für $A_1$, für $A_2$,... und für $A_n$ günstigen Elementarereignisse. Mit der Definition (4.6) folgt die Eigenschaft (4.10). ∎

**Additionsgesetz beim Skat**

**Beispiel 4.18**

Wie groß ist die Wahrscheinlichkeit, dass beim einmaligen Ziehen aus einer Skatkarte eine Sieben oder eine Acht oder eine Neun gezogen wird?

Die Ereignisse
$A_7$ - „Ziehen einer Sieben", $A_8$ - „Ziehen einer Acht", $A_9$ - „Ziehen einer Neun"
sind disjunkt und gleich wahrscheinlich mit

$P(A_7) = P(A_8) = P(A_9) = 1/8.$

Nach dem Additionsgesetz ist daher

$P(A_7 \cup A_8 \cup A_9) = P(A_7) + P(A_8) + P(A_9) = 3/8.$

**Satz 4.19**

Die Wahrscheinlichkeit für das zum Ereignis $A$ komplementäre Ereignis $\overline{A}$ beträgt

$$P(\overline{A}) = 1 - P(A). \tag{4.11}$$

**Beweis:** Komplementäre Ereignisse sind disjunkt. Ihre Summe ist das sichere Ereignis $E$: $A \cup \overline{A} = E$. Somit gilt $P(A) + P(\overline{A}) = P(E) = 1$. ∎

**Komplementäres Ereignis beim Skat**

**Beispiel 4.20**

Wie groß ist die Wahrscheinlichkeit, dass sich unter drei aus einem Skatspiel gezogenen Karten folgende befinden:

1. genau eine Zehn, 2. mindestens eine Zehn?

1. Insgesamt gibt es $C_{32}^{(3)}$ Möglichkeiten, aus 32 Skatkarten drei zu ziehen (Anzahl der möglichen Elementarereignisse). Da insgesamt vier Zehnen vorhanden sind, gibt es $C_4^{(1)}$ Möglichkeiten, davon eine Zehn zu ziehen. Bei jeder dieser Möglichkeiten müssen die restlichen beiden Karten aus den verbleibenden 28 „Nicht-Zehnen" gezogen werden. Dafür gibt es jeweils $C_{28}^{(2)}$ Möglichkeiten. Die gesuchte Wahrscheinlichkeit beträgt $C_4^{(1)}C_{28}^{(2)}/C_{32}^{(3)} = \binom{4}{1}\binom{28}{2}/\binom{32}{3} \approx 0.3048$.
2. Die Ereignisse $A$ – „Ziehen von mindestens einer Zehn" und „Ziehen von keiner Zehn" sind komplementär. Die Wahrscheinlichkeit, keine Zehn zu ziehen, beträgt $C_{28}^{(3)}/C_{32}^{(3)}$ (alle drei Karten sind unter den 28 „Nicht-Zehnen"). Daher ist $P(A) = 1 - C_{28}^{(3)}/C_{32}^{(3)} = 1 - \binom{28}{3}/\binom{32}{3} \approx 0.3395$.

**Satz 4.21**

Sind $A$ und $B$ Ereignisse mit $A \subseteq B$ ($A$ ist Teilereignis von $B$), so ist

$$P(A) \leq P(B). \tag{4.12}$$

**Beweis:** Wegen $A \subseteq B$ ist die Anzahl der für $A$ günstigen Elementarereignisse kleiner oder gleich der Anzahl der für $B$ günstigen Elementarereignisse. Aus der Definition (4.6) folgt die Eigenschaft (4.12). ■

## Beispiel 4.22

**Teilereignisse beim Skat**

In **Beispiel 4.20** ist das Ereignis $A$ – „Unter drei aus 32 Skatkarten gezogenen befindet sich genau eine Zehn" Teilereignis des Ereignisses $B$ – „Unter drei aus 32 Skatkarten gezogenen befindet sich mindestens eine Zehn". Die Anzahl der für $A$ günstigen Elementarereignisse beträgt $C_4^{(1)}C_{28}^{(2)}$, die Anzahl der für $B$ günstigen Elementarereignisse beträgt $C_4^{(1)}C_{28}^{(2)} + C_4^{(2)}C_{28}^{(1)} + C_4^{(3)}C_{28}^{(0)}$, ist also größer als die Anzahl der für $A$ günstigen Elementarereignisse. Damit gilt $P(B) > P(A)$.

**Satz 4.23**

**Additionssatz**

Sind $A_1$ und $A_2$ zwei beliebige, sich nicht einander ausschließende Ereignisse mit den Wahrscheinlichkeiten $P(A_1)$ und $P(A_2)$, so gilt

$$P(A_1 \cup A_2) = P(A_1) + P(A_2) - P(A_1 \cap A_2). \tag{4.13}$$

**Beweis:** Die Ereignisse $A_1$ und $A_2$ sind die Vereinigungen folgender disjunkter Ereignisse (siehe **Bild 4.8**):

$A_1 = (A_1 \setminus A_2) \cup (A_1 \cap A_2)$ und $A_2 = (A_2 \setminus A_1) \cup (A_1 \cap A_2)$.

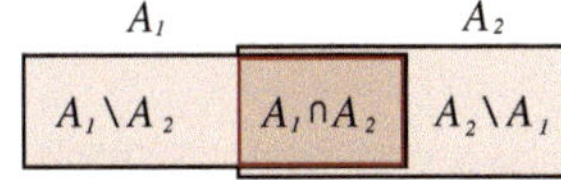

**Bild 4.8** Ereignisse $A_1$, $A_2$

Das Ereignis $A_1 \cup A_2$ ist die Vereinigung der disjunkten Ereignisse

$A_1 \cup A_2 = (A_1 \setminus A_2) \cup (A_1 \cap A_2) \cup (A_2 \setminus A_1)$.

Die Anzahl der für $A_1 \cup A_2$ günstigen Elementarereignisse ergibt sich daher aus der Summe der Anzahlen der für $A_1$ und $A_2$ günstigen Elementarereignisse, vermindert um die dabei doppelt gezählte Anzahl der für $A_1 \cap A_2$ günstigen Elementarereignisse. ■

## Beispiel 4.24

**Zementabfüllmaschine**

Bei Stichprobenüberprüfungen einer Zementabfüllmaschine ergab sich, dass im Durchschnitt bei 900 von 1000 Paketen das Gewicht im vorgeschriebenen Streuungsbereich $a \pm \varepsilon$ bleibt, bei 560 Paketen zwischen $a$ und $a + \varepsilon$ liegt und dass bei 625 Paketen das Gewicht größer oder gleich dem Nenngewicht $a$ ist. Wie groß ist die Wahrscheinlichkeit, dass das Gewicht eines Paketes unter der unteren zulässigen Grenze $a - \varepsilon$ liegt?

Seien folgende Ereignisse bezeichnet:

$A_1$ - Das Gewicht eines Paketes bleibt im Bereich $[a - \varepsilon, a + \varepsilon]$.
$A_2$ - Das Gewicht eines Paketes liegt im Bereich $[a, a + \varepsilon]$.
$A_3$ - Das Gewicht eines Paketes liegt im Bereich $[a, \infty)$.
$A_4$ - Das Gewicht eines Paketes liegt im Bereich $(-\infty, a - \varepsilon)$.

Gesucht ist die Wahrscheinlichkeit $P(A_4)$. Laut Aufgabenstellung sind folgende Wahrscheinlichkeiten gegeben:

$P(A_1) = 900/1000 = 0.9$, $P(A_2) = 560/1000 = 0.56$, $P(A_3) = 625/1000 = 0.625$.

Für $P(A_4)$ gilt mit der Wahrscheinlichkeit des komplementären Ereignisses (4.11)

$$P(A_4) = 1 - P(\overline{A}_4) \qquad \text{mit} \qquad P(\overline{A}_4) = P(A_1 \cup A_3).$$

Mit dem Additionssatz (4.13) folgt

$$P(A_1 \cup A_3) = P(A_1) + P(A_3) - P(A_1 \cap A_3) = P(A_1) + P(A_3) - P(A_2) = 0.965.$$

Die gesuchte Wahrscheinlichkeit beträgt daher $P(A_4) = 0.035$.

### 4.1.5 Bedingte und totale Wahrscheinlichkeit

**Bedingte Wahrscheinlichkeit**

Bisher erfolgte die Berechnung der Wahrscheinlichkeit $P(A)$ eines zufälligen Ereignisses $A$ ohne zusätzliche Voraussetzungen über sein Eintreten. In diesem Abschnitt wird zunächst die Wahrscheinlichkeit eines zufälligen Ereignisses unter der Bedingung, dass ein zweites Ereignis bereits eingetreten ist, betrachtet.

**Satz 4.25**

Die Wahrscheinlichkeit $P(A_1/A_2)$ des Ereignisses $A_1$ unter der Voraussetzung, dass das Ereignis $A_2$ bereits eingetreten ist, ist gleich dem Quotienten aus der Wahrscheinlichkeit für das gleichzeitige Eintreten der Ereignisse $A_1$ und $A_2$ und der Wahrscheinlichkeit für das Eintreten des Ereignisses $A_2$:

$$P(A_1/A_2) = \frac{P(A_1 \cap A_2)}{P(A_2)}, \; P(A_2) > 0. \tag{4.14}$$

**Beweis:** Ist $n$ die Anzahl der möglichen, $m_2$ die der für $A_2$ günstigen und $m_{12}$ die der für $A_1 \cap A_2$ günstigen Elementarereignisse, so ist nach der Definition der Wahrscheinlichkeit (4.6) $P(A_1 \cap A_2) = m_{12}/n$ und $P(A_2) = m_2/n$. Andererseits ist $P(A_1/A_2) = m_{12}/m_2$, sodass Gleichung (4.14) bestätigt ist. ■

**Bemerkung 4.26**

1. Analog zu Gleichung (4.14) gilt für die bedingte Wahrscheinlichkeit des Ereignisses $A_2$ unter der Voraussetzung des Eintretens des Ereignisses $A_1$

   $$P(A_2/A_1) = P(A_1 \cap A_2) \,/\, P(A_1), \; P(A_1) > 0.$$

2. Falls $P(A_2) = 0$ ist, d. h., falls das Ereignis $A_2$ unmöglich ist, so ist $P(A_1/A_2) = 0$.
3. Gleichung (4.14) kann auch in folgender Gestalt geschrieben werden:

   $$P(A_1 \cap A_2) = P(A_2)P(A_1/A_2) = P(A_1)P(A_2/A_1). \tag{4.15}$$

   Die Wahrscheinlichkeit für das gleichzeitige Eintreten der Ereignisse $A_1$ und $A_2$ ist gleich dem Produkt aus der Wahrscheinlichkeit des

Ereignisses $A_2$ und der Wahrscheinlichkeit des Ereignisses $A_1$ unter der Voraussetzung, dass $A_2$ schon eingetreten ist.

**Beispiel 4.27** — **Zwei Sägewerke**

In zwei Sägewerken werden insgesamt 90 000 Holzdielen produziert. 60 000 Dielen kommen aus dem Sägewerk I, 30 000 Dielen aus Sägewerk II. Von den in I produzierten Dielen haben 54 000 die höchste Qualitätsstufe und von den in II produzierten 18 000. Wie groß ist die Wahrscheinlichkeit, dass eine Diele aus dem Sägewerk I stammt unter der Bedingung, dass sie von höchster Qualitätsstufe ist?

Seien folgende Ereignisse bezeichnet:

$A_1$ - Eine Diele kommt aus dem Sägewerk I.
$Q$ - Eine Diele hat höchste Qualität.

Gesucht ist die bedingte Wahrscheinlichkeit $P(A_1/Q)$. Mit Gleichung (4.14) gilt

$$P(A_1/Q) = P(A_1 \cap Q)/P(Q).$$

Laut Aufgabenstellung ist die Wahrscheinlichkeit $P(Q)$, dass eine Diele höchste Qualität hat, gegeben: $P(Q) = (54\,000 + 18\,000)/90\,000 = 0.8$. Außerdem ist die Wahrscheinlichkeit $P(A_1 \cap Q)$, dass eine Diele aus Werk I stammt und gleichzeitig höchste Qualität hat, gegeben: $P(A_1 \cap Q) = 54\,000/90\,000 = 0.6$. Die gesuchte Wahrscheinlichkeit ist somit $P(A_1/Q) = 0.6/0.8 = 0.75$.

**Beispiel 4.28** — **Student mit der Note „1“**

Eine Hochschule für Angewandte Wissenschaften hat ca. 1500 Studenten. Die Anzahl der Studenten des Studienganges Bauingenieurwesen beträgt ca. 300. Davon hat ca. 1 % eine „1“ in der Klausur Mathematik im Bachelorstudium erreicht. Wie groß ist die Wahrscheinlichkeit, dass ein beliebiger Student der Hochschule sowohl aus dem Studiengang Bauingenieurwesen kommt als auch eine „1“ in der Klausur Mathematik im Bachelorstudium erreicht hat?

Seien folgende Ereignisse bezeichnet:

$A$ - Ein Student kommt aus dem Studiengang Bauingenieurwesen.
$M$ - Ein Student hat eine „1“ in der Klausur Mathematik im Bachelorstudium erreicht.

Laut Aufgabenstellung sind die Wahrscheinlichkeiten $P(A) = 300/1500 = 0.2$ und $P(M/A) = 0.01$ gegeben. Daraus ergibt sich für die gesuchte Wahrscheinlichkeit

$$P(M \cap A) = P(M/A)P(A) = 0.2 \cdot 0.01 = 0.002.$$

**Satz 4.29** — **Multiplikationssatz**

Für **unabhängige Ereignisse** $A_1$ und $A_2$, bei denen das Eintreten des Ereignisses $A_2$ das des Ereignisses $A_1$ nicht beeinflusst, gilt

$$P(A_1 \cap A_2) = P(A_1)P(A_2). \tag{4.16}$$

**Beweis:** Sind die Ereignisse $A_1$ und $A_2$ unabhängig, so ist $A_1/A_2 = A_1$ und somit

$$P(A_1/A_2) = P(A_1),$$

und daher folgt aus Gleichung (4.15) der Multiplikationssatz. ∎

**Bemerkung 4.30**

Für unabhängige Ereignisse $A_1$ und $A_2$ ist die Wahrscheinlichkeit ihres gleichzeitigen Eintretens gleich dem Produkt der Wahrscheinlichkeiten beider Ereignisse. Der Multiplikationssatz kann auf $n$

unabhängige Ereignisse $A_1, A_2, ..., A_n$ verallgemeinert werden. Für die Wahrscheinlichkeit des gleichzeitigen Eintretens dieser Ereignisse gilt

$$P\left(\bigcap_{i=1}^{n} A_i\right) = \prod_{i=1}^{n} P(A_i).$$

**Werfen einer Münze**

### Beispiel 4.31

Wie groß ist die Wahrscheinlichkeit, dass beim zweimaligen Werfen einer Münze beide Male das Ereignis „Zahl" eintritt?

Seien folgende Ereignisse bezeichnet:

$A_1$ - „Zahl" tritt beim ersten Wurf ein,
$A_2$ - „Zahl" tritt beim zweiten Wurf ein.

Offenbar sind $A_1$ und $A_2$ voneinander unabhängige Ereignisse mit $P(A_1) = 1/2$ und $P(A_2) = 1/2$. Gesucht ist die Wahrscheinlichkeit $P(A_1 \cap A_2)$. Mit dem Multiplikationssatz (4.16) gilt

$P(A_1 \cap A_2) = P(A_1)P(A_2) = 0.25.$

**Totale Wahrscheinlichkeit**

Ein Ereignis $B$ kann sich ereignen unter der Bedingung, dass eines von anderen Ereignissen $A_i$, $i = 1, ..., n$, bereits eingetreten ist (siehe **Bild 4.9**). Gesucht wird die Wahrscheinlichkeit des Ereignisses $B$ unabhängig vom Eintreten der anderen Ereignisse.

**Definition 4.32**

Die **totale Wahrscheinlichkeit** eines Ereignisses $B$ ist die Wahrscheinlichkeit für das Eintreten dieses Ereignisses unabhängig davon, mit welchem der disjunkten Ereignisse $A_i$, $i = 1, ..., n$, es zusammentrifft.

**Satz 4.33**

Seien die Ereignisse $A_i$, $i = 1, ..., n$, disjunkt. Für die totale Wahrscheinlichkeit eines Ereignisses $B$ gilt

$$P(B) = \sum_{i=1}^{n} P(B/A_i)P(A_i). \tag{4.17}$$

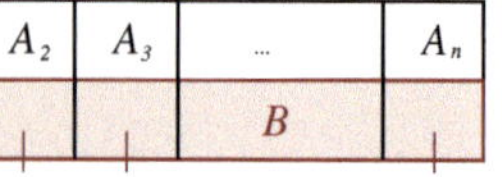


**Bild 4.9** Zur totalen Wahrscheinlichkeit von Ereignis $B$

**Beweis:** Da die Ereignisse $A_i$, $i = 1, ..., n$, disjunkt sind, sind es auch die Ereignisse $B \cap A_i$. Außerdem gilt (siehe **Bild 4.9**)

$B = \bigcup_{i=1}^{n} (B \cap A_i).$

Mit dem Additionsgesetz (4.10) für paarweise disjunkte Ereignisse ergibt sich

$P(B) = \sum_{i=1}^{n} P(B \cap A_i),$

und mit Gleichung (4.15) folgt schließlich der **Satz 4.33** über die totale Wahrscheinlichkeit. ■

**Hersteller von Betonplatten**

### Beispiel 4.34

Zwei Hersteller von Betonplatten liefern gleiche Fertigteile an eine Großbaustelle. Dabei umfasst die Lieferung des ersten Herstellers 600 Stück mit einer durchschnittlichen Ausschussquote von 2 % und die des zweiten Betriebes 900 Stück mit einer durchschnittlichen Ausschussquote von 1.5 %. Zwecks Überprüfung wird aus einer beliebigen Lieferung ein Fertigteil entnommen. Wie groß ist die Wahrscheinlichkeit, dass ein Ausschussteil entnommen wurde?

Seien folgende Ereignisse bezeichnet:

$B$ - Das entnommene Fertigteil ist ein Ausschussteil.
$A_1$ - Das Fertigteil stammt vom ersten Hersteller.
$A_2$ - Das Fertigteil stammt vom zweiten Hersteller.

Gesucht ist die Wahrscheinlichkeit $P(B)$. Die Ereignisse $A_1$ und $A_2$ sind disjunkt, da ein Fertigteil entweder von dem einen oder von dem anderen Hersteller produziert wird. Nach dem Satz über die totale Wahrscheinlichkeit (4.17) gilt

$$P(B) = P(A_1)P(B/A_1) + P(A_2)P(B/A_2).$$

Die Gesamtzahl der Fertigteile beträgt $600 + 900 = 1500$. Laut Aufgabenstellung ist $P(A_1) = 600/1500$, $P(B/A_1) = 2\,\%$, $P(A_2) = 900/1500$, $P(B/A_2) = 1.5\,\%$ gegeben. Die Wahrscheinlichkeit, dass ein Ausschussteil entnommen wurde, beträgt

$$P(B) = 600/1500 \cdot 2\,\% + 900/1500 \cdot 1.5\,\% = 0.017.$$

## 4.2 Zufallsvariablen

Der Ausgang zufälliger Experimente wird mit Zufallsvariablen beschrieben, die je nach dem Ausgang des Experimentes reelle Werte annehmen. Die Wahrscheinlichkeit, dass eine Zufallsvariable einen Wert aus einem reellen Intervall annimmt, kann mithilfe ihrer Verteilungsfunktion berechnet werden. Allgemeine Eigenschaften und Kennzahlen einer Verteilungsfunktion werden erklärt. Beispiele konkreter Verteilungsfunktionen bei unterschiedlichen zufälligen Experimenten werden gezeigt und deren Kennzahlen abgeleitet. Die Berechnung der Wahrscheinlichkeiten für Zufallsvariablen ist oft aufwendig. Mithilfe der Anwendung von Grenzwertsätzen kann dieser Aufwand erheblich reduziert werden.

**Bezeichnungen**

| | |
|---|---|
| $X$ | Zufallsvariable |
| $F$ | Verteilungsfunktion |
| $x_p$ | $p$-Quantil |
| $E(X)$ | Erwartungswert |
| $Var(X)$ | Varianz |

### 4.2.1 Zufallsvariablen und Verteilungsfunktion

**Definition 4.35**

Eine Variable, die je nach dem Ausgang eines zufälligen Experimentes verschiedene reelle Werte annimmt, heißt **Zufallsvariable**.
Eine **diskrete Zufallsvariable** kann endlich oder abzählbar unendlich viele reelle Werte (Realisierungen) annehmen.
Eine **stetige Zufallsvariable** kann jeden beliebigen Zahlenwert (Realisierung) wenigstens eines Intervalls der reellen Zahlengeraden annehmen. Auch das Intervall $(-\infty, +\infty)$ kommt dafür in Frage.

**Beispiel 4.36**

**Diskrete und stetige Zufallsvariablen**

Beispiele für diskrete Zufallsvariablen sind

1. die Augenzahl beim Werfen eines Würfels,
2. die Zahl der Fadenrisse an einem Spinnaggregat pro Schicht,
3. die Anzahl der Grashalme auf einer Wiese.

Beispiele für stetige Zufallsvariablen sind

1. der zufällige Fehler bei einer Messung,
2. die Länge eines zufällig von einem Baum ausgewählten Blattes,
3. die Reparaturdauer einer defekten Maschine,
4. die Lebensdauer einer zufällig aus einem Posten von Glühlampen ausgewählten Lampe.

---

Zur Charakterisierung einer Zufallsvariable reicht es nicht aus zu wissen, welche Werte (Realisierungen) sie annehmen kann, sondern auch wie oft, d. h., mit welcher Wahrscheinlichkeit, diese Werte (Realisierungen) angenommen werden.

**Definition 4.37**

Die **Verteilungsfunktion** $F$ der Zufallsvariable $X$ an der Stelle $x$ gibt die Wahrscheinlichkeit an, dass die Zufallsvariable $X$ einen Wert kleiner als $x$ annimmt:

$$F(x) = P(X < x).$$

**Quantil**

Ein Quantil ist diejenige Realisierung der Zufallsvariable $X$, unterhalb der ein vorgegebener Anteil aller Fälle der Verteilung liegt.

**Definition 4.38**

Sei $X$ eine Zufallsvariable, $F$ ihre Verteilungsfunktion und $p \in (0,1)$ eine Wahrscheinlichkeit. Die Realisierung $x_p$ der Zufallsvariable $X$ heißt **$p$-Quantil**, wenn sie folgende Ungleichungen erfüllt

$$p - P(X = x_p) \leq F(x_p) \leq p.$$

Das 0.5-Quantil $x_{0.5}$ heißt **Median** von $X$.

Das $p$-Quantil der Zufallsvariable $X$ ist ihre größtmögliche Realisierung $x_p$, sodass die Wahrscheinlichkeit, dass $X$ einen Wert kleiner als $x_p$ annimmt, nicht größer als $p$ ist.

**Eigenschaften**

Die Verteilungsfunktion $F$ der Zufallsvariable $X$ hat die Eigenschaften:

**Intervallwahrscheinlichkeit**

1. Für $x_1 < x_2$ ist die Wahrscheinlichkeit, dass $X \in [x_1, x_2)$ gilt,

$$P(x_1 \leq X < x_2) = F(x_2) - F(x_1). \quad (4.18)$$

**Monotonie**

2. Die Verteilungsfunktion einer Zufallsvariable $X$ ist monoton steigend, d. h., aus $x_1 < x_2$ folgt stets $F(x_1) \leq F(x_2)$.

**Unmögliches Ereignis**

3. Es gilt $\lim\limits_{x \to -\infty} F(x) = 0$.

**Vollständigkeitsrelation**

4. Es gilt $\lim\limits_{x \to \infty} F(x) = 1$.

**Wahrscheinlichkeit**

5. Es gilt $0 \leq F(x) \leq 1$.

**Beweis:**

1. Es gilt für die disjunkten Ereignisse $(X < x_1)$ und $(x_1 \leq X < x_2)$
   $(X < x_1) \cup (x_1 \leq X < x_2) = (X < x_2)$
   und deswegen nach dem Additionsgesetz (4.10)
   $P(X < x_1) + P(x_1 \leq X < x_2) = P(X < x_2)$,
   woraus mit der **Definition 4.37** die Behauptung folgt.
2. Diese Eigenschaft ergibt sich aus der vorherigen, da eine Wahrscheinlichkeit stets eine nicht negative Zahl ist.
3. Wegen $F(x) = P(X < x)$ ergibt sich für $x \to -\infty$ die Wahrscheinlichkeit des unmöglichen Ereignisses.
4. Wegen $F(x) = P(X < x)$ ergibt sich für $x \to \infty$ die Wahrscheinlichkeit des sicheren Ereignisses.
5. Wegen $F(x) = P(X < x)$ ergibt sich für $x \in \mathbb{R}$, d. h., $-\infty < x < \infty$, die Wahrscheinlichkeit des Teilereignisses. ■

## 4.2.2 Diskrete Verteilungen

Betrachtet wird eine diskrete Zufallsvariable $X$ mit den endlich oder abzählbar unendlich vielen Realisierungen $x_1, x_2, ..., x_n, ...$ Die Wahrscheinlichkeiten, mit denen diese Werte angenommen werden, sollen mit $p_1, p_2, ..., p_n, ...$ bezeichnet werden:

$$p_i = P(X = x_i), \; i = 1, ..., n, ... \tag{4.19}$$

**Tabelle 4.1** Verteilungstabelle

| $X$ | $x_1$ | $x_2$ | ... | $x_n$ | ... |
|---|---|---|---|---|---|
| $p_i$ | $p_1$ | $p_2$ | ... | $p_n$ | ... |

**Verteilungstabelle**

Die **Verteilungstabelle** der diskreten Zufallsvariable $X$ ist ein Verzeichnis aller ihrer Realisierungen $x_1, x_2, ..., x_n, ...$ und der zugehörigen Wahrscheinlichkeiten $p_1, p_2, ..., p_n, ...$ (siehe **Tabelle 4.1**):

**Dichtefunktion**

Die **Dichtefunktion** der diskreten Zufallsvariable $X$ lautet

$$f(x_i) = p_i, \; i = 1, ..., n, ... \tag{4.20}$$

Der Definitionsbereich der Dichtefunktion $f$ ist die Menge der Realisierungen $\{x_1, x_2, ..., x_n, ...\}$ der Zufallsvariable $X$, ihr Wertebereich die Menge der zugehörigen Wahrscheinlichkeiten $\{p_1, p_2, ..., p_n, ...\}$.

**Wahrscheinlichkeitsdiagramm**

Das **Wahrscheinlichkeitsdiagramm** ist die grafische Darstellung der Dichtefunktion $f$, bei der die Realisierungen $x_1, x_2, ..., x_n, ...$ auf der Horizontalen und die zugehörigen Wahrscheinlichkeiten $p_1, p_2, ..., p_n, ...$ über diesen Werten aufgetragen werden.

### Beispiel 4.39

1. Die Verteilungstabelle und das Wahrscheinlichkeitsdiagramm für die Zufallsvariable „Augenzahl beim Werfen mit einem Würfel“ ist zu erstellen.

   Die Zufallsvariable $X$ – „Augenzahl beim Werfen mit einem Würfel“ kann in diesem Falle die Werte $x_i = i$, $i = 1, \ldots, 6$, annehmen. Die zugehörigen Wahrscheinlichkeiten $p_i = 1/6$ sind in der Verteilungstabelle **Tabelle 4.2** angegeben und das entsprechende Wahrscheinlichkeitsdiagramm in **Bild 4.10**.

**Tabelle 4.2** Verteilungstabelle Würfel

| $i$ | 1 | 2 | 3 | 4 | 5 | 6 |
|---|---|---|---|---|---|---|
| $x_i$ | 1 | 2 | 3 | 4 | 5 | 6 |
| $p_i$ | 1/6 | 1/6 | 1/6 | 1/6 | 1/6 | 1/6 |

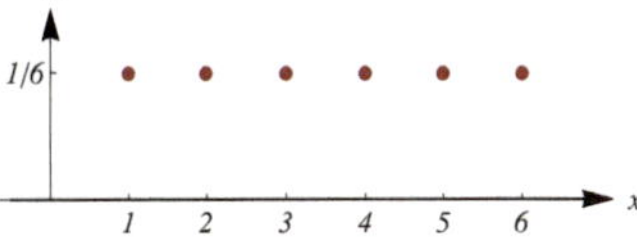


**Bild 4.10** Wahrscheinlichkeitsdiagramm Würfel

**Tabelle 4.3** Verteilungstabelle Urne

| $i$ | 1 | 2 | 3 | 4 |
|---|---|---|---|---|
| $x_i$ | 0 | 1 | 2 | 3 |
| $p_i$ | 1/27 | 6/27 | 12/27 | 8/27 |

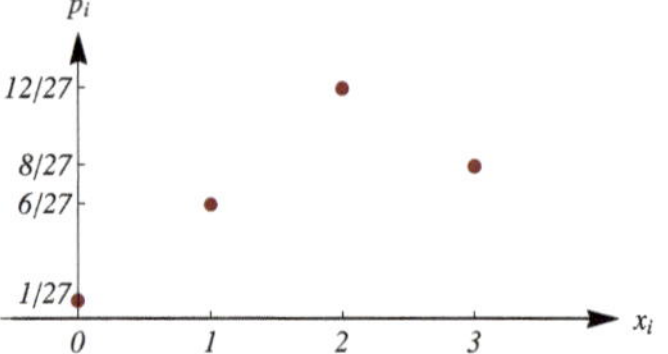


**Bild 4.11** Wahrscheinlichkeitsdiagramm Urne

2. In einer Urne sind sechs weiße und drei schwarze Kugeln. Es werden drei Ziehungen mit Zurücklegen vorgenommen. Gesucht ist die Verteilungstabelle und das Wahrscheinlichkeitsdiagramm für die Anzahl der gezogenen weißen Kugeln.

Die Zufallsvariable $X$ – Anzahl der gezogenen weißen Kugeln – kann die Werte $x_1 = 0$, $x_2 = 1$, $x_3 = 2$, $x_4 = 3$ annehmen.

Die Wahrscheinlichkeit, dass bei keiner der drei Ziehungen eine weiße Kugel gezogen wird, ist gleich $p_0 = (1/3)^3 = 1/27$, da die Ziehungen unabhängige Ereignisse darstellen und die Wahrscheinlichkeit, bei einer Ziehung keine weiße Kugel zu ziehen, d. h., eine schwarze zu ziehen, gleich $3/9 = 1/3$ ist.

Wenn bei genau einer der drei Ziehungen eine weiße Kugel dabei ist, so ist bei genau zwei Ziehungen jeweils eine schwarze Kugel gezogen worden. Diese drei Ereignisse sind unabhängig. Die Wahrscheinlichkeit, dass z. B. weiß – schwarz – schwarz gezogen wurde, beträgt daher $(2/3)(1/3)^2$. Es gibt $C_3^{(1)}$ Möglichkeiten, bei drei Ziehungen eine weiße Kugel zu ziehen (*wss, sws, ssw*). Wegen des Additionsgestzes ist die Wahrscheinlichkeit des Ziehens genau einer weißen Kugel daher $p_1 = C_3^{(1)}(2/3)(1/3)^2 = 6/27$.

Analog ist die Wahrscheinlichkeit, dass genau zwei weiße Kugeln gezogen werden, $p_2 = C_3^{(2)}(2/3)^2(1/3) = 12/27$, und die Wahrscheinlichkeit, dass genau drei weiße Kugeln gezogen werden, $p_3 = C_3^{(3)}(2/3)^3 = 8/27$ (siehe **Tabelle 4.3**). In **Bild 4.11** ist das Wahrscheinlichkeitsdiagramm dargestellt.

## Eigenschaften diskreter Verteilungen

**Verteilungsfunktion**

1. Ist eine diskrete Zufallsvariable mit endlich vielen Realisierungen gemäß der Verteilungstabelle (4.19) verteilt, so lautet ihre Verteilungsfunktion

$$F(x) = \begin{cases} 0, & x \leq x_1, \\ \sum_{i=1}^{k} p_i, & x_k < x \leq x_{k+1}, k = 1, ..., n-1, \\ 1, & x > x_n. \end{cases}$$

**Quantil**

2. Das $p$-Quantil $x_p$ einer diskreten Verteilung genügt nach **Definition 4.38** den Ungleichungen

$$p - P(X = x_p) \leq F(x_p) \leq p.$$

Für einen Wert $x_k$ aus dem Definitionsbereich der Dichtefunktion (4.20) gilt

$$P(X = x_k) = p_k \qquad \text{und} \qquad F(x_k) = \sum_{i=1}^{k-1} p_i.$$

Die Realisierung $x_k$ ist somit $p$-Quantil, wenn gilt

$$F(x_k) = \sum_{i=1}^{k-1} p_i \leq p \leq \sum_{i=1}^{k-1} p_i + p_k = F(x_{k+1}).$$

Ist $p$ aus dem Wertebereich von $F$, d. h., existiert eine solche Realisierung $x_k$ der Zufallsvariable, dass $p = F(x_k) = \sum_{i=1}^{k-1} p_i$ ist, so ist das $p$-Quantil $x_p = x_k$.

Ist $p$ nicht aus dem Wertebereich von $F$, so ist das $p$-Quantil $x_p$ die größtmögliche Realisierung $x_k$, für die $F(x_k) < p$ gilt.

**Intervallwahrscheinlichkeit**

3. Die Wahrscheinlichkeit, dass eine Zufallsvariable $X$ einen Wert im Intervall $[x_k, x_j)$, $1 \leq k < j \leq n$, annimmt, beträgt nach Eigenschaft (4.18) einer Verteilungsfunktion

$$P(x_k \leq X < x_j) = F(x_j) - F(x_k) = \sum_{i=k}^{j-1} p_i. \tag{4.21}$$

**Vollständigkeitsrelation**

4. Die Summe der Wahrscheinlichkeiten aller möglichen Realisierungen der Zufallsvariable ist gleich der Wahrscheinlichkeit des sicheren Ereignisses, da eine dieser Realisierungen auf jeden Fall eintritt:

$$\sum_i p_i = 1. \tag{4.22}$$

**Beispiel 4.40**

1. Wie groß ist die Wahrscheinlichkeit, dass beim Würfeln wie in **Beispiel 4.39** eine Augenzahl größer oder gleich drei, aber kleiner als fünf fällt?
2. Wie groß ist die Wahrscheinlichkeit, dass bei drei Ziehungen mit Zurücklegen aus der Urne wie in **Beispiel 4.39** mindestens eine weiße und eine schwarze Kugel dabei ist?

Wie lautet das 0.75-Quantil und der Median beider Verteilungen?

1. Nach Eigenschaft (4.21) ist $P(3 \leq X < 5) = F(5) - F(3) = 4/6 - 2/6 = 2/6$. Alternativ ist $P(3 \leq X < 5) = P(X = 3) + P(X = 4) = 1/6 + 1/6 = 2/6$. Das 0.75-Quantil ist $x_{0.75} = 5$, denn es gilt $F(5) = 4/6 < 3/4 < 5/6 = F(6)$. Der Median (das 0.5-Quantil) ist $x_{0.5} = 4$, denn es gilt $F(4) = 3/6 = 1/2$.
2. Nach Eigenschaft (4.21) ist $P(1 \leq X < 3) = F(3) - F(1) = 19/27 - 1/27 = 2/3$. Alternativ ist $P(1 \leq X < 3) = P(X = 1) + P(X = 2) = 6/27 + 12/27 = 2/3$. Das 0.75-Quantil ist $x_{0.75} = 3$, denn es gilt $F(3) = 19/27 < 3/4$. Der Median ist $x_{0.5} = 2$, denn es gilt $F(2) = 7/27 < 1/2 < 19/27 = F(3)$.

Die **Bilder 4.12** und **4.13** enthalten die Verteilungsfunktionen für die Zufallsvariablen aus **Beispiel 4.39**.

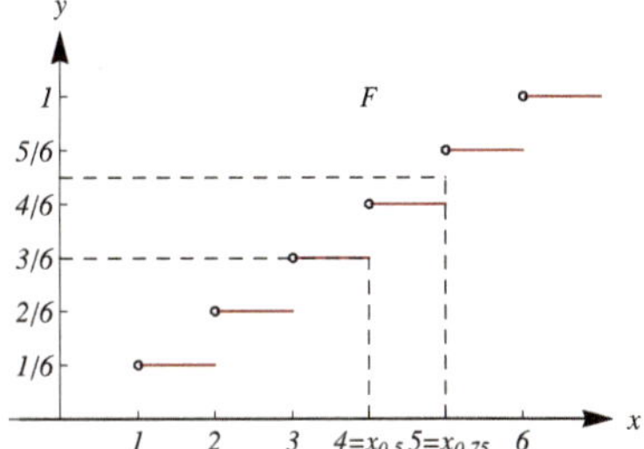


**Bild 4.12** Verteilungsfunktion Würfel

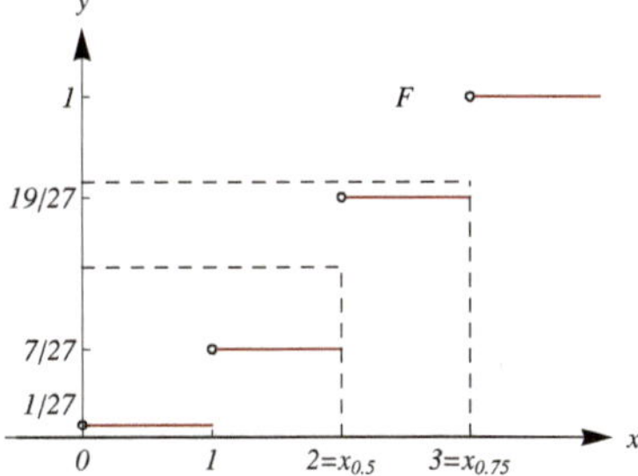


**Bild 4.13** Verteilungsfunktion Urne

## Kennzahlen diskreter Verteilungen

Wichtige Kennzahlen der Verteilung einer diskreten Zufallsvariable $X$ sind der **Erwartungswert** $E(X) = \mu$ und die **Varianz** $Var(X) = \sigma^2$.

**Definition 4.41**

Der **Erwartungswert** $E(X)$ der diskreten Zufallsvariable $X$ mit der Wahrscheinlichkeitsverteilung $P(X = x_i) = p_i$, $i = 1, ..., n, ...$, ist

$$E(X) = \mu = \sum_i x_i p_i.$$

**Bemerkung 4.42**

Im Falle einer diskreten Zufallsvariable mit abzählbar unendlich vielen Realisierungen setzt diese Definition voraus, dass die Reihe $\sum_{i=1}^{\infty} x_i p_i$ absolut konvergiert, d. h., dass $\sum_{i=1}^{\infty} |x_i| p_i < \infty$ gilt.

**Berechnung von Erwartungswerten**

**Beispiel 4.43**

1. In **Beispiel 4.39** – Werfen eines Würfels – gilt

$$E(X) = \sum_{i=1}^{6} x_i p_i = 1 \cdot \frac{1}{6} + 2 \cdot \frac{1}{6} + 3 \cdot \frac{1}{6} + 4 \cdot \frac{1}{6} + 5 \cdot \frac{1}{6} + 6 \cdot \frac{1}{6} = 3.5.$$

Das bedeutet, dass sich bei einer großen Zahl von Würfen als Mittelwert der Augenzahlen 3.5 ergibt.

2. In **Beispiel 4.39** – Ziehen weißer Kugeln – gilt

$$E(X) = \sum_{i=1}^{4} x_i p_i = 0 \cdot \frac{1}{27} + 1 \cdot \frac{6}{27} + 2 \cdot \frac{12}{27} + 3 \cdot \frac{8}{27} = 2.$$

Das bedeutet, dass bei einer großen Zahl von Zügen im Mittel zwei weiße Kugeln gezogen werden.

**Definition 4.44**

Die **Varianz** $Var(X)$ der diskreten Zufallsvariable $X$ mit der Wahrscheinlichkeitsverteilung $P(X = x_i) = p_i$, $i = 1, ..., n, ...$, ist der Erwartungswert des Quadrates der Abweichungen der Zufallsvariable $X$ von ihrem Erwartungswert $E(X)$:

$$Var(X) = \sigma^2 = E\left((X - E(X))^2\right) = \sum_i (x_i - \mu)^2 p_i.$$

**Bemerkung 4.45**

1. Die Varianz kann mit weniger Rechenaufwand wie folgt ermittelt werden:

$$Var(X) = E(X^2) - (E(X))^2 = \sum_i x_i^2 p_i - \mu^2.$$

**Beweis:** Aus **Definition 4.44** folgt nach Ausquadrieren mit **Definition 4.41** und der Vollständigkeitsrelation (4.22)

$$Var(X) = \sum_i x_i^2 p_i - 2\mu \sum_i x_i p_i + \mu^2 \sum_i p_i = \sum_i x_i^2 p_i - \mu^2.$$ ■

2. Die Wurzel aus der Varianz wird als **mittlere quadratische Abweichung** oder **Standardabweichung** bezeichnet:

$$\sigma = \sqrt{Var(X)} = \sqrt{\sum_i (x_i - \mu)^2 p_i}.$$

**Beispiel 4.46** Berechnung von Varianzen

1. In **Beispiel 4.39** – Werfen eines Würfels – ist

$$Var(X) = \sum_{i=1}^{6} (x_i - \mu)^2 p_i = (1-3.5)^2 \cdot \frac{1}{6} + (2-3.5)^2 \cdot \frac{1}{6} + (3-3.5)^2 \cdot \frac{1}{6} + (4-3.5)^2 \cdot \frac{1}{6} + (5-3.5)^2 \cdot \frac{1}{6} + (6-3.5)^2 \cdot \frac{1}{6} \approx 2.9167, \qquad \sigma \approx 1.7078.$$

2. In **Beispiel 4.39** – Ziehen weißer Kugeln – ist

$$Var(X) = \sum_{i=1}^{4} (x_i - \mu)^2 p_i = (0-2)^2 \cdot \frac{1}{27} + (1-2)^2 \cdot \frac{6}{27} + (2-2)^2 \cdot \frac{12}{27} + (3-2)^2 \cdot \frac{8}{27} \approx 0.6667, \qquad \sigma \approx 0.8165.$$

Definition 4.47

Das **Moment $k$-ter Ordnung** $m_k$ bzw. das **zentrale Moment $k$-ter Ordnung** $M_k$ der diskreten Zufallsvariable $X$ mit der Wahrscheinlichkeitsverteilung $P(X = x_i) = p_i,\ i = 1, ..., n, ...,$ ist die Zahl

$$m_k = E\left(X^k\right) = \sum_i x_i^k p_i \quad \text{bzw.}$$
$$M_k = E\left((X - E(X))^k\right) = \sum_i (x_i - \mu)^k p_i.$$

Das Moment erster Ordnung $m_1$ ist der Erwartungswert $E(X)$, das zentrale Moment $M_2$ die Varianz $Var(X)$.

**Beispiel 4.48** Berechnung von Momenten

1. In **Beispiel 4.39** – Werfen eines Würfels – ist

$$m_1 = 3.5, \quad m_2 \approx 15.1667, \quad m_3 = 73.5, \quad m_4 \approx 379.1670,$$
$$M_1 = 0, \quad M_2 \approx 2.9167, \quad M_3 = 0, \quad M_4 \approx 14.7292.$$

2. In **Beispiel 4.39** – Ziehen weißer Kugeln – ist

$$m_1 = 2, \quad m_2 \approx 4.6667, \quad m_3 \approx 11.7778, \quad m_4 \approx 31.3333,$$
$$M_1 = 0, \quad M_2 \approx 0.6667, \quad M_3 \approx -0.2222, \quad M_4 \approx 1.1111.$$

## Spezielle diskrete Verteilungen

Binomialverteilung

In einer Serie unabhängiger Versuche des Umfangs $n$ unter gleichbleibenden Bedingungen tritt das Ereignis $A$ jedes Mal mit der Wahrscheinlichkeit $p$ ein. Die Anzahl der Versuche mit dem Ausgang $A$ ist eine mit den Parametern $n$ und $p$ binomialverteilte Zufallsvariable $X$.

**Satz 4.49**

Die Wahrscheinlichkeit, dass die Anzahl der Versuche dieser Serie mit dem Ausgang $A$ gleich $k$ ist, beträgt

$$P(X = k) = B_n(k, p) = \binom{n}{k} p^k (1-p)^{n-k}, \ k = 0, 1, ..., n. \tag{4.23}$$

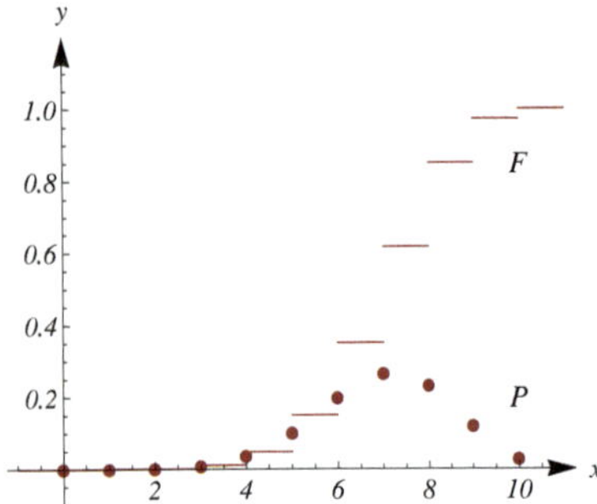


**Bild 4.14**
Wahrscheinlichkeitsdiagramm und Verteilungsfunktion für $B_{10}(x, 0.7)$

**Beweis:** Gesucht ist die Wahrscheinlichkeit, dass die Anzahl der Versuche mit dem Ausgang $A$ gleich $k$ ist. Das bedeutet, dass $k$ Versuche mit dem Ausgang $A$ und $n - k$ Versuche mit dem Ausgang $\overline{A}$ enden. Die Wahrscheinlichkeit, dass ein Versuch mit dem Ausgang $A$ endet, ist $p$. Die Wahrscheinlichkeit, dass $k$ Versuche mit dem Ausgang $A$ enden, ist nach dem Multiplikationssatz unabhängiger Ereignisse $p^k$. Die Wahrscheinlichkeit, dass ein Versuch mit dem Ausgang $\overline{A}$ endet, ist $1 - p$, da $\overline{A}$ das zu $A$ komplementäre Ereignis ist. Die Wahrscheinlichkeit, dass $k$ Versuche mit dem Ausgang $\overline{A}$ enden, ist nach dem Multiplikationssatz unabhängiger Ereignisse $(1-p)^k$. Die Wahrscheinlichkeit, dass in einer Versuchsreihe mit $n$ Versuchen $k$ den Ausgang $A$ und $n - k$ den Ausgang $\overline{A}$ haben, ist nach dem Multiplikationssatz $p^k(1-p)^{n-k}$. Welche der $k$ von $n$ Versuchen den Ausgang $A$ hatten, ist hierbei unerheblich. Es gibt $C_n^{(k)}$ Möglichkeiten dafür, die sich gegenseitig ausschließen. Nach dem Additionssatz ergibt sich als Summe der $C_n^{(k)}$ Einzelwahrscheinlichkeiten $p^k(1-p)^{n-k}$ schließlich Gleichung (4.23). ■

In **Bild 4.14** sind das Wahrscheinlichkeitsdiagramm und die Verteilungsfunktion der Binomialverteilung $B_{10}(x, 0.7)$ dargestellt.

**Kennzahlen**

Die Kennzahlen der Binomialverteilung sind:

$$\begin{aligned} E(X) &= \mu = np && \text{als Erwartungswert,} \\ Var(X) &= \sigma^2 = np(1-p) && \text{als Varianz,} \\ \sigma &= \sqrt{np(1-p)} && \text{als Standardabweichung.} \end{aligned} \tag{4.24}$$

**Wasserverbrauch einer Firma**

**Beispiel 4.50**

1. In einer chemischen Firma ist der Wasserverbrauch an einem Tag mit einer Wahrscheinlichkeit von 75 % normal. Wie groß ist die Wahrscheinlichkeit, dass innerhalb einer Woche (6 Tage) der Wasserverbrauch nur an drei Tagen normal ist?
2. Mit welcher Wahrscheinlichkeit wird im Verlaufe einer Woche der Wasserverbrauch an weniger als vier Tagen normal sein?

1. Das Ereignis $A$ ist in diesem Beispiel „Der Wasserverbrauch der Firma ist an diesem Tag normal" und die Zufallsvariable $X$ die Anzahl der Tage, an denen $A$ eintritt. Laut Aufgabenstellung ist $p = P(A) = 0.75$. Die Anzahl der Versuche (Tage) ist $n = 6$. Nach Gleichung (4.23) ist die Wahrscheinlichkeit, dass nur an drei von sechs Tagen der Wasserverbrauch normal ist, gleich $P(X = 3) = \binom{6}{3} 0.75^3 (0.25)^3 \approx 0.1318$.
2. Mit (4.23) ergibt sich die Wahrscheinlichkeit

$$F(4) = P(X < 4) = \sum_{k=0}^{3} P(X = k) = \binom{6}{0} 0.75^0 (0.25)^6 + \binom{6}{1} 0.75^1 (0.25)^5 + \binom{6}{2} 0.75^2 (0.25)^4 + \binom{6}{3} 0.75^3 (0.25)^3 \approx 0.1694.$$

Mit den Kennzahlen der Binomialverteilung (4.24) ergibt sich der Erwartungswert $E(X) = 4.5$ für die Anzahl der Tage einer Woche mit normalem Wasserverbrauch, die Varianz $Var(X) = 1.125$ und die Standardabweichung $\sigma = 1.06$ Tage von diesen 4.5 Tagen.

---

**Hypergeometrische Verteilung**

Aus $N$ Objekten, darunter $M$ mit einer bestimmten Eigenschaft, werden $n$ Objekte ausgewählt. Die Anzahl der Objekte mit der bestimmten Eigenschaft unter den $n$ ausgewählten ist eine mit den Parametern $M$, $N$ und $n$ hypergeometrisch verteilte Zufallsvariable $X$.

**Satz 4.51**

Die Wahrscheinlichkeit, dass unter den $n$ ausgewählten $k$ Objekte mit der bestimmten Eigenschaft sind, beträgt

$$P(X=k)=H_n(k,M,N)=\frac{\binom{M}{k}\binom{N-M}{n-k}}{\binom{N}{n}},\quad k=0,\dots,\min(n,M). \quad (4.25)$$

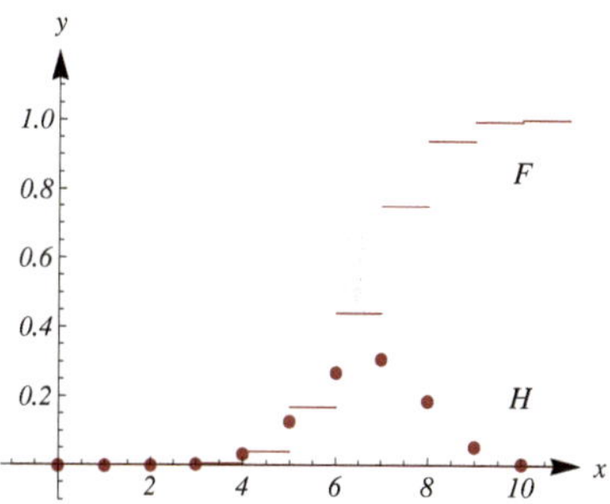


**Bild 4.15**
Wahrscheinlichkeitsdiagramm und Verteilungsfunktion für $H_{10}(x, 20, 30)$

**Beweis:** Die Anzahl möglicher Ziehungen von $n$ aus $N$ Objekten beträgt $C_N^{(n)}$. Ermittelt wird die Anzahl der günstigen Ziehungen, bei denen $k$ Objekte die bestimmte Eigenschaft haben. Es gibt $C_M^{(k)}$ Möglichkeiten, $k$ Objekte unter den vorhandenen $M$ mit der bestimmten Eigenschaft zu wählen. Bei jeder dieser Möglichkeiten können die restlichen $n-k$ beliebig unter den $N-M$ ohne die bestimmte Eigenschaft entnommen werden. Dafür gibt es $C_{N-M}^{(n-k)}$ Möglichkeiten, sodass es insgesamt $C_M^{(k)} C_{N-M}^{(n-k)}$ günstige Ziehungen gibt. Die gesuchte Wahrscheinlichkeit ist der Quotient aus der Anzahl der günstigen und der Anzahl der möglichen Ziehungen. ■

---

**Bemerkung 4.52**

Der Unterschied zur Binomialverteilung besteht darin, dass die Bedingungen für die $n$ Versuche *nicht* gleich sind, weil sich mit jedem gezogenen Objekt die Wahrscheinlichkeit, dass unter den verbleibenden ein Objekt die bestimmte Eigenschaft hat, ändert.

---

In **Bild 4.15** sind das Wahrscheinlichkeitsdiagramm und die Verteilungsfunktion der hypergeometrischen Verteilung $H_{10}(x, 20, 30)$ dargestellt.

**Kennzahlen**

Die Kennzahlen der hypergeometrischen Verteilung sind mit der Wahrscheinlichkeit $p = M/N$, dass eines der anfänglich vorhandenen Objekte die gewisse Eigenschaft hat,

$$\begin{aligned} E(X) &= \mu = np && \text{als Erwartungswert,} \\ Var(X) &= \sigma^2 = np(1-p)\frac{N-n}{N-1} && \text{als Varianz,} \\ \sigma &= \sqrt{np(1-p)\frac{N-n}{N-1}} && \text{als Standardabweichung.} \end{aligned}$$

**Beispiel 4.53** — **Qualitätskontrolle von Bolzen**

Einem Posten von $N = 500$ Bolzen werden $n = 50$ Bolzen entnommen und ihr Durchmesser untersucht. Es ist bekannt, dass 2 % aller produzierten Bolzen defekt wegen zu geringen Durchmessers sind. Wie groß ist die Wahrscheinlichkeit, dass unter den 50 Bolzen keine defekten sind?

Die bestimmte Eigenschaft ist „Der Bolzen hat einen zu geringen Durchmesser", und die Zufallsvariable $X$ ist die Anzahl der defekten unter den entnommenen Bolzen. Wenn 2 % aller produzierten Bolzen defekt wegen zu geringen Durchmessers sind, so befinden sich unter den $N=500$ Bolzen $M=0.02 \cdot 500=10$ Bolzen mit zu geringem Durchmesser. Die Anzahl der defekten unter den $n=50$ entnommenen Bolzen soll $k=0$ betragen. Mit Gleichung (4.25) ist die gesuchte Wahrscheinlichkeit

$$P(X=0)=p_0=\binom{10}{0}\binom{500-10}{50-0}\Big/\binom{500}{50}\approx 0.3452.$$

**Geometrische Verteilung**

In einer Serie unabhängiger Versuche unter gleichbleibenden Bedingungen tritt bei jedem Versuch das Ereignis $A$ mit der Wahrscheinlichkeit $p$ ein. Die Anzahl der Versuche vor dem ersten Auftreten von $A$ ist eine mit dem Parameter $p$ geometrisch verteilte Zufallsvariable $X$.

**Satz 4.54**

Die Wahrscheinlichkeit, dass die Anzahl der Versuche vor dem erstmaligen Auftreten des Ereignisses $k$ beträgt, ist gleich

$$P(X=k)=g(k,p)=p(1-p)^k,\ k=0,1,... \tag{4.26}$$

**Beweis:** Wenn die Anzahl der Versuche vor dem erstmaligen Auftreten des Ereignisses $k$ beträgt, so tritt das Ereignis $k$–mal nicht ein (d. h., das Ereignis $\overline{A}$ tritt $k$–mal ein) und danach tritt es einmal ein. Diese $k+1$ Ereignisse sind unabhängig. Die Wahrscheinlichkeit des Ereignisses $\overline{A}$ beträgt $1-p$. Nach dem Multiplikationssatz ergibt sich die gesuchte Wahrscheinlichkeit nach Gleichung (4.26). ■

In **Bild 4.16** sind das Wahrscheinlichkeitsdiagramm und die Verteilungsfunktion der geometrischen Verteilung $g(x,0.3)$ dargestellt.

**Kennzahlen**

Die Kennzahlen der geometrischen Verteilung sind:

$$\begin{aligned} E(X) &= \mu = 1/p-1 && \text{als Erwartungswert,}\\ Var(X) &= \sigma^2=(1-p)/p^2 && \text{als Varianz,}\\ \sigma &= \sqrt{(1-p)}/p && \text{als Standardabweichung.}\end{aligned}$$

**Versuchsreihe im Labor**

### Beispiel 4.55

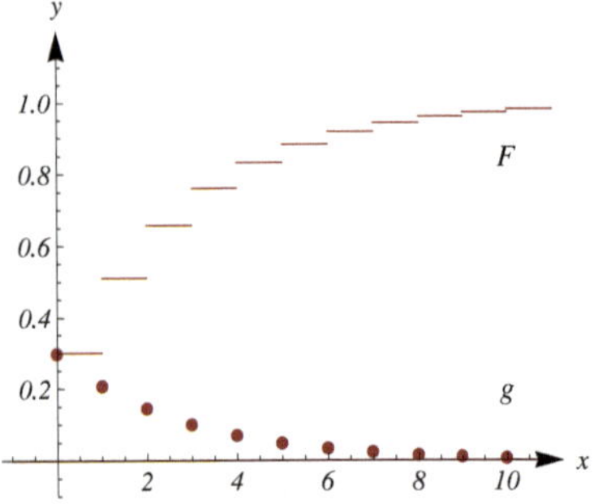


**Bild 4.16**
Wahrscheinlichkeitsdiagramm und Verteilungsfunktion für $g(x,0.3)$

In einem Labor ist eine Versuchsreihe geplant. Aus Voruntersuchungen ist bekannt, dass ein Einzelversuch mit einer Wahrscheinlichkeit von 60 % erfolgreich sein wird. Wieviel Versuche sind mindestens vorzusehen, wenn mit einer Wahrscheinlichkeit von mindestens 99 % wenigstens ein Versuch erfolgreich verlaufen soll?

Die Zufallsvariable $X$ ist die Anzahl der Fehlversuche vor dem ersten erfolgreichen. Sei $n+1$ die gesuchte Anzahl der Versuche. Die Wahrscheinlichkeit, dass unter $n+1$ Versuchen mindestens ein erfolgreicher ist, ist gleich der Wahrscheinlichkeit, dass entweder nach dem 0. Versuch der erste erfolgreiche *oder* nach dem 1. Versuch der erste erfolgreiche *oder* ... *oder* nach dem $n$-ten Versuch der erste erfolgreiche eintritt. Diese Ereignisse sind disjunkt, und es gilt mit dem Additionssatz

$$P(X<n+1)=P(X=0)+P(X=1)+...+P(X=n).$$

Wird Gleichung (4.26) mit $p=60\,\%$ verwendet, so ergibt sich daraus

$$P(X<n+1)=p(1-p)^0+p(1-p)^1+...+p(1-p)^n=1-(1-p)^{n+1}.$$

Aus $P(X < n+1) = 99\,\%$ folgt damit die Gleichung $99\,\% = 1 - (1-0.6)^{n+1}$ mit der Lösung $n \approx 4.03$. Es sind also mindestens $5+1=6$ Versuche erforderlich, um zu garantieren, dass mit 99%-iger Wahrscheinlichkeit ein erfolgreicher dabei war.

**Bemerkung:** Die Wahrscheinlichkeit $P(X < n+1)$ kann auch folgendermaßen ermittelt werden: Das Ereignis „Unter $n+1$ Versuchen ist mindestens ein erfolgreicher" ist zum Ereignis „$n+1$ Versuche sind allesamt nicht erfolgreich" komplementär, d. h., ihre Wahrscheinlichkeiten ergeben in der Summe 1. Die Wahrscheinlichkeit des Ereignisses „$n+1$ Versuche sind allesamt nicht erfolgreich" beträgt $(1-p)^{n+1}$, da die Wahrscheinlichkeit *eines* nicht erfolgreichen Versuches $1-p$ ist und die $n+1$ Versuche unabhängige Ereignisse darstellen. Also ist $P(X < n+1) = 1-(1-p)^{n+1}$.

---

**Poisson-Verteilung**

In einem Strom gleichartiger Ereignisse treten in einem bestimmten Zeitintervall $I$ durchschnittlich $\lambda$ Ereignisse ein. Die Anzahl der tatsächlichen Ereignisse in diesem Zeitintervall ist eine mit dem Parameter $\lambda$ Poisson-verteilte Zufallsvariable $X$.

**Satz 4.56**

Die Wahrscheinlichkeit, dass die Anzahl der Ereignisse im Intervall $I$ gleich $k$ ist, beträgt

$$P(X=k) = \pi(k,\lambda) = \frac{\lambda^k}{k!}\mathrm{e}^{-\lambda}, \quad k = 0,1,... \tag{4.27}$$

---

**Bemerkung 4.57**

Ein solcher Ereignisstrom, der auch als **Poisson-Strom** bezeichnet wird, ist durch folgende Eigenschaften gekennzeichnet:

1. Es treten keine Häufungen von Ereignissen ein.
2. Die Ereignisse sind unabhängig.
3. Mit Gleichung (4.27) gilt $P(X=0)=\mathrm{e}^{-\lambda}$ und $P(X=1)=\lambda\mathrm{e}^{-\lambda}$.
4. Die Anzahl der Ereignisse im Intervall $tI$ ist eine Zufallsvariable, die der Poisson-Verteilung mit dem Parameter $z = t\lambda$ genügt.
5. Da wegen des Abklingens der e-Funktion bei „großen" Zeitintervallen (d. h., „große" $t$) die Wahrscheinlichkeiten $p_k$ klein sind, wird auch von der **Wahrscheinlichkeit seltener Ereignisse** gesprochen.

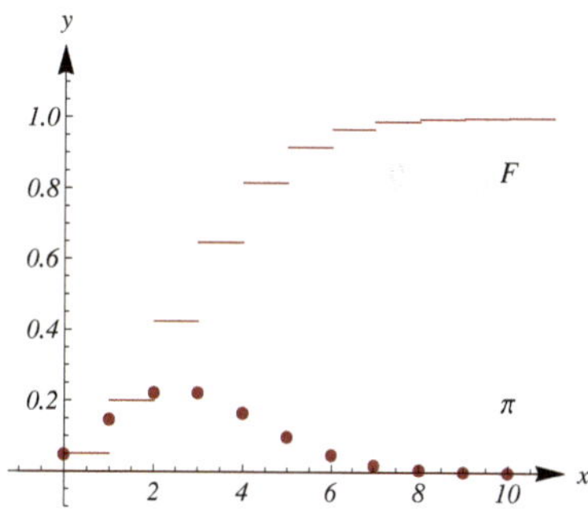


**Bild 4.17**
Wahrscheinlichkeitsdiagramm und Verteilungsfunktion für $\pi(x,3)$

---

In **Bild 4.17** sind das Wahrscheinlichkeitsdiagramm und die Verteilungsfunktion der Poisson-Verteilung $\pi(x,3)$ dargestellt.

**Kennzahlen**

Die Kennzahlen der Poisson-Verteilung sind

$$\begin{aligned} E(X) &= \mu = \lambda && \text{als Erwartungswert,} \\ Var(X) &= \sigma^2 = \lambda && \text{als Varianz,} \\ \sigma &= \sqrt{\lambda} && \text{als Standardabweichung.} \end{aligned}$$

**Winkelschleifer**

**Beispiel 4.58**

Ein Ausleihdienst hat vier Winkelschleifer zu verleihen. Die Nachfrage nach Winkelschleifern pro Tag sei Poisson-verteilt: es wird im Schnitt nach drei Winkelschleifern pro Tag gefragt. Wie groß ist die Wahrscheinlichkeit, dass

1. innerhalb eines Tages kein Winkelschleifer entliehen wird?
2. Kunden nicht befriedigt werden können?

Die Zufallsvariable $X$ ist die Anzahl der pro Tag ausgeliehenen Winkelschleifer. Laut Aufgabenstellung ist $\lambda = 3$ (Winkelschleifer) und $I = 1$ (Tag).

1. Die gesuchte Wahrscheinlichkeit ist $P(X = 0) = \mathrm{e}^{-3} \approx 0.049$.
2. Wenn Kunden nicht befriedigt werden können, wird nach mehr als vier Winkelschleifern pro Tag gefragt. Dieses Ereignis ist zum Ereignis „Es wird nach keinem oder einem oder zwei oder drei oder vier Winkelschleifern gefragt" komplementär. Mit dem Additionssatz und mit Gleichung (4.27) ergibt sich

$$\begin{aligned} P(X>4) &= 1 - (P(X=0)+P(X=1)+P(X=2)+P(X=3)+P(X=4)) \\ &= 1-\left(\mathrm{e}^{-3}+3\mathrm{e}^{-3}+\frac{3^2}{2!}\mathrm{e}^{-3}+\frac{3^3}{3!}\mathrm{e}^{-3}+\frac{3^4}{4!}\mathrm{e}^{-3}\right) \approx 1-0.8153=0.1847. \end{aligned}$$

### 4.2.3 Stetige Verteilungen

**Definition 4.59**

Eine Zufallsvariable $X$ heißt **stetig**, wenn sich ihre Verteilungsfunktion $F$ mithilfe einer **Dichtefunktion** $f\colon \mathbb{R} \to \mathbb{R}\backslash\mathbb{R}^-$ in folgender Weise darstellen lässt:

$$F(x) = P(X < x) = \int_{-\infty}^{x} f(t)\,\mathrm{d}t, \; x \in \mathbb{R}. \tag{4.28}$$

Der Graph der Dichtefunktion einer stetigen Zufallsvariable entspricht dem Wahrscheinlichkeitsdiagramm im Falle einer diskreten Zufallsvariable.

#### Eigenschaften stetiger Verteilungsfunktionen

**Ableitung**

1. Wenn die Dichtefunktion $f(x)$ stetig ist, so ist die Verteilungsfunktion $F(x)$ differenzierbar, und es gilt

$$F'(x) = f(x). \tag{4.29}$$

**Wahrscheinlichkeit eines Wertes**

2. Die Wahrscheinlichkeit, dass eine stetige Zufallsvariable $X$ einen bestimmten reellen Wert $a$ annimmt, ist gleich null. Dieses Ereignis ist unmöglich.

$$P(X = a) = \int_{a}^{a} f(x)\,\mathrm{d}x = 0. \tag{4.30}$$

**Beweis:** Die Eigenschaft ergibt sich mithilfe der Eigenschaften des bestimmten Integrals (siehe [3]):

$$P(X=a) = \lim_{\varepsilon\to 0} P(X < a+\varepsilon) - P(X < a) = \lim_{\varepsilon\to 0} \int_{-\infty}^{a+\varepsilon} f(x)\,\mathrm{d}x - \int_{-\infty}^{a} f(x)\,\mathrm{d}x$$
$$= \lim_{\varepsilon\to 0} \int_{a}^{a+\varepsilon} f(x)\,\mathrm{d}x = \int_{a}^{a} f(x)\,\mathrm{d}x = 0.$$
■

3. Für eine stetige Zufallsvariable $X$ ist das $p$-Quantil $x_p$ diejenige reelle Zahl, für die gilt

**Quantil**

$$P(X < x_p) = F(x_p) = p,\; p \in (0,1). \tag{4.31}$$

**Beweis:** Diese Eigenschaft folgt unmittelbar aus **Definition 4.38** und der Eigenschaft (4.30). ■

Das $p$-Quantil $x_p$ ist der Wert der Umkehrfunktion von $F$ an der Stelle $p$, wenn diese existiert. Das ist z. B. für streng monotone Verteilungsfunktionen gewährleistet.

**Einseitiges Intervall**

Die Zufallsvariable $X$ liegt mit der Wahrscheinlichkeit $p$ im einseitigen Intervall $(-\infty, x_p)$ und mit der Wahrscheinlichkeit $1-p$ außerhalb dieses Intervalls, d. h., im Intervall $[x_p, \infty)$.

4. Für reelle Zahlen $a$ und $b$ mit $a \leq b$ ist mit Eigenschaft (4.18)

**Intervallwahrscheinlichkeit**

$$P(a \leq X < b) = \int_a^b f(x)\,\mathrm{d}x = F(b) - F(a).$$

Wegen Eigenschaft (4.30) gilt auch

$$P(a < X \leq b) = P(a \leq X \leq b) = P(a < X < b) = F(b) - F(a). \tag{4.32}$$

5. Sei $x_{p_1}$ das $p_1$-Quantil und $x_{1-p_2}$ das $(1-p_2)$-Quantil der Zufallsvariable $X$ mit $p_1 + p_2 = p$. Dann ist die Wahrscheinlichkeit, dass die Zufallsvariable $X$ im Intervall $(x_{p_1}, x_{1-p_2})$ liegt,

**Zweiseitiges Intervall**

$$P(x_{p_1} < X < x_{1-p_2}) = 1-p.$$

**Beweis:** Mithilfe der Intervallwahrscheinlichkeit (4.32) und dem Quantil (4.31) ergibt sich

$$P\left(x_{p_1} < X < x_{1-p_2}\right) = P(X < x_{1-p_2}) - P(X \leq x_{p_1})$$
$$= F(x_{1-p_2}) - F(x_{p_1}) = 1 - p_2 - p_1 = 1 - p.$$
■

Die Wahrscheinlichkeit, dass die Zufallsvariable $X$ außerhalb des Intervalls $(x_{p_1}, x_{1-p_2})$ liegt, ist die des komplementären Ereignisses und damit

$$P(X \leq x_{p_1} \cup X \geq x_{1-p_2}) = p.$$

**Vollständigkeitsrelation**

6. Die Vollständigkeitsrelation lautet

$$\lim_{x \to \infty} F(x) = P(-\infty < X < \infty) = \int_{-\infty}^{\infty} f(x) \, \mathrm{d}x = 1. \tag{4.33}$$

## Kennzahlen stetiger Verteilungsfunktionen

**Definition 4.60**

Der **Erwartungswert** $E(X)$ der Zufallsvariable $X$ ist

$$E(X) = \mu = \int_{-\infty}^{\infty} x f(x) \, \mathrm{d}x. \tag{4.34}$$

**Bemerkung 4.61**

Die **Definition 4.60** setzt voraus, dass die Ungleichung

$$\int_{-\infty}^{\infty} |x| f(x) \, \mathrm{d}x < \infty$$

erfüllt ist (absolute Konvergenz des Integrals).

**Definition 4.62**

Die **Varianz** $Var(X)$ ist analog zu **Definition 4.44**

$$Var(X) = \sigma^2 = E\left((X - E(X))^2\right) = \int_{-\infty}^{\infty} (x - \mu)^2 f(x) \, \mathrm{d}x.$$

Für die Varianz gilt, falls $E(X^2)$ existiert,

$$Var(X) = E(X^2) - (E(X))^2 = \int_{-\infty}^{\infty} x^2 f(x) \, \mathrm{d}x - \mu^2. \tag{4.35}$$

**Beweis:** Aus **Definition 4.62** folgt mit Gleichung (4.34) und der Vollständigkeitsrelation (4.33)

$$\begin{aligned} Var(X) &= \int_{-\infty}^{\infty} (x^2 - 2\mu x + \mu^2) f(x) \, \mathrm{d}x \\ &= \int_{-\infty}^{\infty} x^2 f(x) \, \mathrm{d}x - 2\mu \int_{-\infty}^{\infty} x f(x) \, \mathrm{d}x + \mu^2 \int_{-\infty}^{\infty} f(x) \, \mathrm{d}x = E(X^2) - (E(X))^2. \quad \blacksquare \end{aligned}$$

**Definition 4.63**

Die **Standardabweichung** ist die Zahl

$$\sigma = \sqrt{Var(X)}.$$

Der **Variationskoeffizient** für eine Zufallsvariable $X$ mit $E(X) \neq 0$ ist die Zahl

$$\sigma/\mu = \sqrt{Var(X)}/E(X). \tag{4.36}$$

**Definition 4.64**

Das **Moment $k$-ter Ordnung** bzw. das **zentrale Moment $k$-ter Ordnung** ist die Zahl

$$m_k = E(X^k) = \int_{-\infty}^{\infty} x^k f(x)\,\mathrm{d}x \quad \text{bzw.}$$
$$M_k = E((X - E(X))^k) = \int_{-\infty}^{\infty} (x-\mu)^k f(x)\,\mathrm{d}x.$$

Das erste Moment $m_1$ ist der Erwartungswert $E(X)$, das zweite zentrale Moment $M_2$ ist die Varianz $Var(X)$. Beide Definitionen der Momente setzen voraus, dass die entsprechenden Integrale existieren.

## Funktionen von Zufallsvariablen

Ist $h\colon \mathbb{R} \to \mathbb{R}$ eine Funktion und $X$ eine Zufallsvariable, so ist $Y = h(X)$ ebenfalls eine Zufallsvariable. Hat $X$ die Dichtefunktion $f_S(x)$, so hat $Y$ den Erwartungswert (siehe [14])

$$E(h(X)) = \int_{-\infty}^{\infty} h(x) f_S(x)\,\mathrm{d}x. \tag{4.37}$$

**Standardisierte Zufallsvariable**

Eine besondere Rolle spielt die lineare Funktion der Zufallsvariablen $X$, d. h., eine Zufallsvariable $Y = h(X) = aX + b$, $a, b \in \mathbb{R}$. Offenbar ergibt sich für $a = 1$ und $b = 0$ die Zufallsvariable $Y = X$ selbst. Daher heißt $X$ **standardisierte** Zufallsvariable für $Y$.

Ist die Dichtefunktion $f_S$ und die Verteilungsfunktion $F_S$ der standardisierten Zufallsvariablen $X$ bekannt, so kann der Zusammenhang zur Dichtefunktion $f$ und Verteilungsfunktion $F$ der Zufallsvariablen $Y$ damit angegeben werden, ebenso der Zusammenhang zwischen den Kennzahlen Erwartungswert und Varianz sowie zwischen den Quantilen beider Zufallsvariablen. Im Einzelnen gelten folgende Eigenschaften:

**Verteilungsfunktion**

Zwischen den Verteilungsfunktionen $F$ von $Y = aX + b$ und $F_S$ von $X$ besteht der Zusammenhang

$$F(y) = F_S\left(\frac{y-b}{a}\right), \; a > 0. \tag{4.38}$$

**Beweis:** Mit der **Definition 4.28** der Verteilungsfunktion einer stetigen Zufallsvariable gilt für $a > 0$

$$F(y) = P(Y < y) = P(aX + b < y) = P\left(X < \frac{y-b}{a}\right) = F_S\left(\frac{y-b}{a}\right). \quad \blacksquare$$

**Dichtefunktion**

Zwischen der Dichtefunktionen $f$ von $Y = aX+b$ und $f_S$ von $X$ besteht der Zusammenhang

$$f(y) = \frac{1}{a} f_S\left(\frac{y-b}{a}\right), \; a > 0. \tag{4.39}$$

**Beweis:** Mit der Ableitung (4.29) und dem Zusammenhang (4.38) sowie der Kettenregel der Differenziation und der inneren Funktion $g(y) = (y-b)/a$ ergibt sich

$$f(y) = \frac{\mathrm{d}}{\mathrm{d}y} F(y) = \frac{\mathrm{d}}{\mathrm{d}y} F_S\left(\frac{y-b}{a}\right) = \frac{\mathrm{d}F_S}{\mathrm{d}g}\frac{\mathrm{d}g}{\mathrm{d}y} = \frac{1}{a} f_S(g) = \frac{1}{a} f_S\left(\frac{y-b}{a}\right). \quad \blacksquare$$

**Erwartungswert**

Die Zufallsvariable $Y = aX + b$ hat den Erwartungswert

$$E(Y) = aE(X) + b. \tag{4.40}$$

**Beweis:** Mit Gleichung (4.37) und den Beziehungen (4.34) und (4.33) folgt für die Zufallsvariable $Y$

$$\begin{aligned} E(Y) = E(aX+b) &= \int_{-\infty}^{\infty} (ax+b) f_S(x)\,\mathrm{d}x = a\int_{-\infty}^{\infty} x f_S(x)\,\mathrm{d}x + b\int_{-\infty}^{\infty} f_S(x)\,\mathrm{d}x \\ &= aE(X)+b. \end{aligned} \quad \blacksquare$$

**Varianz**

Die Zufallsvariable $Y = aX + b$ hat die Varianz

$$Var(Y) = a^2\, Var(X). \tag{4.41}$$

**Beweis:** Mit den Gleichungen (4.37) und (4.35) folgt für die Zufallsvariable $Y$

$$\begin{aligned} Var(Y) = E(Y^2) - (E(Y))^2 &= \int_{-\infty}^{\infty} (ax+b)^2 f_S(x)\,\mathrm{d}x - (aE(X)+b)^2 \\ &= a^2\int_{-\infty}^{\infty} x^2 f_S(x)\,\mathrm{d}x + 2ab\int_{-\infty}^{\infty} x f_S(x)\,\mathrm{d}x + b^2\int_{-\infty}^{\infty} f_S(x)\,\mathrm{d}x - (aE(X)+b)^2 \\ &= a^2 Var(X) + a^2(E(X))^2 + 2abE(X) + b^2 - (aE(X)+b)^2 = a^2\, Var(X). \end{aligned} \quad \blacksquare$$

**Quantil**

Das Quantil $y_p$ der Zufallsvariable $Y = aX + b$ kann aus dem Quantil $x_p$ der Zufallsvariable $X$ errechnet werden. Es ist

$$y_p = ax_p + b, \; a > 0. \tag{4.42}$$

**Beweis:** Mit der Definition des $p$-Quantils gilt für $a > 0$

$$p = F(y_p) = P(Y < y_p) = P(aX + b < y_p)$$

$$= P\left(X < \frac{y_p - b}{a}\right) = F_S\left(\frac{y_p - b}{a}\right) = F_S(x_p), \quad \text{d. h.,} \quad x_p = \frac{y_p - b}{a}. \quad \blacksquare$$

## Spezielle stetige Verteilungen

**Definition 4.65**
**Rechteckverteilung**

Eine Zufallsvariable heißt im Intervall $[a, b]$ **rechteckverteilt** bzw. $R(a, b)$**-verteilt**, wenn ihre Dichte in $[a, b]$ konstant und sonst gleich 0 ist (siehe **Bild 4.18**):

$$f(x) = \begin{cases} \frac{1}{b-a}, & a \le x \le b, \\ 0, & \text{sonst.} \end{cases} \tag{4.43}$$

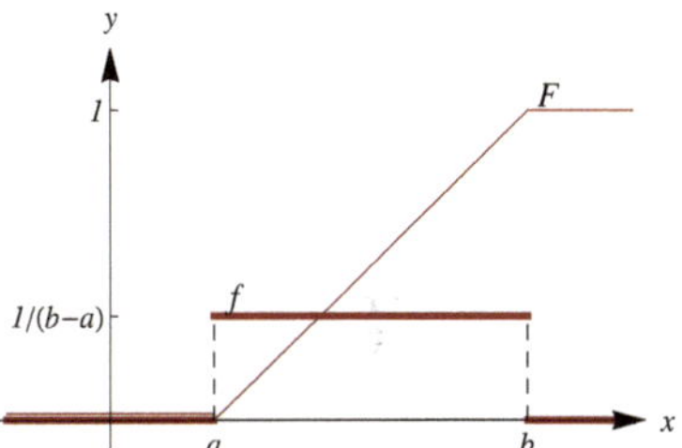


**Bild 4.18** Dichte- und Verteilungsfunktion der $R(a, b)$-Vert.

Mit Definition (4.28) ist die Verteilungsfunktion (siehe **Bild 4.18**)

$$F(x) = \begin{cases} 0, & x < a, \\ \frac{x-a}{b-a}, & a \le x \le b, \\ 1, & x > b. \end{cases} \tag{4.44}$$

**Kennzahlen**

Die Kennzahlen sind mit (4.34), (4.35) und (4.43)

$$E(X) = \int_a^b \frac{x}{b-a}\,\mathrm{d}x = \frac{a+b}{2},$$

$$Var(X) = \int_a^b \frac{x^2}{b-a}\,\mathrm{d}x - \left(\frac{a+b}{2}\right)^2 = \frac{(b-a)^2}{12}.$$

**Quantil**

Das $p$-Quantil ergibt sich aus der **Definition 4.31** und der Verteilungsfunktion (4.44)

$$x_p = a + (b-a)p, \quad p \in (0, 1).$$

**Anwendungen der Rechteckverteilung**

### Beispiel 4.66

1. Beim Drehen eines Glücksrades ist die Zufallsvariable $X$ der Auslenkwinkel gegenüber der Ruhelage. Jeder Winkel aus dem Intervall $[0, 2\pi]$ ist gleich möglich. Der Auslenkwinkel wird als $R(0, 2\pi)$-verteilt betrachtet.
2. In der Theorie der statistischen Schätzungen wird auf der Grundlage von ausgewählten Stichproben auf die Parameter der Verteilungsfunktion der Zufallsvariablen geschlossen. Dabei wird häufig die Annahme getroffen, dass jeder Wert eines gewissen Parameters in einem Intervall gleich möglich ist. Der geschätzte Parameter wird in diesem Intervall als rechteckverteilt betrachtet.

**Wartezeiten**

### Beispiel 4.67

An einer Haltestelle kommt alle 20 min eine Straßenbahn. Eine Person geht an die Haltestelle und nimmt die nächste Straßenbahn. Die Wartezeit $X$ kann als eine $R(0, 20)$ [min]-verteilte Zufallsvariable angesehen werden, da alle Wartezeiten in diesem Intervall für die ankommende Person gleich wahrscheinlich sind. Wie groß ist die Wahrscheinlichkeit, dass die Wartezeit

**1.** weniger als 10 min, **2.** mehr als 5 min, **3.** zwischen 5 und 8 min beträgt?

Dichtefunktion $f(x)$ und Verteilungsfunktion $F(x)$ lauten mit (4.43) und (4.44)

$$f(x) = \begin{cases} 1/20, & 0 \leq x \leq 20, \\ 0, & \text{sonst} \end{cases}, \quad F(x) = \begin{cases} 0, & x < 0, \\ x/20, & 0 \leq x \leq 20, \\ 1, & x > 20 \end{cases}.$$

Damit ergeben sich die gesuchten Wahrscheinlichkeiten

**1.** $P(X < 10) = F(10) = 0.5$, **2.** $P(X > 5) = 1 - P(X \leq 5) = 1 - F(5) = 0.75$,
**3.** $P(5 < X < 8) = F(8) - F(5) = 8/20 - 5/20 = 0.15$.

**Bemerkung:** Die Rechteckverteilung hat folgende Kennzahlen: $E(X) = 10\,\text{min}$, $Var(X) = 400/12 = 33.\overline{3}$ [min$^2$], $\sigma = 10/\sqrt{3} \approx 5.78$ [min].

---

### Definition 4.68 Normalverteilung

Eine Zufallsvariable $X$ heißt **normalverteilt** mit den Parametern $\mu$ und $\sigma^2$ ($\mu, \sigma \in \mathbb{R}$, $\mu, \sigma > 0$) bzw. $N(\mu, \sigma^2)$**–verteilt**, wenn für ihre Dichtefunktion (siehe **Bild 4.19**) gilt

$$f(x) = \frac{1}{\sigma\sqrt{2\pi}}\, \mathrm{e}^{-\frac{\rho(x)^2}{2}} = \phi(x, \mu, \sigma), \; \rho(x) = \frac{x - \mu}{\sigma}, \; x \in \mathbb{R}. \tag{4.45}$$

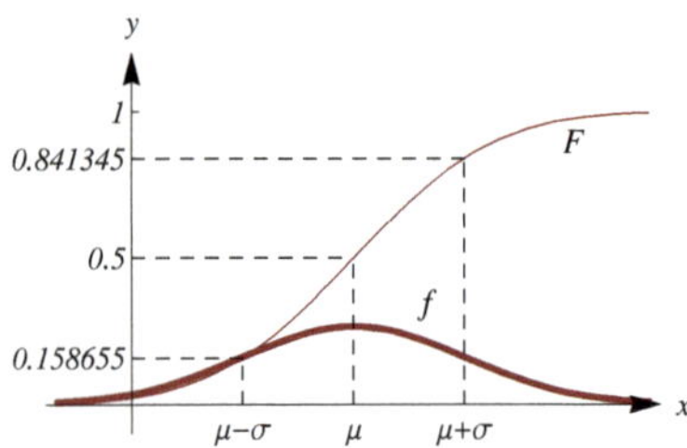


**Bild 4.19** Dichte- und Verteilungsfunktion der $N(\mu, \sigma^2)$-Vert. $\mu = 3$, $\sigma = 1.5$

Ihre Verteilungsfunktion (siehe **Bild 4.19**) ist nach Definition (4.28)

$$F(x) = \frac{1}{\sigma\sqrt{2\pi}} \int_{-\infty}^{x} \mathrm{e}^{-\frac{\rho(t)^2}{2}}\, \mathrm{d}t = \Phi(x, \mu, \sigma), \; x \in \mathbb{R}. \tag{4.46}$$

Die Dichtefunktion $f$ hat folgende Eigenschaften:

**1.** Sie ist zu $x = \mu$ symmetrisch, d. h., es gilt $f(\mu - x) = f(\mu + x)$.

**2.** $f$ hat an der Stelle $x = \mu$ ihr Maximum, und es ist $f(\mu) = \dfrac{1}{\sigma\sqrt{2\pi}}$.

**3.** An den Stellen $\mu - \sigma$ und $\mu + \sigma$ hat $f$ jeweils Wendepunkte.

**4.** Mithilfe des folgenden uneigentlichen Integrals können Erwartungswert und Varianz der Normalverteilung berechnet werden:

$$\int_{-\infty}^{\infty} \mathrm{e}^{-x^2}\, \mathrm{d}x = \sqrt{\pi}. \tag{4.47}$$

**Beispiel 4.69**

**Anwendungen der Normalverteilung**

1. Der Fehler bei einem Messgerät entsteht durch Überlagerung einer großen Anzahl von fehlerverursachenden Faktoren. Deshalb kann für ihn Normalverteilung angenommen werden.
2. Die Länge eines Birkenblattes, das aus einer gewissen Menge gepflückter Blätter ausgewählt wird, ist durch Überlagerung vieler Ursachen entstanden. Sie kann als normalverteilte Zufallsvariable angenommen werden.

**Standard-Normalverteilung**

Für die Parameter der Normalverteilung $\mu = 0$ und $\sigma = 1$ ergibt sich die **Standard-Normalverteilung**. Ihre Dichtefunktion $\phi_S(x)$ und Verteilungsfunktion $\Phi_S(x)$ (siehe **Bild 4.20**) sind mit (4.45) und (4.46)

$$\phi_S(x) = \phi(x, 0, 1) = \frac{1}{\sqrt{2\pi}} \mathrm{e}^{-\frac{x^2}{2}}, \tag{4.48}$$

$$\Phi_S(x) = \Phi(x, 0, 1) = \frac{1}{\sqrt{2\pi}} \int_{-\infty}^{x} \mathrm{e}^{-\frac{t^2}{2}}\, \mathrm{d}t. \tag{4.49}$$

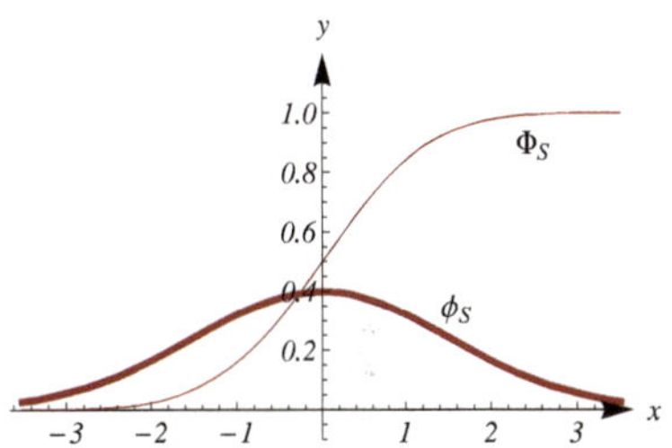


**Bild 4.20** Dichte- und Verteilungsfunktion der $N(0,1)$-Vert.

Wegen der Symmetrie der Dichtefunktion $\phi_S(x)$ bezüglich $x = 0$ folgen die Eigenschaften der Verteilungsfunktion $\Phi_S(x)$

$$\Phi_S(0) = 1/2 \quad \text{und} \quad \Phi_S(-x) = 1 - \Phi_S(x).$$

**Zusammenhang Normal- und Standard-Normalverteilung**

Da die Zufallsvariable $Y = \sigma X + \mu$ eine lineare Funktion der Zufallsvariable $X$ ist, gelten die Eigenschaften (4.38), (4.39), (4.40), (4.41), (4.42). Damit können aus der Dichte- und Verteilungsfunktion, der Kennzahlen und des Quantils der Standard-Normalverteilung $N(0,1)$ diese Eigenschaften einer $N(\mu, \sigma^2)$-Verteilung unmittelbar angegeben werden. Zwischen Dichte- und Verteilungsfunktion der $N(\mu, \sigma^2)$- und der $N(0,1)$-Verteilung besteht folgender Zusammenhang:

$$\phi(y, \mu, \sigma) = \frac{1}{\sigma}\phi_S\left(\frac{y-\mu}{\sigma}\right), \qquad \Phi(y, \mu, \sigma) = \Phi_S\left(\frac{y-\mu}{\sigma}\right). \tag{4.50}$$

So kann die Berechnung von Funktionswerten von $\phi$ und $\Phi$ stets auf die Berechnung von Funktionswerten von $\phi_S$ und $\Phi_S$, die oft tabelliert vorliegen, zurückgeführt werden.

**Beispiel 4.70**

Die Wahrscheinlichkeit, dass die Werte der $N(\mu, \sigma^2)$-verteilten Zufallsvariable $Y$ in ein Intervall $[\mu-\lambda\sigma, \mu+\lambda\sigma]$, $\lambda > 0$, symmetrisch zum Erwartungswert $E(Y) = \mu$ fallen, lässt sich mithilfe der Standard-Normalverteilung ermitteln. Es gilt

$$P(\mu-\lambda\sigma \le Y \le \mu+\lambda\sigma) = P\left(-\lambda \le \frac{Y-\mu}{\sigma} \le \lambda\right) = \Phi_S(\lambda) - \Phi_S(-\lambda) = 2\Phi_S(\lambda) - 1.$$

In der **Tabelle 4.4** sind für einige $\lambda > 0$ die entsprechenden Wahrscheinlichkeiten aufgeführt. Z. B. ergibt sich aus dieser Tabelle, dass eine normalverteilte Zufallsvariable mit der Wahrscheinlichkeit von ca. 0.99 im Intervall $[\mu-3\sigma, \mu+3\sigma]$ liegt.

**Tabelle 4.4** Intervallwahrscheinlichkeit der Normalverteilung

| $\lambda$ | $P(\mu-\lambda\sigma \le X < \mu+\lambda\sigma)$ |
|---|---|
| 1 | 0.6826 |
| 2 | 0.9545 |
| 3 | 0.9973 |
| 4 | 0.9999 |

**Kennzahlen** Die Kennzahlen der Standard-Normalverteilung berechnen sich mithilfe des Integrals (4.47) aus (4.34), (4.35) und (4.48)

$$E(X) = \frac{1}{\sqrt{2\pi}} \int_{-\infty}^{\infty} x\mathrm{e}^{-\frac{x^2}{2}}\,\mathrm{d}x = 0,$$
$$Var(X) = \frac{1}{\sqrt{2\pi}} \int_{-\infty}^{\infty} x^2\mathrm{e}^{-\frac{x^2}{2}}\,\mathrm{d}x = 1.$$

Die Kennzahlen der $N(\mu, \sigma^2)$-verteilten Zufallsvariable $Y = \sigma X + \mu$ sind mit den Eigenschaften (4.40) und (4.41)

$$E(Y) = \mu, \qquad Var(Y) = \sigma^2.$$

**Quantil** Das $p$-Quantil der Standard-Normalverteilung wird im Folgenden mit $z_p$ bezeichnet. Nach der Eigenschaft (4.31) ist zu seiner Bestimmung bei gegebener Wahrscheinlichkeit $p$ die i. Allg nichtlineare Gleichung $\Phi_S(z_p) = p$ bzw.

$$g(z_p) = \int_{-\infty}^{z_p} \phi_S(x)\,\mathrm{d}x - p = 0$$

zu lösen. Näherungslösungen können z. B. mit dem Newton-Verfahren ([4]) bestimmt werden. Ausgehend von einer Startnäherung $z_0$ werden die Iterierten $z_1, z_2, ...$ mit der folgenden Iterationsvorschrift ermittelt:

$$z_{k+1} = z_k - \frac{g(z_k)}{g'(z_k)} = z_k - \frac{g(z_k)}{\phi_S(z_k)}, \quad k = 0, 1, ...$$

Die Berechnung des Funktionswertes $g(z_k)$ erfolgt mit einem Verfahren der numerischen Integration (z. B. mit der Mittelpunkt-Rechteckregel). Der Iterationsprozess wird bei gewähltem Abbruchkriterium $\varepsilon > 0$ beendet, wenn eine der Ungleichungen

$$|z_{k+1} - z_k| < \varepsilon \qquad \text{oder} \qquad |g(z_k)| < \varepsilon.$$

erfüllt ist, und es wird $z_p \approx z_{k+1}$ gesetzt. In der **Tabelle 4.5** sind einige Quantile der $N(0, 1)$-Verteilung aufgeführt. Wegen der Symmetrie der Dichtefunktion $\phi_S(-x) = \phi_S(x)$ genügt es, die Quantile für $p \geq 0.5$ anzugeben, denn es gilt

$$z_p = -z_{1-p}.$$

**Tabelle 4.5** Quantile der $N(0, 1)$-Verteilung

| $p = \Phi_S(z_p)$ | $z_p$ |
|---|---|
| 0.5 | 0.0000 |
| 0.6 | 0.2533 |
| 0.7 | 0.5244 |
| 0.8 | 0.8416 |
| 0.9 | 1.2816 |
| 0.95 | 1.6449 |
| 0.975 | 1.9600 |
| 0.990 | 2.3263 |
| 0.999 | 3.0902 |
| 0.9995 | 3.2905 |

Aus dem $p$-Quantil $z_p$ der $N(0, 1)$-Verteilung kann das $p$-Quantil $y_p$ der $N(\mu, \sigma^2)$-Verteilung mithilfe des Zusammenhanges (4.42) ermittelt werden:

$$y_p = \sigma z_p + \mu.$$

### Beispiel 4.71

**Qualitätskontrolle von Kugellagern**

Das Zulässigkeitsintervall für den Durchmesser von Kugeln, die für Kugellager produziert werden, ist das Intervall $(d_1, d_2)$. Der Durchmesser einer beliebig ausgewählten Kugel ist eine $N(\mu, \sigma^2)$-verteilte Zufallsvariable $X$ mit $\mu = (d_1 + d_2)/2$ und $\sigma = (d_2 - d_1)/4$. Wie groß ist die Wahrscheinlichkeit $p$, dass eine beliebige Kugel als Ausschuss gewertet wird?

Eine Kugel wird als Ausschuss gewertet, wenn ihr Durchmesser außerhalb des Zulässigkeitsintervalls liegt. Für die gesuchte Wahrscheinlichkeit folgt mit der Wahrscheinlichkeit des Komplementärereignisses

$$\begin{aligned} p &= P(X < d_1 \cup X > d_2) = 1 - P(d_1 \leq X \leq d_2) \\ &= 1 - \left(\Phi_S\left(\frac{d_2-\mu}{\sigma}\right) - \Phi_S\left(\frac{d_1-\mu}{\sigma}\right)\right) = 1 - \left(\Phi_S\left(\frac{d_2-d_1}{2\sigma}\right) - \Phi_S\left(\frac{d_1-d_2}{2\sigma}\right)\right) \\ &= 1 - (\Phi_S(2) - \Phi_S(-2)) = 2 - 2\Phi_S(2) \approx 2 - 2 \cdot 0.9772 = 0.0455. \end{aligned}$$

Die Wahrscheinlichkeit, dass eine beliebige Kugel als Ausschuss gewertet wird, beträgt ca. 4.55 %.

---

**Definition 4.72**

**Exponentialverteilung**

Eine Zufallsvariable heißt **exponentialverteilt** mit dem Parameter $\alpha > 0$, wenn ihre Dichtefunktion (siehe **Bild 4.21**) gegeben ist durch

$$f(x) = \begin{cases} \alpha\, \mathrm{e}^{-\alpha x}, & x > 0, \\ 0, & x \leq 0. \end{cases}$$

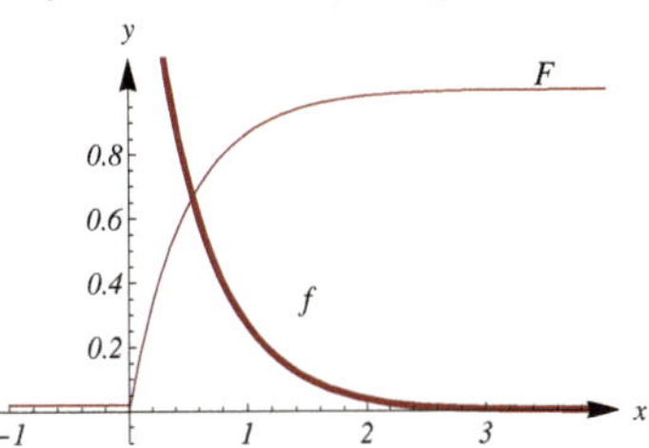


**Bild 4.21** Dichte- und Verteilungsfunktion der Exponentialverteilung, $\alpha = 2$

Die Verteilungsfunktion (siehe **Bild 4.21**) ist mit Gleichung (4.28)

$$F(x) = \begin{cases} 1 - \mathrm{e}^{-\alpha x}, & x > 0, \\ 0, & x \leq 0. \end{cases} \tag{4.51}$$

**Kennzahlen**

Die Kennzahlen sind mit (4.34) und (4.35)

$$E(X) = \mu = \frac{1}{\alpha} \quad \text{und} \quad Var(X) = \sigma^2 = \frac{1}{\alpha^2}.$$

**Quantil**

Das $p$-Quantil ergibt sich aus der **Definition 4.31** und der Verteilungsfunktion (4.51)

$$x_p = -\frac{\ln(1-p)}{\alpha}, \; p \in (0, 1).$$

### Beispiel 4.73

**Anwendungen der Exponentialverteilung**

Als exponentialverteilte Zufallsvariable kann z. B. die (nicht negative) Zeit

1. für die Reparatur von Geräten,
2. für die Funktionsfähigkeit von Maschinen oder Gegenständen (sofern sie durch äußere Einflüsse und nicht durch Abnutzungserscheinungen verursacht ist),
3. zwischen zwei Telefonanrufen in einer Telefonzentrale oder für die Dauer eines Telefongespräches

angesehen werden, deren Wahrscheinlichkeit, kleiner als eine bestimmte Frist zu sein, relativ groß ist und deren Wahrscheinlichkeit, größer als eine bestimmte (große) Frist zu sein, mit Zunahme dieser Frist stark abnimmt.

**Reparaturzeit von Kompressoren**

### Beispiel 4.74

Die Zeit für die Reparatur von Kompressoren sei eine exponentialverteilte Zufallsvariable $X$. Im Mittel werden 4 h für die Reparatur eines Kompressors benötigt (Parameter $\alpha = 1/(4\,\text{h})$). Zu berechnen ist die Wahrscheinlichkeit, dass die Reparaturzeit

1. 2 h nicht übersteigt,
2. zwischen 2 h und 6 h liegt.

1. In der Aufgabenstellung ist der Parameter $\alpha = 1/(4\,\text{h})$ gegeben. Mit Gleichung (4.51) ergibt sich

$$P(X \leq 2) = 1 - \mathrm{e}^{-\frac{1}{4}\cdot 2} = 1 - \mathrm{e}^{-\frac{1}{2}} \approx 0.3935.$$

2. Mit Gleichung (4.51) folgt die gesuchte Wahrscheinlichkeit

$$\begin{aligned} P(2 \leq X \leq 6) &= P(X \leq 6) - P(X \leq 2) \\ &= (1 - \mathrm{e}^{-\frac{1}{4}\cdot 6}) - (1 - \mathrm{e}^{-\frac{1}{4}\cdot 2}) = \mathrm{e}^{-\frac{1}{2}} - \mathrm{e}^{-\frac{3}{2}} \approx 0.3834. \end{aligned}$$

**Bemerkung:** Die Kennzahlen der Verteilung sind $E(X) = 4\,\text{h}$, $Var(X) = 16\text{h}^2$, $\sigma = 4\,\text{h}$.

### Bemerkung 4.75

**Zusammenhang Exponential- und Poisson-Verteilung**

Der Parameter $\alpha$ in der Exponentialverteilung ist der reziproke mittlere Zeitabstand zwischen zwei Ereignissen. Die Wahrscheinlichkeit, dass im Zeitintervall $[0, x]$ kein Ereignis eintritt, ist gleich der Wahrscheinlichkeit, dass der Zeitabstand zwischen zwei Ereignissen größer als $x$ ist. Wenn im Mittel $\lambda$ Ereignisse im Zeitintervall $[0, x]$ auftreten, so ist die Wahrscheinlichkeit, dass in diesem Zeitintervall kein Ereignis eintritt, mithilfe der Poisson-Verteilung (4.27) gleich

$$P(X = 0) = \mathrm{e}^{-\lambda}.$$

Die Wahrscheinlichkeit, dass der Zeitabstand zwischen zwei Ereignissen größer als $x$ ist, ist mithilfe der Exponentialverteilung (4.51) mit dem Parameter $\alpha = \lambda/x$ gleich

$$P(X > x) = 1 - P(X < x) = 1 - F(x) = 1 - \left(1 - \mathrm{e}^{-\frac{\lambda}{x}x}\right) = \mathrm{e}^{-\lambda}.$$

### Definition 4.76

**Weibull-Verteilung**

Eine Zufallsvariable heißt **Weibull-verteilt** mit den beiden Parametern $\alpha > 0$ und $\beta > 0$, wenn ihre Dichtefunktion (siehe **Bild 4.22**) gegeben ist durch

$$f(x) = \begin{cases} \alpha\beta x^{\beta-1}\mathrm{e}^{-\alpha x^{\beta}}, & x > 0, \\ 0, & x \leq 0. \end{cases} \tag{4.52}$$

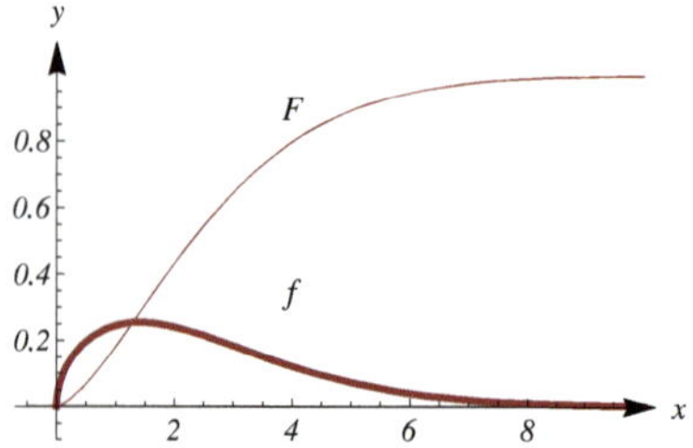


**Bild 4.22** Dichte- und Verteilungsfunktion der Weibullverteilung, $\alpha = 0.2$, $\beta = 1.5$

Die Verteilungsfunktion (siehe **Bild 4.22**) ist mit Gleichung (4.28)

$$F(x) = \begin{cases} 1 - \mathrm{e}^{-\alpha x^{\beta}}, & x > 0, \\ 0, & x \leq 0. \end{cases} \tag{4.53}$$

**Kennzahlen**

Die Kennzahlen sind mit den Gleichungen (4.34) und (4.35)

$$E(X) = \left(\frac{1}{\alpha}\right)^{1/\beta} g_1 \quad \text{und} \quad Var(X) = \left(\frac{1}{\alpha}\right)^{2/\beta} \left(g_2 - g_1^2\right) \quad \text{mit}$$

$$g_1 = \Gamma\left(\frac{1}{\beta} + 1\right) \quad \text{und} \quad g_2 = \Gamma\left(\frac{2}{\beta} + 1\right).$$

**Gamma-Funktion**

Dabei ist das uneigentliche Integral

$$\Gamma(x) = \int_0^\infty e^{-t} t^{x-1}\, dt,\ x > 0 \tag{4.54}$$

die **Gamma-Funktion**. Für $n \in \mathbb{N}$ ist $\Gamma(n) = (n-1)!$ das Produkt der ersten $n-1$ natürlichen Zahlen (Fakultät).

**Quantil**

Das $p$-Quantil ergibt sich aus **Definition 4.31** und (4.53)

$$x_p = \left(-\frac{\ln(1-p)}{\alpha}\right)^{1/\beta},\ p \in (0, 1).$$

**Anwendung der Weibull-Verteilung**

### Beispiel 4.77

Als Weibull-verteilte Zufallsvariable kann die Lebensdauer von Geräten oder Gegenständen mit Abnutzungserscheinungen betrachtet werden. Auch die Ausfallrate von Geräten wie Elektronenröhren, Kugellagern usw. kann mithilfe dieser Verteilung zahlenmäßig erfasst werden.

### Beispiel 4.78

Die Lebensdauer eines Betonträgers sei eine Weibull-verteilte Zufallsvariable $X$ mit den Parametern $\alpha = 1/30^2 \mathrm{a}^{-2}$ und $\beta = 2$. Die Kennzahlen der Verteilungen sind anzugeben. Zu ermitteln ist die Wahrscheinlichkeit, dass

1. der Betonträger eine Lebensdauer von mindestens 20 Jahren hat,
2. der Betonträger unter der Bedingung, dass er bereits 10 Jahre gehalten hat, eine Lebensdauer von mindestens weiteren 20 Jahren hat.

Die Kennzahlen der Verteilung sind $E(X) \approx 26.59\,\mathrm{a}$, $Var(X) \approx 0.39\mathrm{a}^2$, $\sigma \approx 0.62\,\mathrm{a}$.

1. Die gesuchte Wahrscheinlichkeit ist
   $P(X \geq 20) = 1 - P(X < 20) = e^{-\alpha \cdot 20^\beta} \approx 0.6411.$
2. Die gesuchte bedingte Wahrscheinlichkeit ist mit Gleichung (4.14)
   $$P(X > (20+10)/X > 10) = P(X > (20+10) \cap X > 10)/P(X > 10)$$
   $$= P(X > 30)/P(X > 10) = e^{-\alpha \cdot 30^\beta}/e^{-\alpha \cdot 10^\beta} \approx 0.4111.$$

**Bemerkung:** Die Wahrscheinlichkeit, dass ein 10 Jahre abgenutzer Betonträger eine Lebensdauer von mindestens weiteren 20 Jahren hat, ist geringer als die für einen nicht abgenutzten Träger bei der zugrunde gelegten Verteilung. Bei einer zugrunde gelegten Weibull-Verteilung mit den Parametern $\alpha = 1/30\mathrm{a}^{-1}$ und $\beta = 1$ (d. h., Exponentialverteilung) wären diese Wahrscheinlichkeiten gleich groß, sodass die Abnutzung des Betonträgers unberücksichtigt bliebe:

1. $P(X \geq 20) = 1 - P(X < 20) = e^{-\alpha \cdot 20} \approx 0.5134,$
2. $P(X > (20+10)/X > 10) = e^{-\alpha \cdot 30}/e^{-\alpha \cdot 10} = e^{-\alpha \cdot 20} \approx 0.5134.$

**Ernst Hjalmar Waloddi Weibull**
(* 18. Juni 1887, † 12. Oktober 1979 in Annecy)

schwedischer Ingenieur und Mathematiker, Professor für technische Physik an der Königlichen Technischen Hochschule Stockholm,

Arbeiten zur Ausbreitung von Explosionsdruckwellen, Beschaffenheit des Meeresbodens, Materialfestigkeit, Materialermüdung und Bruchverhalten von Festkörpern, Statistik zur Materialermüdung, zum Ausfall von elektronischen Bauteilen und zu Windgeschwindigkeiten

*hier: Weibull-Verteilung*

**Bemerkung 4.79**

Für den Parameter $\beta = 1$ ergibt sich aus (4.52) und (4.53) als Spezialfall die Exponentialverteilung.

**Definition 4.80**
**Neville-Verteilung**

Eine Zufallsvariable $X$ heißt **Neville-verteilt** mit den Parametern $k > 0$, $\tau \geq 0$ und $r > 0$, wenn ihre Dichtefunktion gegeben ist durch

$$f(x) = n(x, k, \tau, r) = \begin{cases} \frac{k}{r}\frac{\rho(x)^{k-1}}{(1+\rho(x))^2}, & x \geq \tau,\ \rho(x) = \frac{x-\tau}{r} \\ 0, & x < \tau. \end{cases}$$

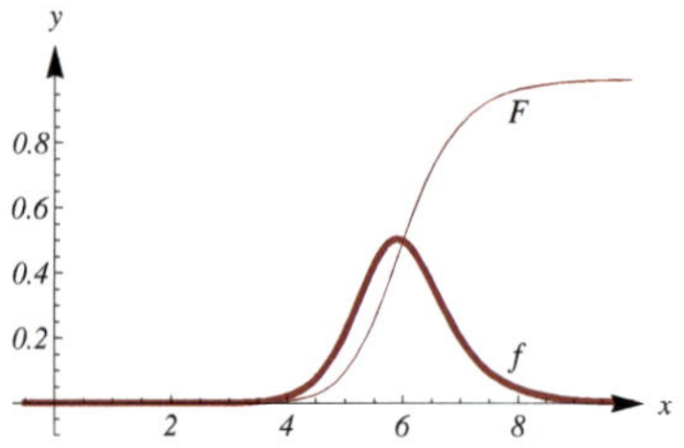

**Bild 4.23** Dichte- und Verteilungsfunktion der Neville-Vert. $k=10$, $\tau=1$, $r=5$

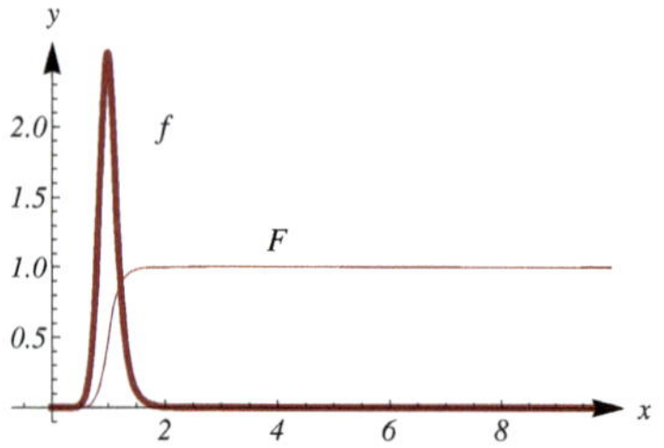

Die Verteilungsfunktion der Neville-Verteilung (siehe **Bild 4.23**) ist mit Gleichung (4.28)

$$F(x) = N(x, k, \tau, r) = \begin{cases} 1 - \frac{1}{1+\rho(x)^k}, & x \geq \tau, \\ 0, & x < \tau. \end{cases} \tag{4.55}$$



**Bild 4.24** Dichte- und Verteilungsfunktion der Standard-Neville-Verteilung, $k = 10$

Die Standard-Neville-Verteilung ergibt sich für die Parameter $r = 1$ und $\tau = 0$. Ihre Verteilungsfunktion $N_S$ und Dichtefunktion $n_S$ sind (siehe **Bild 4.24**)

$$n_S(x) = n(x, k, 0, 1) = \begin{cases} \frac{kx^{k-1}}{(1+x^k)^2}, & x \geq 0, \\ 0, & x < 0. \end{cases} \tag{4.56}$$

$$N_S(x) = N(x, k, 0, 1) = \begin{cases} 1 - \frac{1}{1+x^k}, & x \geq 0, \\ 0, & x < 0. \end{cases} \tag{4.57}$$

**Zusammenhang Neville- und Standard-Neville-Verteilung**

Da die Zufallsvariable $Y = rX + \tau$, $r > 0$, eine lineare Funktion der Zufallsvariablen $X$ mit Standard-Neville-Verteilung ist, gelten mit (4.39) und (4.38) die Beziehungen

$$n(x, k, \tau, r) = \frac{1}{r} n_S\left(\frac{x-\tau}{r}\right), \qquad N(x, k, \tau, r) = N_S\left(\frac{x-\tau}{r}\right).$$

**Kennzahlen**

Die Kennzahlen der Standard-Neville-Verteilung mit den Parametern $r = 1$ und $\tau = 0$ sind mit den Gleichungen (4.34) und (4.35)

$$E(X) = \frac{\pi}{k \sin(\pi/k)}, \qquad Var(X) = \frac{2\pi}{k \sin(2\pi/k)} - \frac{\pi^2}{k^2 \sin^2(\pi/k)}.$$

Aus den Kennzahlen der Standard-Neville-Verteilung können mithilfe der Eigenschaften (4.40) und (4.41) die Kennzahlen der Neville-Verteilung berechnet werden.

**Approximation**

Für den Parameter $\tau = 0$ folgt mit diesen Kennzahlen für den reziproken Variationskoeffizienten $q$ die funktionale Abhängigkeit vom Parameter $k \geq 2$

$$q(k) = \frac{E(X)}{\sqrt{Var(X)}} = \pi \Big/ \sqrt{\frac{2\pi k \sin^2(\pi/k)}{\sin(2\pi/k)} - \pi^2}. \tag{4.58}$$

Für die Abhängigkeit des reziproken Variationskoeffizienten $q$ vom Parameter $k \geq 2$ ergeben sich die Grenzwerte

$$\lim_{k->2} q(k) = 0 \quad \text{und} \quad \lim_{k->\infty} \frac{q(k)}{k} = \frac{\sqrt{3}}{\pi}.$$

In [17] wurde gezeigt, dass der funktionale Zusammenhang $q(k)$ für $k \geq 2$ durch

$$q(k) \approx \frac{\sqrt{3}}{\pi}\sqrt{k^2 - 4} = h(k) \tag{4.59}$$

approximiert werden kann, wobei der Term $h(k)$ auf der rechten Seite von (4.59) für $k \geq 2$ einen halben Ast der Hyperbel $(k/b)^2 - (q/a)^2 = 1$ mit den Halbachsen $a = 2\sqrt{3}/\pi$ und $b = 2$ und der zugehörigen Asymptoten $y(k) = bk/a = \sqrt{3}k/\pi$ darstellt.
In **Bild 4.25** ist die Funktion $q$ aus (4.58) mit der Asymptoten $y$ dargestellt. Es gilt $\max_{k\in(2,10)}(q(k) - h(k)) \approx 0.00380576$, sodass der Unterschied der Graphen von $q$ und $h$ nicht sichtbar ist.

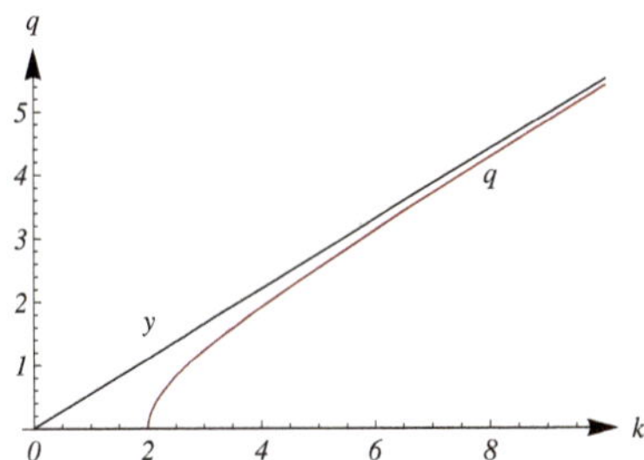


**Bild 4.25** Funktion $q$, Asymptote $y$

**Quantil**

Das $p$-Quantil der Standard-Neville-Verteilung kann aus Gleichung (4.31) analytisch durch Umstellen nach $x_p$ ermittelt werden:

$$x_p = \left(\frac{p}{1-p}\right)^{1/k}, \ p \in (0,1). \tag{4.60}$$

Insbesondere gilt für das 0.5-Quantil (Median) $x_{0.5} = 1$. Mithilfe der Eigenschaft (4.42) kann das Quantil der Neville-Verteilung aus dem Quantil (4.60) berechnet werden:

$$y_p = rx_p + \tau. \tag{4.61}$$

**Beispiel 4.81**

**Anwendung der Neville-Verteilung**

Die Neville-Verteilung wird im Bauingenieurwesen z. B. bei Messungen von Betondeckungen zugrunde gelegt, weil einerseits kein Messergebnis kleiner als null sein kann und andererseits an Hand praktischer Erfahrungen die Verteilungen der Messwerte mithilfe der zur Verfügung stehenden drei Parameter $k$, $\tau$ und $r$ gut modelliert werden können (siehe [17]).

**Messung der Betondeckung**

**Eric Harold Neville**
(* 1 Januar 1889 in London, † 22 August 1961 Reading, Berkshire)

englischer Mathematiker, Professor an der University College Reading, 1913 Mitglied der London Mathematical Society,

Arbeiten zur Differenzialgeometrie, Analytische und komplexe Geometrie, Geometrie im vierdimensionalen Raum, Polynominterpolation, Analysis, Logischer Aufbau der Mathematik

*hier: Neville-Verteilung*

**Beispiel 4.82**

Bei der Qualitätsprüfung von Betonträgern wird die gemessene Dicke der Betondeckung als Neville-verteilte Zufallsvariable $X$ mit den Parametern $\tau = 0\,\text{mm}$, $r = 50\,\text{mm}$ und $k = 10$ angenommen. Die Qualität gilt als ausreichend, wenn die Wahrscheinlichkeit, dass eine Messung der Betondeckung den erforderlichen Mindestwert $c_{\min} = 40\,\text{mm}$ unterschreitet, nicht größer als 5 % ist. Ist das der Fall bei der zugrunde gelegten Neville-Verteilung?

Mit der Verteilungsfunktion der Neville-Verteilung (4.55) sowie den Parametern $\tau = 0\,\text{mm}$, $r = 50\,\text{mm}$ und $k = 10$ ist die Wahrscheinlichkeit

$$P(X < c_{\min}) = F(c_{\min}, 0, 50, 10) = 1 - 1/\left(1 + (4/5)^{10}\right) \approx 0.09696 > 5\,\%.$$

Die geforderte Qualität der Dicke der Betondeckungen ist bei angenommener Neville-Verteilung mit den Parametern $\tau = 0\,\text{mm}$, $r = 50\,\text{mm}$ und $k = 10$ nicht gegeben.

**Bemerkung:**

1. Das 5 %-Quantil der angenommenen Neville-Verteilung mit den Parametern $\tau = 0\,\text{mm}$, $r = 50\,\text{mm}$ und $k = 10$ ist nach den Gleichungen (4.60) und (4.61)

   $$y_p = 50 \cdot 1/\sqrt[10]{19} \approx 37.25\ [\text{mm}],$$

   d. h., mit einer Wahrscheinlichkeit von 5 % würde eine Messung der Betondeckung bereits den Wert 37.25 mm unterschreiteten.
2. Wegen (4.61) ist $r = 50\,\text{mm}$ das 0.5-Quantil (Median) der zugrunde gelegten Neville-Verteilung.

## 4.2.4 Grenzverteilungssätze

**Erster Grenzverteilungssatz von Poisson**

Die Bestimmung von Wahrscheinlichkeiten einer binomialverteilten Zufallsvariable erfordert die Berechnung von Produkten aus Binomialkoeffizienten und Potenzen, die aufwendig sein kann. Der erste Grenzverteilungssatz von Poisson bietet die Möglichkeit, diesen Aufwand zu reduzieren.

**Satz 4.83**

Sei $X$ eine binomialverteilte Zufallsvariable wie in (4.23). Die Wahrscheinlichkeit, dass sie den Wert $k \in \{0, 1, ..., n\}$ annimmt, konvergiert für $n \to \infty$, $p \to 0$ mit $np = const$ gegen die einer Poissonverteilten Zufallsvariable mit dem Parameter $\lambda = np$:

$$\lim_{n \to \infty} B_n(k, p) = \pi(k, \lambda).$$

**Bemerkung 4.84**

1. Die Größe $np$ ist in der Binomialverteilung der Erwartungswert, d. h., die durchschnittliche Ereigniszahl bei einer großen Anzahl von Versuchen. Die Größe $\lambda$ ist in der Poisson-Verteilung ebenfalls der Erwartungswert, d. h., die durchschnittliche Ereigniszahl.
2. Für praktische Beispiele ist die Näherung der Binomial- durch die Poisson-Verteilung für $np \leq 10$ und $n \leq 1500p$ hinreichend gut.

### Beispiel 4.85

**Messung der Kapazität**

Aus einem Lieferposten automatisch hergestellter Kondensatoren werden 100 Stück zufällig herausgegriffen. An ihnen wird die jeweilige Kapazität gemessen. Ein Kondensator ist unbrauchbar, wenn seine Kapazität nicht in den vorgeschriebenen Toleranzgrenzen liegt.

Der durchschnittliche, aus Erfahrung bekannte Ausschussprozentsatz beträgt 3 %. Wie groß ist die Wahrscheinlichkeit, dass unter den 100 Kondensatoren

1. genau drei unbrauchbare sind?
2. höchstens drei unbrauchbare sind?

1. Mit der Binomialverteilung ergibt sich für $n = 100$, $p = 0.03$
   $P(X = 3) = \binom{100}{3} 0.03^3 0.97^{97} \approx 0.2275.$
   Mit der Poisson-Verteilung ergibt sich für $\lambda = np = 3$
   $$P(X = 3) = \frac{3^3}{3!}\mathrm{e}^{-3} \approx 0.22404.$$
2. Mit der Binomialverteilung ergibt sich
   $$\begin{aligned} P(X \le 3) &= P(X = 0) + P(X = 1) + P(X = 2) + P(X = 3) \\ &= \sum_{k=0}^{3} \binom{100}{k} 0.03^k 0.97^{100-k} \approx 0.0097 + 0.147 + 0.223 + 0.227 = 0.6065, \end{aligned}$$
   mit der Poisson-Verteilung bei wesentlich weniger Rechenaufwand
   $$P(X \le 3) = \mathrm{e}^{-3}\left(1 + \frac{3}{1!} + \frac{3^2}{2!} + \frac{3^3}{3!}\right) \approx 0.6472.$$

**Siméon Denis Poisson**
(* 21. Juni 1781 in Pithiviers (Département Loiret), † 25. April 1840 in Paris)

französischer Physiker und Mathematiker, 1807 Mitglied der Société d'Arcueil, 1818 Mitglied der Royal Society, 1822 Mitglied der American Academy of Arts and Sciences, 1826 Ehrenmitglied der Russischen Akademie der Wissenschaften, 1830 auswärtiges Mitglied der Preußischen Akademie der Wissenschaften

Arbeiten zur Akustik, Elastizität, Wärme, Wellen, Elektrik, Potentialtheorie, Wahrscheinlichkeitstheorie

*hier: Grenzverteilungssätze von Poisson Poisson-Verteilung*

**Zweiter Grenzverteilungssatz von Poisson**

Die Berechnung der Wahrscheinlichkeit, dass eine hypergeometrisch verteilte Zufallsvariable einen bestimmten Wert annimmt wie in (4.25), erfolgt mit drei Binomialkoeffizienten. Dieser Aufwand kann mithilfe des zweiten Grenzverteilungssatzes von Poisson verringert werden.

**Satz 4.86**

Sei $X$ eine hypergeometrisch verteilte Zufallsvariable wie in (4.25). Die Wahrscheinlichkeit, dass sie den Wert $k \in \{0, 1, ..., n\}$ annimmt, konvergiert für $N \to \infty$ mit $p = M/N = const$ gegen die einer binomialverteilten Zufallsvariable mit dem Parameter $p$:

$$\lim_{N \to \infty} H_n(k, M, N) = B_n(k, p).$$

**Bemerkung 4.87**

Bei einer als binomialverteilt angenommenen Zufallsvariable muss die Wahrscheinlichkeit $p$ für das Eintreten eines gewissen Ereignisses bei jedem Versuch konstant sein. (Das wird z. B. durch das Zurücklegen des gezogenen Stückes in die Grundgesamtheit erreicht.)

Bei einer hypergeometrisch verteilten Zufallsvariable hingegen werden die gezogenen Stücke nicht in die Grundgesamtheit zurückgelegt, sodass die Wahrscheinlichkeit für das Eintreten eines gewissen Ereignisses bei jedem erneuten Versuch eine andere ist. Ist die Stückzahl $N$ der Grundgesamtheit jedoch hinreichend groß und auch die Anzahl $M$ der Objekte mit der bestimmten Eigenschaft, so kann die Wahrscheinlichkeit, dass ein gezogenes Stück die Eigenschaft hat, auch ohne Zurücklegen näherungsweise als konstant angesehen werden.

**Fehlerhafte Schrauben**

**Beispiel 4.88**

In einer Sendung von 1000 Schrauben sind 10 fehlerhaft. Auf gut Glück werden der Sendung 100 Schrauben entnommen. Wie groß ist die Wahrscheinlichkeit, dass unter den herausgegriffenen Schrauben

1. genau 3 Schrauben fehlerhaft sind,
2. nicht mehr als 3 Schrauben fehlerhaft sind?

**Abraham de Moivre**
(* 26. Mai 1667 in Vitry-le-François, † 27. November 1754 in London)

französischer Mathematiker, 1679 Mitglied der Royal Society, 1735 Mitglied der Königlich-Preußischen Akademie der Wissenschaften, 1754 Mitglied derAcadémie des sciences

Untersuchungen zur Wahrscheinlichkeitsrechnung (Glücksspiele, Sterblichkeits- und Rentenprobleme) Arbeiten zur Analysis (rekurrente Reihen, Radizieren komplexer Zahlen), Astronomie, Winkelteilungsproblem

*hier: Grenzverteilungssatz von Moivre-Laplace*

1. Mit der hypergeometrischen Verteilung ergibt sich für $N = 1000$, $M = 10$, $n = 100$, $k = 3$

$$P(X = 5) = \frac{\binom{10}{3}\binom{990}{97}}{\binom{1000}{100}} \approx 0.0569.$$

Nach dem zweiten Grenzverteilungssatz von Poisson ergibt sich mit der Binomialverteilung als Näherung für $p = M/N = 10/1000 = 0.01$ und $n = 100$

$$P(X = 3) = \binom{100}{3} 0.01^3 0.99^{97} \approx 0.061.$$

Nach dem ersten Grenzverteilungssatz von Poisson würde mit der Poisson-Verteilung als Näherung mit $\lambda = np = 100 \cdot 0.01 = 1$ folgen

$$P(X = 3) = \frac{1^3}{3!}\mathrm{e}^{-1} \approx 0.0613.$$

2. Die gesuchte Wahrscheinlichkeit ist mit der hypergeometrischen Verteilung

$$P(X \leq 3) = \sum_{k=0}^{3} P(X = k) = \sum_{k=0}^{3} \frac{\binom{10}{k}\binom{990}{10-k}}{\binom{1000}{100}} \approx 0.9877,$$

nach dem zweiten Grenzverteilungssatz von Poisson mit der Binomialverteilung als Näherung

$$P(X \leq 3) = \sum_{k=0}^{3} \binom{100}{k} 0.01^k 0.99^{100-k} \approx 0.9816$$

und nach dem ersten Grenzverteilungssatz von Poisson mit der Poisson-Verteilung als Näherung bei wesentlich weniger Rechenaufwand

$$P(X \leq 3) = \mathrm{e}^{-1} \sum_{k=0}^{3} \frac{1^k}{k!} \approx 0.98101.$$

**Grenzverteilungssatz von Moivre-Laplace**

Der Grenzverteilungssatz von Moivre-Laplace ermöglicht die Näherung der Binomialverteilung $B_n(x,p)$ durch eine Normalverteilung, wenn $n$ relativ groß ist und $p$ sowie $1-p$ nicht zu nahe an null liegen.

**Satz 4.89**

Sei $X$ eine binomialverteilte Zufallsvariable. Für $n \to \infty$ konvergiert die Verteilungsfunktion der Binomialverteilung gegen die der Normalverteilung mit den Parametern $\mu = np$ und $\sigma^2 = np(1-p)$:

$$\lim_{n\to\infty} \sum_{i=0}^{k} B_n(i,p) = \Phi(k,\mu,\sigma).$$

Als Faustregel zur Anwendung dieser Näherung gilt:

für $\sigma^2 = np(1-p) > 9$ – gute Näherung,
für $\sigma^2 = np(1-p) > 4$ – brauchbare Näherung.

**Beispiel 4.90** **Qualität von Bolzenankern**

Ein Bolzenanker genügt mit der Wahrscheinlichkeit $p = 0.7$ allen von ihm geforderten Gütekriterien. Gesucht ist die Wahrscheinlichkeit, dass in einer Serie von 1000 solcher Bolzenanker

1. wenigstens 680 allen Gütekriterien genügen,
2. die Anzahl der Bolzenanker, die allen Gütekriterien genügen, zwischen 675 und 725 liegt.

Laut Aufgabenstellung gilt $n = 1000$ und $p = 0.7$. Daraus folgt der Erwartungswert $\mu = np = 700$ und die Varianz $\sigma^2 = 1000 \cdot 0.7 \cdot 0.3 = 210 > 9$. Die Normalverteilung ist eine gute Näherung für die Binomialverteilung.

1. Mit der Binomialverteilung ergibt sich die gesuchte Wahrscheinlichkeit
$$P(X \geq 680) = \sum_{k=680}^{1000} \binom{1000}{k} 0.7^k 0.9^{1000-k} \approx 0.9207,$$
deren Berechnung ohne Computer beschwerlich ist.
Mit der Normalverteilung als Näherung ergibt sich
$$P(X \geq 680) = 1 - P(X < 680) = 1 - \Phi_S\left(\frac{680-700}{\sqrt{210}}\right) = \Phi_S\left(\frac{20}{\sqrt{210}}\right) \approx 0.9162.$$
2. Mit der Binomialverteilung ergibt sich die gesuchte Wahrscheinlichkeit
$$P(675 \leq X \leq 725) = \sum_{k=675}^{725} \binom{1000}{k} 0.7^k 0.9^{1000-k} \approx 0.9216,$$
deren Berechnung ohne Computer beschwerlich ist.
Mit der Normalverteilung als Näherung ergibt sich
$$\begin{aligned} P(675 \leq X \leq 725) &= P(X \leq 725) - P(X < 675) \\ &= \Phi_S\left(\frac{725-700}{\sqrt{210}}\right) - \Phi_S\left(\frac{675-700}{\sqrt{210}}\right) = 2\Phi_S\left(\frac{25}{\sqrt{210}}\right) - 1 \approx 0.9155. \end{aligned}$$

---

**Bemerkung 4.91** **Stetigkeitskorrektur**

Bei der Näherung der diskreten Binomialverteilung durch die stetige Normalverteilung ist zu beachten, dass eine Intervallwahrscheinlichkeit $P(m_1 < X < m_2)$, $m_1, m_2-$ natürliche Zahlen, im Fall der diskreten Binomialverteilung eine Summe ist, die das entsprechende bestimmte Integral über die Dichtefunktion $\phi_S$ im Fall der stetigen Normalverteilung annähert. Der dabei entstehende Approximationsfehler wird durch eine sogenannte Stetigkeitskorrektur folgendermaßen verringert:

$$\begin{aligned} P(m_1 \leq X \leq m_2) &\approx \Phi_S(m_2 + 0.5) - \Phi_S(m_1 - 0.5), \\ P(m_1 < X \leq m_2) &\approx \Phi_S(m_2 + 0.5) - \Phi_S(m_1 + 0.5), \\ P(m_1 \leq X < m_2) &\approx \Phi_S(m_2 - 0.5) - \Phi_S(m_1 - 0.5), \\ P(m_1 < X < m_2) &\approx \Phi_S(m_2 - 0.5) - \Phi_S(m_1 + 0.5). \end{aligned}$$

---

**Beispiel 4.92** **Werfen einer Münze**

Die Wahrscheinlichkeit, dass beim zehnmaligen Werfen einer Münze zwischen drei bis sechs Mal die „Zahl“ erscheint, ist mithilfe der Binomialverteilung und approximativ mithilfe der Normalverteilung zu ermitteln.

Die Zufallsvariable $X$ ist die Anzahl der unter zehn Würfen gefallenen „Zahl". Mit $n = 10$ und $p = 0.5$ ist die gesuchte Wahrscheinlichkeit mithilfe der Binomialverteilung

$$P(3 \leq X \leq 6) = \sum_{k=3}^{6} \binom{10}{k} 0.5^k 0.5^{10-k} = \frac{15}{128} + \frac{105}{512} + \frac{63}{256} + \frac{105}{512} \approx 0.7734.$$

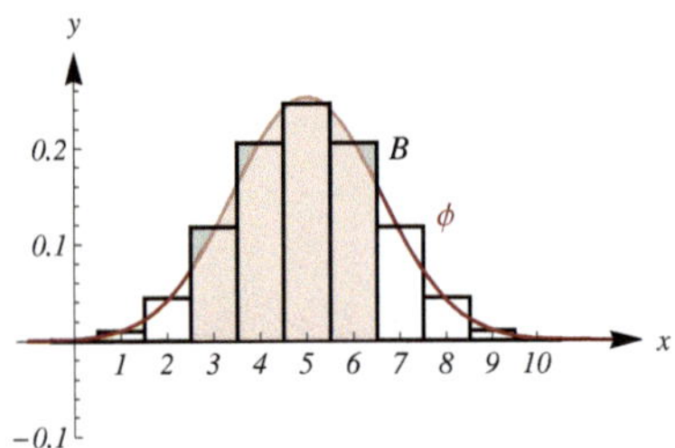


**Bild 4.26** Dichte der Binomialverteilung $B$ und der Normalverteilung $\phi$

Die approximierende Normalverteilung hat den Erwartungswert $\mu = np = 5$ und die Varianz $\sigma^2 = np(1-p) = 2.5$. Ohne Stetigkeitskorrektur ist die gesuchte Wahrscheinlichkeit näherungsweise

$$P(3 \leq X \leq 6) = \Phi_S\left(\frac{6-\mu}{\sigma}\right) - \Phi_S\left(\frac{3-\mu}{\sigma}\right) \approx 0.6335.$$

Mit Stetigkeitskorrektur ergibt sich die wesentlich bessere Approximation

$$P(2.5 \leq X \leq 6.5) = \Phi_S\left(\frac{6.5-\mu}{\sigma}\right) - \Phi_S\left(\frac{2.5-\mu}{\sigma}\right) \approx 0.7717.$$

Die gesuchte Wahrscheinlichkeit mithilfe der Binomialverteilung ist in **Bild 4.26** als Inhalt der grau gefärbten Fläche dargestellt, die approximierte Wahrscheinlichkeit mithilfe der Normalverteilung mit Stetigkeitskorrektur als Inhalt der magenta gefärbten Fläche dargestellt.

**Zentraler Grenzwertsatz**

Der zentrale Grenzwertsatz besagt, dass für große $n$ das arithmetische Mittel von gleich verteilten (aber nicht notwendig normalverteilten) Zufallsvariablen mit dem Erwartungswert $\mu$ und der Varianz $\sigma^2$ näherungsweise normalverteilt mit demselben Erwartungswert $\mu$, aber der kleineren Varianz $\sigma^2/n$ ist.

**Satz 4.93**

Seien $X_1, X_2, ..., X_n$ unabhängige Zufallsvariablen, die alle die gleiche Verteilung und damit auch den gleichen Erwartungswert $\mu$ und die gleiche Varianz $\sigma^2$ besitzen. Dann ist die Zufallsvariable

$$\overline{Z}_n = \frac{\sum\limits_{k=1}^{n} X_k - n\mu}{\sigma\sqrt{n}} = \frac{\frac{1}{n}\sum\limits_{k=1}^{n} X_k - \mu}{\sigma/\sqrt{n}} \tag{4.62}$$

näherungsweise $N(0,1)$-verteilt. Für $n \to \infty$ konvergiert die Verteilung von $\overline{Z}_n$ gegen die Standard-Normalverteilung.

**Bemerkung 4.94**

Die Summenvariable $X_1 + X_2 + ... + X_n$ ist näherungsweise $N(n\mu, n\sigma^2)$-verteilt und das sogenannte standardisierte arithmetische Mittel $\overline{Z}_n$ ist näherungsweise $N(0,1)$-verteilt:

$$\lim_{n\to\infty} P\left(\sum_{k=1}^{n} X_k \leq x\right) = \Phi(x, n\mu, \sqrt{n}\sigma) = \Phi_S\left(\frac{x-n\mu}{\sigma\sqrt{n}}\right) \quad \text{bzw.}$$

$$\lim_{n\to\infty} P\left(\overline{Z}_n < x\right) = \Phi_S(x).$$

**Arbeitszeit im Tiefbauamt**

**Beispiel 4.95**

Der Leiter F. Leissig des städtischen Tiefbauamtes des Städtchens Grabenau verlässt an 225 Arbeitstagen seine Dienstelle jeweils kurz nach dem offiziellen Dienstschluss. Die Dauer der zusätzlichen Arbeitszeit lässt sich jeweils durch eine exponentialverteilte Zufallsvariable mit einem Erwartungswert von 15 Minuten beschreiben. Die Zufallsvariablen seien als unabhängig vorausgesetzt. Wie groß ist die Wahrscheinlichkeit, dass der Leiter des städtischen Tiefbauamtes in einem Jahr mehr als 45 Stunden zusätzlich arbeitet?

Die Zufallsvariable $X_k$ ist die zusätzliche Arbeitszeit von Leiter F. Leissig am $k$-ten Tag, $k = 1, 2, ..., 225$. Da sie laut Aufgabenstellung exponentialverteilt mit dem Erwartungswert von 15 Minuten ist, gilt

$$E(X_k) = \mu = 15 \text{ [min]} \qquad \text{und} \qquad Var(X_k) = \sigma^2 = 225 \text{ [min}^2\text{]}.$$

Gesucht ist die Wahrscheinlichkeit

$$P\left(\sum_{k=1}^{225} X_k > 45 \cdot 60\right) = 1 - P\left(\sum_{k=1}^{225} X_k \leq 45 \cdot 60\right).$$

Nach dem Zentralen Grenzwertsatz (4.62) ist die Zufallsvariable

$$\sum_{k=1}^{225} X_k \quad \text{näherungsweise} \quad N\left(n\mu, n\sigma^2\right) = N\left(225 \cdot 15, 225^2\right)\text{-verteilt.}$$

Damit ergibt sich die gesuchte Wahrscheinlichkeit

$$P\left(\sum_{k=1}^{225} X_k > 45 \cdot 60\right) = 1 - \Phi_S\left(\frac{45 \cdot 60 - 225 \cdot 15}{225}\right) = 1 - \Phi_S(-3) \approx 0.999.$$

---

## 4.3 Beschreibende Statistik

Gegenstand der Statistik ist die Analyse von zufälligen Ergebnissen bei einer bestimmten Anzahl gleichartiger Versuche, z. B. einer Messreihe. In der „Beschreibenden Statistik" geht es um die Aufarbeitung dieser Ergebnisse, z. B. der entsprechenden Messungen. Möglichkeiten der tabellarischen Darstellung sind eine Urliste oder Häufigkeitstabellen, basierend auf einer Klasseneinteilung. Deren graphische Veranschaulichung erfolgt mit Histogrammen. Aus den Ergebnissen können außerdem Lage- und Streuungsmaßzahlen berechnet werden, mit denen ihr Verhalten charakterisiert wird.

### 4.3.1 Häufigkeitsverteilungen

**Definition 4.96**

Sei $X$ eine Zufallsvariable, die ein gewisses Merkmal beschreibt, und $F(X)$ ihre Verteilungsfunktion. Die Gesamtheit der Werte, die die Zufallsvariable annehmen kann, heißt **Grundgesamtheit.**
Der Zufallsvektor $(X_1, X_2, ..., X_n)^\top \in \mathbb{R}^n$, dessen Koordinaten unabhängige, identisch wie $X$ verteilte Zufallsvariablen sind, ist eine **mathematische Stichprobe** vom Umfang $n$ aus der Grundgesamtheit mit der Verteilungsfunktion $F(X)$.
Eine **konkrete Stichprobe** vom Umfang $n$ ist eine beliebige Realisierung $(x_1, x_2, ..., x_n)^\top \in \mathbb{R}^n$ des Zufallsvektors $(X_1, X_2, ..., X_n)^\top$.

**Zufallsvektor und Stichprobe**

## Beispiel 4.97

Die Zufallsvariable $X$ sei die Punktezahl, die ein Student in der Abschlussklausur Mathematik, in der bis zu 100 Punkte erreicht werden können, erhalten hat. Die Grundgesamtheit bilden die Punktezahlen zwischen 0 und 100. Der Zufallsvektor $(X_1, X_2, ..., X_{80})^\top$, dessen Komponenten Variablen für die Punktezahlen von 80 Abschlussklausuren sind, ist die mathematische Stichprobe vom Umfang $n = 80$. Werden die Abschlussklausuren von $n = 80$ Studenten ausgewählt, so bildet die Gesamtheit der 80 Punktezahlen eine konkrete Stichprobe vom Umfang 80.

---

**Urliste**

1. Eine **Urliste** bzw. die **Rohdaten** umfassen die gesammelten Daten einer zufälligen Versuchs- bzw. Messreihe in ihrer ursprünglichen (i. Allg. ungeordneten) Reihenfolge: $x_1, x_2, ..., x_n$. Sie stellen eine konkrete Stichprobe dar.

**Klassen**

2. Die Menge der reellen Zahlen $\mathbb{R}$ wird durch $m + 1$ aufsteigend geordnete Zahlen $b_0 < b_1 < ... < b_m$ in $m + 2$ Intervalle unterteilt:

$$\mathbb{R} = (-\infty, b_0] \cup (b_0, b_1] \cup (b_1, b_2] \cup ... \cup (b_{m-1}, b_m] \cup (b_m, \infty). \quad (4.63)$$

**Absolute Häufigkeit**

Diese Intervalle heißen **Klassen**. Die Anzahl $h_{ak}$ der Rohdaten, die zur $k$-ten Klasse gehören, wird als ihre **absolute Häufigkeit** bezeichnet. Bei endlicher Anzahl $n$ der Rohdaten ist es immer möglich, $b_0$ und $b_m$ so zu wählen, dass die absolute Häufigkeit der Klassen $(-\infty, b_0]$ und $(b_m, \infty)$ gleich null ist, wovon im Folgenden ausgegangen wird.

**Klassengrenzen, Klassenbreite, Klassenmitte**

3. Die Grenzen der $m$ Intervalle $(b_{k-1}, b_k]$, $k = 1, ..., m$, heißen **untere** bzw. **obere Klassengrenze**. Die Differenz zwischen oberer und unterer Klassengrenze ist die **Klassenbreite** $d_k = b_k - b_{k-1}$. Die **Klassenmitte** ist die Zahl $c_k = (b_k + b_{k-1})/2$.

**Relative Häufigkeit**

4. Die **relative Häufigkeit** $h_{rk}$ der $k$-ten Klasse ist das Verhältnis ihrer absoluten Häufigkeit $h_{ak}$ zur Gesamtzahl $n$ der Rohdaten:

$$h_{rk} = \frac{h_{ak}}{n}, \; k = 1, ..., m.$$

**Vollständigkeitsrelation**

5. Offenbar gelten die Eigenschaften

$$\sum_{k=1}^{m} h_{ak} = n \text{ und } \sum_{k=1}^{m} h_{rk} = 1.$$

**Absolutes und relatives Histogramm**

6. Die Veranschaulichung der Klassen zusammen mit ihren Häufigkeiten erfolgt mit einem **absoluten** bzw. **relativen Histogramm**. Dabei werden z. B. Rechtecke verwendet, deren Grundseiten auf der horizontalen Achse liegen, ihren Mittelpunkt in den Mitten $c_k$ der Klassenintervalle haben und deren Länge die Klassenbreite $d_k$ ist. Die Flächeninhalte der Rechtecke sind proportional zur absoluten bzw. relativen Häufigkeit der $k$-ten Klasse. Das wird durch die Wahl ihrer Höhe $h_{ak}/d_k$ bzw. $h_{rk}/d_k$ erreicht.

7. Die **absolute kumulative Häufigkeit** $H_{ak}$ bis zur $k$–ten Klasse ist die Anzahl der Rohdaten *bis* zur oberen Grenze der $k$-ten Klasse. Wird die absolute kumulative Häufigkeit ins Verhältnis zur Gesamtzahl $n$ der Rohdaten gesetzt, so ergibt sich die **relative kumulative Häufigkeit** $H_{rk}$. Es gilt

**Absolute und relative kumulative Häufigkeit**

$$H_{ak} = \sum_{i=1}^{k} h_{ai} \quad \text{und} \quad H_{rk} = \sum_{i=1}^{k} h_{ri} = H_{ak}/n.$$

8. Die grafische Veranschaulichung der kumulativen Häufigkeiten erfolgt z. B. mit einem **absoluten** bzw. **relativen kumulativen Histogramm**. Eine andere Möglichkeit ist ein **absolutes** bzw. **relatives kumulatives Häufigkeitspolygon**, bei dem wieder auf der horizontalen Achse die Klasseneinteilung erscheint und auf der vertikalen Achse die entsprechenden kumulativen Häufigkeiten (absolut bzw. relativ) abgetragen werden. Durch Verbinden der abgetragenen Punkte entsteht das Häufigkeitspolygon.

**Absolutes und relatives kumulatives Histogramm**

9. Ist die Anzahl der Rohdaten $n$ sehr groß und sind die Klassenbreiten sehr klein, so ergibt sich eine **Häufigkeitskurve**. Auch durch Glätten des Häufigkeitspolygons ergibt sich eine (genäherte) Häufigkeitskurve.

**Häufigkeitskurve**

## Beispiel 4.98

Für das **Beispiel 4.97** sind in der Urliste **Tabelle 4.6** die Punktezahlen der Abschlussprüfung in Mathematik von $n = 80$ Studenten aufgeführt. Es konnten maximal 100 Punkte erreicht werden. Die Klasseneinteilung in **Tabelle 4.7** wurde nach der Zugehörigkeit der Punktezahlen zu den zehn Intervallen gleicher Länge $(50, 55]$, $(55, 60]$,...,$(95, 100]$ vorgenommen. Berechnet wurden absolute und relative Häufigkeiten und absolute und relative kumulative Häufigkeiten. Ihre grafische Veranschaulichung erfolgt mit einem absoluten bzw. relativen Histogramm (siehe **Bild 4.27, 4.28**), mit einem absoluten bzw. relativen kumulativen Histogramm (siehe **Bild 4.29, 4.30**) und alternativ einem absoluten bzw. relativen kumulativen Häufigkeitspolygon (siehe **Bild 4.31, 4.32**).

In **Bild 4.33** bzw. **4.34** ist das absolute Histogramm für die Klasseneinteilung in 50 Intervalle $(50, 51]$, $(51, 52]$,...,$(99, 100]$ bzw. das relative kumulative Häufigkeitspolygon (Häufigkeitskurve) angegeben. Diese Klasseneinteilung entspricht der (endlichen) Grundgesamtheit und damit der Urliste.

**Tabelle 4.6** Urliste

| Punktezahlen der Abschlussprüfung in Mathematik von $n = 80$ Studenten | | | | | | | | | |
|---|---|---|---|---|---|---|---|---|---|
| 68 | 84 | 75 | 82 | 68 | 90 | 62 | 88 | 76 | 93 |
| 73 | 79 | 88 | 73 | 60 | 93 | 71 | 59 | 85 | 75 |
| 61 | 65 | 75 | 87 | 74 | 62 | 95 | 78 | 63 | 72 |
| 66 | 78 | 82 | 75 | 94 | 77 | 69 | 74 | 68 | 60 |
| 96 | 78 | 89 | 61 | 75 | 95 | 60 | 79 | 83 | 71 |
| 79 | 62 | 67 | 97 | 78 | 85 | 76 | 65 | 71 | 75 |
| 65 | 80 | 73 | 57 | 88 | 78 | 62 | 76 | 53 | 74 |
| 86 | 67 | 73 | 81 | 72 | 63 | 76 | 75 | 85 | 77 |

**Tabelle 4.7** Klasseneinteilung

| $k$ | 1 | 2 | 3 | 4 | 5 | 6 | 7 | 8 | 9 | 10 |
|---|---|---|---|---|---|---|---|---|---|---|
| Klasse $(b_{k-1}, b_k]$ | (50,55] | (55,60] | (60,65] | (65,70] | (70,75] | (75,80] | (80,85] | (85,90] | (90,95] | (95,100] |
| Klassenmitte $c_k$ | 52.5 | 57.5 | 62.5 | 67.5 | 72.5 | 77.5 | 82.5 | 87.5 | 92.5 | 97.5 |
| absolute Häufigkeit $h_{ak}$ | 1 | 2 | 11 | 10 | 12 | 21 | 6 | 9 | 4 | 4 |
| relative Häufigkeit $h_{rk}$ [%] | 1.25 | 2.5 | 13.75 | 12.5 | 15 | 26.25 | 7.5 | 11.25 | 5 | 5 |
| absolute kumulative Häufigkeit $H_{ak}$ | 1 | 3 | 14 | 24 | 36 | 57 | 63 | 72 | 76 | 80 |
| relative kumulative Häufigkeit $H_{rk}$ [%] | 1.25 | 3.75 | 17.5 | 30 | 45 | 71.25 | 78.75 | 90 | 95 | 100 |

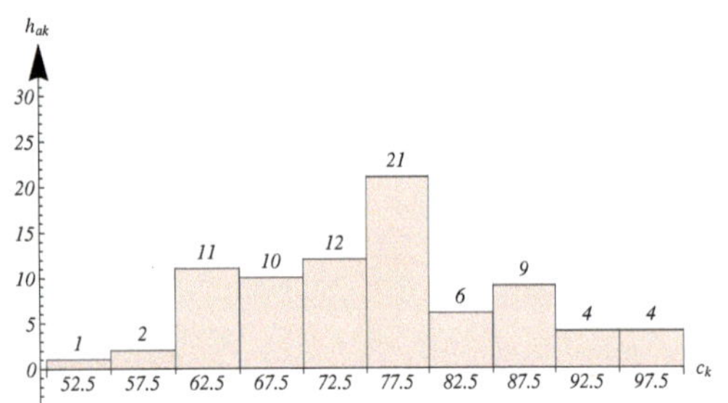


**Bild 4.27** Absolutes Histogramm

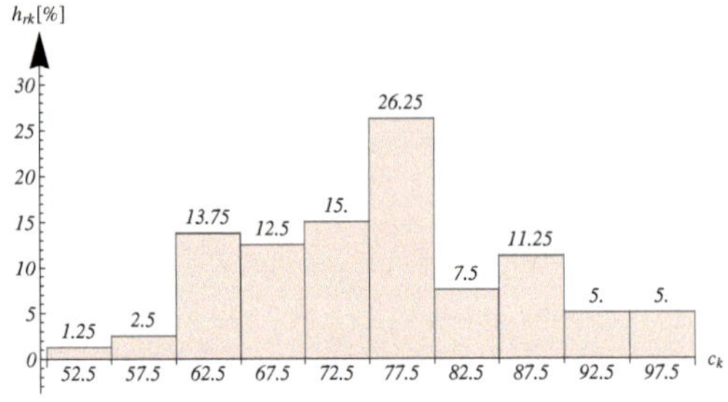

**Bild 4.28** Relatives Histogramm

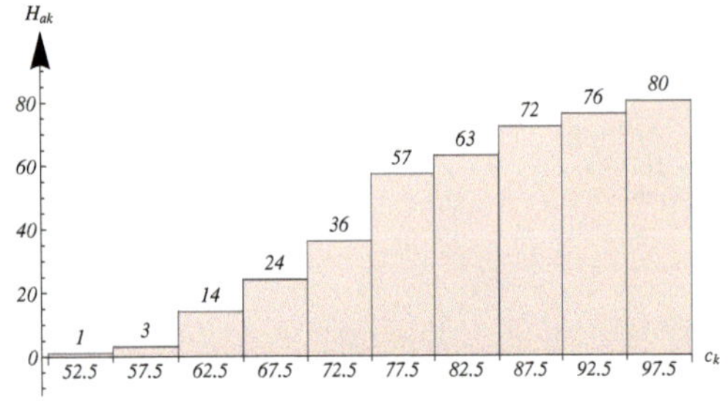

**Bild 4.29** Absolutes kumulatives Histogramm

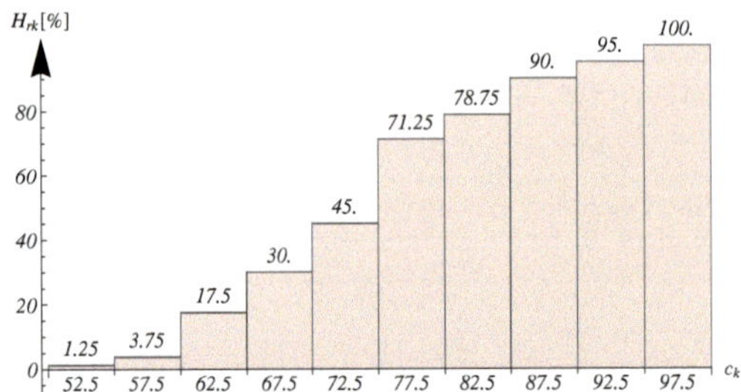


**Bild 4.30** Relatives kumulatives Histogramm

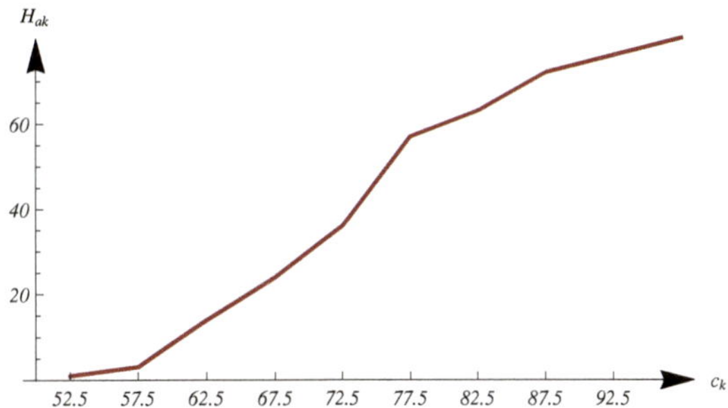


**Bild 4.31** Absolutes kumulatives Häufigkeitspolygon

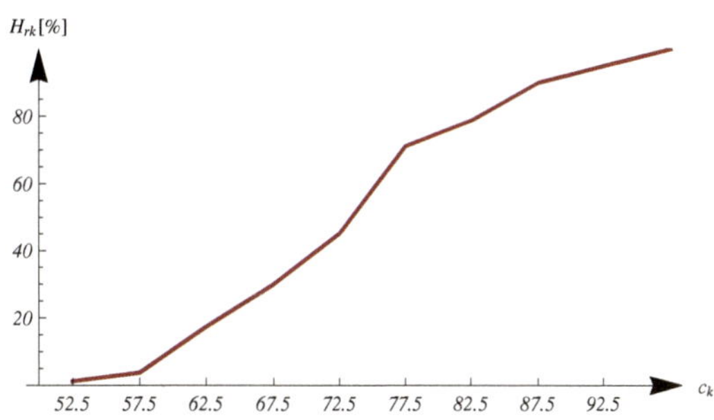


**Bild 4.32** Relatives kumulatives Häufigkeitspolygon

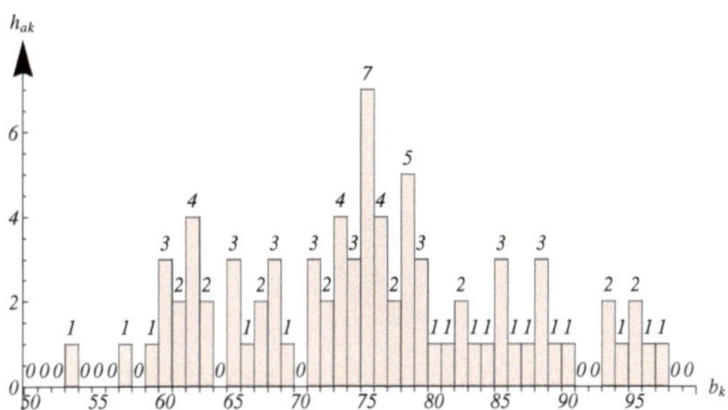


**Bild 4.33** Absolutes Histogramm, Urliste

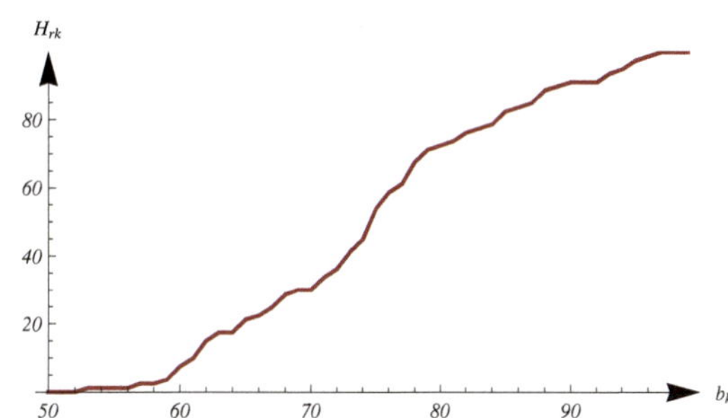


**Bild 4.34** Relatives kumulatives Häufigkeitspolygon, Urliste

## 4.3.2 Maßzahlen einer Stichprobe

Sei $x = (x_1, x_2, ..., x_n)^\top$ eine konkrete Stichprobe einer Zufallsvariable $X$. Aus den Stichprobenwerten können verschiedene statistische **Maßzahlen** bestimmt werden, mit denen typische Eigenschaften der Häufigkeitsverteilung erfasst werden. Unterschieden werden Lage- und Streuungsmaßzahlen. Lagemaßzahlen geben Auskunft über Durchschnittswerte der Stichprobe, Streuungsmaßzahlen über den Bereich, über den sich die Stichprobenwerte in der „Mehrheit" erstrecken.

### Lagemaßzahlen

Lagemaßzahlen einer Stichprobe sind z. B.

1. das arithmetische Mittel

**Arithmetisches Mittel**

$$\overline{x} = \frac{1}{n} \sum_{i=1}^{n} x_i. \tag{4.64}$$

**Beispiel:** $x = (2, 4, 8)^\top$

$\overline{x} = (2 + 4 + 8)/3$
$= 14/3 \approx 4.6667$

Ist $c_k = (b_{k-1} + b_k)/2$ die Klassenmitte, $h_{ak}$ die absolute und $h_{rk}$ die relative Häufigkeit der Klasse $(b_{k-1}, b_k]$, so gilt

$$\overline{x} \approx \frac{1}{n}\sum_{k=1}^{m} c_k h_{ak} \approx \sum_{k=1}^{m} c_k h_{rk}.$$

Für $x_0 \in \mathbb{R}$ gilt

**Beispiel:** $x = (2, 4, 8)^\top$, $x_0 = 3$

$\overline{x} = 3 + ((2-3) + (4-3) + (8-3))/3$
$= 14/3 \approx 4.6667$

$$\overline{x} = x_0 + \frac{1}{n}\sum_{i=1}^{n}(x_i - x_0). \tag{4.65}$$

Ist $x_0$ z. B. ein Näherungswert für $\overline{x}$, so können damit die Beträge der $n$ Summanden der Summe im Vergleich zu (4.64) verkleinert werden.

### Gewichtetes arithmetisches Mittel

**Beispiel:**
Zählt eine schriftliche Prüfung dreimal mehr als Testate und hat ein Student bei der schriftlichen Prüfung 85 Punkte erreicht sowie bei zwei Testaten 70 bzw. 90 Punkte, so ist sein Punktedurchschnitt

$$\overline{x}_g = \frac{3 \cdot 85 + 1 \cdot 70 + 1 \cdot 90}{3+1+1} = \frac{415}{5} = 83$$

2. das gewichtete arithmetische Mittel mit den Gewichten $w_i$, $i = 1, ..., n$,

$$\overline{x}_g = \sum_{i=1}^{n} w_i x_i \Big/ \sum_{i=1}^{n} w_i.$$

### Geometrisches Mittel

3. das geometrische Mittel für positive Stichprobenwerte $x_1, x_2, ..., x_n$

**Beispiel:** $x = (2, 4, 8)^\top$

$G = \sqrt[3]{2 \cdot 4 \cdot 8} = 4$

$$G = \sqrt[n]{x_1 x_2 \cdot \ldots \cdot x_n}.$$

### Harmonisches Mittel

4. das harmonische Mittel als Reziprokwert des arithmetischen Mittels der Reziprokwerte der Stichprobenwerte

**Beispiel:** $x = (2, 4, 8)^\top$

$H = 3\Big/\left(\frac{1}{2} + \frac{1}{4} + \frac{1}{8}\right)$
$= 24/7 \approx 3.4286$

$$H = n\Big/\sum_{i=1}^{n}\frac{1}{x_i}.$$

Für harmonisches, geometrisches und arithmetisches Mittel gilt stets die Ungleichung

$$H \leq G \leq \overline{x}.$$

Gleichheit tritt ein für $x_1 = x_2 = ... = x_n$.

### Quadratisches Mittel

5. das quadratische Mittel als Quadratwurzel aus dem arithmetischen Mittel der Quadrate der Stichprobenwerte

**Beispiel:** $x = (2, 4, 8)^\top$

$Q = \sqrt{\frac{1}{3}(2^2 + 4^2 + 8^2)}$
$= 2\sqrt{7} \approx 5.2915$

$$Q = \sqrt{\frac{1}{n}\sum_{i=1}^{n} x_i^2}\,.$$

6. der Median (auch Zentralwert) $\tilde{x}$ einer *geordneten* Stichprobe mit $x_1 \leq x_2 \leq \ldots \leq x_n$

$$\tilde{x} = \begin{cases} x_{(n+1)/2}, & n \text{ ungerade,} \\ (x_{n/2} + x_{n/2+1})/2, & n \text{ gerade.} \end{cases}$$

**Median**

**Beispiel:**
1. $x = (3, 4, 4, 5, 6, 8, 8, 8, 10)^\top$
   $n = 9$ – ungerade, $\tilde{x} = 6$
2. $x = (5, 5, 7, 9, 11, 12, 15, 18)^\top$
   $n = 8$ – gerade, $\tilde{x} = 10$

7. das $p$-**Quantil** $x_p$ $(0 < p < 1)$ einer *geordneten* Stichprobe mit $x_1 \leq x_2 \leq \ldots \leq x_n$

$$x_p = \begin{cases} x_{np}, & np \text{ ganzzahlig,} \\ x_{[np]+1}, & np \text{ nicht ganzzahlig.} \end{cases}$$

**Quantil**

**Beispiel:** $x = (3, 4, 4, 5, 6, 8, 8, 8, 10)^\top$
n=9, $x_{0.1} = 3$, $x_{0.25} = 4$, $x_{0.5} = 6$

8. der Modalwert $x_{\text{mod}}$ als der am häufigsten vorkommende Merkmalswert in einer Stichprobe.

**Modalwert**

**Beispiel:**
1. $x = (2, 2, 5, 7, 9, 9, 9, 10, 10, 11, 12, 18)^\top$
   $x_{\text{mod}} = 9$ (unimodale Verteilung)
2. $x = (2, 3, 4, 4, 4, 5, 5, 7, 7, 7, 9)^\top$
   $x_{\text{mod1}} = 4$, $x_{\text{mod2}} = 7$
   (bimodale Verteilung).

## Streuungsmaßzahlen

Streuungsmaßzahlen einer Stichprobe sind

1. die Spannweite oder Variationsbreite

$$d = \max_{1 \leq i \leq n} x_i - \min_{1 \leq i \leq n} x_i.$$

**Spannweite**

**Beispiel:** $x = (8, 3, 11, 2, 6)^\top$
$d = 11 - 2 = 9$

2. die mittlere Abweichung als arithmetisches Mittel der Beträge der Abweichungen vom Mittelwert $\overline{x}$. Sie ist ein mögliches Maß, mit dem sich die Stichprobenwerte um einen Durchschnittswert verteilen.

$$A = \frac{1}{n} \sum_{i=1}^{n} |\overline{x} - x_i|.$$

**Mittlere Abweichung**

**Beispiel:** $x = (8, 3, 11, 2, 6)^\top$
$\overline{x} = (8+3+11+2+6)/5 = 6$ und
$A = (2+3+5+4+0)/5 = 14/5 = 2.8$

3. die empirische Varianz

$$s^2 = \frac{1}{n-1} \sum_{i=1}^{n} (\overline{x} - x_i)^2.$$

mit dem arithmetischen Mittel $\overline{x}$ aus (4.64).

**Empirische Varianz**

**Beispiel:** $x = (8, 3, 11, 2, 6)^\top$, $\overline{x} = 6$

$$\begin{aligned} s^2 &= \big((8-6)^2 + (3-6)^2 + (11-6)^2 \\ &+ (2-6)^2 + (6-6)^2\big)/4 \\ &= \big(2^2 + (-3)^2 + 5^2 + (-4)^2 + 0^2\big)/4 \\ &= 54/4 = 13.5 \end{aligned}$$

**Beispiel:** $x = (8, 3, 11, 2, 6)^\top$, $\overline{x} = 6$

$$s^2 = \left((8^2+3^2+11^2+2^2+6^2) - 5 \cdot 6^2\right)/4 = (234 - 180)/4 = 54/4 = 13.5$$

Aus dieser Definition ergibt sich

$$s^2 = \frac{1}{n-1}\sum_{i=1}^{n}(\overline{x}^2 - 2\overline{x}x_i + x_i^2) = \frac{1}{n-1}\left(\sum_{i=1}^{n}\overline{x}^2 - 2\overline{x}\sum_{i=1}^{n}x_i + n\overline{x}^2\right)$$
$$= \frac{1}{n-1}\left(\sum_{i=1}^{n}x_i^2 - n\overline{x}^2\right) = \frac{1}{n-1}\left(\sum_{i=1}^{n}x_i^2 - \frac{1}{n}\left(\sum_{i=1}^{n}x_i\right)^2\right).$$

**Beispiel:** $x = (8, 3, 11, 2, 6)^\top$, $x_0 = 4$

$$s^2 = \Big((8-4)^2+(3-4)^2+(11-4)^2 + (2-4)^2+(6-4)^2 - ((8-4)+(3-4)+(11-4) + (2-4)+(6-4))^2/5\Big)/4 = (74-10^2/5)/4) = 54/4 = 13.5$$

Für $x_0 \in \mathbb{R}$ gilt mit Gleichung (4.65)

$$s^2 = \frac{1}{n-1}\sum_{i=1}^{n}\left(x_0 - x_i + \frac{1}{n}\sum_{i=1}^{n}(x_i - x_0)\right)^2$$
$$= \frac{1}{n-1}\left(\sum_{i=1}^{n}(x_i - x_0)^2 - \frac{1}{n}\left(\sum_{i=1}^{n}(x_i - x_0)\right)^2\right).$$

Ist $x_0$ z. B. ein Näherungswert für das arithmetische Mittel $\overline{x}$, so sind damit die Beträge der $n$ Summanden der Summen im Vergleich zur vorherigen Berechnung kleiner.

### Empirische Standardabweichung

4. die empirische Standardabweichung als Quadratwurzel aus der Varianz. Sie ist ebenfalls ein Maß für die Abweichung der Stichprobenwerte von ihrem Mittelwert.

$$s = \sqrt{\frac{1}{n-1}\sum_{i=1}^{n}(\overline{x} - x_i)^2}.$$

**Beispiel:** $x = (8, 3, 11, 2, 6)^\top$, $s^2 = 13.5$

$s = \sqrt{13.5} \approx 3.6742$

### Empirischer Variationskoeffizient

5. der empirische Variationskoeffizient

$$v = \frac{s}{\overline{x}}(\cdot 100\,\%).$$

**Beispiel:** $x = (8, 3, 11, 2, 6)^\top$, $\overline{x} = 6$
$s \approx 3.6742$

$v = \sqrt{13.5}/6 \approx 61.237\,\%$

### Empirisches Moment $k$-ter Ordnung

6. das empirische Moment $k$-ter Ordnung

$$m_k = \frac{1}{n}\sum_{i=1}^{n}x_i^k.$$

**Beispiel:** $x = (8, 3, 11, 2, 6)^\top$,

$m_1 = 6$, $m_2 = 46.8$,
$m_3 = 418.8$, $m_4 = 4026$

### Empirisches zentrales Moment $k$-ter Ordnung

7. das empirische zentrale Moment $k$-ter Ordnung

$$M_k = \frac{1}{n}\sum_{i=1}^{n}(\overline{x} - x_i)^k.$$

**Beispiel:** $x = (8, 3, 11, 2, 6)^\top$,

$M_1 = 0$, $M_2 = 10.8$,
$M_3 = 8.4$, $M_4 = 195.6$

Ist $c_k$ die Klassenmitte und $h_{ak}$ die absolute Häufigkeit der Klasse $k$, so kann folgende Näherung verwendet werden:

$$M_k \approx \frac{1}{n}\sum_{k=1}^{m}(\overline{x} - c_k)^k h_{ak}.$$

8. die Schiefe

$$S = M_3/M_2^{3/2}.$$

Die Schiefe ist ein Maß für die Abweichung von der Symmetrie der Häufigkeitsverteilung bzw. Dichtefunktion einer Verteilung. Sind die Werte der Stichprobe bzw. ist die Dichtefunktion symmetrisch bezüglich einer Stelle $x_s$, so ist ihre Schiefe gleich Null.

**Schiefe**

**Beispiel:** $x = (8, 3, 11, 2, 6)^\top$

$S = 8.4/(10.8)^{1.5} \approx 0.2367$

9. die Kurtosis

$$K = M_4/M_2^2.$$

Auf der Kurtosis basierend heißt die Maßzahl $K-3$ **Exzess**. Es kann bewiesen werden, dass die Kurtosis einer normalverteilten Zufallsvariable gleich 3 beträgt, d. h., dass ihr Exzess gleich null ist.

**Kurtosis**

**Beispiel:** $x = (8, 3, 11, 2, 6)^\top$

$K = 195.6/(10.8)^2 \approx 1.6769$

## Empirische Verteilungsfunktion

Die empirische Verteilungsfunktion $w_n : \mathbb{R} \to [0, 1]$ der konkreten Stichprobe $x = (x_1, x_2, ..., x_n)^\top$ ist definiert als

$$w_n(x) = a_n(x)/n,$$

wobei $a_n(x)$ die Anzahl der Stichprobenelemente ist, die kleiner als $x$ sind. Dann gibt $w_n(x)$ die relative Häufigkeit dafür an, dass die Stichprobenelemente $x_1, x_2, ..., x_n$ im Intervall $(-\infty, x)$ liegen. Die Funktion $w_n$ ist stückweise konstant. **Bild 4.35** zeigt die empirische Verteilungsfunktion der Stichprobe $x = (8, 3, 11, 2, 6)^\top$.

**Beispiel:** $x = (8, 3, 11, 2, 6)^\top$

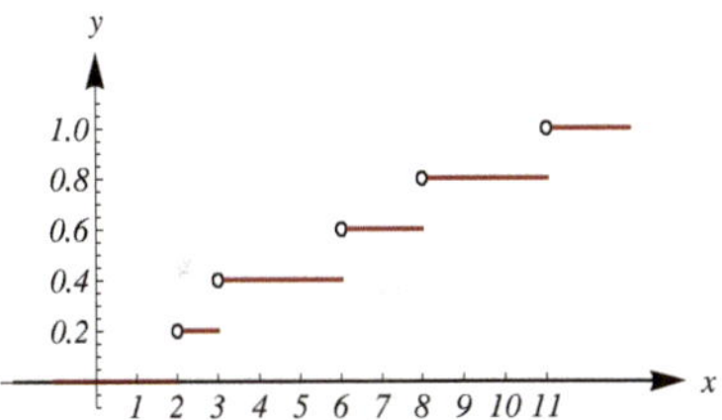


**Bild 4.35** Emprische Verteilungsfunktion der Stichprobe $x$

**Maßzahlen einer Stichprobe**

### Beispiel 4.99

Die Lage- und Streuungsmaßzahlen für die Punktezahlen der Abschlussprüfung der 80 Studenten in **Beispiel 4.98** sind in der **Tabelle 4.8** zusammengestellt.

**Tabelle 4.8** Maßzahlen der Stichprobe in **Beispiel 4.98**

| Lagemaßzahl | | Wert | Streuungsmaßzahl | | Wert |
|---|---|---|---|---|---|
| arithm. Mittel | $\bar{x}$ | 75.2500 | Spannweite | $d$ | 44 |
| geom. Mittel | $G$ | 74.5421 | mittlere Abweichung | $A$ | 8.1688 |
| harm. Mittel | $H$ | 73.8331 | empirische Varianz | $s^2$ | 107.6330 |
| quadr. Mittel | $Q$ | 75.9529 | Standardabweichung | $s$ | 10.3746 |
| Median | $\tilde{x}$ | 75 | emp. Variationskoeffizient | $v$ | 0.1379 |
| 0.1-Quantil | $x_{0.1}$ | 61 | emp. zentr. Moment 3. Ord. | $M_3$ | 184.0690 |
| 0.25-Quantil | $x_{0.25}$ | 67 | emp. zentr. Moment 4. Ord. | $M_4$ | 27165.3000 |
| 0.5-Quantil | $x_{0.5}$ | 75 | Schiefe | $S$ | 0.1680 |
| Modalwert | $x_{\text{mod}}$ | 75 | Kurtosis | $K$ | 2.4046 |

## 4.4 Schließende Statistik

Mithilfe der „Beschreibenden Statistik“ konnte umfangreiches Datenmaterial durch die Berechnung verschiedener Kennzahlen übersichtlicher gestaltet und charakterisiert werden. Dabei wurde die Frage nach der Aussagekraft des Datenmaterials zunächst außer Acht gelassen. Oft sind die Daten zufällig entstanden, z. B. bei Messreihen oder bei der Auswahl einer Beobachtungsreihe aus einer großen Menge. Ziel der „Schließenden Statistik“ ist es, möglichst kalkulierbare Aussagen über die Herkunft der Daten zu gewinnen und dabei Fehleinschätzungen, die aufgrund der unter dem Zufallseinfluss entstandenen Daten auftreten können, kontrollierbar zu machen. Mit einer Stichprobe wird auf Eigenschaften der Grundgesamtheit geschlossen, z. B. auf Parameter der der Zufallsvariable zugrunde liegenden Verteilungsfunktion. Schätzverfahren für die Parameter werden vorgestellt und mithilfe der Wahrscheinlichkeitstheorie bewertet. Testverfahren können angewendet werden, um Aussagen über angenommene Parameter der Verteilungsfunktion zu prüfen oder zu ermitteln, ob eine vorliegende Verteilungsfunktion eine genügende Erklärung für das Zustandekommen einer konkreten Stichprobe liefert.

### 4.4.1 Stichprobenfunktionen

Sei $X$ eine Zufallsvariable, die ein bestimmtes Merkmal an einem zufällig entnommenen Element beschreibt, sowie $(X_1, X_2, ..., X_n)^\top$ eine mathematische Stichprobe, deren Elemente $X_i$, $i = 1, ..., n$, dieselbe Verteilungsfunktion wie $X$ haben (siehe **Definition 4.96**). Das Ziel der Stichprobentheorie besteht darin, mithilfe einer konkreten Stichprobe $(x_1, x_2, ..., x_n)^\top$ mit hinreichend großem Umfang $n$ zu versuchen, die i. Allg. unbekannte Verteilungsfunktion $F$ der Zufallsvariable $X$ näherungsweise zu erfassen.

**Definition 4.100** Eine Funktion $h\colon \mathbb{R}^n \to \mathbb{R}$, die der mathematischen Stichprobe $(X_1, X_2, ..., X_n)^\top$ die Zufallsvariable $h(X_1, X_2, ..., X_n)$ zuordnet, heißt **Stichprobenfunktion**.

**Bemerkung 4.101** Die Maßzahlen einer Stichprobe (siehe **Abschnitt 4.3.2**) sind Werte der entsprechenden Stichprobenfunktionen bei konkreten Stichproben.

Da jede Stichprobenfunktion von Zufallsvariablen selbst wieder Zufallsvariable ist, ist es in manchen Fällen möglich, für Stichprobenfunktionen die zugehörigen Wahrscheinlichkeitsverteilungen anzugeben.

Die **Tabelle 4.9** enthält Stichprobenfunktionen mit den zugehörigen Wahrscheinlichkeitsverteilungen. Dabei bedeutet

$\overline{X}_n = \frac{1}{n}\sum_{k=1}^{n} X_k$ das arithmetische Stichprobenmittel,

$S_n^2 = \frac{1}{n-1}\sum_{k=1}^{n}(X_k - \overline{X}_n)^2$ die empirische Stichprobenvarianz,

$\overline{S}_n^2 = \frac{1}{n}\sum_{k=1}^{n}(X_k - \mu)^2$ die Stichprobenvarianz,

$\mu = E(X)$ den Erwartungswert,

$\sigma^2 = Var(X)$ die Varianz.

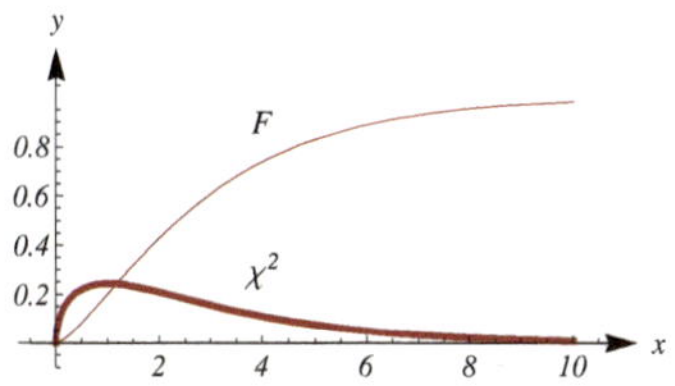

**Bild 4.36** Dichte- und Verteilungsfunktion der $\chi_3^2$-Vert.

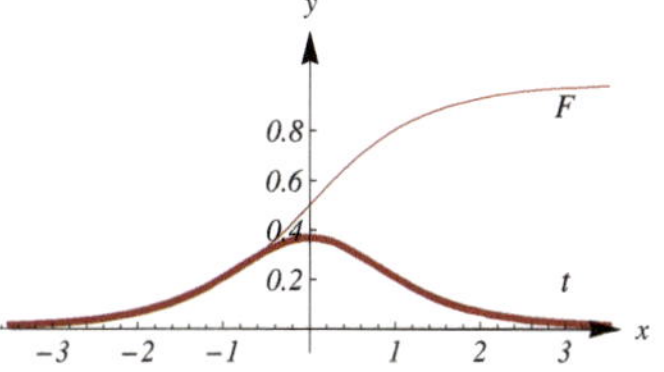

**Bild 4.37** Dichte- und Verteilungsfunktion der $t_3$-Verteilung

Die Verteilungen $\chi_n^2$ und $t_n$ in der **Tabelle 4.9** sind sogenannte **Testverteilungen**, die eine wesentliche Rolle bei der Schätzung von Parametern der Verteilungsfunktion einer Zufallsvariable spielen (siehe **Abschnitt 4.4.2**). Sie sind in der **Tabelle 4.10** zusammen mit ihren Dichtefunktionen, Erwartungswerten und Varianzen angegeben. Die Graphen ihrer Dichte- und Verteilungsfunktionen sind in **Bild 4.36** und **4.37** dargestellt. Die Gamma-Funktion ist in (4.54) erklärt.

**Tabelle 4.9** Stichprobenfunktionen

| Funktion | Voraussetzung | Verteilung | Funktion | Voraussetzung | Verteilung |
|---|---|---|---|---|---|
| $Z = \frac{X-\mu}{\sigma}$ | $X: N(\mu, \sigma^2)$ | $N(0,1)$ | $\sum_{k=1}^{n}\alpha_k X_k$ | $X_k: N(\mu_k, \sigma_k^2)$ | $N\left(\sum_{k=1}^{n}\alpha_k\mu_k, \sum_{k=1}^{n}\alpha_k^2\sigma_k^2\right)$ |
| $\overline{X}_n$ | $X_k: N(\mu, \sigma^2)$ | $N\left(\mu, \frac{\sigma^2}{n}\right)$ | $\overline{X}_n$ | $X_k: B_n(x,p)$ | $N\left(p, \frac{p(1-p)}{n}\right)$ |
| $Z_n = \sqrt{n}\frac{\overline{X}_n-\mu}{\sigma}$ | $\overline{X}_n: N\left(\mu, \frac{\sigma^2}{n}\right)$ | $N(0,1)$ | $\sum_{k=1}^{n} X_k$ | $X_k: \pi(x, \lambda_k)$ | $\pi(x,\lambda),\ \lambda = \sum_{k=1}^{n}\lambda_k$ |
| $Y = \frac{n\,\overline{S}_n^2}{\sigma^2}$ | $X_k: N(\mu, \sigma^2)$ | $\chi_n^2$ | $\sum_{k=1}^{n} X_k^2$ | $X_k: N(0,1)$ | $\chi_n^2$ |
| $Y_{n-1} = \frac{(n-1)\,S_n^2}{\sigma^2}$ | $X_k: N(\mu, \sigma)$ | $\chi_{n-1}^2$ | $S_n^2$ | $X_k: N(\mu, \sigma^2)$ | $N\left(\frac{\sigma^2(n-1)}{n}, \sigma^4\frac{2}{n}\right)$ |
| $T_{n-1} = \sqrt{n}\frac{\overline{X}_n-\mu}{S_n}$ | $\overline{X}_n: N\left(\mu, \frac{\sigma^2}{n}\right)$ | $t_{n-1}$ | $S_n$ | $X_k: N(\mu, \sigma^2)$ | $N\left(\sigma, \frac{\sigma^2}{2n}\right)$ |

**Tabelle 4.10** Testverteilungen

| Verteilung | Verteilungsdichte $f(x)$, $n \in \mathbb{N}$ – Freiheitsgrad | $E(X)$ | $Var(X)$ |
|---|---|---|---|
| $\chi_n^2$-Verteilung | $\begin{cases} 2^{-\frac{n}{2}} x^{\frac{n}{2}-1} \mathrm{e}^{-\frac{x}{2}} / \Gamma(n/2), & x > 0 \\ 0, & x \le 0 \end{cases}$ | $n$ | $2n$ |
| $t_n$(Student)-Verteilung | $\Gamma((n+1)/2) \Big/ \left(\sqrt{n\pi}\,\Gamma(n/2)\left(1+x^2/n\right)^{\frac{n+1}{2}}\right)$ | $0,\ n>1$ | $n/(n-2),\ n>2$ |

## Anwendungen von Stichprobenfunktionen

**Stichprobenverteilung des arithmetischen Mittels**

### Beispiel 4.102

Bestimmte Rohre, die von einem Unternehmen hergestellt werden, haben eine Lebensdauer von 800 h und eine Standardabweichung von 60 h. Zu bestimmen ist die Wahrscheinlichkeit, dass eine Zufallsstichprobe von 16 Rohren aus dieser Gruppe eine mittlere Lebensdauer ergibt

1. zwischen 790 h und 810 h,
2. von weniger als 785 h,
3. von mehr als 820 h,
4. zwischen 770 h und 820 h.

Laut Aufgabenstellung ist der Umfang der Stichprobe $n = 16$, und die Zufallsvariablen $X_k$, $k = 1, \ldots, 16$, (Lebensdauer des $k$-ten Rohres) sind $N(800, 60^2)$-verteilt. Das arithmetische Mittel $\overline{X}_n$ dieser Zufallsvariablen ist gemäß **Tabelle 4.9** $N\left(\mu, \sigma^2/n\right) = N(800, 15^2)$-verteilt.

1. Die gesuchte Wahrscheinlichkeit ist

$$\begin{aligned} P(790 \le \overline{X}_n \le 810) &= P(\overline{X}_n < 810) - P(\overline{X}_n < 790) \\ &= \Phi_S\left(\frac{810-800}{15}\right) - \Phi_S\left(\frac{790-800}{15}\right) \\ &= \Phi_S(0.\overline{6}) - \Phi_S(-0.\overline{6}) = 2\Phi_S(0.\overline{6}) - 1 \approx 0.4971. \end{aligned}$$

2. Die gesuchte Wahrscheinlichkeit ist

$$P(\overline{X}_n < 785) = \Phi_S\left(\frac{785-800}{15}\right) = \Phi_S(-1) = 1 - \Phi_S(1) \approx 0.1587.$$

3. Die gesuchte Wahrscheinlichkeit ist

$$P(\overline{X}_n > 820) = 1 - P(\overline{X}_n \le 820) = 1 - \Phi_S\left(\frac{820-800}{15}\right) = 1 - \Phi_S(1.\overline{3}) \approx 0.0918.$$

4. Analog zu **1.** ist die gesuchte Wahrscheinlichkeit

$$\begin{aligned} P(770 \le \overline{X}_n \le 830) &= P(\overline{X}_n < 830) - P(\overline{X}_n < 770) \\ &= \Phi_S(2) - \Phi_S(-2) = 2\Phi_S(2) - 1 \approx 0.9545. \end{aligned}$$

---

**Stichprobenverteilung von Anteilen**

### Beispiel 4.103

Die Wahrscheinlichkeit, dass von den nächsten 200 geborenen Kindern

1. weniger als 40 % Jungen,
2. zwischen 43 % und 57 % Mädchen,
3. mehr als 54 % Jungen

sein werden, ist zu bestimmen. Für die Geburt von Jungen und Mädchen ist gleiche Wahrscheinlichkeit vorauszusetzen.

Die Wahrscheinlichkeit, dass ein Junge bzw. ein Mädchen geboren wird, ist $p = 0.5$. Die Zufallsvariable $X_k$ hat den Wert 1, wenn ein Junge geboren wird, sonst 0. Die Zufallsvariable $X = \sum\limits_{k=1}^{n} X_k$ ist die Anzahl der unter $n$ Kindern geborenen Jungen. Sie ist binomialverteilt. Nach **Tabelle 4.9** ist der Stichprobenanteil $\overline{X}_n$ der Jungen $N\left(p, p(1-p)/n\right) = N(0.5,\ 0.00125)$-verteilt. Da die Wahrscheinlichkeit für die Geburt eines Mädchens ebenfalls 0.5 ist, trifft das auch für den Stichprobenanteil der Mädchen zu. Die gesuchten Wahrscheinlichkeiten sind

1. $P(\overline{X} < 0.4) \approx \Phi_S\left(\dfrac{0.4-0.5}{0.03535}\right) \approx \Phi_S\left(-2.828\right) \approx 0.00233.$

2. $P(0.43 \leq \overline{X} \leq 0.57) \approx 2\Phi_S\left(\frac{0.57-0.5}{0.03535}\right) - 1 \approx 2\Phi_S\,(1.9799) - 1 \approx 0.9523.$

3. $P(\overline{X} > 0.54) = 1 - P(\overline{X} < 0.54) \approx 1 - \Phi_S\left(\frac{0.54-0.5}{0.03535}\right) \approx 1 - \Phi_S\,(1.1314) \approx 0.1289.$

**Beispiel 4.104**

**Stichprobenverteilung der Differenz**

Zwei Firmen $A$ und $B$ stellen jeweils eine Kabelsorte her, die eine mittlere Reißfestigkeit von 4000 kg bzw. 4500 kg und Standardabweichungen von 300 kg bzw. 200 kg haben. Es werden 100 Kabel der Firma $A$ und 50 Kabel der Firma $B$ auf Reißfestigkeit getestet. Wie groß ist die Wahrscheinlichkeit, dass die mittlere Reißfestigkeit der Kabel der Firma $B$ die der Firma $A$ übertrifft um

1. mindestens 600 kg? 2. mindestens 450 kg?

Die Zufallsvariablen $X_A$ „mittlere Reißfestigkeit der Kabel der Firma $A$" bzw. $X_B$ „mittlere Reißfestigkeit der Kabel der Firma $B$" sind laut Aufgabenstellung normalverteilt. Ihre arithmetischen Mittel $\overline{X}_A$ bzw. $\overline{X}_B$ sind nach **Tabelle 4.9**

für $\overline{X}_A$ $\quad N\left(\mu_A, \frac{\sigma_A^2}{n_A}\right)$-verteilt mit $\mu_A = 4000,\ \sigma_A = 300,\ n_A = 100,$

für $\overline{X}_B$ $\quad N\left(\mu_B, \frac{\sigma_B^2}{n_B}\right)$-verteilt mit $\mu_B = 4500,\ \sigma_A = 200,\ n_A = 50.$

Die Differenz der Zufallsvariablen $\overline{X}_B$ und $\overline{X}_A$ ist nach **Tabelle 4.9** folgendermaßen normalverteilt:

$$N\left(\mu_B - \mu_A, \frac{\sigma_B^2}{n_B} + \frac{\sigma_A^2}{n_A}\right) = N\left(4500-4000, \frac{200^2}{50} + \frac{300^2}{100}\right) = N(500, 1700).$$

Die gesuchten Wahrscheinlichkeiten sind

1. $P(\overline{X}_B - \overline{X}_A > 600) = 1 - P(\overline{X}_B - \overline{X}_A \leq 600) = 1 - \Phi_S\left(\frac{100}{\sqrt{1700}}\right)$
$\approx 1 - \Phi_S(2.425) \approx 0.0077,$

2. $P(\overline{X}_B - \overline{X}_A > 450) = 1 - P(\overline{X}_B - \overline{X}_A \leq 450) = 1 - \Phi_S\left(\frac{-50}{\sqrt{1700}}\right)$
$\approx \Phi_S(1.212) \approx 0.8868.$

### 4.4.2 Statistische Schätzverfahren

Das Ziel der statistischen Schätzverfahren besteht in der Schätzung von den unbekannten Parametern der zugrunde gelegten Verteilungsfunktion einer Zufallsvariable mithilfe von Stichproben. Dabei werden **Punktschätzungen**, d. h., die Angabe *eines Wertes* für einen zu schätzenden Parameter, und **Konfidenzschätzungen**, d. h., die Angabe *eines Intervalls*, in dem ein zu schätzender Parameter mit einer gewissen Wahrscheinlichkeit liegt, unterschieden.

Sei $X$ eine Zufallsvariable. Zu schätzen sind die unbekannten Parameter $\Theta_i$, $i = 1, ..., k$, ihrer Verteilungsfunktion $F$ mithilfe einer konkreten Stichprobe $(x_1, x_2, ..., x_n)^\top$ der mathematischen Stichprobe $(X_1, X_2, ..., X_n)^\top$, dessen Komponenten dieselbe Verteilungsfunktion $F$ wie die Zufallsvariable $X$ haben. Ist für einen Parameter $\Theta$

der Verteilungsfunktion $F$ ein solcher Wert berechnet worden, heißt er **Schätzung** $\overline{\Theta}$. Existiert für jede beliebige konkrete Stichprobe $(x_1, x_2, ..., x_n)^\top$ eine Schätzung $\overline{\Theta}$, so heißt die so definierte Stichprobenfunktion $T: \mathbb{R}^n \to \mathbb{R}$ **Schätzer**.

## Punktschätzungen

Punktschätzungen für Parameter einer zugrunde gelegten Verteilungsfunktion können auf verschiedene Art und Weise gewonnen werden, z. B. mit der **Momentenmethode** oder der **Maximum-Likelihood-Methode**. Damit die Punktschätzungen sinnvoll sind, werden dafür Eigenschaften der entsprechenden Schätzer definiert, z. B. **Erwartungstreue** und **Konsistenz**. Die Definitionen dafür sind:

**Definition 4.105**

Ein Schätzer $\overline{\Theta} = T(X_1, X_2, ..., X_n)$ ist **erwartungstreu** bzw. **asymptotisch erwartungstreu**, wenn gilt

$$E(\overline{\Theta}) = \Theta \qquad \text{bzw.} \qquad \lim_{n\to\infty} E(\overline{\Theta}) = \Theta.$$

Ein Schätzer $\overline{\Theta} = T(X_1, X_2, ..., X_n)$ ist **stark konsistent** bzw. **schwach konsistent**, wenn für beliebiges $\varepsilon > 0$ gilt

$$P(\lim_{n\to\infty} \overline{\Theta} = \Theta) = 1 \qquad \text{bzw.} \qquad \lim_{n\to\infty} P(|\overline{\Theta} - \Theta| > \varepsilon) = 0.$$

**Momentenmethode**

Die unbekannten Parameter $\Theta_i$ werden als Funktionen der Momente $m_i$, $i = 1, ..., k$, der Verteilung dargestellt:

$$\Theta_i = h_i(m_1, m_2, ..., m_k), \; i = 1, ..., k. \tag{4.66}$$

Werden in den gewonnenen $k$ Gleichungen (4.66) die Momente $m_i$ durch die aus der konkreten Stichprobe $(x_1, x_2, ..., x_n)^\top$ gewonnenen empirischen Momente ersetzt, so ergeben sich Schätzungen $\overline{\Theta}_i$ für die unbekannten Parameter $\Theta_i$.

**Parameter der Rechteckverteilung**

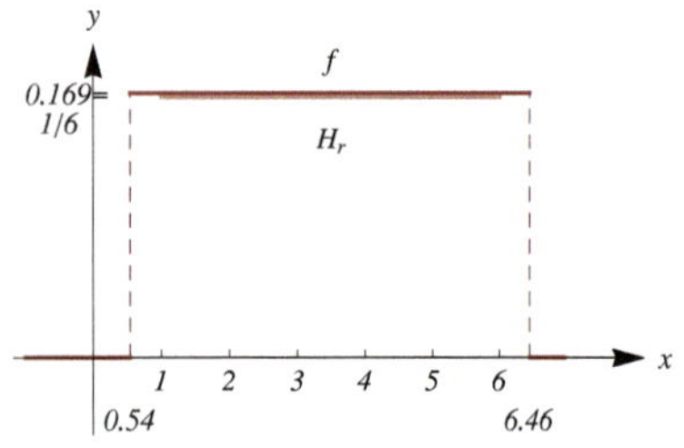


**Bild 4.38** Relatives Häufigkeitspolygon $H_r$ und Dichtefunktion $f$ der Rechteckverteilung

### Beispiel 4.106

Die Rechteckverteilung (siehe **Abschnitt 4.2.3**) hat die zwei Parameter $a$ und $b$, $a < b$. Ihr Erwartungswert ist mithilfe des ersten Momentes $m_1$

$$m_1 = E(X) = \frac{a+b}{2}. \tag{4.67}$$

Aus der Varianz $Var(X) = E(X^2) - (E(X))^2$ ergibt sich bei Berücksichtigung von (4.67) die Gleichung für das zweite Moment $m_2$

$$m_2 = E(X^2) = \frac{a^2 + b^2 + ab}{3}. \tag{4.68}$$

Aus den Gleichungen (4.67) und (4.68) können die Funktionen $a = h_1(m_1, m_2)$ und $b = h_2(m_1, m_2)$ wie folgt gewonnen werden. Gleichung (4.67) ergibt

$$b = 2m_1 - a. \tag{4.69}$$

Einsetzen von Gleichung (4.69) in (4.68) liefert die quadratische Gleichung bezüglich $a$

$$a^2 - 2am_1 + (4m_1^2 - 3m_2) = 0$$

mit den Lösungen

$$a_{1/2} = h_1(m_1, m_2) = m_1 \pm \sqrt{3}\sqrt{m_2 - m_1^2} \quad \text{und mit (4.69)} \tag{4.70}$$

$$b_{1/2} = h_2(m_1, m_2) = m_1 \mp \sqrt{3}\sqrt{m_2 - m_1^2}. \tag{4.71}$$

**Zahlenbeispiel:** Für die Stichprobe $x = (1,2,3,4,5,6)^\top$ sind die empirischen Momente $m_1 = 3.5$ und $m_2 = 91/6$. Damit ergeben sich aus den Gleichungen (4.70) und (4.71) mit $a < b$ die Schätzungen $\overline{a} \approx 0.54196$ und $\overline{b} \approx 6.45804$. Die Dichtefunktion $f$ der Rechteckverteilung mit den geschätzten Parametern $\overline{a}$ und $\overline{b}$ ist zusammen mit dem Häufigkeitspolygon $H_r$ für die Urliste der konkreten Stichprobe in **Bild 4.38** dargestellt.

## Maximum-Likelihood-Methode

Sei $f(\Theta, x)$ die Dichtefunktion der Zufallsvariable $X$ mit dem unbekannten Parameter $\Theta$. Die mit der konkreten Stichprobe $x = (x_1, x_2, ..., x_n)^\top$ gebildete Funktion $L_x : \mathbb{R} \to \mathbb{R}$ des Parameters $\Theta$

$$L_x(\Theta) = \prod_{i=1}^{n} f(\Theta, x_i) \tag{4.72}$$

heißt **Likelihood-Funktion**. Der Wert der Dichtefunktion $f(\Theta, x_i)$ gibt im Falle diskreter Zufallsvariablen die Wahrscheinlichkeit dafür an, dass die Zufallsvariable $X$ den Wert $x_i$ annimmt. Nach dem Multiplikationssatz (4.16) ergibt das Produkt dieser Wahrscheinlichkeiten die Wahrscheinlichkeit, dass die Zufallsvariable $X$ bei $n$ unabhängigen Versuchen die Werte $x_1, x_2, ..., x_n$ angenommen hat. Da diese Werte tatsächlich realisiert wurden, wird der unbekannte Parameter $\Theta$ so gesucht, dass diese Wahrscheinlichkeit so groß wie möglich ist, d. h., dass damit $L_x$ maximiert wird:

$$\max_{\Theta} L_x(\Theta) = L_x(\overline{\Theta}).$$

Zur Bestimmung einer kritischen Stelle für ein lokales Maximum der Funktion $L_x$ ergibt sich als notwendige Bedingung (siehe [3])

$$L_x'(\Theta) = 0.$$

Das ist i. Allg. eine nichtlineare Gleichung bezüglich $\Theta$, zu deren näherungsweiser Lösung z. B. das Newton-Verfahren (siehe [4]) benutzt werden kann.

Mitunter ist es einfacher, bei der Ermittlung der kritischen Stelle nicht die Funktion $L_x$, sondern die Funktion $g_x = \ln L_x$ zu benutzen. Die Funktionen $L_x$ und $g_x$ haben wegen der Monotonie des Logarithmus ein lokales Maximum an derselben Stelle $\overline{\Theta}$. Die notwendige Bedingung dafür ist

$$g_x'(\Theta) = (\ln L_x(\Theta))' = \sum_{i=1}^{n} (\ln f(\Theta, x_i))' = \sum_{i=1}^{n} \frac{f'(\Theta, x_i)}{f(\Theta, x_i)} = 0. \tag{4.73}$$

**Karl Pearson**
(* 27. März 1857 in London, † 27. April 1936 in Coldharbour, Surrey)

britischer Mathematiker, 1896 Mitglied der Royal Society, 1928 Mitgied der American Academy of Arts and Sciences

Fachmann in den unterschiedlichsten Zweigen der Wissenschaft, z. B. Mathematik, Physik, Deutsche Literatur, Recht, Theologie, Geschichte, bedeutender Beitrag zur Statistik, großer früher Pionier der Psychologie

*hier: Momentenmethode*

**Parameter der geometrischen Verteilung**

## Beispiel 4.107

Die Dichtefunktion der geometrischen Verteilung mit dem zu schätzenden Parameter $p$ lautet (siehe **Abschnitt 4.2.2**) $f(x) = g(x, p) = (1-p)^x p$, $x = 0, 1, \ldots$ Die Likelihood-Funktion für eine konkrete Stichprobe $x = (x_1, x_2, \ldots, x_n)^\top$ ist

$$L_x(p) = \prod_{i=1}^{n} (1-p)^{x_i} p = p^n (1-p)^{\sum_{i=1}^{n} x_i} \quad \text{bzw.}$$

$$g_x(p) = \ln L_x(p) = n \ln p + \sum_{i=1}^{n} x_i \ln(1-p).$$

Die notwendige Bedingung (4.73) für ein lokales Maximum von $g_x$ ergibt

$$g_x'(p) = \frac{n}{p} - \frac{1}{1-p} \sum_{i=1}^{n} x_i = 0, \quad \text{d.h.,} \quad \overline{p} = \left(1 + \frac{1}{n} \sum_{i=1}^{n} x_i\right)^{-1} = 1/(1+\overline{x}).$$

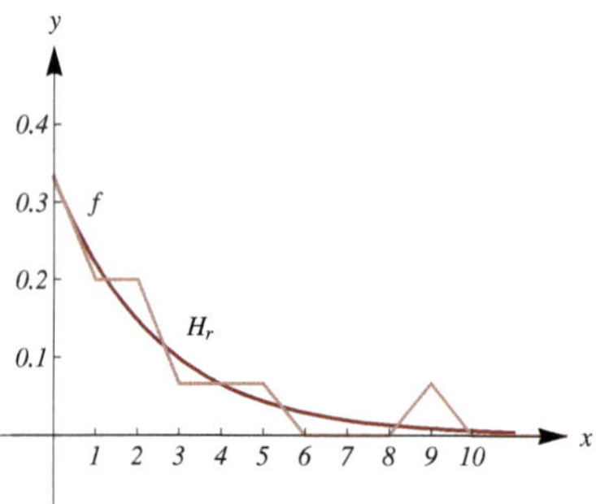


**Bild 4.39** Relatives Häufigkeitspolygon $H_r$ und Dichtefunktion $f$ der geometrischen Verteilung

**Zahlenbeispiel:** Für die Stichprobe $x = (0, 1, 0, 3, 2, 0, 2, 9, 5, 0, 4, 2, 0, 1, 1)^\top$ soll der Parameter $p$ einer zugrunde gelegten geometrischen Verteilung mithilfe einer Maximum-Likelihood-Schätzung geschätzt werden.

Der Mittelwert der Stichprobe beträgt $\overline{x} = 30/15 = 2$. Damit wird der Parameter $\overline{p} = 1/3$ geschätzt. Die Dichtefunktion $f$ der geometrischen Verteilung mit dem geschätzten Parameter $\overline{p}$ ist zusammen mit dem relativen Häufigkeitspolygon $H_r$ für die Urliste der konkreten Stichprobe in **Bild 4.39** dargestellt.

**Bemerkung 4.108**

Sind mehrere Parameter $\Theta_1, \ldots, \Theta_m$ einer Verteilung aufgrund einer konkreten Stichprobe $x = (x_1, x_2, \ldots, x_n)^\top$ zu schätzen, so lautet die Likelihood-Funktion $L_x$ bzw. die logarithmierte Likelihood-Funktion $g_x = \ln L_x$

$$L_x(\Theta_1, \ldots, \Theta_m) = \prod_{i=1}^{n} f(\Theta_1, \ldots, \Theta_m, x_i) \quad \text{bzw.} \tag{4.74}$$

$$g_x(\Theta_1, \ldots, \Theta_m) = \sum_{i=1}^{n} \ln f(\Theta_1, \ldots, \Theta_m, x_i). \tag{4.75}$$

Die notwendige Bedingung für ein lokales Maximum von $L_x$ bzw. $g_x$ ist das Verschwinden aller partiellen Ableitungen nach den Parametern $\Theta_k$, $k = 1, \ldots, m$,

$$(L_x)_{\Theta_k}(\Theta_1, \ldots, \Theta_m) = 0 \quad \text{bzw.} \tag{4.76}$$

$$(g_x)_{\Theta_k}(\Theta_1, \ldots, \Theta_m) = \sum_{i=1}^{n} \frac{f_{\Theta_k}(\Theta_1, \ldots, \Theta_m, x_i)}{f(\Theta_1, \ldots, \Theta_m, x_i)} = 0. \tag{4.77}$$

Das sind i. Allg. nichtlineare Gleichungssysteme aus $m$ Gleichungen bezüglich der $m$ gesuchten Parameter. Zu ihrer näherungsweisen Lösung kann das Newton-Verfahren (siehe [4]) verwendet werden.

## Beispiel 4.109

**Parameter der Normalverteilung**

Aufgrund der konkreten Stichprobe $x = (x_1, x_2, ..., x_n)^\top$ sind die Parameter $\mu$ und $\sigma^2$ einer zugrunde gelegten $N(\mu, \sigma^2)$-Verteilung zu schätzen.

Mit der Dichtefunktion (4.45) der $N(\mu, \sigma^2)$-Verteilung ergibt sich die Likelihood-Funktion (4.72)

$$L_x(\mu, \sigma) = \prod_{i=1}^{n} \frac{1}{\sigma\sqrt{2\pi}} \mathrm{e}^{-\frac{(x_i-\mu)^2}{2\sigma^2}} \quad \text{bzw.}$$

$$g_x(\mu, \sigma) = \ln L(\mu, \sigma) = -n \ln\left(\sigma\sqrt{2\pi}\right) - \frac{1}{2\sigma^2} \sum_{i=1}^{n} (x_i - \mu)^2.$$

Die notwendige Bedingung (4.73), d. h., das Verschwinden der ersten partiellen Ableitung von $g_x$ nach $\mu$ bzw. $\sigma$, ergibt

$$(g_x)_\mu = \frac{1}{\sigma^2} \sum_{i=1}^{n} (x_i - \mu) = 0 \quad \text{und} \quad (g_x)_\sigma = -\frac{n}{\sigma} + \frac{1}{\sigma^3} \sum_{i=1}^{n} (x_i - \mu)^2 = 0.$$

Aus diesen beiden Gleichungen folgen in diesem Fall unmittelbar die Schätzungen

$$\overline{\mu} = \frac{1}{n} \sum_{i=1}^{n} x_i \quad \text{und} \quad \overline{\sigma}^2 = \frac{1}{n} \sum_{i=1}^{n} (x_i - \overline{\mu})^2.$$

**Bemerkung:** Es kann gezeigt werden, dass die Schätzung für $\overline{\sigma}$ nicht erwartungstreu ist.

**Zahlenbeispiel:** Im Rahmen der Güteüberwachung in einem Betonwerk wurden an $n = 10$ Würfeln der Kantenlänge 15 cm Druckfestigkeitsprüfungen vorgenommen. Die Messwerte sind (in N/mm$^2$)
$(x_1, x_2, ..., x_{10})^\top = (33.8, 35.4, 30.1, 29.8, 36.7, 40.0, 38.5, 36.2, 35.9, 34.1)^\top$.
Gesucht sind Schätzungen für den Mittelwert und die Varianz der Druckfestigkeit.

Die ML-Punktschätzungen für die Parameter $\mu$ und $\sigma^2$ betragen

$$\overline{\mu} = \frac{1}{10} \sum_{k=1}^{10} x_k = 35.05 \text{ [N/mm]}^2 \text{ und } \overline{\sigma}^2 = \frac{1}{10} \sum_{k=1}^{10} (x_k - 35.05)^2 = 9.5825 \text{ [N}^2\text{/mm}^4\text{]}.$$

Die Dichtefunktion $f$ der Normalverteilung mit den geschätzten Parametern $\overline{\mu}$ und $\overline{\sigma}^2$ ist zusammen mit dem Häufigkeitspolygon $H_r$ der konkreten Stichprobe mit der Einteilung in die Klassen $[29 + i, 29 + i + 1)$, $i = 0, ..., 11$, in **Bild 4.40** dargestellt.

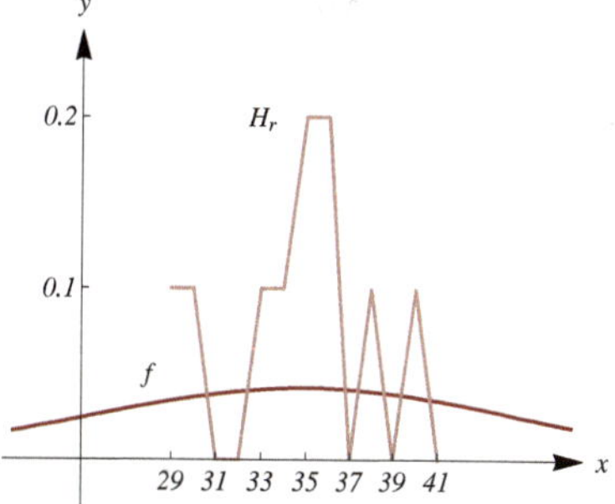


**Bild 4.40** Relatives Häufigkeitspolygon $H_r$ und Dichtefunktion $f$ der Normalverteilung

**Tabelle 4.11** enthält einige Schätzer und ihre Eigenschaften für die Parameter der angegeben Verteilungsfunktionen.

**Tabelle 4.11** Punktschätzer

| Verteilung $F_X$ | $\Theta$ | $\overline{\Theta}$ | Art der Schätzung |
|---|---|---|---|
| $N(\mu,\ \sigma^2)$ Normal | $\mu$ | $\overline{X}_n$ | konsistent, erwartungstreu |
| $N(\mu,\ \sigma^2)$ Normal | $\sigma^2$ | $\overline{S}_n^2$, $\mu$ bek. | erwartungstreu |
| | | $S_n^2$, $\mu$ unbek. | erwartungstreu |
| $B_n(x, p)$ Binomial | $p$ | $\overline{X}_n$ | konsistent, erwartungstreu |
| $g(x, p)$ Geometrische | $p$ | $1/(1 + \overline{X}_n)$ | konsistent, erwartungstreu |
| $\pi(x, \lambda)$ Poisson | $\lambda$ | $\overline{X}_n$ | konsistent, erwartungstreu |
| $f(x, \alpha)$ Exponential | $\alpha$ | $1/\overline{X}_n$ | konsistent, erwartungstreu |

## Konfidenzschätzungen

Ziel der Konfidenzschätzung ist es, mithilfe der Schätzung $\overline{\Theta}$ für den unbekannten Parameter $\Theta$ der zugrunde gelegten Verteilungsfunktion einer Zufallsvariable $X$ ein Intervall $KI_\Theta$ so anzugeben, dass er mit der Wahrscheinlichkeit von $1-\alpha$ in diesem Intervall liegt:

$$P(\Theta \in KI_\Theta) = 1 - \alpha.$$

Hierbei heißt $KI_\Theta$ - **Konfidenzintervall**,
$1-\alpha$ - **Konfidenzniveau**,
$\alpha$ - **Irrtumswahrscheinlichkeit**.

Benutzt wird dafür eine Stichprobenfunktion $T(\Theta)$ mit bekannter Verteilungsfunktion $F_T$. Dabei sind verschiedene Fragestellungen möglich.

**Zweiseitiges Konfidenzintervall**

Bei einer „zweiseitigen" Fragestellung ist z. B.

1. für gegebenen Stichprobenumfang $n$ und gegebene Irrtumswahrscheinlichkeit $\alpha$ das Konfidenzintervall $KI_\Theta = (G_\mathrm{u}, G_\mathrm{o})$, $G_\mathrm{u}, G_\mathrm{o} \in \mathbb{R}$, als „zweiseitiges Vertrauensintervall" gesucht,

2. der Stichprobenumfang $n$ so gesucht, dass die Wahrscheinlichkeit, dass sich der geschätzte Parameter $\overline{\Theta}$ vom richtigen Parameter $\Theta$ um eine vorgegebene Toleranz $\varepsilon > 0$ unterscheidet, $1-\alpha$ beträgt: $P(|\Theta - \overline{\Theta}| \leq \varepsilon) = 1 - \alpha.$

Seien $\tau_{\alpha_1}$ und $\tau_{1-\alpha_2}$ Quantile der Verteilungsfunktion $F_T$. Dann ist

$$P(\tau_{\alpha_1} < T(\Theta) < \tau_{1-\alpha_2}) = F_T(\tau_{1-\alpha_2}) - F_T(\tau_{\alpha_1}) = 1 - (\alpha_1 + \alpha_2),$$

d. h., die Stichprobenfunktion $T$ liegt mit der Wahrscheinlichkeit $1-\alpha$ im Intervall $(\tau_{\alpha_1}, \tau_{1-\alpha_2})$, wenn $\alpha_1$ und $\alpha_2$ so gewählt werden, dass gilt

$$\alpha_1 + \alpha_2 = \alpha.$$

Das gesuchte Konfidenzintervall $KI_\Theta$ für den Parameter $\Theta$ ergibt sich durch Umstellen der Ungleichungen $\tau_{\alpha_1} < T(\Theta) < \tau_{1-\alpha_2}$ nach $\Theta$, wofür die Werte der Umkehrfunktion $T^{-1}(\tau_{\alpha_1})$ und $T^{-1}(\tau_{1-\alpha_2})$ benötigt werden. Eine oft verwendete Wahl von $\alpha_1$ und $\alpha_2$ ist $\alpha_1 = \alpha_2 = \alpha/2$ mit

$$P(\tau_{\alpha/2} < T(\Theta) < \tau_{1-\alpha/2}) = F_T(\tau_{1-\alpha/2}) - F_T(\tau_{\alpha/2}) = 1 - \alpha. \tag{4.78}$$

**Einseitiges Konfidenzintervall**

Bei einer „einseitigen" Fragestellung ist z. B.

1. für gegebenen Stichprobenumfang $n$ und gegebene Irrtumswahrscheinlichkeit $\alpha$ das Konfidenzintervall $KI_\Theta = (-\infty, G_\mathrm{o})$, $G_\mathrm{o} \in \mathbb{R}$ oder $KI_\Theta = (G_\mathrm{u}, \infty)$, $G_\mathrm{u} \in \mathbb{R}$ als „einseitiges Vertrauensintervall" gesucht,

2. der Stichprobenumfang $n$ so gesucht, dass die Wahrscheinlichkeit, dass der richtige Parameter $\Theta$ höchstens um die vorgegebene Toleranz $\varepsilon$ größer (bzw. kleiner) als der geschätzte Parameter $\overline{\Theta}$ ist, $1-\alpha$ beträgt: $P(\Theta - \overline{\Theta} \leq \varepsilon) = 1-\alpha$ oder $P(\overline{\Theta} - \Theta \leq \varepsilon) = 1-\alpha$.

Sind $\tau_{1-\alpha}$ und $\tau_\alpha$ Quantile der Verteilungsfunktion $F_T$, so gilt

$$\begin{aligned} P(T(\Theta) < \tau_{1-\alpha}) &= F_T(\tau_{1-\alpha}) = 1-\alpha \quad \text{bzw.} \\ P(T(\Theta) > \tau_\alpha) &= 1 - F_T(\tau_\alpha) = 1-\alpha \end{aligned}$$

und das gesuchte Konfidenzintervall $KI_\Theta$ zum Konfidenzniveau $1-\alpha$ ergibt sich durch Umstellen der Ungleichung $T(\Theta) < \tau_{1-\alpha}$ bzw. $T(\Theta) > \tau_\alpha$ nach $\Theta$, wofür der Wert der Umkehrfunktion $T^{-1}(\tau_{1-\alpha})$ bzw. $T^{-1}(\tau_\alpha)$ benötigt wird.

## Konfidenzschätzung für den Erwartungswert einer normalverteilten Grundgesamtheit bei bekannter Varianz

**Konfidenzintervall**

Sei die Zufallsvariable $X$ $N(\mu,\ \sigma^2)$-verteilt mit bekannter Varianz $\sigma^2$. Gesucht ist eine Konfidenzschätzung für den Erwartungswert $\mu$ zum Konfidenzniveau $1-\alpha$.

Der unbekannte Parameter $\Theta = \mu$ der Verteilungsfunktion der Zufallsvariable $X$ hat den erwartungstreuen und konsistenten Schätzer

$$\overline{\Theta} = \overline{X}_n = \frac{1}{n}\sum_{i=1}^{n} X_i. \tag{4.79}$$

Betrachtet wird die Stichprobenfunktion

$$T(\Theta) = \overline{Z}_n(\mu) = \sqrt{n}\frac{\overline{X}_n - \mu}{\sigma}, \tag{4.80}$$

die gemäß **Tabelle 4.9** einer $N(0,1)$-Verteilung genügt. Mit den Quantilen der $N(0,1)$-Verteilung

$\tau_{\alpha/2} = z_{\alpha/2}$ und $\tau_{1-\alpha/2} = z_{1-\alpha/2}$

ergibt sich aus Gleichung (4.78) mit (4.80) und Umstellen nach dem unbekannten Parameter $\mu$ bei Beachtung von $z_{\alpha/2} = -z_{1-\alpha/2}$ aufgrund der Symmetrie der $N(0,1)$-Verteilung

$$\begin{aligned} 1-\alpha &= P\left(z_{\alpha/2} < \sqrt{n}\frac{\overline{X}_n - \mu}{\sigma} < z_{1-\alpha/2}\right) \\ &= P\left(\overline{X}_n - z_{1-\alpha/2}\frac{\sigma}{\sqrt{n}} < \mu < \overline{X}_n + z_{1-\alpha/2}\frac{\sigma}{\sqrt{n}}\right). \end{aligned}$$

Das gesuchte Konfidenzintervall $KI_\mu$ für den Parameter $\mu$ lautet damit

$$KI_\mu = \left(\overline{X}_n - z_{1-\alpha/2}\frac{\sigma}{\sqrt{n}}, \overline{X}_n + z_{1-\alpha/2}\frac{\sigma}{\sqrt{n}}\right). \tag{4.81}$$

**Notwendiger Stichprobenumfang**

Der notwendige Stichprobenumfang, sodass die Abweichung des Mittelwertes $\overline{x}$ vom Erwartungswert $\mu$ der zugrunde gelegten $N(\mu, \sigma^2)$-Verteilung eine vorgegebene Toleranz $\varepsilon$ mit gegebener Irrtumswahrscheinlichkeit $\alpha$ nicht überschreitet, d. h., dass gilt

$$|\overline{x} - \mu| < \varepsilon,$$

(oder, was dasselbe ist, dass die Länge des Konfidenzintervalls nicht größer als $2\varepsilon > 0$ ist) ist mit (4.81) und $|\overline{x} - \mu| \leq \sigma\, z_{1-\alpha/2}/\sqrt{n}$

$$n > \left(\sigma\, z_{1-\alpha/2}/\varepsilon\right)^2 .$$

**Einstellung einer Fräsmaschine**

**Beispiel 4.110**

Um die richtige Einstellung einer Fräsmaschine zu überprüfen, werden der laufenden Produktion zufällig neun bearbeitete Teile entnommen und gemessen. Dabei ergab sich als Mittelwert der Stichprobe $\overline{x} = 22.12\,\text{mm}$. Zu ermitteln ist unter der Annahme, dass die gemessenen Werte Realisierungen einer $N(\mu, 0.06^2\,\text{mm}^2)$-verteilten Zufallgröße sind,

1. ein zweiseitiges Konfidenzintervall für $\mu$ zum Konfidenzniveau $1 - \alpha = 0.95$,
2. wie groß ein Stichprobenumfang sein müsste, um bei dem obigen Konfidenzniveau ein Konfidenzintervall mit der Länge 0.05 mm zu erhalten.

1. Den Angaben der Aufgabenstellung wird $\sigma = 0.06\,\text{mm}$, $n = 9$ und als Schätzung für den Erwartungswert $\overline{x} = 22.12\,\text{mm}$ entnommen. Als Irrtumswahrscheinlichkeit ist $\alpha = 0.05$ vorgegeben. Mit dem Quantil der Verteilungsfunktion $\Phi_S$ $z_{1-\alpha/2} = z_{0.975} \approx 1.96$ ergibt sich das gesuchte Konfidenzintervall
$$KI_\mu \approx \left(22.12 - 1.96 \cdot \frac{0.06}{3},\ 22.12 + 1.96 \cdot \frac{0.06}{3}\right) \approx (22.08,\ 22.16)\ [\text{mm}],$$
d. h., aufgrund der Stichprobe gehört der Erwartungswert $\mu$ mit einer Wahrscheinlichkeit von 95 % diesem Intervall an.
2. Wenn das gesamte Konfidenzintervall eine Länge nicht größer als $2\varepsilon = 0.05\,\text{mm}$ haben soll, so muss $\sigma z_{1-\alpha/2}/\sqrt{n} = \varepsilon = 0.025\,\text{mm}$ sein. Daraus folgt
$$n = \frac{\sigma^2}{\varepsilon^2} z^2_{1-\alpha/2} \approx \left(\frac{0.06}{0.025} \cdot 1.96\right)^2 \approx 22.13,$$
d. h., der Stichprobenumfang müsste mindestens $n = 23$ betragen. Das Konfidenzintervall ist in diesem Fall
$$KI_\mu \approx \left(22.12 - 1.96 \cdot \frac{0.06}{\sqrt{23}},\ 22.12 + 1.96 \cdot \frac{0.06}{\sqrt{23}}\right) \approx (22.1,\ 22.145)\ [\text{mm}].$$

## Konfidenzschätzung für den Erwartungswert einer normalverteilten Grundgesamtheit bei unbekannter Varianz

**Konfidenzintervall**

Sei die Zufallsvariable $X$ $N(\mu, \sigma^2)$-verteilt mit unbekannter Varianz $\sigma^2$. Gesucht ist eine Konfidenzschätzung für den Erwartungswert $\mu$ zum Konfidenzniveau $1 - \alpha$.

Der unbekannte Parameter $\Theta = \mu$ der Verteilungsfunktion der Zufallsvariable $X$ hat die erwartungstreue und konsistente Schätzung (4.79). Betrachtet wird die Stichprobenfunktion

$$T(\Theta) = T_{n-1}(\overline{X}_n) = \sqrt{n}\frac{\overline{X}_n - \mu}{S_n}, \tag{4.82}$$

die gemäß **Tabelle 4.9** einer $t_{n-1}$-Verteilung genügt. Aus Gleichung (4.78) ergibt sich mit (4.82), den Quantilen

$\tau_{\alpha/2} = t_{n-1,\alpha/2}$ und $\tau_{1-\alpha/2} = t_{n-1,1-\alpha/2}$

und Umstellen nach dem unbekannten Parameter $\mu$ bei Beachtung von $t_{n-1,\alpha/2} = -t_{n-1,1-\alpha/2}$ aufgrund der Symmetrie der $t_{n-1}$-Verteilung

$$\begin{aligned} 1-\alpha &= P\left(t_{n-1,\alpha/2} < \sqrt{n}\frac{\overline{X}_n - \mu}{S_n} < t_{n-1,1-\alpha/2}\right) \\ &= P\left(\overline{X}_n - \frac{t_{n-1,1-\alpha/2}}{\sqrt{n}}S_n < \mu < \overline{X}_n + \frac{t_{n-1,1-\alpha/2}}{\sqrt{n}}S_n\right). \end{aligned}$$

Das gesuchte Konfidenzintervall $KI_\mu$ für den Parameter $\mu$ lautet damit

$$KI_\mu = \left(\overline{X}_n - \frac{t_{n-1,1-\alpha/2}}{\sqrt{n}}S_n, \overline{X}_n + \frac{t_{n-1,1-\alpha/2}}{\sqrt{n}}S_n\right). \tag{4.83}$$

**Notwendiger Stichprobenumfang**

Der notwendige Stichprobenumfang, sodass die Abweichung des Mittelwertes $\overline{x}$ vom Erwartungswert $\mu$ bei angenommener empirischer Varianz $s^2$ eine vorgegebene Toleranz $\varepsilon > 0$ mit gegebener Irrtumswahrscheinlichkeit $\alpha$ nicht überschreitet, d. h., dass gilt

$|\overline{x} - \mu| < \varepsilon,$

(oder, was dasselbe ist, dass die Länge des Konfidenzintervalls nicht größer als $2\varepsilon > 0$ ist) ergibt sich mit (4.83) und $|\overline{x} - \mu| \leq s\,t_{n-1,1-\alpha/2}/\sqrt{n}$ aus der Ungleichung

$$n > \left(s\,t_{n-1,1-\alpha/2}/\varepsilon\right)^2. \tag{4.84}$$

Da der Quantilwert $t_{n-1,1-\alpha/2}$ von $n$ abhängt, ist diese Ungleichung nichtlinear bezüglich $n$. Mit einem Verfahren zur Lösung nichtlinearer Gleichungen (siehe [4]) kann $n_0$ so ermittelt werden, dass gilt

$f(n_0) = n_0 - \left(s\,t_{n_0-1,1-\alpha/2}/\varepsilon\right)^2 = 0.$

Die Ungleichung (4.84) ist für $n > n_0$ erfüllt.

**Beispiel 4.111**

**Innendurchmesser von Zylinderbuchsen**

Bei einer Drehmaschine werden die Innendurchmesser der gefertigten Zylinderbuchsen als $N(\mu, \sigma^2)$-verteilt angenommen. Bei der Überprüfung von 16 Zylinderbuchsen ergaben sich für den Mittelwert $\overline{x}$ und die empirische Varianz $s^2$ der Stichprobe folgende Werte: $\overline{x} = 120\,\text{mm}$, $s^2 = 0.04\text{mm}^2$.

1. Zu bestimmen ist ein zweiseitiges Konfidenzintervall für $\mu$ zum Konfidenzniveau $1 - \alpha = 0.9$.
2. Wie groß muss der Stichprobenumfang mindestens sein, wenn die Abweichung des Erwartungswertes $\mu$ vom Schätzwert $\overline{x} = 120\,\text{mm}$ mit einer Irrtumswahrscheinlichkeit von $\alpha = 10\ \%$ bei gleicher empirischer Varianz $s^2$ nicht mehr als $0.05\,\text{mm}$ betragen soll?

1. Laut Aufgabenstellung ist der Stichprobenumfang $n = 16$ und die Schätzwerte $\overline{x} = 120\,\text{mm}$ und $s^2 = 0.04\text{mm}^2$, d. h., $s = 0.2\,\text{mm}$, gegeben. Die Irrtumswahrscheinlichkeit beträgt $\alpha = 0.1$. Der Tabelle der Quantile der $t_{n-1}$-Verteilung wird $t_{n-1,1-\alpha/2} = t_{15,0.95} \approx 1.75$ entnommen. Damit ergibt sich das gesuchte Konfidenzintervall
$KI_\mu \approx \left(120 - \frac{1.75}{4} \cdot 0.2, 120 + \frac{1.75}{4} \cdot 0.2\right) \approx (119.91, 120.09)$ [mm].
2. Für den Stichprobenumfang muss gelten
$n > \left(s\, t_{n-1,1-\alpha/2}/\varepsilon\right)^2 = (0.2\, t_{n-1,0.95}/0.05)^2$.
Die numerische Lösung der Gleichung
$f(n_0) = n_0 - \left(0.2\, t_{n_0-1,0.95}/0.05\right)^2$
ist $n_0 \approx 45.1224$, sodass der notwendige Stichprobenumfang mindestens 46 sein muss. In diesem Fall ist das Konfidenzintervall
$KI_\mu \approx \left(120 - \frac{1.68}{\sqrt{46}} \cdot 0.2, 120 + \frac{1.68}{\sqrt{46}} \cdot 0.2\right) \approx (119.95, 120.05)$ [mm].

## Konfidenzschätzung für die Varianz einer normalverteilten Grundgesamtheit bei bekanntem Erwartungswert

**Konfidenzintervall**

Sei die Zufallsvariable $X$ $N(\mu, \sigma^2)$-verteilt mit bekanntem Erwartungswert $\mu$. Gesucht ist eine Konfidenzschätzung für die Varianz $\sigma^2$ zum Konfidenzniveau $1 - \alpha$.

Der unbekannte Parameter $\Theta = \sigma^2$ der Verteilungsfunktion der Zufallsvariable $X$ hat die erwartungstreue Schätzung

$$\overline{\Theta} = \overline{S}_n^2 = \frac{1}{n} \sum_{k=1}^{n} (X_k - \mu)^2. \tag{4.85}$$

Betrachtet wird die Stichprobenfunktion

$$T(\Theta) = Y(\sigma^2) = \frac{n}{\sigma^2} \overline{S}_n^2 = \frac{1}{\sigma^2} \sum_{k=1}^{n} (X_k - \mu)^2, \tag{4.86}$$

die gemäß **Tabelle 4.9** einer $\chi_n^2$-Verteilung genügt. Mit den Quantilen

$\tau_{\alpha/2} = \chi^2_{n,\alpha/2}$ und $\tau_{1-\alpha/2} = \chi^2_{n,1-\alpha/2}$

ergibt sich aus Gleichung (4.78) mit (4.86) und Umstellen nach dem unbekannten Parameter $\sigma^2$

$$\begin{aligned} 1 - \alpha &= P\left(\chi^2_{n,\alpha/2} < \frac{n}{\sigma^2} \overline{S}_n^2 < \chi^2_{n,1-\alpha/2}\right) \\ &= P\left(\frac{n}{\cdot \chi^2_{n,1-\alpha/2}} \overline{S}_n^2 < \sigma^2 < \frac{n}{\chi^2_{n,\alpha/2}} \overline{S}_n^2\right) \end{aligned}$$

das Konfidenzintervall $KI_{\sigma^2}$ für die Varianz

$$KI_{\sigma^2} = \left(\frac{n}{\chi^2_{n,1-\alpha/2}} \overline{S}_n^2, \frac{n}{\chi^2_{n,\alpha/2}} \overline{S}_n^2\right). \tag{4.87}$$

**Notwendiger Stichprobenumfang**

Der notwendige Stichprobenumfang, sodass die Länge des Konfidenzintervalls für $\sigma^2$ mit der Irrtumswahrscheinlichkeit $\alpha$ nicht größer als eine gewünschte Toleranz $2\varepsilon > 0$ ist, ergibt sich bei angenommener Varianz $s$ mit (4.87) aus der Ungleichung

$$ns^2\left(\frac{1}{\chi^2_{n,\alpha/2}} - \frac{1}{\chi^2_{n,1-\alpha/2}}\right) < 2\varepsilon.$$

Diese Ungleichung ist nichtlinear in $n$. Die Lösung $n_0$ der zugehörigen nichtlinearen Gleichung

$$2\varepsilon - ns^2\left(\frac{1}{\chi^2_{n,\alpha/2}} - \frac{1}{\chi^2_{n,1-\alpha/2}}\right) = 0 \qquad (4.88)$$

kann mit einem numerischen Verfahren (siehe [4]) ermittelt werden. Für den notwendigen Stichprobenumfang $n$ gilt $n > n_0$.

**Beispiel 4.112**

**Güte eines Messgerätes**

Der zufällige Fehler eine Messgerätes sei $N(0, \sigma^2)$-verteilt. Zur Beurteilung der Güte des Messgerätes wurde aus 20 Versuchen die Schätzung $s^2 = 0.7$ für die Varianz ermittelt.

1. Es soll ein 95%iges Konfidenzintervall für die Varianz (und Standardabweichung) des zufälligen Fehlers angegeben werden.
2. Wie groß ist der Stichprobenumfang mindestens zu wählen, damit mit der Irrtumswahrscheinlichkeit $\alpha = 5\,\%$ das Konfidenzintervall für $\sigma^2$ bei gleicher Varianz $s^2$ nicht länger als $2\varepsilon = 0.6$ ist?

1. Mit $\alpha = 0.05$, $n = 20$, $s^2 = 0.7$ sowie den Quantilen $\chi^2_{20,0.025} \approx 9.591$ und $\chi^2_{20,0.0975} \approx 34.17$ ergibt sich das Konfidenzintervall für die Varianz $\sigma^2$
   $$KI_{\sigma^2} = \left(\frac{20}{34.17}\cdot 0.7, \frac{20}{9.591}\cdot 0.7\right) \approx (0.41, 1.46).$$
2. Die numerische Lösung der Gleichung (4.88) ist $n_0 \approx 48.795$. Daher sind mindestens $n = 49$ Stichproben erforderlich. In diesem Fall ist mit (4.87)
   $$KI_{\sigma^2} \approx \left(\frac{49}{70.222}\cdot 0.7, \frac{49}{31.555}\cdot 0.7\right) \approx (0.488, 1.087).$$

## Konfidenzschätzung für die Varianz einer normalverteilten Grundgesamtheit bei unbekanntem Erwartungswert

**Konfidenzintervall**

Sei die Zufallsvariable $X$ $N(\mu, \sigma^2)$-verteilt mit unbekanntem Erwartungswert $\mu$. Gesucht ist eine Konfidenzschätzung für die Varianz $\sigma^2$ zum Konfidenzniveau $1 - \alpha$.

Der unbekannte Parameter $\Theta = \sigma^2$ der Verteilungsfunktion der Zufallsvariable $X$ hat die erwartungstreue Schätzung

$$\overline{\Theta} = S_n^2 = \frac{1}{n-1}\sum_{k=1}^{n}(X_k - \overline{X}_n)^2. \qquad (4.89)$$

Betrachtet wird die Stichprobenfunktion

$$T(\Theta) = Y_{n-1}(\sigma^2) = \frac{n-1}{\sigma^2} S_n^2 = \frac{1}{\sigma^2} \sum_{k=1}^{n} (X_k - \overline{X}_n)^2, \tag{4.90}$$

die gemäß **Tabelle 4.9** einer $\chi^2_{n-1}$-Verteilung genügt. Aus Gleichung (4.78) ergibt sich mit (4.90), den Quantilen

$\tau_{\alpha/2} = \chi^2_{n-1,\alpha/2}$ und $\tau_{1-\alpha/2} = \chi^2_{n-1,1-\alpha/2}$

und Umstellen nach dem unbekannten Parameter $\sigma^2$

$$\begin{aligned} 1 - \alpha &= P\left(\chi^2_{n-1,\alpha/2} < \frac{n-1}{\sigma^2} S_n^2 < \chi^2_{n-1,1-\alpha/2}\right) \\ &= P\left(\frac{n-1}{\chi^2_{n-1,1-\alpha/2}} S_n^2 < \sigma^2 < \frac{n-1}{\chi^2_{n-1,\alpha/2}} S_n^2\right) \end{aligned}$$

das Konfidenzintervall $KI_{\sigma^2}$ für die Varianz

$$KI_{\sigma^2} = \left(\frac{n-1}{\chi^2_{n-1,1-\alpha/2}} S_n^2, \frac{n-1}{\chi^2_{n-1,\alpha/2}} S_n^2\right). \tag{4.91}$$

**Notwendiger Stichprobenumfang**

Der notwendige Stichprobenumfang, sodass die Länge des Konfidenzintervalls für $\sigma^2$ mit der Irrtumswahrscheinlichkeit $\alpha$ nicht größer als eine gewünschte Toleranz $2\varepsilon > 0$ ist, ergibt sich bei angenommener empirischer Varianz $s^2$ mit (4.91) aus der Ungleichung

$$ns^2 \left(\frac{1}{\chi^2_{n-1,\alpha/2}} - \frac{1}{\chi^2_{n-1,1-\alpha/2}}\right) < 2\varepsilon.$$

Diese Ungleichung ist nichtlinear in $n$. Die Lösung $n_0$ der zugehörigen nichtlinearen Gleichung

$$2\varepsilon - (n-1)s^2 \left(\frac{1}{\chi^2_{n-1,\alpha/2}} - \frac{1}{\chi^2_{n-1,1-\alpha/2}}\right) = 0 \tag{4.92}$$

kann mit einem numerischen Verfahren (siehe [4]) ermittelt werden. Für den notwendigen Stichprobenumfang $n$ gilt $n > n_0$.

**Innendurchmesser von Zylinderbuchsen**

**Beispiel 4.113**

Bei einer Drehmaschine werden die Innendurchmesser der gefertigten Zylinderbuchsen als $N(\mu, \sigma^2)$-verteilt angenommen. Bei der Überprüfung von 16 Zylinderbuchsen ergaben sich für den Mittelwert $\overline{x}$ und die empirische Varianz $s^2$ der Stichprobe folgende Werte: $\overline{x} = 120\,\text{mm}$, $s^2 = 0.04\text{mm}^2$ (siehe **Beispiel 4.111**).

1. Zu bestimmen ist ein zweiseitiges Konfidenzintervall für $\sigma^2$ zum Konfidenzniveau $1 - \alpha = 0.9$.
2. Wie groß ist der Stichprobenumfang mindestens zu wählen, sodass mit der Irrtumswahrscheinlichkeit $\alpha = 10\,\%$ das Konfidenzintervall für $\sigma^2$ nicht länger als $2\varepsilon = 0.05$ [mm$^2$] ist?

1. Laut Aufgabenstellung ist der Stichprobenumfang $n = 16$ und die Irrtumswahrscheinlichkeit $\alpha = 0.1$. Mit den beiden Quantilen $\chi^2_{15,0.05} = 7.261$ und $\chi^2_{15,0.95} = 24.996$ ergibt sich das gesuchte Konfidenzintervall

$$KI_{\sigma^2} \approx \left(\frac{15}{24.996} \cdot 0.04, \frac{15}{7.261} \cdot 0.04\right) \approx (0.024, 0.083)\ [\text{mm}^2].$$

2. Die numerische Lösung der Gleichung (4.92) ist $n_0 \approx 19.947$. Daher sind mindestens $n = 20$ Stichproben erforderlich. In diesem Fall ist mit (4.91)

$$KI_{\sigma^2} \approx \left(\frac{19}{30.144} \cdot 0.04, \frac{19}{10.117} \cdot 0.04\right) \approx (0.025, 0.075)\ [\text{mm}^2].$$

---

## Konfidenzschätzung für den Parameter einer Grundgesamtheit mit Null-Eins-Verteilung

**Konfidenzintervall**

Sei $X$ eine Null-Eins-verteilte Zufallsvariable $X$ mit $P(X = 1) = p$ und $P(X = 0) = 1 - p$. Gesucht ist eine Konfidenzschätzung für den Parameter $p$ zum Konfidenzniveau $1 - \alpha$.

Der unbekannte Parameter $\Theta = p$ der Verteilungsfunktion der Zufallsvariable $X$ hat die erwartungstreue und konsistente Schätzung

$$\overline{\Theta} = \overline{X}_n = \frac{1}{n}\sum_{i=1}^{n} X_i,$$

d. h., den Anteil der erfolgreichen unter $n$ Versuchen, wenn einem erfolgreichen Versuch der Wert Eins entspricht. Gemäß **Tabelle 4.9** ist $\overline{X}_n$ $N\left(p, \dfrac{p(1-p)}{n}\right)$-verteilt, und die folgende Stichprobenfunktion genügt einer $N(0,1)$-Verteilung:

$$T(\Theta) = Z(\overline{X}_n) = \sqrt{n}\frac{\overline{X}_n - p}{\sqrt{p(1-p)}}. \tag{4.93}$$

Aus Gleichung (4.78) ergibt sich mit (4.93), den Quantilen

$\tau_{\alpha/2} = z_{\alpha/2}$ und $\tau_{1-\alpha/2} = z_{1-\alpha/2}$

und Umstellen nach dem unbekannten Parameter $p$ bei Beachtung von $z_{\alpha/2} = -z_{1-\alpha/2}$ aufgrund der Symmetrie der $N(0,1)$-Verteilung

$$\begin{aligned} 1-\alpha &= P\left(z_{\alpha/2} < \sqrt{n}\frac{\overline{X}_n - p}{\sqrt{p(1-p)}} < z_{1-\alpha/2}\right) \\ &= P\left(C_1\left(C_2 - z_{1-\alpha/2}\sqrt{R}\right) < p < C_1\left(C_2 + z_{1-\alpha/2}\sqrt{R}\right)\right) \quad \text{mit} \\ C_1 &= \frac{n}{n+z^2_{1-\alpha/2}},\ C_2 = \overline{X}_n + \frac{z^2_{1-\alpha/2}}{2n},\ R = \frac{\overline{X}_n(1-\overline{X}_n)}{n} + \left(\frac{z_{1-\alpha/2}}{2n}\right)^2. \end{aligned} \tag{4.94}$$

Das gesuchte Konfidenzintervall $KI_p$ für den Parameter $p$ lautet mit $C_1$, $C_2$ und $R$ aus (4.94)

$$KI_p = \left(C_1\left(C_2 - z_{1-\alpha/2}\sqrt{R}\right), C_1\left(C_2 + z_{1-\alpha/2}\sqrt{R}\right)\right). \quad (4.95)$$

**Bemerkung 4.114**

Für $n \to \infty$ gilt

$$\lim_{n\to\infty} C_1 = 1,\ \lim_{n\to\infty} C_2 = \lim_{n\to\infty} \overline{X}_n,\ \lim_{n\to\infty} R = \lim_{n\to\infty} \frac{\overline{X}_n(1-\overline{X}_n)}{n}.$$

Das Konfidenzintervall $KI_p$ ist damit näherungsweise

$$KI_p \approx \left(\overline{X}_n - z_{1-\alpha/2}\sqrt{\frac{\overline{X}_n(1-\overline{X}_n)}{n}}, \overline{X}_n + z_{1-\alpha/2}\sqrt{\frac{\overline{X}_n(1-\overline{X}_n)}{n}}\right). \quad (4.96)$$

**Notwendiger Stichprobenumfang**

Der notwendige Stichprobenumfang, sodass die Abweichung des Mittelwertes $\overline{x}$ der Stichprobe vom Anteil $p$ der zugrunde gelegten $B_n(x,p)$-Verteilung eine vorgegebene Toleranz $\varepsilon$ mit gegebener Irrtumswahrscheinlichkeit $\alpha$ nicht überschreitet, d. h., dass gilt

$$|\overline{x} - p| < \varepsilon,$$

(oder, was dasselbe ist, dass die Länge des Konfidenzintervalls nicht größer als $2\varepsilon > 0$ ist), ergibt sich aus (4.96)

$$n > \overline{x}(1-\overline{x})\left(z_{1-\alpha/2}/\varepsilon\right)^2. \quad (4.97)$$

**Herstellung von Bolzen**

**Beispiel 4.115**

Um den Ausschussprozentsatz bei der Herstellung von Bolzen zu ermitteln, wurde der laufenden Produktion $n = 90$ entnommen und festgestellt, dass sich unter diesen 90 Bolzen $k = 9$ Ausschussbolzen befinden.

1. Es ist ein Konfidenzintervall für den Ausschussprozentsatz $p$ zum Konfidenzniveau 0.90 ($\alpha = 0.1$) zu bestimmen.
2. Wie groß muss der Stichprobenumfang mindestens sein, damit das Konfidenzintervall für den Ausschussprozentsatz $p$ bei gleichem Stichprobenanteil mit der Irrtumswahrscheinlichkeit $\alpha = 0.1$ nicht größer als $2\varepsilon = 0.06$ ist?

1. Der Aufgabenstellung wird der Stichprobenumfang $n = 90$ und der Stichprobenanteil $x_n = 9/90 = 0.1$ entnommen. Mit dem Quantil der $\Phi_S$-Verteilung $z_{1-\alpha/2} = z_{0.95} \approx 1.645$ und (4.95) ergibt sich
$$R \approx \frac{0.1\cdot 0.9}{90} + \left(\frac{1.645}{180}\right)^2 \approx 0.0010835,\quad \sqrt{R} \approx 0.0329 \quad \text{und}$$
$$KI_p \approx (0.971(0.109 - 1.645\cdot 0.0329), 0.971(0.109 + 1.645\cdot 0.0329)) \approx (0.053, 0.159)$$
bzw. mit (4.96) näherungsweise
$$KI_p \approx \left(0.1 - 1.645\sqrt{0.1\cdot 0.9/90}, 0.1 + 1.645\sqrt{0.1\cdot 0.9/90}\right) \approx (0.048, 0.152).$$
2. Mit $\varepsilon = 0.3$, $\overline{x} = 0.1$ und $z_{1-\alpha/2} = z_{0.95} \approx 1.645$ ergibt sich aus (4.97)
$$n > 0.1\cdot 0.9\,(1.645/0.03)^2 \approx 270.554,$$
d. h., der notwendige Stichprobenumfang ist $n = 271$. Mit (4.96) ist
$$KI_p \approx \left(0.1 - 1.645\sqrt{0.1\cdot 0.9/271}, 0.1 + 1.645\sqrt{0.1\cdot 0.9/271}\right) \approx (0.07, 0.13).$$

### 4.4.3 Statistische Testverfahren

Bei statistischen Testverfahren soll aufgrund einer konkreten Stichprobe die Entscheidung darüber getroffen werden, ob ein Parameter der zugrunde gelegten Verteilungsfunktion der Zufallsvariable $X$ einer bestimmten **Nullhypothese** $H_0$ genügt. Für die Entscheidung ist eine **Irrtumswahrscheinlichkeit** $\alpha$ zugelassen. Betrachtet wird als Testgröße die Stichprobenfunktion $U$ unter der Bedingung $H_0$. Ist $F_U$ ihre Verteilungsfunktion, so kann der sogenannte **kritische Bereich** $K$ für $U$ angegeben werden, d. h., ein Intervall, in dem die Testgröße $U$ mit der Irrtumswahrscheinlichkeit $\alpha$ liegt, sowie ein **Annahmeintervall** $A$, in dem die Testgröße $U$ mit der Wahrscheinlichkeit $1-\alpha$ liegt. Im Folgenden bezeichnen $u_{\alpha_1}$ und $u_{1-\alpha_2}$ Quantile der Verteilungsfunktion $F_U$ der Testgröße $U$.

**Zweiseitiger Test**

Bei einem zweiseitigen Test lautet die Nullhypothese

$H_0$: Der Parameter der Verteilungsfunktion der Zufallsvariable $X$ hat einen bestimmten Wert.

Für die Testgröße $U$ gilt

$$P\left(u_{\alpha_1} \le U \le u_{1-\alpha_2}\right) = F_U\left(u_{1-\alpha_2}\right) - F_U\left(u_{\alpha_1}\right) = 1-(\alpha_1+\alpha_2) = 1-\alpha.$$

Die Quantile $u_{\alpha_1}$ und $u_{1-\alpha_2}$ der Verteilungsfunktion der Testgröße $U$ sind daher so zu wählen, dass gilt

$$\alpha_1 + \alpha_2 = \alpha.$$

Der kritische Bereich $K$, in dem die Testgröße $U$ mit der Wahrscheinlichkeit $\alpha$ liegt, bzw. das Annahmeintervall $A$, in dem die Testgröße $U$ mit der Wahrscheinlichkeit $1-\alpha$ liegt, ist

$$K = (-\infty, u_{\alpha_1}) \cup (u_{1-\alpha_2}, \infty) \qquad \text{bzw.} \qquad A = (u_{\alpha_1}, u_{1-\alpha_2}).$$

---

**Bemerkung 4.116**

Wird $\alpha_1 = \alpha_2 = \alpha/2$ gewählt, so sind $u_{\alpha_1} = u_{\alpha/2}$ und $u_{\alpha_2} = u_{1-\alpha/2}$ die Quantile der Verteilungsfunktion der Testgröße $U$. Der kritische Bereich $K$ bzw. das Annahmeintervall $A$ ist in diesem Fall

$$K = (-\infty, u_{\alpha/2}) \cup (u_{1-\alpha/2}, \infty) \qquad \text{bzw.} \qquad A = (u_{\alpha/2}, u_{1-\alpha/2}).$$

---

**Einseitiger Test**

Bei einem einseitigen Test lautet die Nullhypothese

$H_0$: Der Parameter der Verteilungsfunktion der Zufallsvariable $X$ ist größer (kleiner) als ein bestimmter Wert.

Für die Testgröße $U$ gilt

$$P\left(U \ge u_\alpha\right) = 1 - F_U(u_\alpha) = 1-\alpha \qquad \left(P\left(U \le u_{1-\alpha}\right) = F_U(u_{1-\alpha}) = 1-\alpha\right).$$

Der kritische Bereich $K$ bzw. das Annahmeintervall $A$ ist entsprechend

$$K = (-\infty, u_\alpha) \ \left(K = (u_{1-\alpha}, \infty)\right) \quad \text{bzw.} \quad A = (u_\alpha, \infty) \ \left(A = (-\infty, u_{1-\alpha})\right).$$

**Entscheidung über die Annahme der Hypothese**

Befindet sich der aufgrund der konkreten Stichprobe berechnete Wert $u$ der Testgröße $U$ im Annahmeintervall $A$, so wird die Hypothese $H_0$ **statistisch bestätigt**. Befindet er sich im kritischen Bereich $K$, so wird die Hypothese $H_0$ **statistisch abgelehnt**. In diesem Fall **widerspricht** die konkrete Stichprobe **der Hypothese** $H_0$ **signifikant zum Signifikanzniveau** $\alpha$.

Für die getroffene Nullhypothese $H_0$ gibt es zwei Möglichkeiten:

1. $H_0$ ist richtig.
   Liegt $u$ im Annahmeintervall $A$, so wird eine richtige Hypothese angenommen. Das ist eine **richtige Entscheidung**. Die Wahrscheinlichkeit dafür beträgt $1 - \alpha$.
   Liegt $u$ im kritischen Bereich $K$, so wird eine richtige Hypothese abgelehnt. Das ist eine **Fehlentscheidung erster Art**. Ihre Wahrscheinlichkeit beträgt $\alpha$.

2. $H_0$ ist falsch.
   Liegt $u$ im Annahmeintervall $A$, so wird eine falsche Hypothese angenommen. Das ist eine **Fehlentscheidung zweiter Art**. Ihre Wahrscheinlichkeit $\beta$ ist abhängig vom Ergebnis $u$ der Stichprobe.
   Liegt $u$ im kritischen Bereich $K$, so wird eine falsche Hypothese abgelehnt. Das ist eine **richtige Entscheidung**. Ihre Wahrscheinlichkeit beträgt $1 - \beta$.

**Signifikanztest**

Für einen Signifikanztest sind folgende Schritte notwendig:

1. Aufstellen der Nullhypothese $H_0$
2. Vorgabe der Irrtumswahrscheinlichkeit $\alpha$
3. Aufstellen der Testgröße $U$ unter der Bedingung $H_0$
4. Ermittlung des kritischen Bereiches $K$ aus der Beziehung

   $P(U \in K|H_0) = \alpha$
5. Berechnung des Wertes $u$ der Stichprobenfunktion $U$ aufgrund der konkreten Stichprobe
6. Entscheidung über $H_0$:

   $H_0$ wird abgelehnt, falls $u \in K$
   $H_0$ wird nicht abgelehnt, falls $u \notin K$.

## Testen des Erwartungswertes einer normalverteilten Grundgesamtheit bei bekannter Varianz

Sei $X$ eine $N(\mu, \sigma^2)$-verteilte Grundgesamtheit, wobei die Varianz $\sigma^2$ bekannt ist. Getestet werden soll zum Signifikanzniveau $\alpha$, ob der (unbekannte) Erwartungswert $\mu = E(X)$ einen bestimmten Wert $\mu_0$ hat bzw. größer oder kleiner einem bestimmten Wert $\mu_0$ ist.

Entsprechend der Schritte des Signifikanztestes wird gewählt:

1. die Nullhypothese $H_0\colon E(X) = \mu_0$,
2. die Irrtumswahrscheinlichkeit (das Signifikanzniveau) $\alpha$,
3. die Testgröße unter der Bedingung $H_0$: $U = \overline{Z}_n = \sqrt{n}\frac{\overline{X}_n - \mu_0}{\sigma}$.
   Entsprechend **Tabelle 4.9** ist $U$ $N(0,1)$-verteilt.
4. Bei einem **zweiseitigen** Test ist mit den Quantilen $u_{\alpha 1} = z_{\alpha/2}$ und $u_{\alpha 2} = z_{1-\alpha/2}$ der Verteilungsfunktion der Testgröße $\overline{Z}_n$
   $P(|U| > z_{1-\alpha/2}|H_0) = \alpha$ und daher
   $K = (-\infty, z_{\alpha/2}) \cup (z_{1-\alpha/2}, \infty)$.
   Bei einem **einseitigen** Test ist mit den Quantilen $u_\alpha = z_\alpha$ und $u_{1-\alpha} = z_{1-\alpha}$ der Verteilungsfunktion der Testgröße $\overline{Z}_n$
   $P(U < z_\alpha|H_0) = \alpha$ bzw. $P(U > z_{1-\alpha}|H_0) = \alpha$ und daher
   $K = (-\infty, z_\alpha)$ bzw. $K = (z_{1-\alpha}, \infty)$.
5. Der aufgrund der konkreten Stichprobe berechnete Wert $u$ der Testgröße $U$ ist
   $u = \sqrt{n}\frac{\overline{x} - \mu_0}{\sigma}$.
6. $|u| > z_{1-\alpha/2}$ - $H_0$ ablehnen, $|u| \leq z_{1-\alpha/2}$ - $H_0$ annehmen. **Zweiseitiger Test**

   $u > z_{1-\alpha}$ bzw. $u < z_\alpha$ - $H_0$ ablehnen,
   $u \leq z_{1-\alpha}$ bzw. $u \geq z_\alpha$ - $H_0$ annehmen. **Einseitiger Test**

**Beispiel 4.117** **Bruchfestigkeit von Beton**

Die Bruchfestigkeit einer Betonsorte sei normalverteilt mit $\sigma = 7\text{N/cm}^2$. Bei Untersuchungen der Festigkeit von Probewürfeln ergaben sich die Werte

$180, 175, 182, 185, 186, 182$ $[\text{N/cm}^2]$.

Aufgrund dieser Stichprobe ist die Hypothese $H_0\colon \mu \geq 185\text{N/cm}^2$ zum Signifikanzniveau $\alpha = 0.05$ zu prüfen.

Entsprechend den Schritten des Signifikanztestes ergibt sich

1. $H_0\colon \mu_0 \geq 185$, einseitiger Test, da nur niedrige Bruchfestigkeit kritisch ist
2. $\alpha = 0.05$
3. $U = \sqrt{6}\frac{\overline{X}_n - 185}{7}$
4. $K = (-\infty, z_{0.05}) \approx (-\infty, -1.645)$
5. $u = \sqrt{6}\frac{181.\overline{6} - 185}{7} \approx -1.166$
6. $u \notin K$.
   Die Hypothese $H_0$ darüber, dass der Erwartungswert $\mu$ einer Normalverteilung der Bruchfestigkeit mindestens $185\text{N/cm}^2$ beträgt, kann aufgrund der konkreten Stichprobe statistisch bestätigt werden mit der Irrtumswahrscheinlichkeit 0.05.

## Testen des Erwartungswertes einer normalverteilten Grundgesamtheit bei unbekannter Varianz

Sei $X$ eine $N(\mu, \sigma^2)$-verteilte Grundgesamtheit, wobei die Varianz unbekannt ist. Getestet werden soll zum Signifikanzniveau $\alpha$, ob der (unbekannte) Erwartungswert $\mu = E(X)$ einen bestimmten Wert $\mu_0$ hat bzw. größer oder kleiner einem bestimmten Wert $\mu_0$ ist.

Entsprechend der Schritte des Signifikanztestes wird gewählt:

1. die Nullhypothese $H_0$: $E(X) = \mu_0$,
2. die Irrtumswahrscheinlichkeit (das Signifikanzniveau) $\alpha$,
3. die Testgröße unter der Bedingung $H_0$: $U = T_{n-1} = \sqrt{n}\dfrac{\overline{X}_n - \mu_0}{S_n}$.
   Entsprechend **Tabelle 4.9** ist $U$ $t_{n-1}$-verteilt.
4. Bei einem **zweiseitigen** Test ist mit den Quantilen $u_{\alpha_1} = t_{n-1,\alpha/2}$ und $u_{\alpha_2} = t_{n-1,1-\alpha/2}$ der Verteilungsfunktion der Testgröße $T_{n-1}$
   $P(|U| > t_{n-1,1-\alpha/2}|H_0) = \alpha$ und daher
   $K = (-\infty, t_{n-1,\alpha/2}) \cup (t_{n-1,1-\alpha/2}, \infty)$.
   Bei einem **einseitigen** Test ist mit den Quantilen $u_\alpha = t_{n-1,\alpha}$ und $u_{1-\alpha} = t_{n-1,1-\alpha}$ der Verteilungsfunktion der Testgröße $T_{n-1}$
   $P(U < t_{n-1,\alpha}|H_0) = \alpha$ bzw. $P(U > t_{n-1,1-\alpha}|H_0) = \alpha$ und daher
   $K = (-\infty, t_{n-1,\alpha})$ bzw. $K = (t_{n-1,1-\alpha}, \infty)$.
5. Der aufgrund der konkreten Stichprobe berechnete Wert $u$ der Testgröße $U$ ist
   $$u = \sqrt{n}\frac{\overline{x} - \mu_0}{s_n}.$$

**Zweiseitiger Test**

6. $|u| > t_{n-1,1-\alpha/2}$ - $H_0$ ablehnen, $|u| \leq t_{n-1,1-\alpha/2}$ - $H_0$ annehmen.

**Einseitiger Test**

$u > t_{n-1,1-\alpha}$ bzw. $u < t_{n-1,\alpha}$ - $H_0$ ablehnen,
$u \leq t_{n-1,1-\alpha}$ bzw. $u \geq t_{n-1,\alpha}$ - $H_0$ annehmen.

**Kugellager**

### Beispiel 4.118

Bei der Herstellung von Kugeln für Kugellager kann angenommen werden, dass deren Durchmesser normalverteilte Zufallgrößen sind. Eine der laufenden Produktion entnommene Stichprobe vom Umfang $n = 25$ ergab für $\mu$ und $\sigma$ folgende Schätzwerte: $\overline{x} = 3.06\,\text{mm}$, $s = 0.05\,\text{mm}$. Widerspricht das Ergebnis signifikant der Forderung $\mu = 3.00\,\text{mm}$ bei einer Irrtumswahrscheinlichkeit von 10%?

Entsprechend den Schritten des Signifikanztestes ergibt sich

1. $H_0: \mu_0 = 3$, zweiseitiger Test, da Abweichungen in beide Richtungen unerwünscht sind
2. $\alpha = 0.05$
3. $U = \sqrt{25}\dfrac{\overline{X}_n - 3}{0.05}$

4. $K = (-\infty, t_{24,0.025}) \cup (t_{24,0.975}, \infty) \approx (-\infty, -2.06) \cup (2.06, \infty)$

5. $u = \sqrt{25}\dfrac{3.06 - 3}{0.05} = 6$

6. $u \in K$.
Die Hypothese $H_0$, dass der Erwartungswert der Bruchfestigkeit $\mu = 3\,\text{mm}$ beträgt, widerspricht der konkreten Stichprobe signifikant mit der Irrtumswahrscheinlichkeit 0.05.

## Testen der Varianz einer normalverteilten Grundgesamtheit bei bekanntem Erwartungswert

Sei $X$ eine $N(\mu, \sigma^2)$-verteilte Grundgesamtheit, wobei der Erwartungswert bekannt ist. Getestet werden soll zum Signifikanzniveau $\alpha$, ob die unbekannte Varianz $\sigma^2 = Var(X)$ einen bestimmten Wert $\sigma_0^2$ hat bzw. größer oder kleiner einem bestimmten Wert $\sigma_0^2$ ist.

Entsprechend der Schritte des Signifikanztestes wird gewählt:

1. die Nullhypothese $H_0$: $Var(X) = \sigma_0$,
2. die Irrtumswahrscheinlichkeit (das Signifikanzniveau) $\alpha$,
3. die Testgröße unter der Bedingung $H_0$: $U = Y = \dfrac{n\overline{S}_n^2}{\sigma_0^2}$.
   Entsprechend **Tabelle 4.9** ist $U$ $\chi_n^2$-verteilt.
4. Bei einem **zweiseitigen** Test ist mit den Quantilen $u_{\alpha_1} = \chi^2_{n,\alpha/2}$ und $u_{\alpha_2} = \chi^2_{n,1-\alpha/2}$ der Verteilungsfunktion der Testgröße $Y$
   $P(U > \chi^2_{n,1-\alpha/2} \cup U < \chi^2_{n,\alpha/2} | H_0) = \alpha$ und daher
   $K = (0, \chi^2_{n,\alpha/2}) \cup (\chi^2_{n,1-\alpha/2}, \infty)$.

   Bei einem **einseitigen** Test ist mit den Quantilen $u_\alpha = \chi^2_{n,\alpha}$ und $u_{1-\alpha} = \chi^2_{n,1-\alpha}$ der Verteilungsfunktion der Testgröße $Y$

   $P(U < \chi^2_{n,\alpha} | H_0) = \alpha$ bzw. $P(U > \chi^2_{n,1-\alpha} | H_0) = \alpha$ und daher
   $K = (0, \chi^2_{n,\alpha})$ bzw. $K = (\chi^2_{n,1-\alpha}, \infty)$.
5. Der aufgrund der konkreten Stichprobe berechnete Wert $u$ der Testgröße $U$ ist
   $$u = \frac{ns^2}{\sigma_0^2}.$$
6. $u > \chi^2_{n,1-\alpha/2}$ oder $u < \chi^2_{n,\alpha/2}$ - $H_0$ ablehnen,
   $\chi^2_{n,\alpha/2} \leq u \leq \chi^2_{n,1-\alpha/2}$ - $H_0$ annehmen.

   **Zweiseitiger Test**

   $u > \chi^2_{n,1-\alpha}$ bzw. $u < \chi^2_{n,\alpha}$ - $H_0$ ablehnen,
   $u \leq \chi^2_{n,1-\alpha}$ bzw. $u \geq \chi^2_{n,\alpha}$ - $H_0$ annehmen.

   **Einseitiger Test**

**Masse von Zementsäcken**

**Beispiel 4.119**

In der Vergangenheit betrug die Standardabweichung der Masse von 40 kg-Zementsäcken, die von einer Maschine abgefüllt wurden, 250 g. Eine zufällige Stichprobe von 20 Säcken zeigte eine Standardabweichung von 320 g. Ist der scheinbare Anstieg der Schwankungsbreite signifikant auf dem

**1.** 0.05-Konfidenzniveau? **2.** 0.01-Konfidenzniveau?

Entsprechend den Schritten des Signifikanztestes ist

**1.** $H_0: \sigma_0^2 \leq 0.25\,\text{kg}$, einseitiger Test, da gefragt ist, ob die Schwankungsbreite signifikant zu groß (und nicht zu klein) ist.

**2.1** $\alpha = 0.05$ **2.2** $\alpha = 0.01$

**3.** $U = 20\dfrac{\overline{S}_n^2}{0.25^2}$

**4.1** $K = (\chi^2_{20,0.95}, \infty) \approx (31.41, \infty)$ **4.2** $K = (\chi^2_{20,0.99}, \infty) \approx (37.566, \infty)$

**5.** $u = 20\dfrac{0.32^2}{0.25^2} = 32.768$

**6.1** $u \in K$, d. h., die Hypothese ist mit der Irrtumswahrscheinlichkeit $\alpha = 0.05$ abzulehnen (die Schwankungsbreite ist signifikant zu hoch).

**6.2** $u \notin K$, d. h., die Hypothese ist mit der Irrtumswahrscheinlichkeit $\alpha = 0.01$ anzunehmen (die Schwankungsbreite ist nicht signifikant zu hoch).

## Testen der Varianz einer normalverteilten Grundgesamtheit bei unbekanntem Erwartungswert

Sei $X$ eine $N(\mu, \sigma^2)$-verteilte Grundgesamtheit, wobei der Erwartungswert unbekannt ist. Getestet werden soll zum Signifikanzniveau $\alpha$, ob die unbekannte Varianz $\sigma^2 = Var(X)$ einen bestimmten Wert $\sigma_0^2$ hat bzw. größer oder kleiner einem bestimmten Wert $\sigma_0^2$ ist.

Entsprechend der Schritte des Signifikanztestes wird gewählt:

**1.** die Nullhypothese $H_0$: $Var(X) = \sigma_0^2$,

**2.** die Irrtumswahrscheinlichkeit (das Signifikanzniveau) $\alpha$,

**3.** die Testgröße unter der Bedingung $H_0$: $U = Y_{n-1} = \dfrac{(n-1)S_n^2}{\sigma_0^2}$.

Entsprechend **Tabelle 4.9** ist $U$ $\chi^2_{n-1}$-verteilt.

**4.** Bei einem **zweiseitigen** Test ist mit den Quantilen $u_{\alpha_1} = \chi^2_{n-1,\alpha/2}$ und $u_{\alpha_2} = \chi^2_{n-1,1-\alpha/2}$ der Verteilungsfunktion der Testgröße $Y_{n-1}$

$P(U > \chi^2_{n-1,1-\alpha/2} \cup U < \chi^2_{n-1,\alpha/2}|H_0) = \alpha$ und daher
$K = (0, \chi^2_{n-1,\alpha/2}) \cup (\chi^2_{n-1,1-\alpha/2}, \infty)$.

Bei einem **einseitigen** Test ist mit den Quantilen $u_\alpha = \chi^2_{n-1,\alpha}$ und $u_{1-\alpha} = \chi^2_{n-1,1-\alpha}$ der Verteilungsfunktion der Testgröße $Y_{n-1}$

$P(U < \chi^2_{n-1,\alpha}|H_0) = \alpha$ bzw. $P(U > \chi^2_{n-1,1-\alpha}|H_0) = \alpha$ und daher
$K = (0, \chi^2_{n-1,\alpha})$ bzw. $K = (\chi^2_{n-1,1-\alpha}, \infty)$.

5. Der aufgrund der konkreten Stichprobe berechnete Wert $u$ der Testgröße $U$ ist

$$u = \frac{(n-1)s^2}{\sigma_0^2}.$$

6. $u > \chi^2_{n-1,1-\alpha/2}$ oder $u < \chi^2_{n-1,\alpha/2}$ - $H_0$ ablehnen,
$\chi^2_{n-1,\alpha/2} \le u \le \chi^2_{n-1,1-\alpha/2}$ - $H_0$ annehmen.

**Zweiseitiger Test**

$u > \chi^2_{n-1,1-\alpha}$ bzw. $u < \chi^2_{n-1,\alpha}$ - $H_0$ ablehnen,
$u \le \chi^2_{n-1,1-\alpha}$ bzw. $u \ge \chi^2_{n-1,\alpha}$ - $H_0$ annehmen.

**Einseitiger Test**

**Beispiel 4.120**

**Tauglichkeit eines Messgerätes**

Ein elektrisches Messgerät kann zur Messung eingesetzt werden, wenn die mittlere quadratische Abweichung des Messergebnisses vom Erwartungswert höchstens 0.005 Einheiten beträgt. Zur Kontrolle werden mit einem bestimmten Messgerät 50 Messungen durchgeführt. Als Schätzung für $\sigma^2$ ergab sich $s^2 = 0.007$. Die Tauglichkeit des Messgerätes ist bei einer Sicherheitswahrscheinlichkeit von $1-\alpha = 0.95$ zu testen.

Entsprechend den Schritten des Signifikanztestes ergibt sich

1. $H_0: \sigma_0^2 \le 0.005$, einseitiger Test, da das Gerät nur bei $\sigma^2 \le 0.005$ überhaupt einsetzbar ist
2. $\alpha = 0.05$
3. $U = \dfrac{49 \cdot S_n^2}{0.005}$
4. $K = (\chi^2_{49,0.95}, \infty) \approx (66.3, \infty)$
5. $u = \dfrac{49 \cdot 0.007}{0.005} = 68.6$
6. $u \in K$.

   Die Hypothese $H_0$, dass die Varianz des Messgerätes kleiner als 0.005 ist, widerspricht der konkreten Stichprobe signifikant mit der Irrtumswahrscheinlichkeit 0.05. Sie wird daher abgelehnt. Das Messgerät ist als nicht tauglich einzustufen.

## Testen des Parameters einer Grundgesamtheit mit Null-Eins-Verteilung

Sei $X$ eine Null-Eins-verteilte Grundgesamtheit mit $P(X=1) = p$ und $P(X=0) = 1-p$. Es ist zu prüfen, ob der Erwartungswert $p = E(X)$ dieser Grundgesamtheit gleich einem bestimmten Wert $p_0$ ist bzw. größer oder kleiner einem bestimmten Wert $p_0$ ist.

Entsprechend der Schritte des Signifikanztestes wird gewählt:

1. die Nullhypothese $H_0$: $E(X) = p_0$,
2. die Irrtumswahrscheinlichkeit (das Signifikanzniveau) $\alpha$,

3. die Testgröße unter der Bedingung $H_0$:

$$U = \frac{\sum_{i=1}^{n} \overline{X}_i - np_0}{\sqrt{np_0(1-p_0)}} = \sqrt{n}\frac{\overline{X}_n - p_0}{\sigma_0} \text{ mit } \sigma_0^2 = p_0(1-p_0).$$

Entsprechend **Tabelle 4.9** ist $U$ $N(0,1)$-verteilt.

4. Bei einem **zweiseitigen** Test ist mit den Quantilen $u_{\alpha_1} = z_{\alpha/2}$ und $u_{\alpha_2} = z_{1-\alpha/2}$ der Verteilungsfunktion der Testgröße $U$

$P(|U| > z_{1-\alpha/2}|H_0) = \alpha$ und daher $K = (-\infty, z_{\alpha/2}) \cup (z_{1-\alpha/2}, \infty)$.

Bei einem **einseitigen** Test ist mit den Quantilen $u_\alpha = z_\alpha$ und $u_\alpha = z_{1-\alpha}$ der Verteilungsfunktion der Testgröße $U$

$P(U < z_\alpha|H_0) = \alpha$ bzw. $P(U > z_{1-\alpha}|H_0) = \alpha$ und daher

$K = (-\infty, z_\alpha)$ bzw. $K = (z_{1-\alpha}, \infty)$.

5. Der aufgrund der konkreten Stichprobe berechnete Wert $u$ der Testgröße $U$ ist

$$u = \sqrt{n}\frac{\overline{x} - p_0}{\sigma_0}.$$

**Zweiseitiger Test**

6. $|u| > z_{1-\alpha/2}$ - $H_0$ ablehnen, $|u| \leq z_{1-\alpha/2}$ - $H_0$ annehmen.

**Einseitiger Test**

$u > z_{1-\alpha}$ bzw. $u < z_\alpha$ - $H_0$ ablehnen,
$u \leq z_{1-\alpha}$ bzw. $u \geq z_\alpha$ - $H_0$ annehmen.

**Der Student S. Ehrklug**

### Beispiel 4.121

Der Student S. Ehrklug, von dem behauptet wird, dass er 80 % eines bestimmten Wissensstoffes beherrscht, beantwortet in einem aus 40 voneinander unabhängigen und gleich schweren Fragen bestehenden Test 26 Fragen richtig.

1. Widerspricht dieses Ergebnis der Voreinschätzung des Studenten S. Ehrklug bei einer Irrtumswahrscheinlichkeit von 5 %?
2. Was ergibt sich, wenn nur 20 Fragen gestellt und davon nur 13 richtig beantwortet werden?

Entsprechend den Schritten des Signifikanztestes ergibt sich

1. $H_0: p_0 = E(X) = 0.8$, zweiseitiger Test, da Abweichungen in beide Richtungen auftreten können
2. $\alpha = 0.05$

3.1 $U = \sqrt{40}\frac{\overline{X}_n - 0.8}{0.4}$ 3.2 $U = \sqrt{20}\frac{\overline{X}_n - 0.8}{0.4}$

4. $K = (-\infty, z_{0.025}) \cup (z_{0.975}, \infty) \approx (-\infty, -1.96) \cup (1.96, \infty)$

5.1 $u = \sqrt{40}\frac{26/40 - 0.8}{0.4} \approx -2.37$ 5.2 $u = \sqrt{20}\frac{13/20 - 0.8}{0.4} \approx -1.67.$

6.1 $u \in K$.
Das Ergebnis widerspricht der Voreinschätzung signifikant. Die Hypothese wird mit einer Irrtumswahrscheinlichkeit von 5 % abgelehnt.

6.2 $u \notin K$.
Das Ergebnis widerspricht der Voreinschätzung statistisch nicht. Die Hypothese wird mit einer Irrtumswahrscheinlichkeit von 5 % angenommen.

### 4.4.4 Der $\chi^2$-Anpassungstest

Das Ziel des $\chi^2$-Anpassungstestes ist das Testen, ob eine vorliegende Verteilungsfunktion $F_0$ eine genügende Erklärung für das Zustandekommen einer konkreten Stichprobe $x = (x_1, x_2, .., x_n)^\top$ liefert. Voraussetzung dabei ist, dass die Komponenten des zugrunde liegenden Zufallsvektors $(X_1, X_2, ..., X_n)^\top$ unabhängig und mit derselben Verteilungsfunktion $F$ wie die Zufallsvariable $X$ verteilt sind.

**Klasseneinteilung**

Der Wertebereich $\mathbb{R}$ der Zufallsvariable $X$ wird analog zu (4.63) in $r$ Intervalle unterteilt:

$$\mathbb{R} = I_1 \cup I_2 \cup ... \cup I_r, \quad I_1 = (-\infty, b_1], I_2 = (b_1, b_2], ..., I_r = (b_{r-1}, \infty). \tag{4.98}$$

Die Wahrscheinlichkeit, dass die Zufallsvariable $X$ im Intervall $I_k$ liegt, wird mit $p_k$ bezeichnet:

$$p_k = P(X \in I_k), \; k = 1, ..., r.$$

Mit der Intervallwahrscheinlichkeit (4.32) gilt

$$p_1 = F(b_1), \; p_2 = F(b_2) - F(b_1), ..., \; p_r = 1 - F(b_{r-1}).$$

Für die Verteilung der Zufallsvariable $X$ liegt eine angenommene Verteilungsfunktion $F_0$ vor. Getestet werden soll, ob diese mit der tatsächlichen Verteilungsfunktion $F$ der Zufallsvariable $X$ „genügend gut" übereinstimmt. Sind $p_k^0$ die Wahrscheinlichkeiten

$$p_1^0 = F_0(b_1), \; p_2^0 = F_0(b_2) - F_0(b_1), ..., \; p_r^0 = 1 - F_0(b_{r-1}),$$

**Nullhypothese**

so müsste im Fall der Übereinstimmung von $F_0$ mit $F$ die folgende Nullhypothese $H_0$ zutreffen

$$H_0 \colon p_k = p_k^0, \; k = 1, ..., r.$$

**Testgröße**

Als Testgröße $U$ wird die folgende Abstandsfunktion verwendet

$$U(F_0, H_{a1}, H_{a2}, ..., H_{ar}) = \sum_{k=1}^{r} \frac{(H_{ak} - np_k^0)^2}{np_k^0}. \tag{4.99}$$

Hierbei ist die Zufallsvariable $H_{ak}$ die absolute Häufigkeit der $k$-ten Klasse $I_k$, d. h., die Anzahl der $i \in \{1, 2, ..., n\}$, für die $X_i \in I_k$ gilt. Offenbar ist es sinnvoll, die Hypothese $H_0$ abzulehnen, wenn der Wert der Testgröße $U$ für die konkrete Stichprobe „zu groß" ist bzw. $H_0$ anzunehmen, wenn der Wert der Testgröße $U$ für die konkrete Stichprobe $x$ „nicht zu groß" ist.
Wie in [14] gezeigt ist die Testgröße $U$ näherungsweise $\chi^2_{r-1}$-verteilt. Eine gute Näherung liegt dann vor, falls gilt $np_k^0 \geq 5, \; k = 1, ..., r$.

**Kritischer Bereich und Annahmeintervall**

Sei $\chi^2_{r-1,1-\alpha}$ das $(1-\alpha)$-Quantil der Verteilungsfunktion $\chi^2_{r-1}$. Dann ist der kritische Bereich für die Testgröße $U$ das Intervall

$$K = (\chi^2_{r-1,1-\alpha}, \infty),$$

in dem $U$ mit der Irrtumswahrscheinlichkeit $\alpha$ liegt. Das Annahmeintervall, in dem $U$ mit der Wahrscheinlichkeit $1-\alpha$ liegt, ist

$$A = (-\infty, \chi^2_{r-1,1-\alpha}).$$

Die Hypothese wird mit der Irrtumswahrscheinlichkeit $\alpha$ abgelehnt, falls gilt

$$u = U(F_0, h_{a1}, h_{a2}, ..., h_{ar}) \in K,$$

andernfalls wird sie mit der Wahrscheinlichkeit $1-\alpha$ angenommen.

---

**Bemerkung 4.122**

**Übereinstimmung von $F$ und $F_0$ nur an den Klassengrenzen**

1. Die Nullhypothese $H_0$ ist nicht äquivalent zur totalen Übereinstimmung der Verteilungsfunktion $F$ der Zufallsvariable $X$ mit der aufgrund der Stichprobe ermittelten Verteilungsfunktion $F_0$. Sie bedeutet lediglich die Übereinstimmung der Verteilungsfunktionen $F$ und $F_0$ an den Stellen $b_1, ..., b_{r-1}$, d. h., an den Klassengrenzen.

**Testgröße $U$ als gewichtete Abstandsfunktion**

2. Die Testgröße (4.99) ist eine mit den Gewichten $1/(np_k^0)$ versehene Abstandsfunktion zwischen den aufgrund der Verteilungsfunktion $F$ vorliegenden absoluten Häufigkeiten und den aufgrund der angenommenen Verteilungsfunktion $F_0$ ermittelten absoluten Häufigkeiten der $k$-ten Klasse $I_k$.

**Abhängigkeit der Häufigkeiten $H_{ak}$ bei ML-Schätzung der Parameter von $F_0$**

3. Erfolgte die Schätzung der unbekannten Parameter der Verteilungsfunktion $F_0$ mit einem Maximum-Likelihood-Schätzverfahren aufgrund der vorliegenden Klasseneinteilung, so hat dies Einfluss auf die Verteilung der Testgröße $U$. Die Zufallsvariablen $H_{ak}$, $k = 1, ..., r$, sind nicht als unabhängig zu betrachten. Wie in [14] angegeben, genügt bei der Schätzung von $p$ Parametern und $r$ Klassen die Testgröße $U$ einer $\chi^2_{r-p-1}$-Verteilung. Überprüft wird in diesem Fall nicht nur die Verteilungsfunktion $F_0$, sondern auch der Verteilungstyp.

**Verschiedene ML-Schätzungen für Urliste und Klasseneinteilung**

4. Die Schätzung für den (die) Parameter, der (die) mit einem Maximum-Likelihood-Schätzverfahren aufgrund der Klasseneinteilung mit den Häufigkeiten $h_{a1}, h_{a2}, ..., h_{ar}$ ermittelt wurde, ist i. Allg. verschieden von der Schätzung für den (die) Parameter, der mit einem Maximum-Likelihood-Schätzverfahren aufgrund der Urliste $x_1, x_2, ..., x_n$ ermittelt wurde. Im letzten Fall ist die Testgröße $U$ als $\chi^2_{r-1}$-verteilt zu betrachten (siehe [14]).

**Umformung der Formel für $U$ bei praktischen Berechnungen**

5. Für praktische Berechnungen der Testgröße $U$ ist folgende Umformung der Formel (4.99) sinnvoll:

$$U(F_0, H_{a1}, H_{a2}, ..., H_{ar}) = \sum_{k=1}^{r} \frac{H_{ak}^2}{np_k^0} - n.$$

**Beweis:** Es gilt mit $\sum_{k=1}^{r} p_k^0 = 1$ und $\sum_{k=1}^{r} H_{ak} = n$

$$\sum_{k=1}^{r} \frac{(H_{ak} - np_k^0)^2}{np_k^0} = \sum_{k=1}^{r} \left( \frac{H_{ak}^2}{np_k^0} + np_k^0 - \frac{2H_{ak}}{n} \right)$$
$$= \sum_{k=1}^{r} \frac{H_{ak}^2}{np_k^0} - 2\sum_{k=1}^{r} H_{ak} + n = \sum_{k=1}^{r} \frac{H_{ak}^2}{np_k^0} - n. \qquad \blacksquare$$

Für den $\chi^2$-Anpassungstest sind folgende Schritte notwendig:

**$\chi^2$-Anpassungstest**

1. Aufstellen der Verteilungsfunktion $F_0$ aufgrund der Stichprobe $(x_1, x_2, ..., x_n)^\top$ auf der Basis von Punkt- oder Konfidenzschätzungen ihrer Parameter
2. Vorgabe der Irrtumswahrscheinlichkeit $\alpha$
3. Aufstellen der Testgröße $U$ in (4.99) als Stichprobenfunktion unter der Bedingung $F_0$

   Dazu ist die Klasseneinteilung (4.98) und die Berechnung der Wahrscheinlichkeiten $p_k^0$, $k = 1, ..., r$, erforderlich.
4. Ermittlung des kritischen Bereiches $K$ aus der Beziehung

   $P(U \in K|\ H_0) = \alpha$, d. h., $K = (\chi^2_{r-1,1-\alpha}, \infty)$.
5. Berechnung der Realisierung $u$ der Stichprobenfunktion $U$ aufgrund der konkreten Stichprobe

   Dazu ist die Klasseneinteilung (4.98) und die Bestimmung der absoluten Häufigkeiten $h_{ak}$, $k = 1, ..., r$, erforderlich.
6. Entscheidung über die Nullhypothese $H_0$: $p_k = p_k^0$, $k = 1, ..., r$

   $H_0$ wird mit der Irrtumswahrscheinlichkeit $\alpha$ abgelehnt, falls $u \in K$.
   $H_0$ wird mit der Wahrscheinlichkeit $1 - \alpha$ angenommen, falls $u \notin K$.

### Beispiel 4.123

**Normalverteilung von Nietkopfdurchmessern**

Betrachtet wird eine Messreihe $x_1, x_2, ..., x_n$ [mm] von $n = 200$ Nietkopfdurchmessern. Es wird angenommen, dass die Messwerte normalverteilt sind. Als Punktschätzungen für den Erwartungswert bzw. die Varianz einer zugrunde gelegten Normalverteilung ergab sich $\overline{x} = 14.37$ bzw. $s^2 = 0.0086$. Die gemessenen Werte wurden in $r = 10$ Intervalle $I_k$ mit den äquidistanten Klassengrenzen $b_1 = 14.15$, $b_2 = 14.20$, ..., $b_9 = 14.55$ [mm] eingeteilt. Die absoluten Klassenhäufigkeiten $h_{ak}$, $k = 1, ..., r$, ergaben sich wie in der folgenden Tabelle

| $k$ | 1 | 2 | 3 | 4 | 5 | 6 | 7 | 8 | 9 | 10 |
|---|---|---|---|---|---|---|---|---|---|---|
| $b_k$ | 14.15 | 14.20 | 14.25 | 14.30 | 14.35 | 14.40 | 14.45 | 14.50 | 14.55 | |
| $h_{ak}$ | 2 | 4 | 12 | 23 | 39 | 42 | 36 | 24 | 12 | 6 |

Mithilfe des $\chi^2$-Anpassungstestes soll mit der Irrtumswahrscheinlichkeit $\alpha = 0.1$ geprüft werden, ob die $N\left(\overline{x}, s^2\right)$-Verteilung eine angemessene Beschreibung der Verteilung der Messwerte liefert.

1. Die angenommene Verteilungsfunktion ist die $N\left(\overline{x}, s^2\right)$-Verteilung mit $\overline{x} = 14.37$ bzw. $s^2 = 0.0086$.
2. Die Irrtumswahrscheinlichkeit ist laut Aufgabenstellung $\alpha = 0.1$.

3. Die Testgröße ist nach (4.99)

$$U\left(N\left(\overline{x}, s^2\right), H_{a1}, ..., H_{a10}\right) = \sum_{k=1}^{10} \frac{(H_{ak} - np_k^0)^2}{np_k^0} = \sum_{k=1}^{10} \frac{H_{ak}^2}{np_k^0} - n \text{ mit}$$

$$p_k^0 = \Phi_S\left(\frac{b_k - \overline{x}}{s}\right) - \Phi_S\left(\frac{b_{k-1} - \overline{x}}{s}\right), \ k = 1, ..., 10, \ b_0 = -\infty, \ b_{10} = \infty.$$

4. Der kritische Bereich $K$ ist, da die Parameterschätzungen nicht aus den Intervallhäufigkeiten ermittelt wurden,
$K = (\chi^2_{10-1,0.9}, \infty) \approx (14.684, \infty)$.
5. Der Wert der Testgröße für die gegebene Klasseneinteilung errechnet sich mithilfe der Tabelle

| $k$ | 1 | 2 | 3 | 4 | 5 | 6 | 7 | 8 | 9 | 10 |
|---|---|---|---|---|---|---|---|---|---|---|
| $b_k$ | 14.15 | 14.20 | 14.25 | 14.30 | 14.35 | 14.40 | 14.45 | 14.50 | 14.55 | |
| $\Phi_S\left(\frac{b_k-\overline{x}}{s}\right)$ | 0.009 | 0.033 | 0.098 | 0.225 | 0.415 | 0.627 | 0.0806 | 0.920 | 0.974 | 1.000 |
| $p_k^0$ | 0.009 | 0.024 | 0.065 | 0.127 | 0.190 | 0.212 | 0.179 | 0.114 | 0.054 | 0.026 |
| $h_{ak}$ | 2 | 4 | 12 | 23 | 39 | 42 | 36 | 24 | 12 | 6 |
| $h_{ak}^2/(200p_k^0)$ | 2.27 | 3.25 | 11.18 | 20.78 | 40.13 | 41.49 | 36.26 | 25.33 | 13.26 | 6.90 |

zu $u\left(N\left(\overline{x}, s^2\right), 2, 4, 12, 23, 39, 42, 36, 24, 12, 6\right) = \sum_{k=1}^{10} \frac{h_{ak}^2}{200p_k^0} - 200 \approx 0.85.$

6. Es ist $u \approx 0.85 \notin K \approx (14.684, \infty)$, d. h., die Annahme, dass die Messdaten aufgrund der Klasseneinteilung $N\left(\overline{x}, s^2\right)$-verteilt sind, kann mit einer Irrtumswahrscheinlichkeit von $\alpha = 0.1$ angenommen werden.

## 4.5 Anwendungen an Beispielen

### 4.5.1 Prof. Dr.-Bet. Pech-Straehne und der Druckversuch

**Ausgangssituation**

Prof. Dr.-Bet. Pech-Straehne fertigt im Labor für einen Druckversuch $n$ Probekörper aus Beton. Das Ereignis „Der $i$-te Probekörper ist Ausschuss" wird mit $A_i$ bezeichnet, $i = 1, ..., n$. Gesucht sind die Wahrscheinlichkeiten folgender Ereignisse, wenn die Wahrscheinlichkeit, dass der $i$-te Probekörper Ausschuss ist, gleich $p$ beträgt, $i = 1, ..., n$.

1. $E_1$ – Unter den $n$ Probekörpern befindet sich kein Ausschuss.
2. $E_2$ – Mindestens ein Probekörper ist Ausschuss.
3. $E_3$ – Genau ein Probekörper ist Ausschuss.
4. $E_4$ – Höchstens ein Probekörper ist Ausschuss.

**Lösungsweg**

Zuerst werden die Ereignisse $E_k$, $k = 1, 2, 3, 4$, mithilfe der Ereignisse $A_i$, $i = 1, ..., n$, ausgedrückt. Die Ereignisse $A_i$ sind unabhängig, ebenso die zu ihnen komplementären Ereignisse $\overline{A}_i$ „Der $i$-te Probekörper ist kein Ausschuss", $i = 1, ..., n$. Die Wahrscheinlichkeit des zum Ereignis $A_i$ komplementären Ereignisses $\overline{A}_i$ ist nach **Satz 4.19** mit Gleichung (4.11)

$$P(\overline{A}_i) = 1 - P(A_i) = 1 - p.$$

1. „Kein Probekörper ist Ausschuss." bedeutet: „Jeder Probekörper ist kein Ausschuss." Daher gilt mit den komplementären Ereignissen $\overline{A}_i$

$$E_1 = \bigcap_{i=1}^{n} \overline{A}_i.$$

Ergebnis

Nach dem Multiplikationssatz für die Wahrscheinlichkeit unabhängiger Ereignisse (4.16) ist die gesuchte Wahrscheinlichkeit

$$P(E_1) = \prod_{i=1}^{n} P\left(\overline{A}_i\right) = (1-p)^n.$$

Ergebnis

2. Das Ereignis $E_2$ ist das zum Ereignis $E_1$ komplementäre. Daher ist

$$E_2 = \overline{E}_1 = \overline{\bigcap_{i=1}^{n} \overline{A}_i} = \bigcup_{i=1}^{n} A_i.$$

Ergebnis

Nach **Satz 4.19** über die Wahrscheinlichkeit des komplementären Ereignisses ist die gesuchte Wahrscheinlichkeit mit Gleichung (4.11)

$$P(E_2) = 1 - P(E_1) = 1 - (1-p)^n.$$

Ergebnis

3. Dafür, dass genau ein Probekörper Ausschuss ist, gibt es folgende $n$ disjunkten Möglichkeiten: Der $i$-te Probekörper ist Ausschuss und alle anderen sind kein Ausschuss. Daher ist das Ereignis $E_3$ die Summe dieser disjunkten Ereignisse

$$E_3 = \bigcup_{i=1}^{n} \left( A_i \cap \left( \bigcap_{\substack{k=1 \\ k \neq i}}^{n} \overline{A}_k \right) \right).$$

Ergebnis

Mit dem **Additionsgesetz 4.17** für die Wahrscheinlichkeit der Summe disjunkter Ereignisse und dem **Multiplikationssatz 4.29** für die Wahrscheinlichkeit des Produktes unabhängiger Ereignisse ist die gesuchte Wahrscheinlichkeit mit den Gleichungen (4.10), (4.16)

$$P(E_3) = \sum_{i=1}^{n} \left( P(A_i) \prod_{\substack{k=1 \\ k \neq i}}^{n} P\left(\overline{A}_k\right) \right) = np(1-p)^{n-1}.$$

Ergebnis

4. „Höchstens ein" bedeutet entweder „genau ein" oder „kein" (Probekörper ist Ausschuss), wobei die Ereignisse „genau ein" und „kein" (Probekörper ist Ausschuss) nicht gleichzeitig eintreten können, d. h., disjunkt sind. Daher ist

$$E_4 = E_1 \cup E_3.$$

Ergebnis

Mit dem **Additionsgesetz 4.17** für die Wahrscheinlichkeit der Summe disjunkter Ereignisse ist die gesuchte Wahrscheinlichkeit mit Gleichung (4.10)

$$\begin{aligned} P(E_4) = P(E_1) + P(E_3) &= (1-p)^n + np(1-p)^{n-1} \\ &= (1-p)^{n-1}(1 + (n-1)p). \end{aligned}$$

Ergebnis

### 4.5.2 Trifft die Studentin Corinna Schnupf den Studenten Baldrian Huster?

**Ausgangssituation** In den Räumen 1, 2, 3 und 4 einer gebeutelten Hochschule findet eine Klausur im Fach „Technische Krise" statt. Die Studentin Corinna Schnupf sucht dort den Studenten Baldrian Huster. Sie weiß, dass der Student Baldrian Huster die Klausur mit der Wahrscheinlichkeit $p$ besucht und dass er sich in diesem Fall mit gleicher Wahrscheinlichkeit $1/4$ in einem der vier Räume aufhält. Gesucht ist die Wahrscheinlichkeit, dass die Studentin Corinna Schnupf den Studenten Baldrian Huster

1. im Raum 3 trifft,
2. im Raum 4 trifft, wenn sie ihn in den Räumen 1, 2 und 3 nicht gefunden hat.

**Lösungsweg** Die folgenden Ereignisse werden bezeichnet:

$K$ - Der Student Baldrian Huster besucht die Klausur.

$R_i$ - Der Student Baldrian Huster hält sich im Raum $i$ auf, $i = 1, 2, 3, 4$.

Gegeben sind die Wahrscheinlichkeiten $P(K) = p$ und $P(R_i/K) = 1/4$.

Die Ereignisse $R_i$ sind disjunkt, da die vier Räume verschieden sind. Hält sich der Student Baldrian Huster im Raum $R_i$ auf, so besucht er offensichtlich die Klausur. Daher ist

$$R_i = R_i \cap K \quad \text{und somit} \quad P(R_i) = P(R_i \cap K), \quad i = 1, 2, 3, 4.$$

1. Gesucht ist die Wahrscheinlichkeit $P(R_3)$.

   Mit der Vorbemerkung und dem **Satz 4.25** über die bedingte Wahrscheinlichkeit ist mit Gleichung (4.15)

   $$P(R_3) = P(R_3 \cap K) = P(R_3/K)P(K) = \frac{p}{4}.$$

2. Gesucht ist die Wahrscheinlichkeit $P(R_4/(\overline{R_1} \cap \overline{R_2} \cap \overline{R_3}))$.

   Mit dem **Satz 4.25** über die bedingte Wahrscheinlichkeit und Gleichung (4.14) ist

   $$P(R_4/(\overline{R_1} \cap \overline{R_2} \cap \overline{R_3})) = \frac{P(R_4 \cap (\overline{R_1} \cap \overline{R_2} \cap \overline{R_3}))}{P(\overline{R_1} \cap \overline{R_2} \cap \overline{R_3})}. \tag{4.100}$$

   Für die Wahrscheinlichkeit im Nenner gilt

   $$P(\overline{R_1} \cap \overline{R_2} \cap \overline{R_3}) = P(\overline{R_1 \cup R_2 \cup R_3}) = 1 - P(R_1 \cup R_2 \cup R_3)$$
   $$= 1 - (P(R_1) + P(R_2) + P(R_3)) = 1 - 3\frac{p}{4}$$

   wegen der Gleichheit der Ereignisse $\overline{R_1} \cap \overline{R_2} \cap \overline{R_3} = \overline{R_1 \cup R_2 \cup R_3}$, der Wahrscheinlichkeit des komplementären Ereignisses von $\overline{R_1 \cup R_2 \cup R_3}$ und dem **Additionsgesetz 4.17** für die Wahrscheinlichkeit der Summe der disjunkten Ereignisse $R_1$, $R_2$, $R_3$.

   Für die Wahrscheinlichkeit im Zähler gilt

   $$P(R_4 \cap (\overline{R_1} \cap \overline{R_2} \cap \overline{R_3})) = P(R_4) = \frac{p}{4}$$

wegen der Gleichheit der Ereignisse $R_4 \cap (\overline{R_1} \cap \overline{R_2} \cap \overline{R_3}) = R_4$.
Sie bedeutet: Hält sich der Student Baldrian Huster in Raum 4 auf, so hält er sich (automatisch) nicht in den Räumen 1, 2 und 3 auf.

Aus Gleichung (4.100) folgt die gesuchte Wahrscheinlichkeit

**Ergebnis**

$$P(R_4/(\overline{R_1} \cap \overline{R_2} \cap \overline{R_3})) = \frac{p}{4(1-\frac{3}{4}p)} = \frac{p}{4-3p}.$$

### 4.5.3 Das Selbststudium von Anders Putscher

**Ausgangssituation**

Der vom Selbststudium übermüdete Student Anders Putscher versucht, sich mit Kaubonbons munter zu halten. Der nahegelegene Kiosk hat eine Lieferung von 50 Packungen mit Kaubonbons erhalten, in der sich fünf Packungen befinden, die statt 20 Kaubonbons nur 19 Kaubonbons enthalten. Gesucht ist die Wahrscheinlichkeit, dass der Student Anders Putscher,

1. wenn er 20 Packungen kauft, genau zwei Packungen mit 19 Kaubonbons erhält,
2. wenn er fünf Packungen kauft, höchstens eine Packung mit 19 Kaubonbons erhält,
3. wenn er eine Packung kauft, diese 20 Kaubonbons enthält?

**Lösungsweg**

Die Zufallsvariable $X$ ist die Anzahl der Packungen unter $n$ gekauften, die 19 Kaubonbons enthalten. $X$ ist hypergeometrisch verteilt. Nach **Satz 4.51** und Gleichung (4.25) gilt für die Wahrscheinlichkeit, dass unter $n$ gekauften Packungen $k$ Packungen mit 19 Kaubonbons sind,

$$P(X=k) = H_n(k,5,50) = \frac{\binom{5}{k}\binom{45}{n-k}}{\binom{50}{n}}, \quad k = 0, ..., \min(n,5).$$

**Ergebnis**

1. Die Wahrscheinlichkeit, dass unter $n = 20$ gekauften Packungen genau zwei Packungen mit 19 Kaubonbons sind, beträgt demnach
$$P(X=2) = H_{20}(2,5,50) = \frac{\binom{5}{2}\binom{45}{18}}{\binom{50}{20}} \approx 0.3641.$$
2. Die Wahrscheinlichkeit, dass unter $n = 5$ Packungen höchstens eine Packung mit 19 Kaubonbons ist, beträgt demnach
$$\begin{aligned} P(X<1) &= P(X=0) + P(X=1) = H_5(0,5,50) + H_5(1,5,50) \\ &= \frac{\binom{5}{0}\binom{45}{5}}{\binom{50}{5}} + \frac{\binom{5}{1}\binom{45}{4}}{\binom{50}{5}} \approx 0.5766 + 0.3516 \approx 0.9282. \end{aligned}$$
3. Die Wahrscheinlichkeit, dass „unter $n = 1$ gekaufter Packung" keine Packung (null Packungen) mit 19 Kaubonbons ist, beträgt
$$P(X=0) = H_1(0,5,50) = \frac{\binom{5}{0}\binom{45}{1}}{\binom{50}{1}} = 0.9.$$

### 4.5.4 Hochwasserabfluss

**Ausgangssituation**

Der „$n$-jährliche" Hochwasserabfluss $x_n$ ist derjenige Hochwasserabfluss, der mit der Wahrscheinlichkeit $1/n$ innerhalb eines Jahr übertroffen wird.
Der maximale Hochwasserabfluss $X$ innerhalb eines Jahres ist eine Zufallsvariable, die als $N(\mu, \sigma^2)$-verteilt angenommen werden kann. Aus Messreihen wurde $\mu = 10\text{m}^3/\text{s}$ und $\sigma = 15\text{m}^3/\text{s}$ ermittelt.

1. Wie groß ist der „75-jährliche" Hochwasserabfluss?
2. Mit welcher Wahrscheinlichkeit wird ein Hochwasserabfluss von mindestens $30\text{m}^3/\text{s}$ innerhalb eines Jahres eintreten?

**Lösungsweg**

1. Sei $x_{75}$ der „75-jährliche" Hochwasserabfluss, d. h., derjenige Hochwasserabfluss, der mit der Wahrscheinlichkeit $1/75 \approx 0.013$ innerhalb eines Jahr übertroffen wird. Dann ist

$$1/75 = P(X > x_{75}) = 1 - P(X < x_{75}), \qquad \text{also}$$
$$P(X < x_{75}) = 1 - 1/75 \approx 0.987,$$

wobei der maximale Hochwasserabfluss $X$ innerhalb eines Jahres $N(10, 15^2)$-verteilt ist. Es ergibt sich

$$0.987 \approx \Phi(x_{75}, 10, 15^2) = \Phi_S\left(\frac{x_{75} - 10}{15}\right), \quad \frac{x_{75} - 10}{15} \approx 2.281 \quad \text{und}$$

**Ergebnis**

$x_{75} \approx 2.281 \cdot 15 + 10 = 44.215.$
Der „75-jährliche" Hochwasserabfluss beträgt ca. $44.215\text{m}^3/\text{s}$.

2. Für die gesuchte Wahrscheinlichkeit gilt

**Ergebnis**

$$P(X > 30) = 1 - P(X < 30) = 1 - \Phi(30, 10, 15^2) = 1 - \Phi_S\left(\frac{30 - 10}{15}\right)$$
$$\approx 1 - 0.9075 = 0.0924.$$

Ein Hochwasserabfluss von mindestens $30\text{m}^3/\text{s}$ wird innerhalb eines Jahres mit der Wahrscheinlichkeit von $0.0924 = 9.24\,\%$ eintreten, was etwa einer „11-Jährlichkeit" entspricht.

### 4.5.5 Beurteilung der Dicke von Betondeckungen

**Ausgangssituation**

Eine Qualitätsprüfung von Betondecken gilt als bestanden, wenn der erforderliche Mindestwert $c_{\min} = 40\,\text{mm}$ für die Dicke $X$ der Betondeckung bei zugrunde gelegter Verteilung der Zufallsvariable $X$ höchstens mit einer Wahrscheinlichkeit von $\alpha$ unterschritten wird. An verschiedenen Stellen einer Betondecke wurden folgende $n = 35$ Werte gemessen (vgl. **Beispiel 4.82**):

$$(36, 39, 39, 43, 44, 44, 45, 45, 45, 46, 46, 46, 46, 46, 46, 47, 47,$$
$$47, 47, 47, 48, 48, 48, 48, 50, 50, 50, 51, 51, 51, 53, 53, 54, 56, 57)\ [\text{mm}].$$

Zu schätzen sind aufgrund dieser konkreten Stichprobe

1. die Parameter $r$ und $k$ einer zugrunde gelegten Neville-Verteilung mit $\tau = 0$,
2. die Parameter $\mu$ und $\sigma$ einer zugrunde gelegten Normalverteilung.

Ist die Qualitätsprüfung bestanden, wenn der erforderliche Mindestwert für die Dicke $X$ der Betondeckung $c_{\min} = 40$ mm höchstens mit einer Wahrscheinlichkeit von $\alpha = 10\,\%$ bzw. $\alpha = 5\,\%$ unterschritten wird bei der zugrunde gelegten

1. Neville-Verteilung mit den geschätzten Parametern $r$ und $k$?
2. Normalverteilung mit den geschätzten Parametern $\mu$ und $\sigma$?

**Lösungsweg**

Empirischer Mittelwert und empirische Varianz der Stichprobe sind

$$\overline{x} = \frac{1}{35}\sum_{k=1}^{35} x_k = 47.4,\; s^2 = \frac{1}{34}\sum_{k=1}^{35}(x_k - 47.4)^2 \approx 19.76716 \text{ [mm]}.$$

Der Median der Stichprobe beträgt $\tilde{x} = 47$ mm.

1. Der Parameter $r$ wird wie folgt geschätzt:

   $r = (\overline{x} + \tilde{x})/2 = 47.2$ [mm].

   Eine Schätzung für den reziproken Variationskoeffizienten $q$ in (4.58) lautet aufgrund der Punktschätzungen für den Mittelwert $\mu = \overline{x}$ und die Standardabweichung $\sigma = s$

   $q = \overline{x}/s \approx 10.6271$ [mm].

   Mit der Approximation (4.59) wird der Parameter $k$ geschätzt:

   $k = \sqrt{4 + \pi^2 q^2/3} \approx 19.379.$

   Mit der Verteilungsfunktion (4.55) bzw. (4.57) ist die Wahrscheinlichkeit, dass die Dicke der Betondeckung nicht größer als der erforderliche Mindestwert $c_{\min} = 40$ mm ist, gleich

   **Ergebnis**

   $N(c_{\min}, k, 0, r) = N_S(c_{\min}/r) = 1 - \left(1 + (c_{\min}/r)^k\right)^{-1} \approx 3.89\,\%.$
   Damit ist die Qualitätsprüfung bei der zugrunde gelegten Neville-Verteilung für $\alpha = 10\,\%$ bzw. $\alpha = 5\,\%$ bestanden.

   **Bemerkung:** Mit den Qantilen der Standard-Neville-Verteilung $x_{0.1} \approx 0.8928$ und $x_{0.05} \approx 0.85904$ und (4.31) sind die 0.1- bzw. 0.05-Quantile der zugrunde gelegten Neville-Verteilung

   $c_{0.1} = x_{0.1} r \approx 42.1406$ [mm] bzw. $c_{0.05} = x_{0.05} r \approx 40.5467$ [mm],

   d. h., mit der Wahrscheinlichkeit von 10% ist die Dicke der Betondeckung nicht größer als $c_{0.1} \approx 42.14$ mm und mit der Wahrscheinlichkeit von 5% nicht größer als $c_{0.05} \approx 40.55$ mm.

2. Mit den Punktschätzungen für den Mittelwert $\mu = \overline{x}$ und die Varianz $\sigma^2 = s^2$ sowie der Verteilungsfunktion (4.46) ist die Wahrscheinlichkeit, dass die Dicke der Betondeckung nicht größer als der erforderliche Mindestwert $c_{\min} = 40$ mm ist, gleich

**Ergebnis**

$\Phi(c_{\min}, \mu, \sigma^2) \approx 4.85\,\%$.

Damit ist die Qualitätsprüfung bei der zugrunde gelegten Normalverteilung für $\alpha = 10\,\%$ bzw. $\alpha = 5\,\%$ bestanden.

**Bemerkung:** Mit (4.50) und den Quantilen der Standard-Normalverteilung $z_{0.1} \approx -1.28155$ und $z_{0.05} \approx -1.64485$ sind die 0.1- bzw. 0.05-Quantile der zugrunde gelegten Normalverteilung

$$c_{0.1} = \mu + z_{0.1}\sigma \approx 41.6839 \text{ [mm]} \quad \text{bzw.} \quad c_{0.05} = \mu + z_{0.05}\sigma \approx 40.0635 \text{ [mm]},$$

d. h., mit der Wahrscheinlichkeit von 10% ist die Dicke der Betondeckung nicht größer als $c_{0.1} \approx 41.68$ mm und mit der Wahrscheinlichkeit von 5% nicht größer als $c_{0.05} \approx 40.06$ mm.

### 4.5.6 Beurteilung der Nutzungssicherheit von Bauwerken

**Ausgangssituation**

Zur Beurteilung der Nutzungssicherheit bestehender baulicher Anlagen dienen die unabhängigen Zufallsvariablen „Lasteinwirkung" und „Bauteilwiderstand". Ihre Normalverteilungen sind folgendermaßen gegeben:

für die Lasteinwirkung $E$ $\quad N(\mu_E, \sigma_E^2)$
für den Bauteilwiderstand $R$ $N(\mu_R, \sigma_R^2)$.

Die Differenz $G = R - E$ der Zufallsvariablen $R$ und $E$ ist ebenfalls eine Zufallsvariable, die zur Bewertung der Nutzungssicherheit herangezogen wird: Das Bauwerk versagt mit der Wahrscheinlichkeit $p$, falls die Wahrscheinlichkeit, dass der Bauteilwiderstand kleiner als die Lasteinwirkung ist, also $G < 0$ ist, $p$ beträgt. Die Wahrscheinlichkeit des Versagens $p$ ist aus den Kennzahlen der gegebenen Verteilungen für $E$ und $R$ zu errechnen.

**Lösungsweg**

Die Differenz $G = R - E$ der Zufallsvariablen $R$ und $E$ ist gemäß **Tabelle 4.9** $N(\mu_G, \sigma_G^2)$-verteilt mit

$$\mu_G = \mu_E - \mu_R \qquad \text{und} \qquad \sigma_G = \sqrt{\sigma_E^2 + \sigma_R^2}.$$

Mit ihrer Verteilungsdichtefunktion $\phi(x, \mu_G, \sigma_G)$ aus (4.45) und ihrem reziproken Variationskoeffizienten (siehe (4.36))

$$\beta = \mu_G / \sigma_G$$

ergibt sich für die Wahrscheinlichkeit des Versagens $p$

**Ergebnis**

$$p = P(G < 0) = \Phi_S\left(\frac{0 - \mu_G}{\sigma_G}\right) = \Phi_S(-\beta) = 1 - \Phi_S(\beta).$$

Das bedeutet, dass der entgegengesetzte reziproke Variationskoeffizient $-\beta$ das $p$-Quantil der Standard-Normalverteilung ist.

### 4.5.7 Bewertung von Grundstücken

**Ausgangssituation**

In einer Region mit Vorkommen von Bodenschätzen wurden zu deren Abbau viele Schächte gegraben. Wie langjährige Beobachtungen zeigten, sind diese Schächte grundsätzlich einsturzgefährdet. Eine Zählung der tatsächlich eingestürzten Schächte pro Jahr innerhalb eines Zeitraumes von vielen Jahren für diese Region liegt vor. Gegenwärtig sollen in dieser ehemaligen Bergbauregion Grundstücke verkauft werden. Ein Kriterium für die Bewertung solcher Grundstücke ist die Wahrscheinlichkeit des Einsturzes von Schächten innerhalb eines bestimmten Zeitraumes. Über diese Wahrscheinlichkeit soll aufgrund der Zählung eine Aussage getroffen werden. Die Zählung ergab die Anzahl $x_i$ der tatsächlich eingestürzten Schächte pro Jahr innerhalb eines Zeitraumes von $n = 45$ Jahren, $i = 1, ..., n$. Die folgende Tabelle enthält die Anzahl der tatsächlich eingestürzten Schächte $s_k$ und die Anzahl $h_{ak}$ der Jahre, in denen $s_k$ Schächte eingestürzt sind. Es gab kein Jahr, in dem mehr als sechs Schächte eingestürzt sind.

**Tabelle 4.12** Anzahl der eingestürzten Schächte $s_k$ und der Jahre $h_{ak}$

| $k$ | 1 | 2 | 3 | 4 | 5 | 6 | 7 |
|---|---|---|---|---|---|---|---|
| $s_k$ | 0 | 1 | 2 | 3 | 4 | 5 | 6 |
| $h_{ak}$ | 14 | 15 | 7 | 7 | 1 | 0 | 1 |

**Lösungsweg**

Die Anzahl der eingestürzten Schächte pro Jahr wird als Zufallvariable $X$ betrachtet.

**Poisson-Verteilung für seltene Ereignisse**

Da ein Einsturz eines Schachtes als selten angesehen wird, wird die Zufallsvariable $X$ als Poisson-verteilt angenommen. Erforderlich ist eine Schätzung für den Parameter $\lambda$ der Poisson-Verteilung mit der Dichtefunktion

$$P(X = k) = \pi(k, \lambda) = \mathrm{e}^{-\lambda}\frac{\lambda^k}{k!}.$$

**Tabelle 4.12** kann interpretiert werden als Einteilung in folgende $r = 7$ Klassen $I_k$, $k = 1, 2, ..., 7$, mit den Klassenhäufigkeiten $h_{ak}$ (siehe 4.98):
$I_1 = (-\infty, s_1]$, $I_2 = (s_1, s_2]$, $I_3 = (s_2, s_3]$, $I_4 = (s_3, s_4]$,
$I_5 = (s_4, s_5]$, $I_6 = (s_5, s_6]$, $I_7 = (s_6, \infty)$.

**Maximum-Likelihood-Schätzung aufgrund der Urliste**

Die Schritte des $\chi^2$-Anpassungstestes in **Abschnitt 4.4.4** sind für eine ML-Schätzung aufgrund der Urliste:

**Parameter**

1. Die erwartungstreue und konsistente ML-Schätzung für den Parameter der Poisson-Verteilung ist mit $\overline{x}$ als Mittelwert der Stichprobe

$$\overline{\lambda} = \overline{x} = \frac{1}{n}\sum_{k=1}^{7} s_k h_{ak} = \frac{60}{45} = \frac{4}{3}.$$

**Irrtumswahrscheinlichkeit**

2. Die Irrtumswahrscheinlichkeit ist $\alpha \in (0, 1)$.

**Testgröße $U$**

3. Die Testgröße $U$ ist mit $n = 45$, $r = 7$ und den Wahrscheinlichkeiten

$$p_k^0 = \pi(k, \overline{\lambda}),\ k = 1, 2, ..., 7,$$

$$U(F_0, H_{a1}, ..., H_{ar}) = \sum_{k=1}^{r} \frac{(H_{ak} - np_k^0)^2}{np_k^0}. \tag{4.101}$$

Sie ist wegen der ML-Schätzung des Parameters aus der Urliste $\chi^2_{r-1}$-verteilt.

**Kritischer Bereich**

4. Mit $r = 7$ ist der kritische Bereich $K = (\chi^2_{6,1-\alpha}, \infty)$.

**Wert der Testgröße**

5. Der Wert der Testgröße $U$ aufgrund der konkreten Stichprobe ist $u = U(F_0, 14, 15, 7, 7, 1, 0, 1) \approx 12.2755$.

**Entscheidung über die Nullhypothese**

6. In der folgenden Tabelle sind für verschiedene Irrtumswahrscheinlichkeiten $\alpha$ das $\chi^2_{6,1-\alpha}$-Quantil, der kritische Bereich und die Entscheidung über die Nullhypothese $H_0$ angegeben.

| $\alpha$ | $\chi^2_{6,1-\alpha}$ | $K$ | $u \in K$ | $H_0$ |
|---|---|---|---|---|
| 1 % | 16.8119 | $(16.8119, \infty)$ | nein | angenommen |
| 5 % | 12.5916 | $(12.5916, \infty)$ | nein | angenommen |
| 10 % | 10.6446 | $(10.6446, \infty)$ | ja | abgelehnt |

**Ergebnis**

Auf der Basis der Poisson-Verteilung mit dem Parameter $\overline{\lambda} = 4/3$ ergeben sich die Wahrscheinlichkeiten wie in **Tabelle 4.13**, wobei die Zufallsvariable $X_t$ als Anzahl der im Zeitraum von $t$ Jahren eingestürzten Schächte Poisson-verteilt mit dem Parameter $t\overline{\lambda}$ ist (siehe **Bemerkung 4.57**):

**Tabelle 4.13** Wahrscheinlichkeiten des Einsturzes – Urliste

| Wahrscheinlichkeit, dass | Berechnung | Wert |
|---|---|---|
| innerhalb eines Jahres genau 3 Schächte einstürzen | $P(X_1 = 3) = \pi(3, \overline{\lambda})$ | 10.4137 % |
| innerhalb eines Jahres nicht mehr als 3 Schächte einstürzen | $P(X_1 \le 3) = \sum_{k=0}^{3} \pi(k, \overline{\lambda})$ | 95.3506 % |
| innerhalb von 45 Jahren nicht mehr als 60 Schächte einstürzen | $P(X_{45} \le 60) = \sum_{k=0}^{60} \pi(k, 45\overline{\lambda})$ | 53.4262 % |

**Maximum-Likelihood-Schätzung aufgrund der Klasseneinteilung**

Die Schritte des $\chi^2$-Anpassungstestes in **Abschnitt 4.4.4** sind für eine ML-Schätzung aufgrund der Klasseneinteilung:

**Parameter**

1. Die Likelihood-Funktion lautet aufgrund der Zählung

$$\begin{aligned} &L(\lambda, 14, 15, 7, 7, 1, 0, 1) \\ &= \prod_{k=1}^{6} \left( \mathrm{e}^{-\lambda} \frac{\lambda^{k-1}}{(k-1)!} \right)^{h_{ak}} \left( 1 - \mathrm{e}^{-\lambda} \sum_{k=1}^{6} \frac{\lambda^{k-1}}{(k-1)!} \right)^{1} \\ &= \mathrm{e}^{-44\lambda} \frac{\lambda^{54}}{(2!)^7 \cdot (3!)^7 \cdot (4!)^1} \left( 1 - \mathrm{e}^{-\lambda} \sum_{k=1}^{6} \frac{\lambda^{k-1}}{(k-1)!} \right). \end{aligned} \tag{4.102}$$

Dabei ist die Wahrscheinlichkeit dafür, dass $X \in I_7 = (5, \infty)$ gilt,

$$p_7(\lambda) = P(X > 5) = 1 - \mathrm{e}^{-\lambda} \sum_{k=1}^{6} \frac{\lambda^{k-1}}{(k-1)!}. \qquad (4.103)$$

Das Maximum der Likelihood-Funktion (4.102) wird numerisch zu $\overline{\lambda} \approx 1.33826$ ermittelt. Damit ist eine Punktschätzung für den Parameter $\lambda$ der Poisson-Verteilung gefunden.

2. Die Irrtumswahrscheinlichkeit ist $\alpha \in (0, 1)$. **Irrtumswahrscheinlichkeit**

3. Die Testgröße $U$ ist wie in (4.101), nur mit der Wahrscheinlichkeit $p_7^0 = p_7(\overline{\lambda})$ aus (4.103). Sie ist wegen der ML-Schätzung des Parameters $\chi^2_{r-1-1}$-verteilt. **Testgröße $U$**

4. Mit $r = 7$ ist der kritische Bereich $K = (\chi^2_{5,1-\alpha}, \infty)$. **Kritischer Bereich**

5. Der Wert der Testgröße $U$ aufgrund der konkreten Stichprobe ist $u = U(F_0, 14, 15, 7, 7, 1, 0, 1) \approx 10.1539$. **Wert der Testgröße**

6. In der folgenden Tabelle sind für verschiedene Irrtumswahrscheinlichkeiten $\alpha$ das $\chi^2_{5,1-\alpha}$-Quantil, der kritische Bereich und die Entscheidung über die Nullhypothese $H_0$ angegeben. **Entscheidung über die Nullhypothese**

| $\alpha$ | $\chi^2_{5,1-\alpha}$ | $K$ | $u \in K$ | $H_0$ |
|---|---|---|---|---|
| 1 % | 15.0863 | $(15.0863, \infty)$ | nein | angenommen |
| 5 % | 11.0705 | $(11.0705, \infty)$ | nein | angenommen |
| 10 % | 9.2363 | $(\ 9.2363, \infty)$ | ja | abgelehnt |

**Ergebnis**

Auf der Basis der Poisson-Verteilung mit dem Parameter $\overline{\lambda} \approx 1.33826$ ergeben sich z. B. die Wahrscheinlichkeiten wie in **Tabelle 4.14**, wobei die Zufallsvariable $X_t$ als Anzahl der im Zeitraum von $t$ Jahren eingestürzten Schächte Poisson-verteilt mit dem Parameter $t\overline{\lambda}$ ist (siehe **Bemerkung 4.57**):

**Tabelle 4.14** Wahrscheinlichkeiten des Einsturzes – Klasseneinteilung

| Wahrscheinlichkeit, dass | Berechnung | Wert |
|---|---|---|
| innerhalb eines Jahres genau 3 Schächte einstürzen | $P(X_1 = 3) = \pi(3, \overline{\lambda})$ | 10.4778 % |
| innerhalb eines Jahres nicht mehr als 3 Schächte einstürzen | $P(X_1 \leq 3) = \sum_{k=0}^{3} \pi(k, \overline{\lambda})$ | 95.2991 % |
| innerhalb von 45 Jahren nicht mehr als 60 Schächte einstürzen | $P(X_{45} \leq 60) = \sum_{k=0}^{60} \pi(k, 45\overline{\lambda})$ | 52.2861 % |

# Literaturverzeichnis

[1] **Meyberg, K., Vachenauer, P.:** Höhere Mathematik 1, 2, 6. Aufl., 4. Aufl., 1. korr. Nachdruck, Springer Verlag Berlin, Heidelberg, New York 2003 – 2005

[2] **Burg, K., Haf, H., Wille, F.:** Höhere Mathematik für Ingenieure, Bd. I bis III, 9., überarb. Aufl., 7., überarb. u. erw. Aufl., 6., aktual. Aufl., Vieweg + Teubner Verlag, Stuttgart 2011 – 2013

[3] **Rjasanowa, K.:** Mathematik im Bauingenieurwesen 1, Grundlagen für das Bachelor-Studium, 2., aktual. u. erw. Aufl., Carl Hanser Verlag, München 2023

[4] **Rjasanowa, K.:** Mathematische Modelle im Bauingenieurwesen, 2., aktual. und erw. Aufl., Fachbuchverlag Leipzig im Carl Hanser Verlag, Leipzig 2015

[5] **Dobner, H.-J., Engelmann, B.:** Analysis 1, Analysis 2, 2., aktual. Aufl., 2., aktual. Aufl., Carl Hanser Verlag GmbH & Co. KG, München 2007, 2013

[6] **Forst, W., Hoffmann, D.:** Gewöhnliche Differenzialgleichungen, 2., überarb. Aufl., Springer Spectrum, Berlin, Heidelberg 2013

[7] **Prüss, J. W., Wilke, M.:** Gewöhnliche Differenzialgleichungen und dynamische Systeme, 2. Aufl., Springer Nature Switzerland, Birkhäuser 2019

[8] **Arnold, V. I.:** Gewöhnliche Differenzialgleichungen, 2. Aufl., Springer Verlag, Berlin, Heidelberg, New York 2013

[9] **Hettich, G., Jüttler, H., Luderer, B.:** Mathematik für Wirtschaftswissenschaftler und Finanzmathematik, 11. Aufl., Oldenburg Wirtschaftsverlag GmbH, München Wien 2012

[10] **Arrenberg, J.:** Finanzmathematik, De Gruyter, Oldenburg 2015

[11] **Schwenkert, R., Stry, Y.:** Finanzmathematik kompakt, 2. Aufl., Springer Gabler, Berlin, Heidelberg 2016

[12] **Luderer, B., Würker, U.:** Einstieg in die Wirtschaftsmathematik, 9. Aufl., Springer Gabler | Springer Fachmedien, Wiesbaden 2015

[13] **Georgii, H.-O.:** Stochastik, 5. Aufl., Walter de Gruyter GmbH & Co. KG, Berlin 2015

[14] **Lehn, J., Wegmann, H.:** Einführung in die Statistik, 5., durchges. Aufl., B. G. Teubner Verlag/ GWV Fachverlage GmbH, Wiesbaden 2006

[15] **Hartung, J.:** Statistik, Lehr- und Handbuch der angewandten Statistik, 15. Aufl., Oldenburg Wissenschaftsverlag GmbH 2009

[16] **Inkamp, Th., Proß, S.:** Einstieg in die Stochastik, 1. Aufl., Springer Spektrum 2021

[17] **Schmidt, H.:** Auswertung rechtsschief verteilter Messwerte, Näherungsverfahren zur Parameterschätzung der Neville-Verteilung, zfv – Zeitschrift für Geodäsie, Geoinformation und Landmanagement, Wißner-Verlag GmbH und Co. KG, 131. Jg. 2/2006, S. 72–80

[18] **Bronstein, I. N.:** Taschenbuch der Mathematik (Bronstein), 11. Aufl., Verlag Europa-Lehrmittel, 2020

[19] **Göhler, W.:** Formelsammlung Höhere Mathematik, 17. Aufl., Verlag Europa-Lehrmittel, 2011

[20] **Bartsch, H.-J.:** Taschenbuch mathematischer Formeln, 24., überarb. Aufl., Carl Hanser Verlag, München 2018

[21] **Dallmann, R.:** Baustatik 1, 2, 6., 5., aktual. Aufl., Carl Hanser Verlag, München 2020, 2022

[22] **Lohmeyer, G. C. O.:** Baustatik 1, 2, 11., überarb. u. aktual. Aufl., 13., aktual.Aufl., Vieweg + Teubner Verlag, Wiesbaden 2010, Springer Vieweg 2022

[23] **Freimann, R.:**, Hydraulik in der Wasserwirtschaft, 4., aktual. u. erw. Aufl., Carl Hanser Verlag GmbH & Co. KG 2022

[24] **Bollrich, G.:** Technische Hydromechanik 1. Grundlagen, 7. Aufl., Beuth Verlag, Berlin 2019

[25] **Witte, B., Sparla, P., Blankenbach, J.:** Vermessungskunde für das Bauwesen mit Grundlagen des Building Information Modeling (BIM) und der Statistik, 9., neu bearb. u. erw. Aufl., Wichmann Verlag, Karlsruhe 2020

[26] **Becker, M., Hehl, K.:** Geodäsie (Geowissen kompakt), WBG (Wissenschaftliche Buchgesellschaft) 2012

[27] **Ilk, K.-H.:** Modellbildung (Grundlagen der Physikalischen und Mathematischen Geodäsie), 1. Aufl., Springer Spektrum 2021

[28] **Axmann, R.:** Projektmanagement im Bauwesen, Carl Hanser Verlag, München 2023

[29] **Däumler, K.:** Grundlagen der Investitions- und Wirtschaftlichkeitsrechnung, 13., vollst. überarb. Aufl., Verlag Neue Wirtschafts-Briefe Herne, Berlin 2014

[30] **Albert, A. (Hrsg.):** Schneider – Bautabellen für Ingenieure: mit Berechnungshinweisen und Beispielen, 26., aktual. Aufl., Reguvis Fachmedien Verlag, Köln 2024

# Sachwortverzeichnis